Schwungradspeicher in der Fahrzeugtechnik

Armin Buchroithner

Schwungradspeicher in der Fahrzeugtechnik

Armin Buchroithner
Graz University of Technology
Graz, Österreich

ISBN 978-3-658-25570-1   ISBN 978-3-658-25571-8 (eBook)
https://doi.org/10.1007/978-3-658-25571-8

Die Deutsche Nationalbibliothek verzeichnet diese Publikation in der Deutschen Nationalbibliografie; detaillierte bibliografische Daten sind im Internet über http://dnb.d-nb.de abrufbar.

Springer Vieweg

Verantwortlich im Verlag: Markus Braun

Springer Vieweg ist ein Imprint der eingetragenen Gesellschaft Springer Fachmedien Wiesbaden GmbH und ist ein Teil von Springer Nature.
Die Anschrift der Gesellschaft ist: Abraham-Lincoln-Str. 46, 65189 Wiesbaden, Germany

Danksagung

Die Erstellung dieses Buchs wäre ohne die Mitarbeit der folgenden Personen nicht möglich gewesen:

- *Gunter Jürgens*, der mich bereits vor etlichen Jahren bei der Durchführung meiner Diplomarbeit auf die Wichtigkeit der systematischen Analyse bestehender Systeme hingewiesen hat und mich ermutigt hat, dieses Buch zu verfassen.
- *Michael Bader*, ohne dessen umfangreiche Unterstützung und permanente Einbringung von Know-how die Durchführung der zahlreichen empirischen Untersuchungen, welche Kern dieses Buchs darstellen, nicht möglich gewesen wäre.
- *Hannes Wegleiter* und *Bernhard Schweighofer* deren exzellente und mittlerweile jahrelange freundschaftliche Zusammenarbeit, nicht genug gewürdigt werden kann und in der Gründung der Arbeitsgruppe Energy Aware Systems resultierte.
- *Peter Haidl* der mit grenzenlosem Idealismus wertvollen Inputs bezüglich der Untersuchung von Wälzlagern im Grenzbereich des technisch Machbaren beisteuerte.
- *Andreas Brandstätter* und *Manes Recheis,* die mit Hilfe numerischer und empirischer Methoden die Kreiselkinematik von Schwungrädern besser verständlich machten.
- *Clemens Voglhuber,* der durch engagierte Mitarbeit bei der Untersuchung des Verlustmoments von Wälzlagern für Schwungradspeicher half neue Erkenntnisse zu gewinnen.
- *Christoph Birgel* und *Rupert Preßmair*, die besonderen Einsatz bei der Untersuchung von Rotoren und Sicherheitskonzepten für Schwungradspeicher zeigten.
- *Thomas Murauer* und *Martin Simonyi*, die wichtige Ergebnisse betreffend das thermische Verhalten von Wälzlagern im Vakuum beigesteuert haben.

Besonderer Dank gilt auch meiner Lebensgefährtin und einer Familie, die mir stets den Freiraum gaben mich Projekten wie diesem Fachbuch zu widmen.

Zusammenfassung

Das Speichern von Energie muss als größte technologische Herausforderung des beginnenden 21. Jahrhunderts angesehen werden und spielt eine zentrale Rolle in der Dekarbonisierung unserer Gesellschaft. Effiziente Energiespeicher sind nicht nur für den Umstieg auf erneuerbare, volatile Energiequellen unerlässlich, sondern sind auch Schlüsselelement sämtlicher mobiler Anwendungen, wobei ihnen im Zusammenhang mit der nachhaltigen Mobilität eine ganz besondere Bedeutung beigemessen werden muss.

Dieses Buch behandelt das Design und die Optimierung von Schwungradenergiespeichern (Englisch: *Flywheel Energy Storage Systems*, FESS) in Fahrzeugen als Alternative zu konventionellen Lösungen wie chemische Batterien oder Kondensatoren. Eine mögliche Fahrzeugtopologie mit FESS ist in Abb. 1. exemplarisch dargestellt. Trotz der vermeintlichen Einfachheit des physikalischen Prinzips, nämlich der Speicherung von Energie in kinetischer Form, sind bis dato nur wenige erfolgreiche, serienreife Lösungen am Markt verfügbar.

Im ersten Teil des Buchs, der *Supersystem-Analyse*, werden Schwungradspeicher durch einen holistischen Ansatz im globalen Kontext bewertet. Äußere Einflüsse wie Fahrzeug, Fahrer, Betriebsstrategie und Umgebung, bis hin zu sozio-psychologische Aspekte werden im Hinblick auf ihre Wechselwirkung mit dem eigentlichen Speicher analysiert. Daraus werden nicht nur optimale Einsatzszenarien für FESS abgeleitet, sondern auch die für einen Markterfolg relevanten Entwicklungsziele definiert. Die Supersystem-Analyse stützt sich dabei auch auf eine detaillierte Untersuchung von über 50 historischen Schwungrad-Fahrzeugkonzepten, die im Zuge einer umfangreichen Literaturrecherche zur Evaluierung des Stands der Technik ermittelt wurden.

Auf Basis der im Zuge der *Supersystem-Analyse* eruierten technisch-energetischen spezifischen Zieleigenschaften von Schwungradspeichern folgt im zweiten Teil eine detaillierte Betrachtung des Subsystems von FESS. Es werden jene kritischen Komponenten innerhalb des FESS identifiziert, welche für das Erreichen dieser Wunschspezifikationen verantwortlich sind. Unter dem Gesichtspunkt maximaler Kostenreduktion werden konkrete technische Lösungen für Schlüsselkomponenten diskutiert und deren Eignung durch empirische Untersuchungen validiert. Der Fokus liegt dabei klar auf der Optimierung von

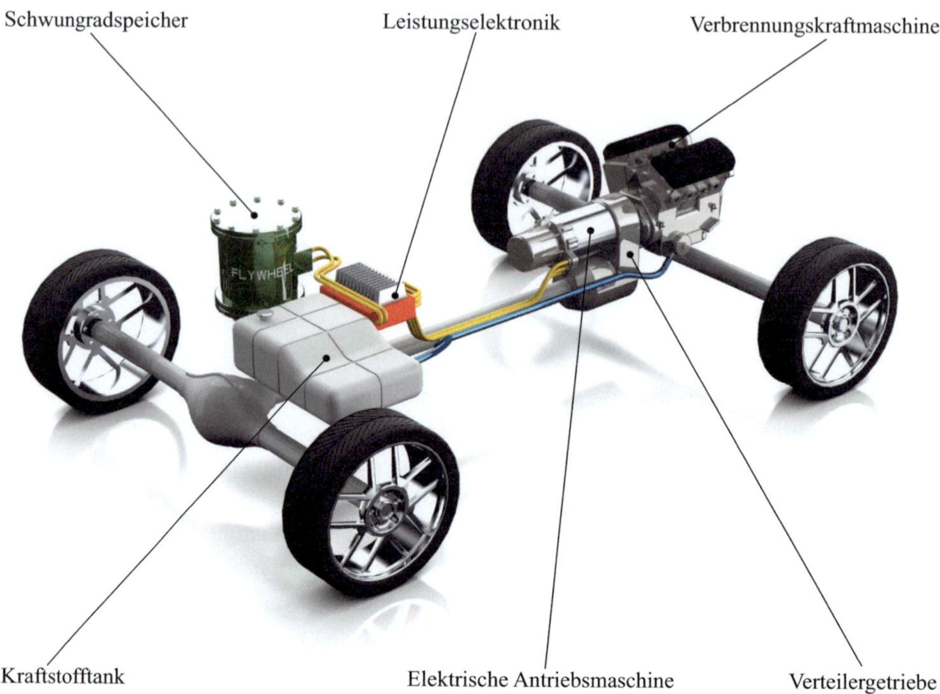

Abb. 1 Typischer Aufbau eines hybriden Antriebsstrangs mit Schwungradspeicher (FESS). Der Energiespeicher erlaubt Lastpunktverschiebung, Bremsenergierekuperation und „Boosting", z. B. bei Überholmanövern

Gehäuse, Lagerung und Rotor, wobei zu jedem der drei Baugruppen praxisrelevante Fallbeispiele anhand von Prototypen gegeben werden.

Abschließend wird ein alternatives, stationäres FESS-Konzept präsentiert, welches die spezifischen Probleme mobiler Schwungradspeicher größtenteils umgeht, aber dennoch einen Beitrag zur nachhaltigen Mobilität zu leisten vermag.

Inhaltsverzeichnis

Abkürzungen

ASM	Asynchronmaschine
ATTB	Advanced Technology Transit Bus
CFK	Carbon Fiber Komposite
CMO	Clean Motion Offensive
CVT	Continuously Variable Transmission
E3oN	Effizienter elektrischer Energiespeicher für den öffentlichen Nahverkehr
EMT	Institut für Elektrische Messtechnik und Messsignalverarbeitung
EV	Electric Vehicle
FESS	Flywheel Energy Storage System
FFG	(Österreichische) Forschungsförderungsgesellschaft
FTP	Federal Test Procedure
GRM	Geschaltete Reluktanzmaschine
IME	Institut für Maschinenelemente und Entwicklungsmethodik
KERS	Kinetic Energy Recovery System
LESS	Lebensdauererhöhung von Schwungrad-Speichersystemen
NASA	National Aeronautics and Space Administration
NEDC	New European Driving Cycle
Nfz	Nutzfahrzeug
Pkw	Personenkraftwagen
PMS	Permanenterregte Synchronmaschine
PTO	Power Take-Off (Zapfwelle)
PV	Photovoltaik
Ref.	Referenz (Literaturquelle)
SynRM	Synchrone Reluktanzmaschine
TUG	Technische Universität Graz
USV	Unterbrechungsfreie Stromversorgung
VIMS	Vollintegrierter Mehr-Scheiben Aufbau
VKM	Verbrennungskraftmaschine
WLTP	Worldwide Harmonized Test Procedure

Formelzeichen

Symbol	Bezeichnung	Einheit
A	Fläche	m^2
c_W	Spezifischer Luftwiderstandsbeiwert	–
E	Elastizitätsmodul	N/m^2
E_k	Kinetische Energie	Joule
E_p	Potentielle Energie	Joule
F_a	Axialkraft	N
F_{Bed}	Bedarfskraft	N
F_{Luft}	Luftwiderstand des Fahrzeuges	N
f_R	Rollreibungskoeffizient	–
F_r	Radialkraft	N
F_{Rad}	Rollwiederstand des Rads	N
F_{Steig}	Steigungswiderstand des Fahrzeuges	N
g	Gravitationskonstante	m/s^2
G	Wuchtgüteklasse	Mm/s
G_b	Wärmeleitwert	W/K
H	Drehimpuls	$kg \cdot m^2/s$
ΔH	Höhendifferenz	m
h_0	Ausgangshöhe	m
i	Übersetzung eines Getriebes	–
I	Trägheitsmoment	$kg \cdot m^2$
K_{dyn}	Dynamikkennzahl eins Fahrzyklus	–
K_{Shape}	Formfaktor des Schwungrades	–
L	Länge	m
m	Masse	kg
$m*$	Verallgemeinerte Masse	kg
M_K	Gyroskopisches Moment	Nm
M_R	Verlustmoment eines Wälzlagers	Nm
n_{zul}	Maximale Grenzdrehzahl	UpM
P	Äquivalente Lagerlast	kN
r	Radius (allgemein)	m
R	Äußerer Radius	m
$R_{0,2}$	Streckgrenze	N/mm^2

Symbol	Bezeichnung	Einheit
R_m	Zugfestigkeit	N/mm^2
$s*$	Schlupf des Rads	–
u	Unwuchtmasse	g
U	Unwucht	g·mm
v	Geschwindigkeit	m/s
v_0	Ausgangsgeschwindigkeit	m/s
w	Auslenkung	m
W_{Bed}	Bedarfsenergie	Joule
$W_{Rück}$	Rückgewinnbare Energie	Joule
x	Weg	m
α	Rotation um die Y-Achse des Fahrzeugs (Nicken)	rad
α_s	Steigungswinkel	°
β	Rotation um die Y-Achse des Fahrzeugs (Nicken)	rad
γ	Rotation um die Z-Achse des Fahrzeugs (Gieren)	rad
γ_k	Winkel um die Rotationsachse des FESS	rad
λ	Drehmassenfaktor	–
λ_j	Eigenwert der transzendenten Gleichung	–
$\lambda_w, \lambda_{Steg}$	Spezifische Wärmeleitfähigkeit	W/m*K
μ	Querkontraktionszahl	–
$\mu(x)$	Massenbelegung	Kg/m^2
ρ_L	Luftdichte	kg/m^3
σ_{max}	Maximalspannung	N/mm^2
σ_r	Radialspannung	N/mm^2
σ_t	Tangentialspannung	N/mm^2
Φ_{ish}	Korrekturfaktor Schmierfilmdicke	–
Φ_{rs}	Einflussfaktor Schmiermittelverdrängung	–
ω_j	Eigenkreisfrequenz	Hz

Einleitung   1

Im Jahr 1973 bekamen die westlichen Industriestaaten die uneingeschränkte Abhängigkeit von nahöstlichen Ölimporten erstmals schmerzhalt zu spüren. Die amerikanische Beteiligung am vierten arabisch-israelischen Krieg führte zu einem Ölboykott, welcher die gesamte Welt überraschte und in weiterer Folge eine Vielzahl von Initiativen zur Untersuchung und Förderung alternativer und erneuerbarer Energiequellen auslöste. Im November 1974 wurde die *Internationale Energieagentur* (IEA) unter U.S. Präsident Jimmy Carter gegründet, welche ein Startbudget von 25 Mrd. U.S. Dollar erhielt [1]. Doch nur kurze Zeit darauf, im Jahr 1979, als Ayatollah Khomeini zur iranischen Revolution aufrief und damit das zweite Ölembargo auslöste, schien die westliche Welt ähnlich überrascht und schlecht vorbereitet wie nur fünf Jahre zuvor.

Mehr als 35 Jahre sind seither vergangen, und trotz aller Klimakonferenzen und Absichtserklärungen der Industrienationen (wie z. B. dem Kyoto-Protokoll) hat sich das globale Verkehrsbild bzw. unser Energiekonsum kaum verändert. Ganz im Gegenteil: Die immer mächtiger werdenden Schwellenländer wie Indien, und vor allem China streben mit gewaltigem Energiehunger dem Zugang zu den größten verbleibenden Erdöl- und Erdgasreserven des Planeten entgegen. Aber ganz gleich, ob der „peak oil" bereits erreicht wurde, oder sich die Analysten geirrt haben und die Vorkommen doch noch etliche Jahrzehnte reichen: Das Verbrennen von fossilen Energieträgern und der damit verbundene CO_2-Ausstoß haben schon jetzt zu einer spürbaren Klimaveränderung geführt, welche verheerende Folgen für den gesamten Planten haben [2].

Aber kann die technische Wissenschaft diese Probleme durch Steigerung der Energieeffizienz lösen? In wie weit könnten effiziente Energiespeicher wie das in diesem Buch im Detail diskutierte Schwungrad zu einer Verbesserung der Situation beitragen?

„Der erste Trunk aus dem Becher der Naturwissenschaft macht atheistisch, aber auf dem Grund des Bechers wartet Gott.", lautet ein Zitat, welches dem deutschen Quantenphysiker Werner Heisenberg nachgesagt wird. Etwas weniger dramatisch, aber meist

© Springer Fachmedien Wiesbaden GmbH, ein Teil von Springer Nature 2019   1
A. Buchroithner, *Schwungradspeicher in der Fahrzeugtechnik*,
https://doi.org/10.1007/978-3-658-25571-8_1

ähnlich irreführend gestaltet sich für viele Techniker der erste Kontakt mit dem Schwungradspeicher. Die charmante Einfachheit des zugrunde liegenden physikalischen Prinzips und die lange Liste an theoretischen Vorteilen gegenüber chemischen Energiespeichern verleiteten in den 60er- und 70er-Jahren des zwanzigsten Jahrhunderts etliche Wissenschaftler dazu, das Schwungrad als „Allheilmittel" gegen steigende Energiepreise und das Fehlen mobiler Speicher beinahe prophetenhaft anzukündigen. Zahlreiche populärwissenschaftliche Zeitschriften propagierten in dieser „goldenen Ära" der Schwungradspeicher, welche ihren Höhepunkt während der beiden schon erwähnten Ölkrisen 1973 und 1979 erlebte, teils fragwürdige Anwendungen dieser Speichertechnologie. Alles sollte mit Schwungrädern angetrieben werden: Von der Handbohrmaschine zum Motorboot [3]. Nichts desto trotz wurden bereits zu dieser Zeit beachtliche Energieeinsparungspotenziale von 25 % und mehr durch Antriebskonzepte mit Schwungradspeicher aufgezeigt. Ein erfolgreiches Beispiel ist der in Abb. 1.1 *VW T2 Hybrid*, welcher von *Institut für Kraftfahrwesen und Kolbenmaschinen* der *RWTH Aachen* aufgebaut wurde.

Aber welche wissenschaftlichen Ziele und technische Eigenschaften müssen de facto erreicht werden, um dieser Technologie zu einem endgültigen Durchbruch und tatsächlichem Markterfolg zu verhelfen? Welche Anwendung ist die vielversprechendste und lohnendste? Findet der Schwungradspeicher sein Zuhause im Rennsport, wo schon im Jahr 2008 namhafte Rennställe in den Königsklassen *Formel 1* und *Les Mans* etliche Erfolge einfahren konnten, wie auch in und Abb. 1.2 und 1.3 dargestellt? Wird er zum luxuriösen Add-On für hochmotorisierten Oberklasse SUVs, das dem zahlungskräftigen Käufer scheinheilig den grünen Mantel der Bremsenergierekuperation umhängt? Oder bleibt der vielzitierte „*Gyrobus*" der *Maschinenfabrik Oerlikon* (MFO) aus dem Jahr 1955

Abb. 1.1 Ein früher Schwungradhybrid: Der VW T2 der RWTH Aachen, 1977. (Bildrechte: Institut für Kraftfahrwesen und Kolbenmaschinen, RWTH Aachen)

(siehe Abb. 1.4), der als modernisierte Neuauflage der Firma *PUNCH Flybrid* auf Straßen neuerdings für Aufregung sorgt, der Prototyp einer idealen Anwendung?

▶ Um all diese Fragen zu beantworten reicht eine isoliert-technische Betrachtung des Schwungrads an sich nicht aus, weshalb dieses Buch einen holistischen Ansatz verfolgt, der weit über die Optimierung einiger weniger Komponenten des eigentlichen Energiespeichers hinausgeht.

1.1   Zum Aufbau des Buchs

Für den Leser öffnet sich – wie in Abb. 1.5 dargestellt – der Blickwinkel ausgehend vom Schwungradspeicher per se, und eine Analyse des *Supersystems*, welche versucht die komplexen Zusammenhänge zwischen Energiespeicher, Fahrzeug und Umgebung zu untersuchen, führt zur Ermittlung erstrebenswerter Spezifikationen und Zieleigenschaften des Speichers. Danach wird der Leser von der obersten hierarchischen Ebene hinabgeführt in das *Subsystem*, zu Betrachtungen mit hohem Detailgrad, wo kritische Komponenten und deren systeminterne Interdependenzen eruiert werden. Den wissenschaftlichen Kern des Buchs stellt die empirische Untersuchung und detaillierte Schilderung praktischer Lösungsansätze im Bereich des Rotordesigns, des Lagerkonzeptes und der Schutzgehäuse dar.

Abb. 1.2 Les Mans Rennfahrzeug mit Schwungradspeicher von *PUNCH Flybrid* im Jahr 2011. Das zugehörige Flywheel-Modul ist in Abb. 1.3 dargestellt. (Bildrechte: PUNCH Flybrid)

Abb. 1.3 Mechanisches Schwungradmodul für ein Les Mans Rennfahrzeug der Firma *PUNCH Flybrid*, welches als Kinetic Energy Recovery System (KERS) eingesetzt wurde. (Bildrechte: PUNCH Flybrid)

Abb. 1.4 Der Legendäre *MFO Gyrobus*. Aufladen des Schwungrades mit Pantographen (links) und Chassis des Busses beim Zusammenbau (rechts). (Bildrechte: Historisches Archiv ABB Schweiz, N.3.1.53232 und N.3.1.54566)

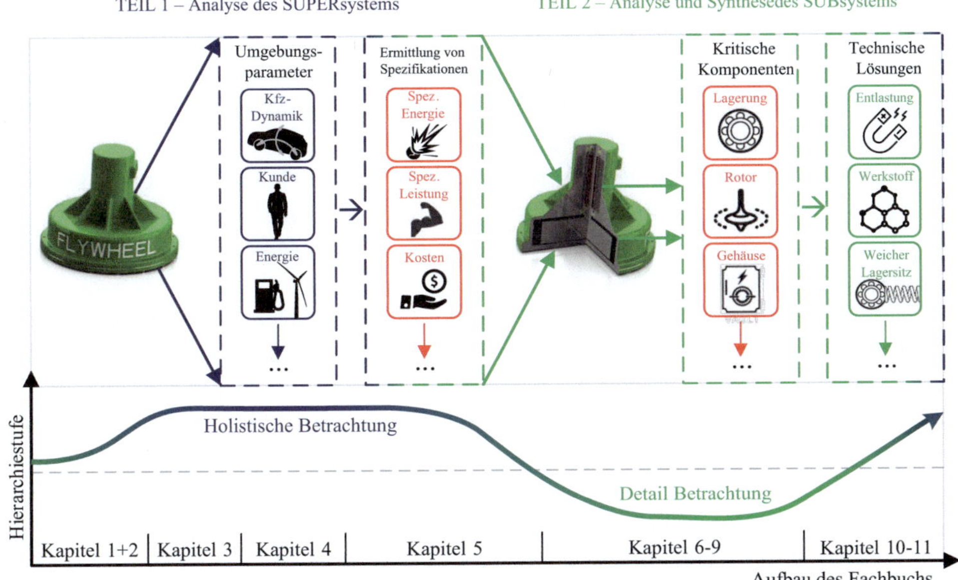

Abb. 1.5 Aufbau und Verlauf des Buchs aus Sicht des Lesers

Um eine gewisse Praxisnähe zu gewährleisten sind in diesem Buch häufig Anwendungsbeispiele angeführt. Besonders wichtige Kernaussagen werden hervorgehoben und erlauben es, die wesentlichen Aspekte des jeweiligen Kapitels auch beim Diagonallesen zu erfassen. Zur besseren Übersicht kommen in Tabellen oft Piktogramme zum Einsatz.

Sämtliche Grafiken, welche über keine explizite Quellenangabe verfügen wurden vom Autor selbst erstellt.

1.2   Motivation für eine holistische Betrachtung des Systems Speicher-Fahrzeug-Umgebung

Wie bereits in der Einleitung betont wurde, zieht unser Mobilitätsverhalten, welches sich (wie Abschn. 2.1 noch genauer beschrieben wird) vorwiegend auf den Straßenverkehr stützt, tief greifende wirtschaftliche, gesellschaftliche und politische Auswirkungen nach sich. Ebenso ist das Thema des transportbezogenen Energieverbrauchs kein isoliert technisches, da die Effizienz der Mobilität von vielen Faktoren – seien sie persönlicher Natur, oder Umwelteinflüsse – abhängt. Diese Systemabhängigkeit der Effizienz gilt gleichermaßen für ein ganzheitliches Mobilitätskonzept, welches sich aus unterschiedlichen Transportmitteln zusammensetzen kann, wie für den Pkw an sich. Selbst eine hochoptimierte Verbrennungskraftmaschine vermag die Defizite einer schlechten Fahrweise des Endkunden nicht immer zu kompensieren. Das Energieeinsparungspotenzial durch Fahrertraining mag in einigen Fällen sogar um ein Vielfaches höher, als jenes, welches durch motorentechnische Maßnahmen erreichbar ist. Es bedarf keinerlei technischen Hintergrundwissens, um zu verstehen, dass die Verdoppelung der Anzahl der Fahrzeuginsassen auch eine Verdoppelung des Wirkungsgrades der Personenbeförderung mit sich bringt – eine Effizienzsteigerung, die keine aktuell verfügbare technische Maßnahme zu vollbringen vermag.

Doch die alleinige Verfügbarkeit effizientester Technologien reicht nicht aus. Die seit mehr als 100 Jahren verfügbare Wärmepumpe zur Beheizung des Gebäudesektors konnte trotz ihrer nachweislich hohen Effizienz ohne entsprechendes Marketing keine wirtschaftlichen Erfolge feiern [6].

Die Idee, ein Schwungrad als Energiespeicher für ein Fahrzeug zu verwenden wurde erstmals 1791 dokumentiert. Es handelt sich um ein Dreirad, entwickelt von dem russischen Mechaniker *Ivan Petrovich Kulibin* (1735–1818), welches durch Muskelkraft angetrieben wurde, beim Bergabfahren und Verzögern Energie in ein Schwungrad aus Stahl speiste und diese beim Beschleunigen wieder abgab (vergleiche Abb. 1.6). Der maximale Energieinhalt des Schwungrades erlaubte es, eine ebene Strecke von etwa 400 m autark zurückzulegen [8]. Das Prinzip war also schon mindestens seit dieser Zeit bekannt, ihm wurde aber lange Zeit keine Beachtung geschenkt. Seit damals wurde die Effektivität des Systems durch etliche Prototypen und Kleinserien demonstriert. Aus einfachen, geschmiedeten Stahlschwungrädern wurden hochleistungsfähige Energierückgewinnungssysteme für dein Einsatz im Rennsport. Abb. 1.7 zeigt einen Kohlefaserrotor der Firma *Ricardo plc* während des dynamischen Wuchtens.

Tab. 1.1 zeigt eine Auswahl aus mehr als 50 bisher umgesetzten Fahrzeugen mit Schwungradspeicher. In Anbetracht der Vielzahl an Entwicklungen stellt sich der Leser

Abb. 1.6 Russischer Anstecker mit Darstellung des „Kulibin-Dreirads", dem ersten Schwungradfahrzeug von 1791

Abb. 1.7 Moderne Schwungräder verbinden High-Tech-Werkstoffe mit Präzisionsmaschinenbau: Dynamisches Feinwuchten eines Schwungrad-Rotors von *Ricardo plc*. (Bildrechte: Ricardo plc)

die berechtigte Frage, warum diese Fahrzeuge nicht längst unser Straßenbild prägen. Die soeben genannten gesellschaftlichen und wirtschaftspolitischen Zusammenhänge betreffen Schwungradhybride jedoch genauso wie sämtliche anderen Aspekte der Mobilität. Äußere Parameter wie Gesetzgebung, globale Marktsituation, Straßennetz und Infrastruktur, Energiepreise und das komplexe sozio-psychologische Verhalten des Endkunden bestimmen die Rentabilität eines Schwungradspeichers im Hybridfahrzeug. Eine detaillierte Untersuchung dieser Aspekte im historischen Kontext wurde vom Autor in [8] publiziert.

Um ein Beispiel eines erfolgreichen Schienenfahrzeuges mit Schwungradspeicher zu geben, ist in Abb. 1.8 das *Parry People Movers* (PPM) *Class 139 Railcar* dargestellt, welches in Stourbridge, England im Einsatz ist. Abb. 1.9 zeigt das dazugehörige Chassis des Fahrzeuges, wobei der Schwungradspeicher im Zentrum gut zu erkennen ist.

Die Langlebigkeit der Schwungradspeicher-Technologie wurde unter anderem durch MFO Gyrolokomotive eindrucksvoll demonstriert. Das für den Einsatz im Eisenbergwerk Gonzen konzipierte Schienenfahrzeug, war viele Jahre untertage im Einsatz und wird seit 1994 – noch immer funktionstüchtig – für Besucherzüge und Führungen eingesetzt. Abb. 1.10 zeigt die „Gyrolok" in einer Photographie der Maschinenfabrik Oerlikon aus dem Jahre 1956.

Im Zuge einer technisch-wirtschaftlichen Analyse des *Advanced Technology Transit Bus* (ATTB) (vergleiche Abb. 1.11 oder auch Abschn. 2.2.2.2) schrieb Larry Hawkins, Gründer und „Director of Technology" der Firma *Calnetix* in einer E-Mail-Korrespondenz:

„The program [of the ATTB] was a technical success, but didn't get follow on funding to commercialize."

(„Das Programm [des ATTB] was ein technologischer Erfolg, aber es fehlten die finanziellen Mittel für eine Kommerzialisierung.")

Tab. 1.1 Übersicht der Schwungradfahrzeuge in den Bereichen Nutzfahrzeug, Pkw und Schienenfahrzeug

	Jahr	Bezeichnung	Hersteller/Entwickler	Land	Energieinhalt Schwungrad	Max. Drehzahl	Rotormasse
					kWh	*UpM*	*kg*
Nfz	1953	Gyrobus	Maschinenfabrik Oerlikon	CH	9,15	3000	1500,0
	1981	M.A.N. Versuchsbus	M.A.N.	D	1,50	12.000	104,0
	1985	New York Bus System	Garrett Corp.	USA	16,00	16.000	340,0
	1988	Münchner Stadtbusse	MAN/Neoplan/Magnent-Motor	D	2 × 2,75	11.000	181,0
	2002	ATTB	Center for Electromechanics	USA	2,0	40.000	59,0
	2006	AutoTram	Fraunhofer Institut	D	4,00	23.000	300,0
	2012	GKN	GKN Hybrid Power	GB	0,5	36.000	55
Pkw	1792	Kulibin Dreirad	Leutnant I.P Kulibin	RUS	0,011	500	50,0
	1978	Garrett 4 Passenger Sedan	Garrett Corp.	USA	1,0	25.000	22,7
	1993	Chrysler Patriot	Chrysler Motors	USA	1,0	58.000	60,0
	1996	Hybrid III	ETH Zürich	CH	0,070	6000	48,0
	2000	Zero Inertia – VW Bora	TU Eindhoven/Van Doorne	NL	0,040	8000	12,2
	2009	Porsche 911 GT3 R Hybrid	Porsche	D	0,20	40.000	14,0
	2010	Jaguar XF	Torotrak/Xtrac CVT	GB	0,120	60.000	5,0
Schiene	1860	Schuberski Lok	Leutnant Z. Schuberski	RUS	31,670	–	5000
	1950	Gyro-Traktor	Maschinenfabrik Oerlikon	CH	–	–	–
	1954	Gyro-Lok	Maschinenfabrik Oerlikon	CH	5,6	3000	1530
	1974	New York Subway	Garrett Corp.	USA	1,6	14.000	4 × 68
	1975	Advanced Concept Train	Boeing Vertol	USA	4,500	11.000	–
	1992	PPM Class 139 Railcar	Parry People Movers	GB	3,750	2600	720
	2001	ULEV-TAP I	CCM	NL	4,000	1500	–
	2004	Lirex MDS K5	Alstom/Magnet-Motor	D	2 × 2	12.000	600
	2006	Lirex MDS K6	Alstom/WTZ Rosslau	D	2 × 6	25.000	–

Abb. 1.8 *Parry People Moves Class 139 Railcar* mit Schwungradspeicher im Wintereinsatz in Stourbridge, England. (Bildrechte: Parry People Movers Ltd)

Abb. 1.9 Chassis des *PPM Class 139 Railcar* mit Schwungradspeicher. (Bildrechte: Parry People Movers Ltd)

Abb. 1.10 Ein Beweis für die Langlebigkeit von Schwungradspeichern: Die *MFO Gyrolokomotive*, hier aufgenommen 1956 im Gonzenwerk Sargans, Schweiz, ist heute noch fahrtüchtig. (Bildrechte: Historisches Archiv ABB Schweiz N.3.1.64734)

Abb. 1.11 Der *Northrop-Grumman Advanced Technology Transit Bus* mit Schwungradspeicher [4, 5]. (Bildrechte: Center for Electromechanics, University of Texas)

Worin liegt also der Sinn einer isolierten Weiterentwicklung der Schwungradspeichertechnologie, wenn sich selbst seit Jahren verfügbare und nachweislich funktionsfähige Lösungen nicht durchsetzen konnten?

Der *ATTB* war nur eines von vielen technisch erfolgreichen Konzepten, welches letztlich nie in Serie produziert wurde. Aber woran liegt das? Welche Eigenschaften der Schwungradtechnologie müssen verbessert werden, um einen erfolgreichen Markteintritt zu gewährleisten? Welche technologischen Lösungen können hierfür herangezogen werden? Dieses Buch versucht Antworten auf diese und weitere im Zuge der Forschungs- und Entwicklungsarbeiten rund um das Thema Schwungradspeicher auftretende Fragen zu geben.

Doch eines scheint klar zu sein: Selbst, wenn die Vorteile der FESS-Technologie in Bezug auf Reduktion des CO_2-Ausstoßes doch geringer wären als erste Ergebnisse vermuten lassen, so geht es letztendlich immer um ökonomischen Profit. Und die Situation war auch vor 20 Jahren nicht anders. *Major Richard Cope*, von der *Advanced Research Projetcts Agency* (USA) sagte 1994 über die Energiespeicherung in Flywheels [7]:

> „The vision, the technology and the payoff are all clear. But three problems stand in the way:
> Costs, costs and costs!"

> („Die Vision, die Technologie und die Benefits sind klar. Aber drei Probleme stehen Weg:
> Kosten, Kosten und Kosten!")

Ein gutes Beispiel dafür, dass Ökonomie und Politik – also Aspekte des *Supersystems des Schwungradspeichers*, die Rentabilität und somit auch die Forschungsaktivität dieses technischen Sektors beeinflussen, ist in Abb. 1.12 dargestellt. Das Diagramm zeigt eine verblüffend starke Korrelation zwischen dem nominellen Rohölpreis und der Anzahl an Entwicklungen im Bereich der schwungradbetriebenen Fahrzeuge.

Wenn man daher von der „Optimierung eines Schwungradspeichers für den automobilen Einsatz" spricht, so können diese *äußeren Faktoren*, die teilweise eine viel größere Tragweite haben als sämtliche Maßnahmen, welche im technischen Bereich zu Verfügung stehen, nicht außer Acht gelassen werden.

Aber auch innerhalb des *Subsystems* des Speichers treten komplexe Interdependenzen auf, welche nur durch eine holistische Betrachtung des Energiespeichers ausreichend erfasst werden können (Siehe Abschn. 6.2). Wie Kap. 9 noch zeigen wird, ist die Lagerung

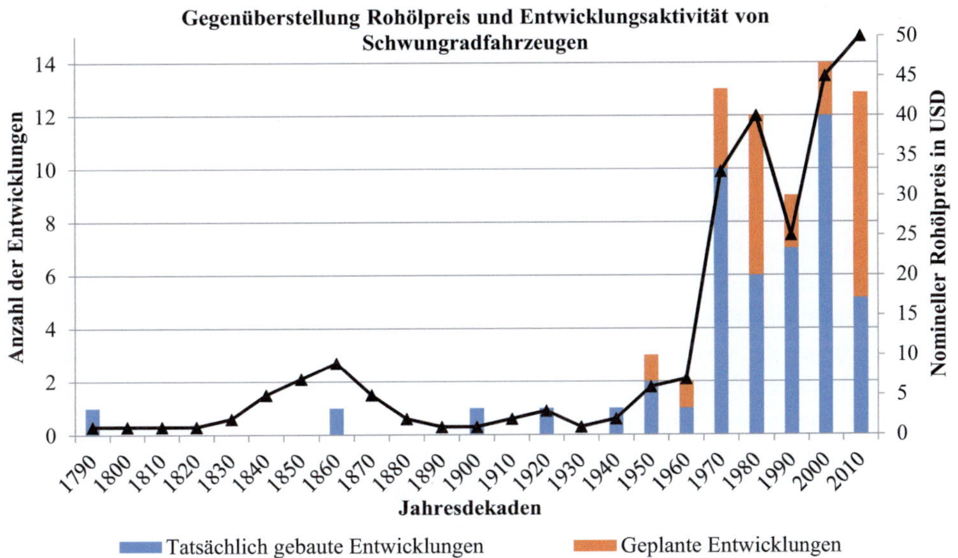

Abb. 1.12 Gegenüberstellung von Rohölpreis und Entwicklung bei Schwungradfahrzeugen [8]

eine der kritischen Komponenten im FESS. Die Ermittlung des Lastkollektivs für die Lagerauslegung bedingt zwangsläufig eine Auseinandersetzung mit äußeren Einflüssen wie Kräften, Beschleunigungen etc., also eine Auseinandersetzung mit dem *Supersystem.*

Diese klassische, technische Systembetrachtung, welche nicht über die Ermittlung der unmittelbaren Lagerbelastung (oder Bauteilbelastung im Allgemeinen) hinausgeht, muss erweitert und auf alle Systemkomponenten des FESS angewandt werden. Dabei müssen auch äußere Einflüsse, welche sich nicht strikt physikalisch bestimmen und quantifizieren lassen – wie zum Beispiel ökonomische Faktoren, Trends und Kundenpsychologie – beachtet und im Kontext systeminterner, sowie systemübergreifender Interdependenzen analysiert werden.

1.3   Ausgangssituation – Europa in der Energiewende

Das wirtschaftlich und politisch bedingte Streben Mitteleuropas nach der Unabhängigkeit vom Importgut Öl, propagiert von öffentlichen Persönlichkeiten wie Angela Merkel, bewirkte einen Boom im Bereich der erneuerbaren, vorwiegend *volatilen Energiequellen,* wie Wind und Sonnenenergie. Hier liegt eine der wesentlichen Herausforderungen in der Versorgungs- und Bedarfsglättung durch Speicherung von (vorwiegend elektrischer) Energie. Die fehlende Speicherbarkeit wird nicht umsonst als eine der „sieben Paradigmen der Energiewirtschaft" bezeichnet [9]. Darüber hinaus gilt es – um vor allem die CO_2-Emissionen in einem vertretbaren Rahmen zu halten – den Primärenergiebedarf weiter zu senken. Das politische Bestreben der Weltmächte USA, Russland und China Zugang zum Rohstoff Erdöl zu erlangen, hat die Geschichte der Neuzeit auf teilweise dramatische Weise gestaltet. Kriege wurden geführt, Führungsmächte gestürzt und Grenzen neu gezogen, um der fossilen Energieträger Willen. Tausende Kilometer Pipelines, Supertanker und milliardenschwere Konzerngeschäfte ermöglichen es der gehobenen Mittelschicht der westlichen Industriestaaten ihre Fahrzeuge zu günstigen Preisen zu betanken. Für die Menschen vieler erdölreicher Länder, besonders der Nicht-OPEC-Staaten, resultiert die Ausbeutung ihrer Bodenschätze jedoch in bitterer Armut [1]. Es muss also quasi als die moralische Pflicht des modernen Automobilingenieurs angesehen werden, an der Verringerung des Imports von Öl, oder fossilen Energieträgern im Allgemeinen, zu arbeiten.

Betrachtet man Abb. 1.13, so erkennt man, dass *Mobilität* und *Gebäudeheizung* den größten Verbrauch aufweisen und somit auch das größte Einsparungspotential bieten. Die CO_2-Emissionen der verschiedenen Sparten in den EU-27 sind in Abb. 1.14 dargestellt. Das Erreichen niedriger Emissionsgrenzwerte kann jedoch weder durch eine politische Reglementierung alleine, noch durch bloße Effizienzsteigerung der Fahrzeuge erfolgen, sondern ist vor allem auf das Bewusstsein und den Willen eines jeden Teilnehmers angewiesen [10]. Eine intensive Zusammenarbeit zwischen Politik, Gesetzgeber, Industrie und Endkunden kann aber nur dann erfolgen, wenn eine *kohärente Auffassung des Begriffs Energie* gegeben ist. Umfragen des *Instituts für Elektrizitätswirtschaft und Energieinnovation* der *TU Graz* haben

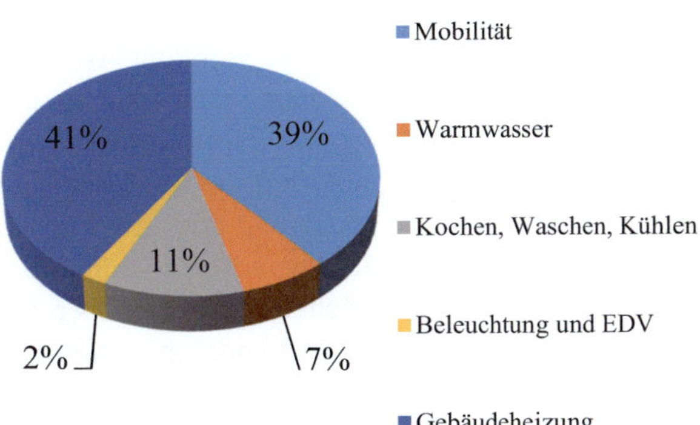

Abb. 1.13 Durchschnittlicher Energieverbrauch pro Haushalt in Österreich inkl. Mobilität im Jahr 2012 [11]

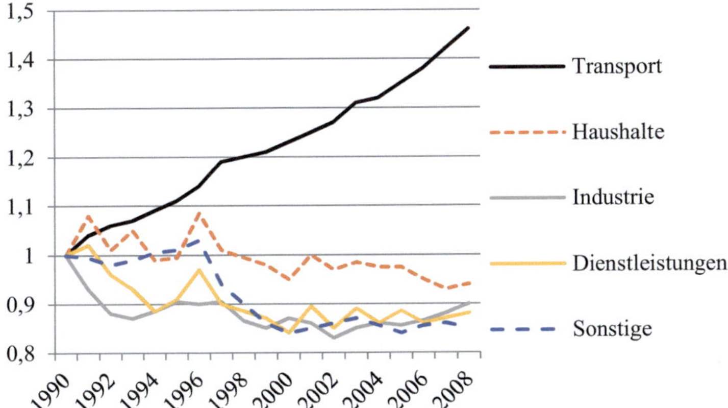

Abb. 1.14 Relative CO_2-Emissionen der verschiedenen Sparten in den EU-27 normiert auf den Verbrauchswert von 1990 [12]

ergeben, dass Energie eine physikalische Größe ist, welche wir Menschen nur äußerst schlecht wahrnehmen und einschätzen können [6]. Dieser energiepsychologische Umstand, welcher in Abschn. 3.5 noch genauer erläutert wird, führt unweigerlich zu einem teilweisen Fehlverhalten der Bevölkerung im Umgang mit unseren kostbaren energetischen Ressourcen.

1.4 Die Rolle des Transportsektors

Nirgendwo sonst wirkt sich die schwierige Speicherbarkeit von Energie so eklatant aus, wie bei mobilen Anwendungen. Das betrifft nicht nur portable Geräte, sondern vor allem Fahrzeuge. Der Schlüssel zur Fahrzeughybridisierung, -elektrifizierung oder zum „*Zero*

Emission Vehicle" im Allgemeinen, liegt daher nicht wie man laienhaft annehmen könnte in der Verbesserung der elektrischen Antriebsmaschine, sondern in der Entwicklung effizienter, mobiler Energiespeicher.

Aber das Thema „nachhaltige Mobilität" ist wie erwähnt längst kein rein technologisches mehr. Viel eher ist es eine Frage der *Interaktion äußerer Parameter* wie Politik, Marketing, Wirtschaft und auch Psychologie des Endkunden geworden. Würde man die Effizienz der Mobilität strikt aus einem technisch-energetischen Blickwinkel betrachten, so erscheint eine Verlagerung des Lkw-Transits auf die Schiene als eine naheliegende, erste Lösung [13]. Theoretisch könnte man die bestehende Infrastruktur nutzen und hätte somit auf einen Schlag den Anteil der reinen „E-Mobility" im Verkehr vervielfacht. (Dies gilt zumindest für Länder mit einem hohen Anteil an elektrifizierten Bahnstrecken.) Dazu kommt noch, dass durch eine überwiegende Netzgebundenheit der Schienenfahrzeuge in Mitteleuropa der aus erneuerbaren Energien gewonnene Strom direkt genutzt und rekuperierte Bremsenergie (z. B. in Pump-Speicherkraftwerken) gespeichert werden kann. Paradoxerweise ist der Anteil des Schienenverkehrs in Europa seit den Siebzigerjahren des 20. Jahrhunderts aber konsequent zurückgegangen. Im Jahr 1970 lag der Anteil des Energiebedarfs für den Transport von Personen und Gütern auf der Schiene bei 22 %, im Jahr 2010 bei etwa 5 %; er ist also auf ca. 1/4 des ursprünglichen Wertes gesunken (Abb. 1.15). Dazu kommt noch, dass der Transportsektor – verglichen zu den restlichen Energieverbrauchern in der EU – das stärkste Wachstum verzeichnet. (Siehe Abb. 1.16)

Der Anteil der Elektrofahrzeuge an den Zulassungen fällt jedoch absolut gesehen aber nach wie vor bescheiden aus. Im Jahr 2010 waren im EU-Durschnitt nur 0,07 % der Fahrzeuge elektrisch angetrieben, wobei Norwegen mit 1,23 % als Spitzenreiter hervorging [16]. Im Jahr 2015 waren 0,15 % der europäischen Pkws elektrisch [17]. Zwar steigen die Anteile an Neuzulassungen bei den EVs, und 2017 waren 882.000 Elektro- und Hybridfahrzeuge auf Europas Straßen unterwegs [18], aber im Hinblick auf die beinahe 300 Mio. Autos in der EU, ist auch dieser Prozentsatz mit ca. 0,29 % eher gering.

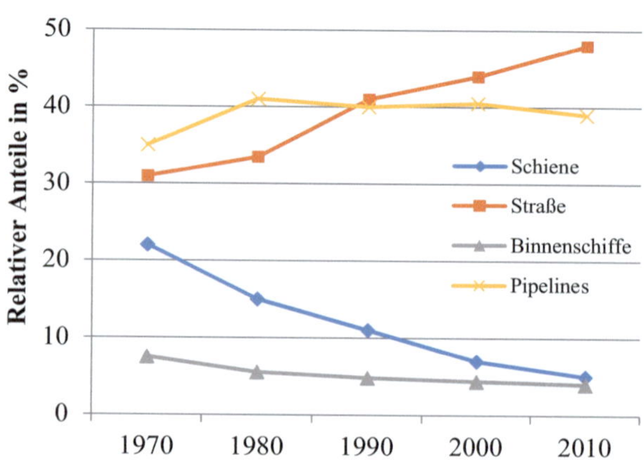

Abb. 1.15 Anteile des Energieverbrauchs nach Transportsektor in der EU (Daten aus [10] und [14])

Abb. 1.16 Verlauf des weltweiten Fahrzeugbestandes, erstellt auf Basis der Daten von [15]

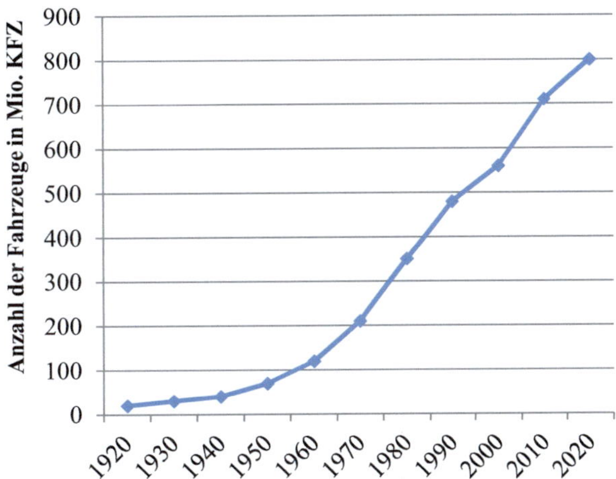

▶ Daraus lassen sich drei wesentliche Aussagen ableiten:

1. Es ist offensichtlich, dass die Entwicklung von nachhaltigen Technologien alleine nicht genügt, da diese ja zum Teil schon bestehen (Bspl. Schienenverkehr), aber nicht bzw. nicht ausreichend genutzt werden.

2. Will man sich nicht auf eine Bewusstseinsänderung der Bevölkerung verlassen, so müssen Technologien entwickelt werden, welche *nachhaltiges Handeln* für den Menschen übernehmen können, ohne ihn in seiner Freiheit bzw. seinem Komfort merklich einzuschränken.

3. Um die Nutzung und Akzeptanz effizienter Fahrzeuge und nachhaltiger Mobilitätskonzepte zu steigern, reichen wirtschaftliche Motive alleine nicht aus. Neben politischen und legislativen Maßnahmen muss vor allem der Kundennutzen durch einen Mehrwert (Zeiteinsparung, Komfort, Image, etc.) maximiert werden.

1.5   Die Zukunft der Mobilität

Die in Abschn. 1.2 und 1.3 beschriebenen Szenarien verdeutlichen, dass Worte wie „Energiewende", „Elektrifizierung" und „Nachhaltigkeit" nicht ohne Grund immer öfter auf den Titelblättern der Tageszeitungen zu finden sind. Während im Gebäudesektor Wärmeisolierung, Kraft-Wärme-Koppelung und alternative Heizsysteme auf dem Vormarsch sind, scheint sich die Automobilindustrie auf *keine einheitliche Lösung* einigen zu können oder wollen. Der einstige gemeinsame Nenner und Hoffnungsträger der großen Fahrzeugkonzerne, die Elektromobilität, schien sich einige Zeit in einer Krise zu befinden. Wie so oft in einem Produktzyklus folgt der ersten Euphorie das „Tal der Enttäuschungen". Dies spiegelt nicht nur die sich in Grenzen haltenden Verkaufszahlen (wie bereits in Abschn. 1.3 beschrieben) und die teils mangelnde Kundenzufriedenheit[1] bei den reinen

---

[1] Probleme wie die deutlich verkürzte Reichweite der EVs im Winter, lange Ladezeiten und die Gewährleistungs- und Entsorgungsfrage der Batterien konnten bis dato nicht vollends gelöst werden.

Elektrofahrzeugen wider, sondern auch das unisonore Echo der Fahrzeugingenieure, bei-spielsweise am *VDI-Kongress für Innovative Fahrzeugantriebe 2012*. Im Rahmen dieser Veranstaltung bezeichnete *Prof. Günter Hohenberg* den E-Mobility Hype als „in einer Phase der Ernüchterung" angelangt [19]. Zwar scheint das batterieelektrische Fahrzeug sich im Pkw-Bereich mehr und mehr zu etablieren, aber der Nutzfahrzeugsektor kämpft nach wie vor mit den zu geringen Reichweiten der EVs und ist auf der Suche nach Alter-nativen wie zum Beispiel Wasserstoff. Bei höheren Durchdringungsraten werden jedoch auch Aspekte der Ressourcenbeschaffung (Lithium), der Belastung des Elektrizitätsnet-zes (vergleiche Kap. 10) und des Life Cycle Assessments (LCA) schlagend. In diesem Kontext muss erwähnt werden, dass ca. 300 kWh Energie erforderlich sind um eine Bat-terie mit einer Speicherkapazität von 1 kWh zu erzeugen (Abb. 1.17).

Wie sieht also die Zukunft der modernen Mobilität aus? Wie sieht sie die Fahrzeugin-dustrie und wie der Kunde? Werden neue Batteriekonzepte wie die Zink-Luft-Batterie dem Elektrofahrzeug zur raschen Erlangung einer dauerhaften Popularität verhelfen, oder wird ein hybrides Fahrzeugkonzept das Rennen machen? Und wenn ja, welches? *Mild, Micro* oder *Full*? Oder behält *Daimler* Recht, und die Brennstoffzelle setzt sich durch? Wenn man den aktuellen Ergebnissen der ökonomischen Transformationsforschung Glau-ben schenkt, so reichen nachhaltige Technologien nicht aus, sondern es bedarf eines völlig neuen Mobilitätskonzeptes, basierend auf sogenannter „*voluntary simplicity*" (freiwillige Einfachheit) [20].

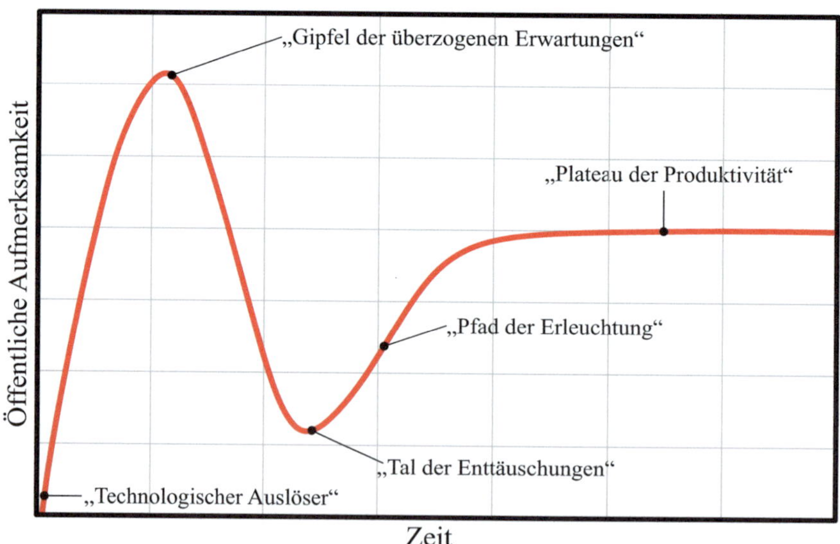

Abb. 1.17 Sogenannter „Hype-Zyklus", welcher die Phasen der öffentlichen Aufmerksamkeit bei Einführung einer neuen Technologie darstellt

Die verschiedenen Ansätze und Zielsetzungen der Automobilgiganten und das Bestreben eines jeden Konzerns seinen eignen Standard zu etablieren,[2] resultiert in einer stark divergenten und isolierten Forschungs- und Entwicklungsarbeit auf dem Sektor der emissionsarmen und emissionsfreien Mobilität. Damit lässt sich erklären, warum manche Technologien, wie zum Beispiel der Schwungrad- oder Druckluftspeicher, bis dato ein entsprechendes Schattendasein führten. Demgegenüber klingt die Vorstellung, dass die Fahrzeugindustrie „mit vereinten Kräften" ein Ziel verfolgt, verlockend, birgt aber die Gefahr des Übersehens der wahrlich revolutionären und disruptiven Technologien mit sich. Der bekannte Finanzmathematiker und Philosoph *Nassim Nicholas Taleb* bezeichnet selten auftretende, aber wahrlich bahnbrechende Erneuerungen als „*Black Swans*" (=„schwarze Schwäne") [21]. Basierend auf Talebs Werken verfasste der US-amerikanische Geschäftsmann und Großinvestor im Bereich der Umwelttechnologie *Vinod Khosla* die „*Black Swan Thesis of Energy Transformation*" [22]. Khosla ist der Ansicht, dass kleine, inkrementelle Verbesserungen nicht zielführend sind, um monumentale, lebensverändernde Fortschritte im Bereich der Energie- und Mobilitätstechnik zu erlangen. Die hochinnovativen „Black Swans" hingegen weisen eine geringe Wahrscheinlichkeit der erfolgreichen technologischen Umsetzung auf, wie Abb. 1.18 darstellt.

▶ Sollte jedoch einer dieser unwahrscheinlichen *Black-Swan-Ansätze* umgesetzt werden und einen marktwirtschaftlichen Erfolg erzielen, so wäre dies ein technologischer Quantensprung.

Eine sukzessive, inkrementelle Effizienzsteigerung, vor allem bei der Energieerzeugung, kann durch die damit oftmals verbundene Preissenkung sogar zu einem steigenden Verbrauch durch die Bevölkerung führen. Sinken die Betriebskosten der Fahrzeuge, so können sich mehr Menschen einen Pkw leisten, und die CO_2-Bilanz verschlechtert sich trotz des geringeren spezifischen Verbrauchs. Dieses Phänomen wird als *Rebound Effect* bezeichnet [23].

▶ Unabhängig davon, auf welchen Lösungen die zukünftige Mobilität aufbauen wird, es gilt die zu Verfügung stehenden Technologien nicht nur zu beherrschen und zu erzeugen, sondern auch effizient einzusetzen. Gerade im Automobilsektor spielen äußere Faktoren, wie Fahrzyklus oder Verkehr, und nicht zuletzt der Kunde eine entscheidende Rolle, was wiederum ein Plädoyer für eine holistische Betrachtung des *Supersystems* darstellt.

---

[2] Diskussionen zwischen Automobilkonzernen und Politik betreffend Normstecker für das Laden von Elektrofahrzeugen bzw. ein einheitliches Batteriesystem, welches Batterietausch („battery swapping") erlaubt, scheinen bislang ergebnislos zu sein.

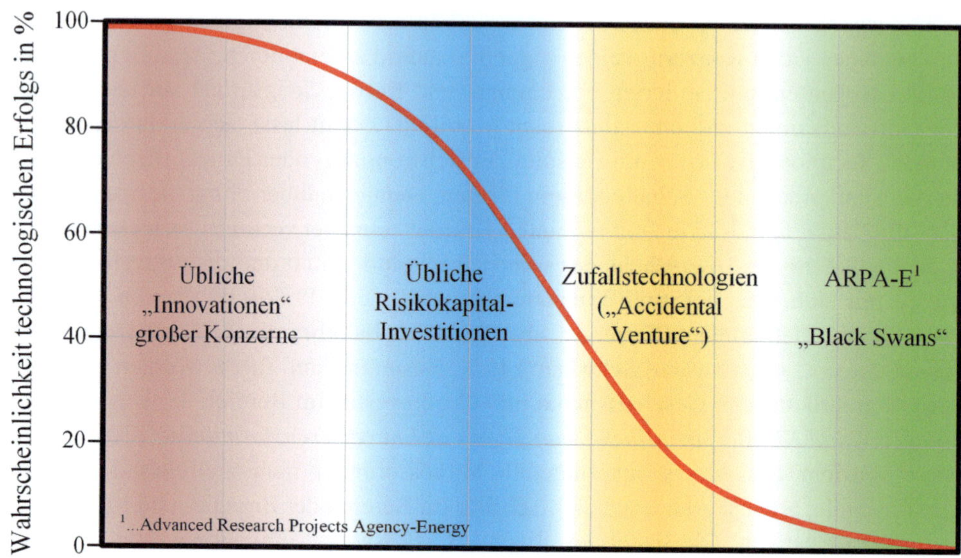

Abb. 1.18 Wahrscheinlichkeit der Umsetzbarkeit über Innovationsgehalt und Impakt neuer Technologien [22]. (Bildrechte: Khosla Ventures)

Literatur

1. K. Kneissl (2006) Der Energiepoker: Wie Erdöl und Erdgas die Weltwirtschaft beeinflussen. Zweite, überarbeitete Auflage 2008. FinanzBuch Verlag, München, Deutschland.
2. T. L. Frölicher (2016) Climate response: Strong warming at high emissions. Nature Climate Change, p. 823–824.
3. A. P. Armagnac (1970) Super Flywheel to Power Zero-Emission Car. Popular Science, pp. 41–43, Ausgabe August 1970.
4. BMP Center of Excellence / Northrop Grumman (1997) Advanced Technology Transit Bus. Northrop Grumman, Military Aircraft Systems Division, El Segundo, Kalifornien, USA. http://www.bmpcoe.org/bestpractices/internal/north/north_22.html. [Zugriff am 02. Juli 2011].
5. R.J. Hayes, J.P. Kajs, R.C. Thompson und J.H. Beno (1999) Design and Testing of a Flywheel Battery for a Transit Bus. SAE International Congress and Exposition, Detroit, Michigan, USA.
6. H. Stiegler und U. Bachhiesl (2013) Grundlagen der Energieinnovation. TU Graz, Österreich.
7. M. DiChristina (1994) Emerging Technologies for the Supercar. Popular Science, p. 99, Ausgabe Juni 1994.
8. A. Buchroithner und M. Bader (2011) History and development trends of flywheel-powered vehicles as part of a systematic concept analysis. European Electric Vehicle Congress (EEVC), November 2011, Brüssel, Belgien.
9. H. Stiegler (1999) Rahmen, Methoden und Instrumente für die Energieplanung in der neuen Wirtschaftsorganisation der Elektrizitätswirtschaft. TU Graz, Österreich.
10. P. L. Schiller, E. C. Brunn und J. R. Kenworthy (2010) An Introduction to Sustainable Transportation – Policy, Planning and Implementation. EARTHSCAN, Washington DC, USA

11. W. Pölz (2001) Kohlendioxid-Reduktionspotentiale der Klimabündnisgemeinde Mistelbach, Institut für Land-, Umwelt- und Energietechnik der Universität für Bodenkultur, Wien.
12. C. Sessa und R. Enei (2010) EU transport demand: Trends and drivers. Europäische Komission (ISIS).
13. J. Pluy (2012) Energieeffiziente und kostengünstige Elektromobilität mit der Bahn. EnInnov – 12. Symposium Energieinnovation, Graz, Österreich.
14. European Commission (2012) Transport in Figures – Statistical Pocketbook 2012. Publications Office of the European Union, Luxembourg.
15. M. Fish (2006) Where Global Warming Comes From. http://www.globaltrees.co.uk/facts_.php. [Zugriff am 12. April 2011].
16. J. Bates (2011) Incentives Fail to Stimulate European Electric Vehicle Sales. JATO Dynamics GmbH, Limbung, Deutschland.
17. European Environment Agency (2016) Electric vehicles in Europe. Publications Office of the European Union, Luxembourg.
18. A Tsakalidis und C. Thiel (2018) Electric vehicles in Europe from 2010 to 2017: is full-scale commercialisation beginning? JRC Science for Policy Report, EUR 29401 EN, Europäische Kommission.
19. G. Hohenberg et al (2012) Range Extended E-Mobility. VDI-Berichte 2183: 8. VDI-Tagung mit Fachausstellung – Innovative Fahrzeugantriebe, November 2012, pp. 129–143, Dresden, Deutschland
20. S. Alexander und S. Ussher (2011) The Voluntary Simplicity Movement: A Multi-National Survey Analysis in Theoretical Context. Journal of Consumer Culture. https://doi.org/10.1177/1469540512444019.
21. N. N. Taleb (2008) The Black Swan: The Impact of the Highly Improbable. Random House Publishing Group, New York, USA.
22. V. Khosla (2011) The Black Swan Thesis of Energy Transformation. Khosla Ventures, Menlo Park, California, USA.
23. J. Jenkins, T. Nordhaus und M. Shellenberger (2011) Energy Emergence – Rebound & Backfire as Emergent Phenomena. Breakthrough Institute, Oakland, Kalifornien, USA.

Komplexität, Bedeutung und Gesamtsystemabhängigkeit der Fahrzeugbetriebsstrategie 2

2.1 Systembetrachtung – Fahrzeug, Fahrer und Umwelt

Besonders seit der Etablierung genormter Testzyklen, wie z. B. des *New European Driving Cycle (NEDC)*, herrscht landläufig die Meinung, dass die Verantwortung einer Verbrauchsreduktion der Fahrzeuge in erster Linie bei den Fahrzeugentwicklern liegt, und daher eine rein technische Frage sei. Eine Optimierung der Verbrennungskraftmaschine (VKM), Leichtbau und ein „smartes" Energiemanagement können zweifellos zur Reduktion des Kraftstoffverbrauchs beitragen, aber oftmals bergen äußere Einflüsse, wie die Wahl des Fahrzeuges[1] an sich und dessen Einsatzprofil ein erheblich größeres Potenzial. Da in manchen Fällen eine exakte Quantifizierung und Ermittlung des wichtigsten Einflussparameters nicht möglich ist, gilt es fortan das Fahrzeug als ganzheitliches, systemabhängiges Optimierungsproblem zu betrachten. Dies bedeutet gleichermaßen, dass all jene Parteien, welche das *Supersystem* des Fahrzeuges gestalten, in einen interdisziplinären Prozess involviert sind und Verantwortung für dessen gemeinsame Entwicklung übernehmen müssen. Abb. 2.1 zeigt die Wechselwirkung zwischen Hybridfahrzeug, Subsystem (bestehend aus den wesentlichen technischen Komponenten des Fahrzeuges) und *Supersystem*, welches jene äußeren Einflüsse beschreibt, die auf Fahrzeugtopologie, Betriebsstrategie und letzten Endes Energieverbrauch Einfluss haben. Auf das eigentliche Subsystem des Speichers bzw. die verschiedenen Hierarchieebenen der Systembetrachtung wird in Kap. 4 eingegangen.

---

[1] War in der Vergangenheit eine kontinuierliche Reduktion des Kraftstoffverbrauchs bei den Fahrzeugflotten zu beobachten, so steigt der CO_2-Ausstoß bei Neuwagen in Deutschland aufgrund der zunehmenden Verkaufszahlen der SUVs trotz effizienter werdender Motoren wieder an [1].

© Springer Fachmedien Wiesbaden GmbH, ein Teil von Springer Nature 2019
A. Buchroithner, *Schwungradspeicher in der Fahrzeugtechnik*,
https://doi.org/10.1007/978-3-658-25571-8_2

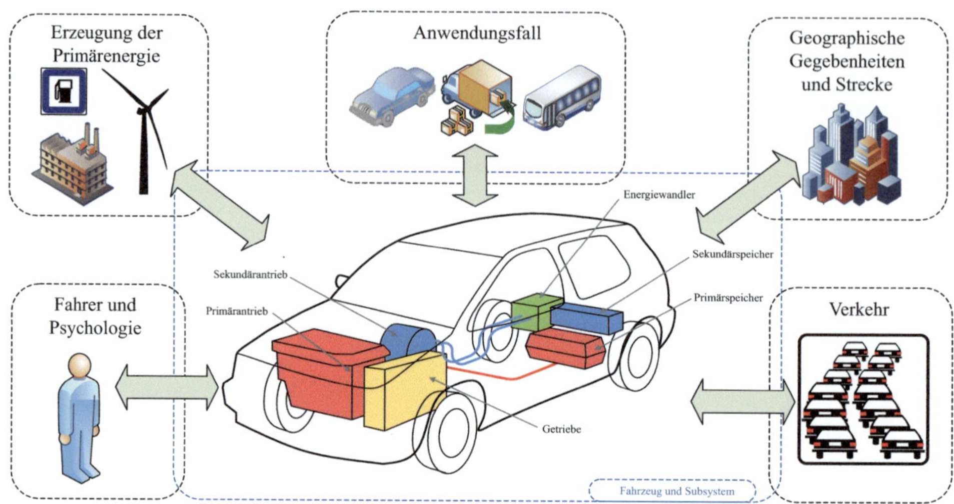

Abb. 2.1 Wechselwirkung zwischen Hybridfahrzeug und dessen Umgebung

2.2 *Subsystem* des Schwungradspeichers

Simuliert man – wie heute im modernen Entwicklungsprozess üblich – ein *virtuelles Gesamtfahrzeug*, um die energetischen Spezifikationen des Energiespeichers im hybriden Antriebsstrang zu ermitteln, so „sieht" das virtuelle Fahrzeug lediglich die Anschlussklemmen eines *idealisierten Referenzenergiespeichers*. Man definiert also das gewünschte Verhalten dieser „blackbox" nach außen, ignoriert jedoch innere Vorgänge. Wenn es aber um die eigentliche, technische Realisierung des Speichers geht, so sind diese „inneren Vorgänge" von großer Bedeutung, da sie die für das *Supersystem* relevanten Eigenschaften maßgeblich bestimmen.

Im Falle einer chemischen Batterie sind diese inneren Vorgänge, also Abläufe im Subsystem des Speichers, zum Beispiel Diffusionsprozesse, welche vom chemischen Aufbau der Batterie abhängen und grundlegende Eigenschaften wie Leistungsdichte, Lebensdauer etc. beeinflussen. Der konkrete Ablauf dieser Prozesse wird jedoch wiederum von äußeren Parametern wie z. B. Temperatur beeinflusst. (Die Interdependenzen zwischen *Sub-* und *Supersystem* werden jedoch erst in Abschn. 6.2 in höherem Detailgrad beschrieben.) Die für die energetischen Spezifikationen relevanten Prozesse, welche im Subsystem eines Schwungradspeichers ablaufen, sind in erster Linie mechanischer und elektrischer Natur. Die hierfür erforderlichen Komponenten sowie der typische Aufbau eines FESS sind in den folgenden Kapiteln kurz umrissen.

2.2.1 Grundlagen kinetischer Energiespeicher

Wird eine Masse m auf einer geraden Bahn mit der Geschwindigkeit v bewegt, so errechnet sich ihre Energie zu:

$$E_k = \frac{1}{2} m v^2 \tag{2.1}$$

Bewegt sich die Masse nun auf einer Kreisbahn, so ist die Geschwindigkeit v proportional zur Winkelgeschwindigkeit ω und dem Radius r und es gilt:

$$v = r * \omega \tag{2.2}$$

$$E_k = \frac{1}{2} m v^2 = \frac{1}{2} m \left(r\omega \right)^2 = m r^2 \frac{\omega^2}{2} \tag{2.3}$$

Eine Analogie zur longitudinalen Bewegung wird sofort offensichtlich. Die Winkelgeschwindigkeit ω entspricht der Geschwindigkeit v und der Ausdruck mr^2 ist äquivalent der Masse m bei der Längsbewegung. Er wird als Trägheitsmoment I bezeichnet.

$$E_k = \frac{1}{2} I \omega^2 \tag{2.4}$$

Bei Drehungen um eine räumlich feste Achse ist das Trägheitsmoment eine skalare Größe:

$$I = \int_0^R 2\rho\pi h r^3 \, dr = 2\rho\pi h \frac{R^4}{4} \tag{2.5}$$

wobei das Einführen und anschließende Herausheben der Dichte ρ nur für homogene Köper gilt, deren Dichteverteilung konstant ist. Nachdem viele Schwungräder als zylindrische Scheibe angenähert werden können, folgt das Trägheitsmoment für den ganzen Zylinder mit:

$$I = \int_0^R 2\rho\pi h r^3 \, dr = 2\rho\pi h \frac{R^4}{4} \tag{2.6}$$

Da sich die Masse eines Zylinders mit konstanter Dichte zu $\rho\pi h R^2$ errechnet, ist das Trägheitsmoment:

$$I_{Zyl} = \frac{1}{2} m R^2 \tag{2.7}$$

▶ Da eine Erhöhung der Schwungradmasse nur einen linearen Anstieg des Energieinhalts mit sich bringt und die Vergrößerung des Radius durch konstruktive Maßnahmen beschränkt ist, muss die Erhöhung der Drehzahl als eleganteste Methode zum Erreichen hoher Energieinhalte von FESS angesehen werden.

Die im Schwungrad gespeicherte Energie lässt sich also durch Gl. 2.4 exakt quantifizieren und auf unterschiedliche Arten zu den Antriebsrädern eines Fahrzeuges führen, wobei mechanische und elektrische Energieübertragung die populärsten Lösungen darstellen. Die dynamische Grundgleichung der Rotation erlaubt einen reversiblen Energieumwandlungsprozess, Leistung kann also auch vom Rad zum Speicher fließen. Darüber hinaus kann diese Fahrzeugtopologie mit unterschiedlichen primären Energie- und Leistungsquellen kombiniert werden, wie Abb. 2.2 schematisch darstellt.

Die Beschreibung der Geschichte dieses ältesten Energiespeicherprinzips der Welt beschränkt sich hier auf die Erwähnung der Tatsache, dass bereits vor mehr als 6000 Jahren Töpferscheiben in Mesopotamien zum Einsatz kamen und das erste Schwungradfahrzeug im Jahr 1972 in Russland dokumentiert wurde. Weitere historische Konzepte sind in [4] detailliert beschrieben. Eine umfassende Analyse mobiler Anwendungen von Schwungradspeichern in Fahrzeugen wurde im Jahr 2011 in [5] durchgeführt und in [6, 7] zusammenfassend publiziert.

2.2.2 Unterscheidung nach Übertragung der gespeicherten Energie

Wie unter Abschn. 2.2.1 erwähnt, kann die kinetische Energie, welche im Schwungrad gespeichert ist, auf verschiedene Art und zu den Antriebsrädern des Fahrzeuges transportiert werden. Theoretisch wäre sogar eine Druckluftturbine oder ein Hydraulikmotor

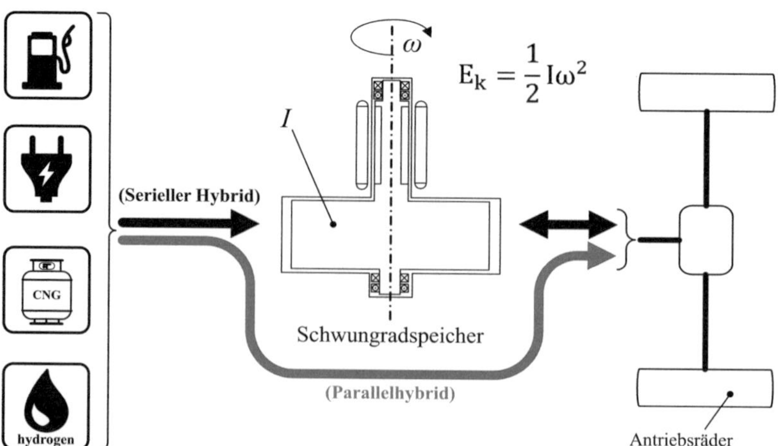

Abb. 2.2 Prinzipbild eines Schwungradspeichers in einem Hybridfahrzeug

denkbar, aus Gründen des Wirkungsgrades haben sich bis jetzt jedoch nur zwei Konzepte der Energieübertragung – nämlich *elektrisch* und *mechanisch* – behaupten können. Eine Beschreibung der zwei Methoden folgt in Abschn. 2.2.2.1 und 2.2.2.2.

2.2.2.1 Rein mechanische FESS

Mechanische Getriebe zur Leistungsübertragung und Drehmomentwandlung in Fahrzeugen weisen im Allgemeinen relativ hohe Wirkungsgrade von meist über 90 % auf [8]. Wird die im Schwungrad gespeicherte Energie mittels mechanischer Elemente übertragen, so kommt der Vorteil zu tragen, dass die Energie stets „mechanisch bleibt", d. h. nicht in eine andere Energieform umgewandelt werden muss. Diese „Verkürzung" der Wirkungsgradkette (Vergleiche Abb. 2.3) erlaubt theoretisch hohe Gesamtwirkungsgrade („*round-trip-efficiencies*").

Das Problem liegt jedoch in der großen erforderlichen Getriebespreizung, da Schwungräder üblicherweise sehr hohe Drehzahlen (10.000 bis 60.000 UpM) aufweisen und die Raddrehzahl beim Pkw zwischen 0 und etwa 600 UpM liegt. Die zum Einsatz kommenden CVT-Getriebe[2] müssten idealerweise eine Spreizung von 100 oder mehr aufweisen, während in der Realität Werte um 8 erreicht werden. Die verbleibende Differenzdrehzahl beim Ein- oder Auskuppeln des Schwungrades muss durch Schlupf in den vorhandenen Kupplungen ausgeglichen werden. Der Vorgang der Energiespeicherung ins Flywheel im Falle eines regenerativen Bremsvorgangs läuft wie folgt ab:

1. Während der Konstantfahrt des Fahrzeuges ist die Kupplung zwischen Antriebsrädern und CVT zum Schwungrad geöffnet.
2. Der Bremsvorgang wird eingeleitet und die Kupplung zum CVT wird geschlossen, während dieses sich in der niedrigsten Übersetzungsstufe befindet. (Bis zum Erreichen der Synchrondrehzahl der Kupplungsscheiben geht Energie in Form von Wärme verloren.)

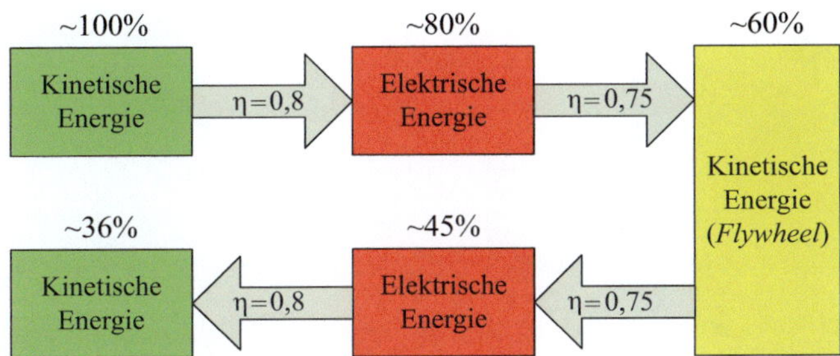

Abb. 2.3 Ungünstige Wirkungsgradkette mehrfacher Energiewandlung eines elektromechanischen FESS

---

[2]CVT: Englisch für *Continously Variable Transmission*, ein Getriebe mit kontinuierlicher Übersetzung, ohne diskrete Schalpunkte. Oftmals auch als *Variomatik* bezeichnet.

3. Ist die Synchrondrehzahl erreicht und die Kupplung weist keinen Schlupf mehr auf, so wird die Übersetzung des CVT vom niedrigsten zum höchsten Wert verschoben, wodurch die Schwungraddrehzahl steigt und die Drehzahl der Antriebsräder sinkt.
4. Ist das maximale Übersetzungsverhältnis des CVTs erreicht, so wird die Kupplung geöffnet. Die Antriebsräder können durch die Betriebsbremse bis zum völligen Stillstand gebremst werden. Die kinetische Energie ist nun in der Rotation des mechanisch entkoppelten Flywheels gespeichert.

Im Zuge des Forschungsprojektes „Hochintegrierte Energiespeicher für den urbanen Verkehr" an der TU Graz wurde eine Machbarkeitsstudie über ein rein mechanisches FESS durchgeführt. Das entworfene Konzept, welches versucht, den im innerhalb der Felge des Pkws vorhandenen Raum zu nutzen, um Bremsenergie im urbanen Verkehr rekuperieren zu können, ist in Abb. 2.4 dargestellt.

Volvo V40 Schwungradhybrid
Ein Konzept, welches das Problem der großen erforderlichen Getriebespreizung elegant durch Einsatz einer sogenannten *Geared Neutral* Architektur umgeht und bereits erfolgreich in der Praxis umgesetzt wurde, ist in Abb. 2.5 dargestellt. Es handelt sich um ein Versuchsfahrzeug, Typ *Volvo S40*, welches von der *Technischen Universität Eindhoven* zu einem Schwungradhybrid umgebaut wurde. Das Konzept basiert auf rein mechanischem Energietransfer, wobei das Schwungrad aus einem Fiberglas-Verbund mit einem stufenlosen Getriebe (CVT) verbunden wurde. In diesem Fall kam ein *Van Doorne Schubgliederband* zum Einsatz, wobei das CVT im i^2-Modus betrieben wurde.

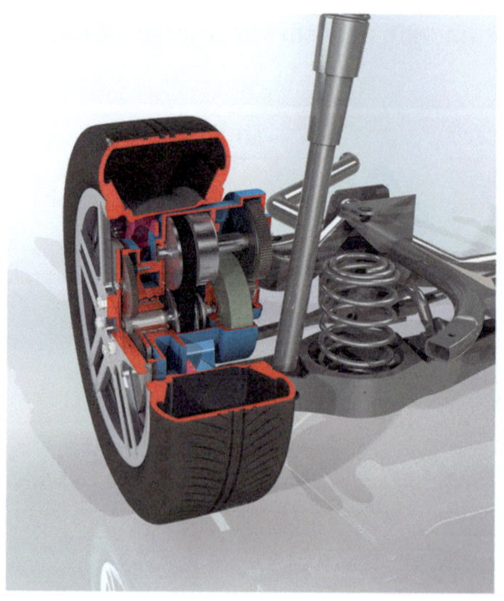

Abb. 2.4 Rein mechanisches Konzept eines Schwungradspeichers (Forschungsprojekt „HEuV" [9]). (Bildrechte: AMSD Advanced Mechatronic System Development KG)

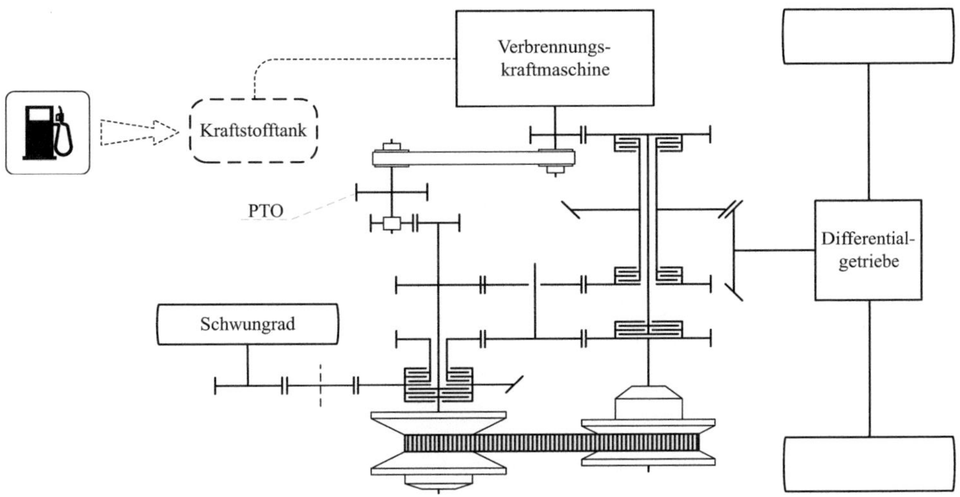

Abb. 2.5 Abstraktion des *Volvo S40* Schwungradhybrides der *TU Eindhoven* von 1996, basierend auf [10]. (Bildrechte: VDI)

Vier hydraulisch betätigte Lamellenkupplungen erlauben eine Vielzahl von Betriebsmodi, wie zum Beispiel den konventionellen CVT-Modus mit VKM im Bestpunkt, oder auch den lokal emissionsfreien Betrieb, bei welchem die VKM abgeschaltet wird und die Energie nur dem Schwungrad entnommen wird [10].

Obwohl dieses rein mechanische System einen hohen Wirkungsgrad (auch bei der Nutzbremsung) erzielt, stößt das Konzept auf Probleme, wenn die VKM im On-Off-Modus betrieben wird, da die Nebenaggregate, wie z. B. Bremskraftverstärker, Servopumpe und Ölpumpen nicht mehr mit der mechanischen Energie der Kurbelwelle versorgt werden können. Die mechanische Entkoppelung der Nebenaggregate und deren Antrieb über elektrische Energie wird in der Fahrzeugindustrie zurzeit auch aus Verbrauchsgründen forciert.

VW T2 Schwungradhybrid

Eine Lösung, welche eine mechanische Ankopplung des FESS mit einem hybridelektrischen Antriebsstrang kombiniert, wurde Mitte der 1970er-Jahre am *Institut für Kraftfahrwesen und Kolbenmaschinen* der *RWTH Aachen* entwickelt und im sogenannten VW T2 Hybrid umgesetzt (siehe Abb. 2.6)

Der Hybridantrieb bestehend aus einer Verbrennungskraftmaschine, einem Schwungradspeicher und einem Elektromotor wies eine leistungsverzweigte Architektur auf, ein Ansatz der Später auch in einem der meistverkauften Hybridfahrzeuge, dem *Toyota Prius* zum Einsatz kam.

Das Konzept, welches damals noch basierend auf den Rechenergebnissen von Analogrechnern dimensioniert wurde, wurde am Rollenprüfstand sowie im realen Verkehr und Fahrbetrieb getestet. Neben der Erkenntnis, dass der Hybridantrieb tatsächlich große

Abb. 2.6 Das Versuchsfahrzeuge *VW T2 Schwungradhybrid* bei Prüfstandsuntersuchungen an der *RWTH Aachen*. (Bildrechte: Institut für Kraftfahrwesen und Kolbenmaschinen, RWTH Aachen)

Kraftstoffeinsparungen (~ 25 % im Stadtverkehr) erzielen kann, wurden einige Schwachstellen im Bereich des Fahrkomforts und der manuellen Fahrzeugregelung aufgedeckt.

Bei der Auslegung der Antriebseinheit wurde nicht nur auf energetische Gesichtspunkte geachtet, sondern auch versucht, die Adaptionen am Serienfahrzeug so gering wie möglich zu halten. Das heißt, es wurde eine kompakte Bauweise verfolgt, um mit dem bestehenden Platz das Auslangen zu finden. Abb. 2.7 zeigt die Antriebseinheit des Prototyps.

Das Schwungrad, welches aus Gründen der Einfachheit aus Stahl, und nicht aus einem Faserverbundwerkstoff gestaltet ist, ist über ein Winkelgetriebe konstanter Übersetzung, also drehzahlproportional, mit der Verbrennungskraftmaschine verbunden und bewirkt daher eine starke Phlegmatisierung dieser.

Um die Massenkräfte und somit die Belastungen auf die Schwungradlager gering zu halten, musste eine Verbrennungskraftmaschine mit hoher Laufruhe zum Einsatz kommen. Die Wahl fiel deshalb zuerst auf einen Wankelmotor, der später wegen seiner geringen Leistung und des schlechten Wirkungsgrades durch einen Viertaktmotor von Fiat ersetzt wurde. Wesentliches Charakteristikum der Konstruktion ist, dass die Leistungen der VKM, des E-Motors und des Schwungrades in einem Umlaufgetriebe überlagert werden. Das Schwungrad ist mit fixer Übersetzung parallel zur VKM geschaltet und somit stehen die Momente der jeweiligen Leistungsquellen in einem über das Planetengetriebe bestimmten Verhältnis zueinander, wie auch in Abb. 2.8 zu erkennen ist.

Der E-Motor bestimmt also das Abtriebsmoment und die Abtriebsleistung und wird daher im Wesentlichen über das Fahrpedal gesteuert. Abb. 2.9 zeigt eine Abstraktion des gesamten Antriebssystems.

Abb. 2.7 Bild der zusammengebauten Antriebseinheit des *VW T2 Schwungradhybrides*. (Bildrechte: Institut für Kraftfahrwesen und Kolbenmaschinen, RWTH Aachen)

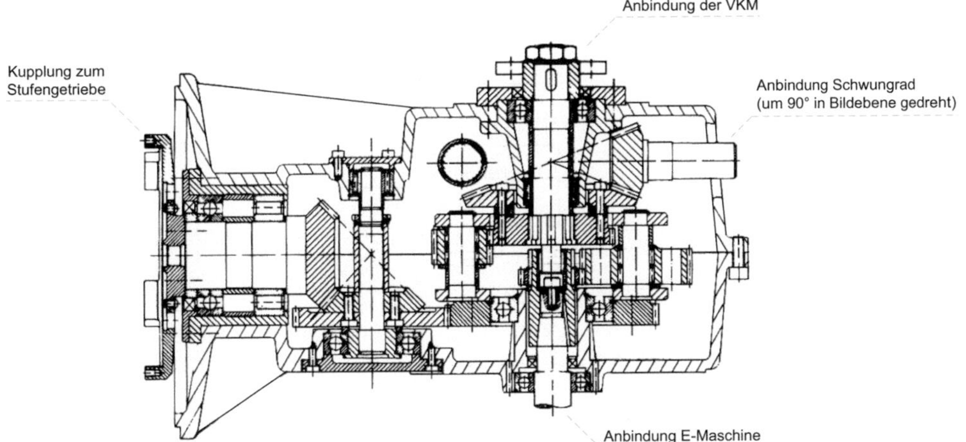

Abb. 2.8 Schnitt durch das Umlaufgetriebe des *VW T2* Schwungradhybrid der RWTH Aachen. (Bildrechte: Institut für Kraftfahrwesen und Kolbenmaschinen, RWTH Aachen)

Eine Liste der Vor- und Nachteile von *rein mechanischen* Schwungradspeicherkonzepten ist in Tab. 2.1 angeführt.

2.2.2.2 Elektromechanische FESS

Aufgrund der in Tab. 2.1 genannten Nachteile mechanischer FESS und der raschen Entwicklung elektrischer/elektronischer Bauteile sowie dem Trend zunehmender Elektrifizierung des Antriebsstranges werden in diesem Buch vorwiegend elektromechanische Schwungradspeicher betrachtet, da diese zudem das größte Entwicklungspotenzial aufweisen.

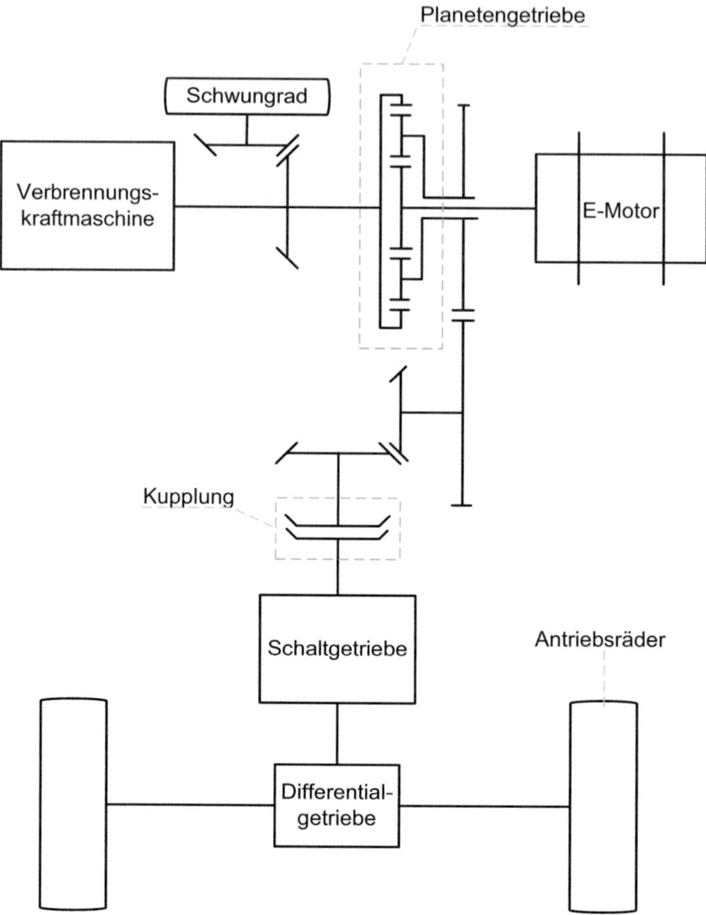

Abb. 2.9 Prinzipskizze des VW T2 der RWTH Aachen. (Bildrechte: Institut für Kraftfahrwesen und Kolbenmaschinen, RWTH Aachen)

Der stets größer werdende Bedarf an elektrischer Energie im Fahrzeug,[3] welcher unter anderem auf den vermehrten Einsatz elektrischer Nebenaggregate wie Servopumpe, Klimakompressor oder sogar Turbolader zurückzuführen ist, spricht ebenfalls für elektromechanische FESS.

Typischerweise werden elektromechanische FESS in Fahrzeugen aufgrund ihrer zu geringen spezifischen Energie nicht als alleiniger (Primär-)Energiespeicher eingesetzt, sondern in *paralleler* oder *serieller Hybridanordnung*. (Siehe auch Abschn. 3.1) Der systematische Aufbau des erfolgreichen Versuchsfahrzeuges *Advanced Technology Transit Bus (ATTB)* ist in Abb. 2.10 dargestellt.

---

[3] Dies bestätigt auch die Einführung eines 48 V-Boardnetzes bei Pkws.

Tab. 2.1 Wesentliche Vor- und Nachteile *rein mechanischer Schwungradspeicher* für Fahrzeuge

Vorteile		Nachteile	
Bezeichnung	Beschreibung	Bezeichnung	Beschreibung
Hoher Wirkungsgrad	Kinetische Energie wird in mechanischer Form übertragen/gespeichert und nicht mehrfach gewandelt.	Unflexible räumliche Anordnung	Energieübertragung über Wellen und starre Maschinenelemente erfordern räumliche Nähe zu *Power Take Off* (PTO), d. h. Fahrzeug-getriebe.
Thermisches Verhalten	Verlustwärme fällt in Kupplungen oder Getriebekomponenten an und ist einfach abzuführen	Selbst-entladung	Drehdurchführung in Vakuumgehäuse erforderlich, oder hohe Strömungsverluste, falls Schwungmasse bei Umgebungsdruck betrieben.
Hohe Leistungsdichte	Maximale Leistung ist nur durch das maximal übertragbare Moment der Komponenten limitiert.	Verschleiß	Schlupf in Kupplungen sowie CVT-Riementrieb resultiert in mechanischem Abrieb, welcher die Lebensdauer des Systems limitiert.
Kein Altern von Leistungselektronik	Die Lebensdauer von Elektronik-komponenten (MOSFETs, IGBTs) bei elektrischen FESS ist stark von Umgebungsparametern abhängig. Vorhersagen sind schwierig [11].	Geringes Entwicklungs-potenzial	Kosten und Wirkungsgrad von den für FESS relevanten Getriebekomponenten sind nahezu ausgereizt. Eine wesentlich raschere Entwicklung ist im Bereich elektrisch/elektronsicher Komponenten zu beobachten.
Low-Cost, Low-Performance System möglich	Spielt der Wirkungsgrad eine untergeordnete Rolle, so kann ein System aus lediglich einer Kupplung und einer Schwungmasse aufgebaut werden.	Beschränkte Ansprech- und Regelzeiten	Elektromechanische FESS können innerhalb von Millisekunden ansprechen, während die Schnelligkeit mechanischer Systeme durch die Trägheit beschränkt ist.

Der *Advanced Technology Transit Bus*, kurz *ATTB* wurde von *Northrop Grumman* und dem *Center for Elektromechanics* der *University of Texas* entwickelt. Das Fahrzeug stützt sich auf rein elektrischen Energietransfer im Antriebsstrang. Das Basisfahrzeug, ein 12 m langer, 13 Tonnen schwerer Bus wurde als serieller Hybrid aufgebaut und die Karosserie-teile aus leichten Verbundwerkstoffen (Sandwich-Bauweise mit Schaumkern) gefertigt. Ein erdgasbetriebener V8-Verbrennungsmotor dient als primäre Leistungseinheit und be-treibt einen 360V-Wechselstromgenerator. Die permanente Verfügbarkeit elektrischer Energie erlaubt eine komplette Elektrifizierung der Nebenaggregate [12, 13].

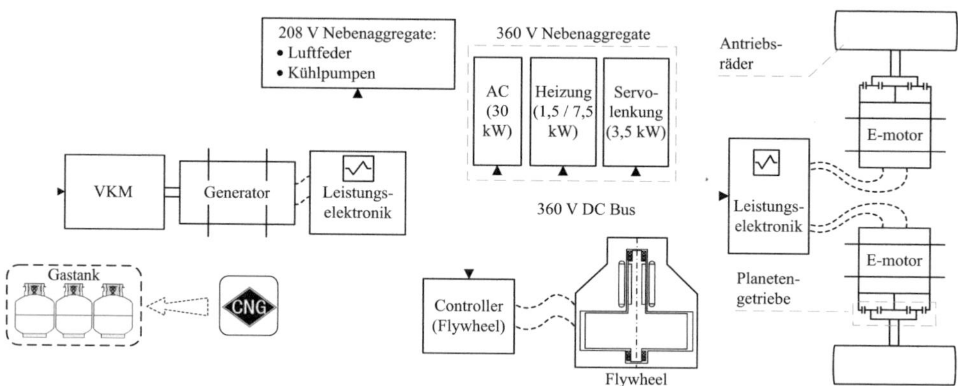

Abb. 2.10 Abstraktion des *Advanced Technology Transit Bus, Center for Electromechanics*, 2002, basierend auf [12]. (Bildrechte: Center for Electromechanics, University of Texas)

Die Kombination aus konsequentem Leichtbau und einem Verbundwerkstoff-Schwungrad für Nutzbremsung und Lastpunktverschiebung, angewendet auf ein Fahrzeug im öffentlichen Verkehr, ist ein vielversprechendes Konzept, welches großes Potenzial birgt, wie sowohl die systematische Analysen (z. B. in [5]) als auch der schon erwähnte Erfolg des *GKN Gyrodrive* [14] bestätigen.

▶   Wenn also in diesem Buch der Begriff „Schwungradspeicher" oder „FESS" verwendet wird, so wird stets von einer *elektromechanischen Lösung* ausgegangen, außer es wird explizit auf ein rein mechanisches System hingewiesen.

2.2.3 Systemkomponenten eines FESS

Der technische Aufbau eines elektromechanischen FESS wirkt auf den ersten Blick trivial, da er nur wenige Systemkomponenten beinhaltet. Im Wesentlichen sind es die in Tab. 2.2 angeführten Elemente, aus welchen sich der Energiespeicher zusammensetzt. Ein möglicher und auch typischer Aufbau eines Schwungradspeichers inklusive Peripheriekomponenten ist in Abb. 2.11 dargestellt.

Die Optimierung von Peripheriekomponenten wie *Leistungselektronik, Kühlung* und *Vakuumtechnik* wird in diesem Buch nicht behandelt, da diese – wie sich zeigen wird – keine Schlüsselelemente in der Entwicklung von FESS darstellen und somit als hinreichend gut gelöst angesehen werden können. Die *Gehäuseaufhängung* hingegen steht durch die Rotordynamik in starker Wechselwirkung mit dem Wälzlager des Schwungradspeichers und wird daher in Abschn. 9.2.1 noch genauer betrachtet.

Die augenscheinliche Trivialität des Systems ist trügerisch, da die speziellen Betriebsbedingungen des Schwungradspeichers (extrem hohes Drehzahlniveau, Vakuum, gyroskopische Reaktionen, um nur ein paar Aspekte zu nennen) zu komplexen Interaktionen zwischen den Komponenten führen. Verschiedene Anordnungen (Topologien) der wesentlichen Komponenten weisen ein stark unterschiedliches Systemverhalten auf und müssen daher im konkreten Anwendungsfall einzeln betrachtet werden. Eine Übersicht der gängigen Topologien wird in Abb. 2.15 gegeben, auf *systeminterne Interdependenzen* wird in Abschn. 6.2 genauer eingegangen (Abb. 2.12).

Tab. 2.2 Wesentliche Komponenten eines mobilen FESS unterteilt in *Sub-* und *Supersystem*

	Komponente		Aufgabe	Übliche Ausführung
Subsystem	Schwungmasse		Erhöhung des Trägheitsmomentes/ Speicherung der Energie in kinetischer Form.	Stählerne Scheibe, teils in geblechter Ausführung oder gewickelte Kunstfaserstrukturen (Siehe Kap. 7.)
	Elektrischer Motor/ Generator		Wandlung zwischen kinetischer Energie der Schwungmasse und elektrischer Energie für den Antrieb.	Asynchron- oder Reluktanzmaschine (Keine permanenterregten Typen).
	Lagerung		Reibungsarme Positionierung und Führung drehender Teile.	Magnetlager oder Wälzlager.
	Gehäuse		Positionierung aller Komponenten sowie Schutz im Falle von Rotorversagen. Hermetische Dichtheit.	Stahl- oder Aluminiumkonstruktion mit meist zylindrischer Kontur.
	Überwachungsmesstechnik		Überwachung des Zustandes kritischer Komponenten, sowie des Betriebszustandes im Allgemeinen.	Optische Kontrastsensoren zur Drehzahlmessung, Pt100-Sensoren zur Temperaturmessung, piezoelektrische Beschleunigungsaufnehmer zur Überwachung der Wälzlager, Pirani-Element zur Drucküberwachung.
	Optional: Hubmagnet		Entlastung der Gewichtskraft des Rotors (axialen Lagerlast).	Neodym-Eisen-Bor-Magnet in Ringform.

(Fortsetzung)

Tab. 2.2 (Fortsetzung)

	Komponente		Aufgabe	Übliche Ausführung
Supersystem	**Vakuum-komponenten**		Erhalten eines geringen Atmosphärendrucks zur Reduktion der aerodynamischen Verluste	Ein- bis zweistufige Drehschieberpumpen und Standard ISO-K bzw. ISO-F Bauteile
	Leistungs-elektronik		Erzeugung eines Hochfrequenten Drehfeldes für den Motor/Generator, sowie gewünschte Spannungswandlung für Ausgabe in einen AC oder DC Zwischenkreis.	Frequenzumrichter mit Leistungs-schaltelementen wie MosFETS oder IGBTS.
	Kühlung		Abführen der Verlustwärme des Motors/Generators (Stator-wicklungen), sowie Lagern.	Standard Kühlwasserkreislauf mit Kreiselpumpe und Wärmetauscher.
	Gehäuse-aufhängung		Anbindung des FESS-Gehäuses an das Fahrzeug.	Elastomerelemente, Seilfedern oder vollkardanische Aufhängung.

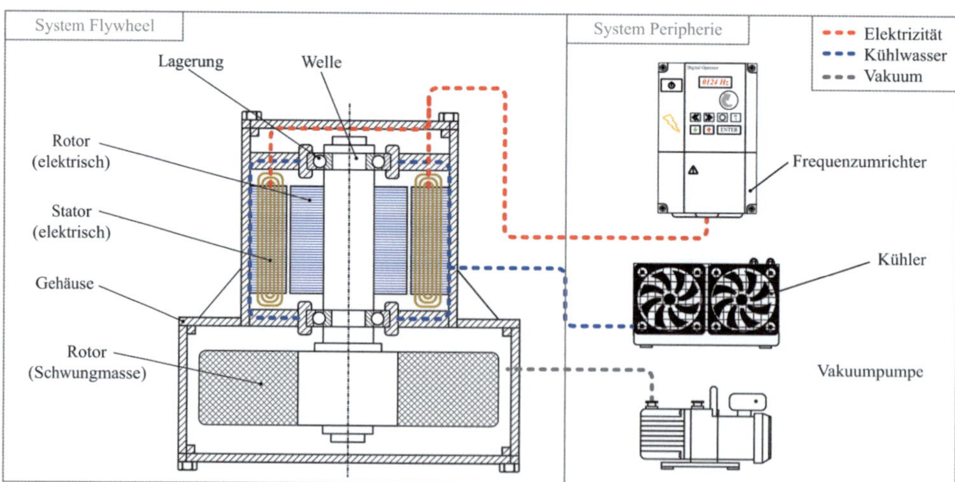

Abb. 2.11 Typischer Aufbau eines elektromechanischen Schwungradspeichers in aufgelöster Bauweise inklusive Peripherie-Komponenten

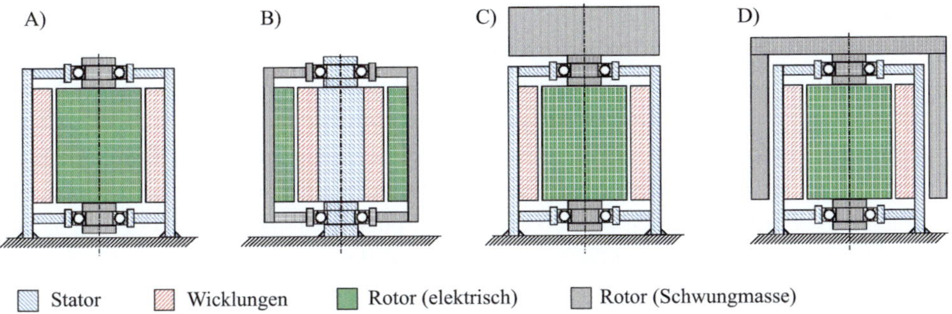

Abb. 2.12 Verschiedene Topologien von elektromechanischen Schwungradspeichern. **a)** *Innenläufer, vollintegriert* **b)** *Außenläufer* **c)** *Innenläufer, aufgelöste Bauweise* **d)** *Innenläufer mit Glockenrotor*

2.3   Stand der Technik im Bereich der Schwungradspeicher

Bereits der geniale Wegbereiter im Bereich der Entwicklungsmethodik, *Gustav Niemann*[4] propagierte die Analyse bestehender Systeme als ersten Schritt im Entwicklungsprozess eines neuen Produktes. Die historische Entwicklung von Schwungradspeichern im Allgemeinen wurde in [4] und eine auf mobile Systeme bezogene in [5] dargestellt. Aus Gründen der Übersicht sei eine kurze Zusammenfassung dieser Ergebnisse in Tab. 3.1 in Kap. 3 angeführt.

2.3.1   Bestehende Systeme – Stationäre Anlagen

Obwohl die typischen energetischen Eigenschaften heutiger elektromechanischer Schwungradspeicher (d. h. ihre Position im *Ragone-Plot*, vergleiche Abschn. 3.4.3) ihre Eignung für einen hochdynamischen Lastzyklus, genau wie er in mobilen Anwendungen auftritt, favorisieren, widmen sich mehr Hersteller der Produktion von Flywheels für den stationären Einsatz. Der Einsatz dieser „Stationär-Flywheels" betrifft üblicherweise zwei Anwendungsfälle:

a. **Kurzzeitspeicherung** zum Ausgleich von Spannungsschwankungen im elektrischen Versorgungsnetz, was als „Power Quality Management" bezeichnet wird. Dabei geht es um die Erhaltung einer einwandfreien, sinusförmigen Wechselspannung und deren Fre-

---

[4] *Gustav Niemann*, 1899–1982, Professor für Maschinenelemente an der *TU Braunschweig* sowie *TU München*, gilt als einer der wichtigsten Wissenschaftler im Bereich der Entwicklungsmethodik des Maschinenbaus.

quenz innerhalb enger Toleranzgrenzen, was beispielsweise für Produktionsmaschinen in der Halbleitertechnik entscheidend ist.

b. Eine weitere beliebte Anwendung stellen **USV-Anlagen** (*Unterbrechungsfreie Stromversorgung*) dar. Im Englischen wird von *uninterruptable power supply*, oder *UPS* gesprochen. Hierbei wird ein elektromechanischer Schwungradspeicher genutzt, um die Zeitspanne zwischen einem Stromausfall und dem Start eines Notstromaggregats zu überbrücken und somit den Betrieb einer „kritischen Last" (z. B. Rechenzentren, Medizinische Instrumente) uneingeschränkt zu gewährleisten.

Das Schema eines USV-Flywheels (Anwendung b) ist in der folgenden Abbildung dargestellt. Dieses Buch widmet sich jedoch – wie der Titel vorwegnimmt – vorwiegend den mobilen Anwendungen (Abb. 2.13).

Nebst der eigentlichen Anwendung können folgende Gründe für den zurzeit überwiegenden Einsatz von stationären FESS genannt werden:

- Hoher Bedarf an „Puffer-Kapazität" im elektrischen Netz aufgrund Integration volatiler Energiequellen
- „24/7-Betrieb" erlaubt höhere Rentabilität und schnellere Amortisation al im Fahrzeug
- Kein Auftreten gyroskopischer Reaktionen durch Fahrzeugdynamik
- Geringe gravimetrische Energiedichte bzw. hohes Gewicht wirkt sich nicht so eklatant aus
- Probleme der „Automotive Zertifizierung" und Crashsicherheit werden vermieden

Eine Übersicht über etliche Hersteller stationärer Schwungradenergiespeicher, deren Produkte und Eigenschaften wird in Tab. 2.3 gegeben.

Abb. 2.14 zeigt verschiedene Stationär-Flywheels der Firma Piller.

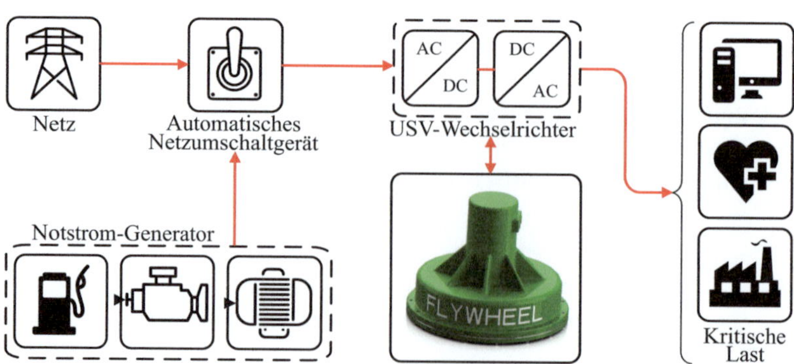

Abb. 2.13 Schema eines Schwungradspeichers für unterbrechungsfreie Stromversorgung

Tab. 2.3 Auswahl relevanter kommerzieller und nichtkommerzieller stationärer Schwungradspeicher

Hersteller (Bezeichnung)	Land	Jahr	Typ	Energie *kWh*	Leistung *kW*	Drehzahl *UpM*	Lebensdauer	Ref.
Siemens	D	2014	Prototyp	0,5	120	10.000	k.A.	[15]
Velkess	USA	2011	Prototyp	5–15	9	9000	10 Jahre	[16]
Aktive Power (CleanSource® 750HD UPS)	USA	2015	Serie	2,9	675	7700	20 Jahre	[17]
Temporal Power	Can	2016	Serie	50	1000	12.000	20 Jahre	[18]
Beacon Power	USA	2008	Serie	25	100	16.000	k.A.	[19]
Quantum Power	USA	2015	Prototyp	360	150	6000	20 Jahre	[20]
Kinetic Traction Systems	USA	2015	Serie	1,5	333	36.000	10 Mio Zyklen	[21]
PowerTHRU	USA	2014	Serie	0,53	225	52.000	400 Jahre (bei 6 Jahren Service-Intervall)	[22]
Calnetix Vycon (VDC-XXE)	USA	2015	Serie	1,67	300	36.750	20 Jahre	[23]
Rosseta (T4)	D	2011	Kleinserie	1,5	250	50.000	20 Jahre	[24]
Piller Powerbridge (Uniblock UBT)	D	2006	Serie	4,6	500	3600	20 Jahre	[25]
Boeing Phantom	USA	2007	Prototyp	5	100	15.000	k.A.	[26]
Dynastore	D	2006	Prototyp	11	2000	10.000	k.A.	[27]
Amber Kinetics (GEN-2)	USA	2015	Serie	25	6,25	8500	30 Jahre	[28]
Gerotor GmbH	D	2015	Serie	0.0375	50 kW	50.000 UpM	> 10 Mio. Zyklen	[29]

2.3.2 Mobile Schwungradspeicher für Fahrzeuge

In Fahrzeugen kommen FESS fast ausschließlich in einer parallelen Hybridanordnung als Sekundärspeicher zum Einsatz, wie die Anwendungsbeispiele in Abb. 2.5 und 2.10 gezeigt haben. Nach dem Abflauen der „Schwungrad-Euphorie" der 1970er-Jahre erfuhr die FESS Technologie erst einen erneuten Aufschwung als der Rennsport (vorwiegend die *Formel 1*) durch eine Änderung des Reglements im Jahr 2008 auf der Suche nach leistungsstarken Kurzzeitenergiespeichern für Nutzbremsungsanwendungen war. Es folgten weitere, teils recht erfolgreiche Anwendungen, wie der in Abb. 2.15 dargestellte *Porsche GT3 Hybrid* (2010) oder der *Audi R18 E-Tron Quattro* (2012). Ihnen allen sind folgende Charakteristika gemein (Tab. 2.4):

- Sehr hohe spezifische Leistung
- Meist Rotor aus Faserverbund

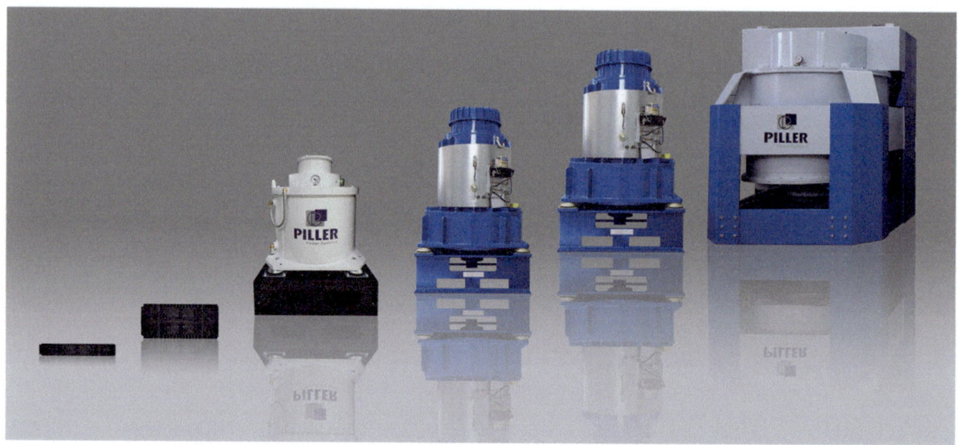

Abb. 2.14 Produktpalette der Piller Group GmbH im Segment der stationären Schwungradspeicher. (Bildrechte: Piller Group GmbH)

Abb. 2.15 Schwungradspeicher im Rennfahrzeug: Schnitt durch den Porsche GT3 Hybrid [30]. (Bildrechte: Porsche AG)

- Kurze geforderte Lebensdauer
- Hohe Kosten
- Relativ hohe Selbstentladung
- Geringer absoluter Energieinhalt
- Höhere Energiedichte als bei Stationär-FESS

Abb. 2.16 zeigt den von *PUNCH Flybrid* auf Flywheel-KERS umgerüsteten *Jaguar XF* und die Installation des Schwungrad-Moduls am Unterboden. Die Komponenten des Systems sind in Abb. 2.17 dargestellt.

Um die Vielseitigkeit der Schwungrad-Technologie ein weiteres Mal zu unterstreichen, ist in Abb. 2.18 eine Off-Highway-Anwendung (Baumaschine) gezeigt. Es handelt sich um einen Bagger der 17-Tonnen-Klasse, den sogenannten *High Efficiency Exkavator (HFX)*, der von *Ricardo* in England entwickelt wurde. Das mechanische *TorqStor*-Schwungradmodul mit

Tab. 2.4 Auswahl relevanter kommerzieller und nichtkommerzieller mobiler Schwungradspeichersysteme

	Bezeichnung	Hersteller/ Entwickler	Land	Jahr	Typ	Energieinhalt und Art	Max. Drehzahl	Rotormasse	Ref.
						kWh	*UpM*	*kg*	
Nutzfahrzeuge	*Gyrobus*	*Oerlikon Werke*	CH	1953	Kleinserie	9,15 (elektrisch)	3000	1500,0	[31]
	Gyreacta	*Robert Clerk*	GB	1961	Prototyp	- (mechanisch)	15.000	-	[32]
	M.A.N. Versuchsbus	*M.A.N.*	D	1981	Prototyp	1,50 (elektrisch)	12.000	104,0	[33]
	Stockholm City Bus	*Volvo*	SWE	1982	Kleinserie	- (elektrisch)	10.000	329	[34]
	New York Bus System	*Garrett Corp.*	USA	1985	Kleinserie	16,00 (elektrisch)	16.000	340,0	[35]
	Münchner Stadtbusse	*MAN/Neoplan/ Magnet-Motor*	D	1988	Kleinserie	2 x 2,75 (elektrisch)	11.000	181,0	[36]
	ATTB	*Center for Electromechanics, Austin*	USA	2002	Prototyp	2,0 (elektrisch)	40.000	59,0	[3]
	AutoTram	*Fraunhofer Institut*	D	2006	Prototyp	4,00 (elektrisch)	23.000	300,0	[37]
	Hydrogen Hybrid Shuttle Bus	*Center for Electromechanics, Austin*	USA	2008	Prototyp	1,87 (elektrisch)	18.000	155	[38]
	Flybus	*Ricardo/Torotrac*	GB	2009	Kleinserie	0,28 (mechanisch)	60.000	15	[39]
	GKN Gyrodrive	*GKN Hybrid Power*	GB	2012	Serie	0,5	36.000	55	[14]

(Fortsetzung)

Tab. 2.4 (Fortsetzung)

	Bezeichnung	Hersteller/ Entwickler	Land	Jahr	Typ	Energieinhalt und Art	Max. Drehzahl	Rotormasse	Ref.
						kWh	*UpM*	*kg*	
Personenkraftwagen	*Kulibin Dreirad*	*Leutnant I.P Kulibin*	RUS	1792	Prototyp	0,011 (mechanisch)	500	50,0	[40]
	VW T2 Schwungrad-hybrid	*RWTH Aachen*	D	1974	Prototyp	0,211 (mechanisch)	13.400	58	[41]
	K-Wagen	*N.V. Gulia*	RUS	1976	Prototyp	- (mechanisch)	-	-	[40]
	FESS Pinto	*Prof. Andy Frank, University of Wisconsin*	USA	1976	Prototyp	- (mechanisch)	8000	90,7	[42]
	Garrett Postal Wagon	*Garrett Corp.*	USA	1978	Prototyp	- (mechanisch)	36.000	12,2	[43]
	Garrett 4 Passenger Sedan	*Garrett Corp.*	USA	1978	Prototyp	1,0 (mechanisch)	25.000	22,7	[44]
	GM FX 85	*General Motors*	USA	1982	Prototyp	- (mechanisch)	–	–	[45]
	Volvo 240 FESS	*Volvo*	SWE	1983	Prototyp	- (mechanisch)	–	–	[46]
	Chrysler Patriot	*Chrysler Motors*	USA	1993	Prototyp	1,0 (elektrisch)	58.000	60,0	[47]
	AFS 20	*American Flywheel Systems*	USA	1994	Prototyp	20 × 2,0 (elektrisch)	20.0000	–	[48]
	Hybrid III	*ETH Zürich*	CH	1996	Prototyp	0,070 (mechanisch)	6000	48,0	[49]
	Volvo S40	*TU Eindhoven*	NL	1998	Prototyp	0,12 (mechanisch)	17.000	–	[10]

	Bezeichnung	Hersteller/ Entwickler	Land	Jahr	Typ	Energieinhalt und Art	Max. Drehzahl	Rotormasse	Ref.
						kWh	UpM	kg	
	Zero Intertia – VW Bora	TU Eindhoven/ Van Doorne	NL	2000	Prototyp	0,040 (mechanisch)	8000	12,2	[50]
	Porsche 911 GT3 R Hybrid	Porsche/ Williams Hybrid Power	D/GB	2009	Prototyp	0,20 (elektrisch)	40.000	14,0	[51]
	Porsche 918 RSR	Porsche/ Williams Hybrid Power	D/GB	2011	Prototyp	- (elektrisch)	36.000	–	[52]
	Audi e-tron	Audi/Williams Hybrid Power	D/GB	2013	Kleinserie	0,1 (elektrisch)	45.000	19,0	[53]
	Volvo S60 Flybrid	Volvo/PUNCH Flybrid	SWE/ GB	2014	Prototyp	0,17 (mechanisch)	60.000	6,0	[54]
	Jaguar XF	Jaguar/PUNCH Flybrid	GB	2010	Prototyp	0,120	60.000	5,0	[55]
Schienenfahrzeuge	Schuberski Lok	Leutnant Z. Schuberski	RUS	1860	Prototyp	31,670	–	5000	[40]
	British Rail Class 70	Southern Railway (S.R)	GB	1948	Kleinserie	- (elektrisch)	–	1500	[56]
	Gyro-Lokomotive „MFO EG 120-17"	Maschinenfabrik Oerlikon	CH	1955	Prototyp	5,6 (mechanisch)	3000	3500	[57]
	New York Subway	Garrett Corp.	USA	1974	Prototyp	1,6 (elektrisch)	14.000	4 × 68	[2]
	Advanced Concept Train	Boeing Vertol Comp	USA	1975	Prototyp	4,500 (elektrisch)	11.000	–	[58]
	PPM 50 Railcar	Parry People Movers	GB	1992	Kleinserie	3,750 (elektrisch)	2600	720	[59]

(Fortsetzung)

Tab. 2.4 (Fortsetzung)

	Bezeichnung	Hersteller/Entwickler	Land	Jahr	Typ	Energieinhalt und Art *kWh*	Max. Drehzahl *UpM*	Rotormasse *kg*	Ref.
	ULEV-TAP I	*Alstom DDF, CCM*	NL	2001	Prototyp	4,000 (elektrisch)	1500	–	[60]
	Lirex MDS K5	*Alstom/Magnet-Motor*	D	2004	Prototyp	2 x 2,0 (elektrisch)	12.000	600	[61]
	ULEV-TAP II	*Alstom DDF, CCM*	NL	2005	Prototyp	4,0 (elektrisch)	22.000	375	[62]
	Lirex MDS K6 „Flytrain"	*Alstom/WTZ Rosslau*	D	2006	Prototyp	2 × 6 (elektrisch)	25.000	–	[63]
Schwungradspeicher-Module	*DynaStore*	*Compact Dynamics*	D	2008	Kleinserie	4 × 0,053 (elektrisch)	80.000	4 × 1,5	[64]
	HyKinesys – FlyCylinder	*PowerBeam Imperial College London*	GB	2008	Prototyp	0,44 (mechanisch)	71.000	12	[65]
	F1-KERS	*Flybrid Systems/Torotrac*	GB	2009	Serie	0,11 (mechanisch)	64.500	5,0	[66]
	Williams F1/GT3 FESS	*Williams Hybrid Power*	GB	2009	Kleinserie	0,375 (elektrisch)	45.000	47	[53]
	MK 1	*Flywheel Energy Systems Inc.*	CAN	2010	Prototyp	0,77 (elektrisch)	42.500	–	[67]
	e-KERS	*Enstor Technologies (2014 insolvent)*	D	2011	Prototyp	- (elektrisch)	–	5	[68]
	DBS Flywheel	*Dynamic Boosting Systems Ltd.*	GB	2019	Prototyp	0,14 (elektrisch)	50.000	35	[65]
Baumaschinen	*TorqStor*	*Ricardo*	GB	2014	Prototyp	0,056	44.000	–	[69]
	Rubber-Tired Gantry (RTG) crane	*Center for Electromechanics, Austin/Vycon*	USA	2007	Prototyp	2 × 1,27 (elektrisch)	36.000	–	[70]
	High Efficiency Exkavator (HFX)	*Ricardo*	GB	2013	Prototyp	0,056	44.000	–	[69]

Abb. 2.16 *Jaguar XF* mit Schwungradspeicher von *PUNCH Flybrid*. (Bildrechte: PUNCH Flybrid)

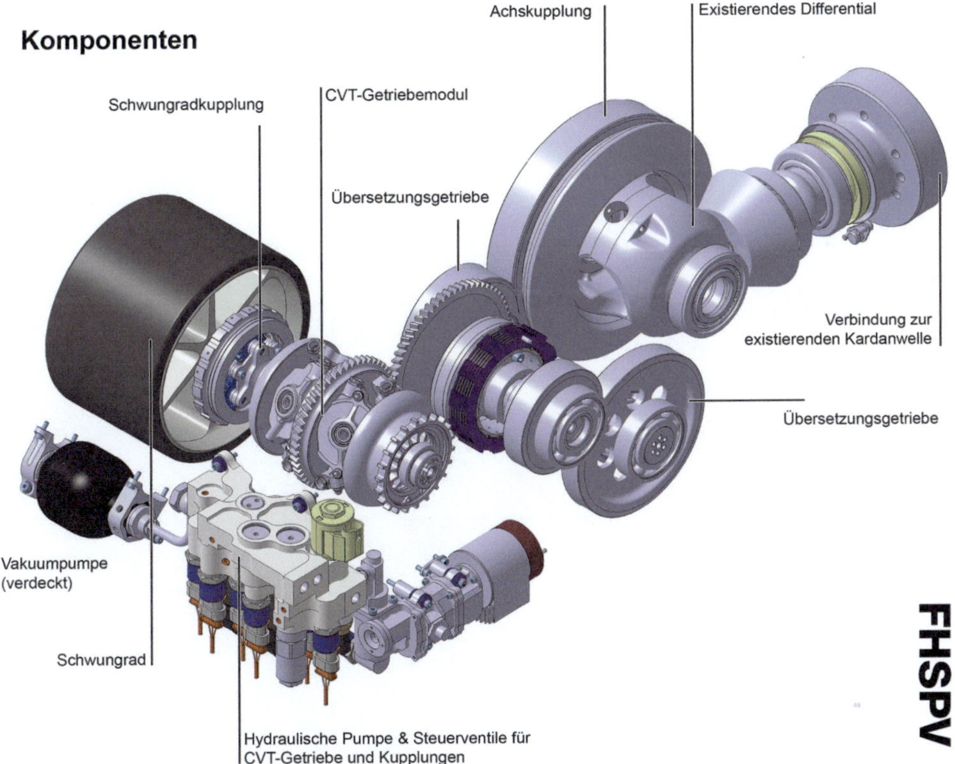

Abb. 2.17 Komponenten des *PUNCH Flybrid* Schwungradmoduls für den das *Jaguar XF* Demonstratorfahrzeug. (Bildrechte: PUNCH Flybrid)

Abb. 2.18 Der *Ricardo High Efficiency Exkavator* (HFX), welcher 2013 praktisch getestet wurde. (Bildrechte: Ricardo plc)

Abb. 2.19 Das Schwungradspeichermodul ‚*TorqStor*' von *Ricardo*, welches zum Zwecke der Ausstellung *CONEXPO 2014* in einem Transparentgehäuse gezeigt wurde. (Bildrechte: Ricardo plc)

Magnetkupplung (siehe Abb. 2.19) wurde in das Hydrauliksystem der Maschine integriert und rekuperiert Energie vor allem beim Herablassen von mit der Baggerschaufel angehobenen Lasten. Das modulare Schwungradsystem soll laut Angaben des Herstellers mit Energieinhalten von 200 kJ bis 4 MJ gebaut werden und kann in unterschiedlichsten Anwendungen wie Straßen- und Schienenfahrzeugen eingesetzt werden.

Literatur

1. C. Seyerlein (2018) CO_2-Ausstoß: So schnitten die Autobauer 2017 ab. Vogel Communications Group GmbH & Co. KG. https://www.kfz-betrieb.vogel.de/co2-ausstoss-so-schnitten-die-autobauer-2017-ab-a-687790/. [Zugriff am 20. Mai 2019].
2. A. P. Armagnac (1974) Flywheel Brakes Store New Train's Energy for Electricity-Saving Starts. Popular Science, pp. 41–43, Ausgabe Februar 1974.
3. R.J. Hayes, J.P. Kajs, R.C. Thompson und J.H. Beno (1999) Design and Testing of a Flywheel Battery for a Transit Bus. SAE International Congress and Exposition 1999, Detroit, Michigan, USA.
4. G. Genta (1985) Kinetic Energy Storage: Theroy and Practice of Advanced Flywheel Systems. Dipartimento di Meccanica/Politecnico di Torino, Butterworths, London, UK.
5. A. Buchroithner (2011) Systematische Analyse von Hybridfahrzeugen mit Schwungradspeicher unter Erfassung von Entwicklungstendenzen. Institut für Maschinenelemente und Entwicklungsmethodik, Technische Universität Graz, Österreich.
6. A. Buchroithner und M. Bader (2011) History and development trends of flywheel-powered vehicles as part of a systematic concept analysis. European Electric Vehicle Congress (EEVC), November 2011, Brüssel, Belgien.
7. A. Buchroithner und M. Bader (2012) Systematische Analyse von Hybridfahrzeugen mit Schwungradspeicher unter Erfassung von Entwicklungstendenzen. 8. VDI Wissensforum für innovative Fahrzeugantriebe, Dresden, Deutschland.
8. H. Naunheimer, B. Bertsche und G. Lechner (2007) Fahrzeuggetriebe, Springer-Verlag Berlin Heidelberg. DOI: 10.1007/978-3-662-07179-3.
9. G. Kelz, C. Nussbaumer, M. Bader und P. Haidl (2015) HEuV – Hochintegrierte Energiespeicher für den urbanen Verkehr. FFG (Österreichische Forschungsförderungsgesellschaft), Wien, Österreich.
10. R. Van der Graaf, D.B. Kok und E. Spijker (1999) Integration of Drivesystem, Subsystem amd Auxiliary Systems of a Flywheel Hybrid Driveline with Respect to Design Aspects and Fuel Economy. VDI Berichte 1459 – Hybridantriebe, Helmond, NL, Verein Deutscher Ingenieure.
11. C. Kulkarni, J. Celaya, G. Biswas und K. Goebel (2012) Prognostics of Power Electronics, methods and validation experiments. IEEE Autotestcon, Anaheim, CA, USA. DOI: 10.1109/AUTEST.2012.6334578
12. H. Reutter (1999) Advanced Technology Transit Bus – Final Test Report for the ATTB Prototypes. U.S. Department of Transit – Federal Transit Administration, Springfield, VA, USA.
13. R.J. Hayes, J.P. Kajs, R.C. Thompson und J.H. Beno (1999) Design and Testing of a Flywheel Battery for a Transit Bus. SAE International Congress and Exposition, Detroit, Michigan, USA.
14. GKN Hybrid Power (2014) GYRODRIVE by GKN Hybrid Power – Driving Efficient Transport. Unit 1 Pentagon South, Abingdon Science Park, Barton Lane, Abingdon, Oxford, UK.
15. K. Schrein (2014) Smart Grids and Energy Storage – Fears of Power Loss Fade. Siemens Aktiengesellschaft, Werner-von-Siemens-Straße 1, 80333 München, Germany. https://www.siemens.

com/innovation/en/home/pictures-of-the-future/energy-and-efficiency/smart-grids-and-energy-storage-flywheel-energy-storage.html.

16. J. Hewitt (2013) The Velkess Flywheel: A more flexible energy storage technology. Phys.org, 12. April 2013. https://phys.org/news/2013-04-velkess-flywheel-flexible-energy-storage.html. [Zugriff am 20. Jänner 2017].

17. EMEA Active Power Solutions Ltd (2015) CleanSource® 750HD UPS. Lauriston Business Park, Pitchill, Evesham, UK.

18. T. Biggs (2016) A Flywheel like No Other. Temporal Power Ltd., 2-3750A Laird Rd, Mississauga, ON, Kanada.

19. J. Arseneaux (2013) 20 MW Flywheel Energy Storage Plant. Beacon Power LLC., Wilmington, Massachusetts, USA.

20. Quantum Energy Storage Inc. (2015) Advanced Kinetic Energy Storage System. http://www.qestorage.com/technology

21. Kinetic Traction Systems, Inc. (2015) Flywheel Energy Storage UPS & Power Quality Applications (Produktinformation). Kinetic Traction Systems, Inc., 20360 Plummer Street, Chatsworth, CA 91311, USA.

22. PowerThru Inc. (2014) Cleann Flywheel Energy Storage – The Battery-Free Solution for Your UPS System. 11825 Mayfield, Livonia, Michigan 48150, USA.

23. Calnetix (2015) VYCON® Direct Connect (VDC®) – The Optimal UPS Energy Storage Solution for Mission-Critical Power Protection. Calnetix Technologies, 16323 Shoemaker Avenue, Cerritos, CA 90703 USA.

24. F. Täubner (2014) Schwungradspeicher in Vision und Realität. Konstruktionsbüro Frank Täubner, Ueckerstr. 4, 38895 Derenburg, Deutschland.

25. Piller Power Systems (2017) UNIBLOCK UBT+ Rotary UPS from 500 kW up to 40 MW. Langley Holdings plc., Retford, Nottinghamshire, UK. http://www.piller.com/en-GB/257/uniblock-ubt-rotary-ups-from-500-kw-up-to-40-mw.

26. M. Strasik et al (2007) Design, Fabrication, and Test of a 5-kWh/100-kW Flywheel Energy Storage Utilizing a High-Temperature Superconducting Bearing. IEEE Transactions on Applied Superconductivity, pp. 2133–2137.

27. W. Canders, H. May, J. Hoffmann, P. Hoffmann, F. Hinrichsen und I. Koch (2006) Flywheel Mass Energy Storage with HTS Bearing – Development Status. WCRE/Eurosolar International Conference on Renewable Energy Storage, Gelsenkirchen, Deutschland.

28. S. Sanders, M. Senesky, M. He und E. Chiao (2015) Low-Cost Flywheel Energy Storage Demonstration", California Energy Commission, USA.

29. Gerotor GmbH, „Der Gerotor HPS – Die Basis für ein aktives Energiemanagement!", http://gerotor.tech/gerotor-hps-schwungmassenspeicherenergiemanagement/

30. Porsche Cars North America, Inc. (2011) 911 GT3 R Hybrid Celebrates World Debut in Geneva. Pressemitteilung am 2. November 2011. http://www.porsche.com/usa/aboutporsche/pressreleases/pag/?pool=international-de&id=2010-02-11. [Zugriff am 20. Juni 2011].

31. E. B. Leutwiler (1991) Gyrobus. Tram, Nr. 1/91.

32. D. Scott (1961) Fith Wheel Runs Bus... Stops it Too! Popular Science, pp. 98–102, Ausgabe Mai 1961.

33. D. Scott (1980) Hydrobus, gyrobus use brake-generated energy. Popular Science, pp. 76–77, Ausgabe April 1980.

34. D. Scott (1985) Brake-power buses. Popular Science, p. 59, Ausgabe Jänner 1985.

35. S. Renner-Smith (1981) The coming era of flywheel buses. Popular Science, pp. 62–63, Ausgabe August 1981.

36. J.B. Crawley (1992) Flywheel Trolley. Popular Science – Special Anniversary Issue, p. 15, Ausgabe August 1992.

37. M. Klingner (2006) Fahrzeugtechnik im ÖPNV – Migrationspfade der Elektromobilität. Fraunhofer-Institut für Verkehrs und Infrastruktursysteme, Zeunerstraße 38, 01069 Dresden, Deutschland.
38. C.S Hearn et.al. (2007) Low Cost Flywheel Energy Storage for a Fuel Cell Powered Transit Bus. IEEE Vehicle Power and Propulsion Conference, Arlington, TX, USA. DOI: 10.1109/VPPC.2007.4544239
39. J. Wheals, J. Taylor und W. Lanoe (2016) Rail Hybrid using Flywheel. Den Danske Banekonference, Tivoli Congress Centre, Kopenhagen, Dänemark.
40. N. Gulia (1986) Der Energiekonserve auf der Spur. Verlag Harri Deutsch, Thun, Deutschland.
41. H. Schreck (1977) Konzeptuntersuchung, Realisierung und Vergleich eines Hybrid-Antriebes mit Schwungrad mit einem konventionellen Antrieb, Aachen: Fakultät für Maschinenwesen der Rheinisch-Westfälischen Technischen Hochschule, Aachen, Deutschland.
42. A. Frank (1981) Engine never idles as steel flywheel spins out savings. Popular Mechanics, pp. 98–99, Ausgabe Juni 1981.
43. R. F. Dempewolff (1978) Flywheels: New Boost for Engine Power. Popular Mechanics, pp. 98–102, Ausgabe Februar 1978.
44. S. Renner-Smith (1981) Battery-saving flywheel gives electric car freeway zip. Popular Science, Ausgabe Oktober 1980.
45. General Motors Heritage Center (2012) GM's Flywheel Hybrid Vehicles. https://history.gmheritagecenter.com/wiki/index.php/GM%27s_Flywheel_Hybrid_Vehicles. [Zugriff am 18. März 2017].
46. K. Pudenz (2011) Kraftstoff-Einsparpotenzial bis zu 20 Prozent – Volvo testet Schungradspeicher. ATZ Online, Ausgabe 26. 05. 2011.
47. D. McCosh (1995) Seeing the Forest Instead of the Trees. Popular Science, Ausgabe Jänner 1995.
48. D. Stower (1995) Flywheel Power. Popular Science, Ausgabe Jänner 1995.
49. P. Dietrich (1999) Gesamtenergetische Bewertung verschiedener Betriebsarten eines Parallel-Hybridantriebes mit Schwungradkomponente und stufenlosem Weitbereichsgetriebe für einen Personenwagen (Dissertation) p. 86. ETH Zürich, Schweiz.
50. R.M. van Druten, P. van Tilborg, P. Rosielle und M. Schoutem (2000) Design and Construction Aspects of a Zero Inertia CVT for Passenger Cars. Seoul 2000 FISITA World Automotive Congress, Seoul, Korea.
51. R. Meaden (2010) Porsche 911 GT3 R Hybrid Review. Telegraph Media Group Limited, UK.
52. Porsche AG (2011) Porsche 918 RSR – racing laboratory with even higher-performance hybrid drive. http://www.porsche.com/usa/aboutporsche/pressreleases/pag/?pool=international-de&id=2011-01-10.
53. I. Foley (2013) William Hybrid Power – Flywheel Energy Storage. Williams F1, Grove, Oxfordshire, OX12 0DQ, UK.
54. S. Birch (2010) Volvo spins up flywheel technology research. SAE International, Ausgabe 19 Juni 2011.
55. J. Rendell (2010) Jaguar's advanced XF ‚flybrid‘,“ AUTOCAR – First for Car News and Reviews. http://www.autocar.co.uk/car-news/concept-cars/jaguars-advanced-xf-flybrid. [Zugriff am 18. März 2017].
56. M. Bowman (2016) The C-C Booster Electric Class 70 Locomotive. https://www.slideshare.net/MarkBowman11/br-class-70-64046099
57. P. von Burg (1998) Moderne Schwungmassenspeicher – eine alte Technik in neuem Aufschwung. VDI Fachtagung Energiespeicherung für elektrische Netze, Gelesenkirchen, Verein Deutscher Ingenieure.
58. Der Spiegel (1974) Wucht im Kreisel. Der Spiegel, pp. 157–158, Ausgabe 11 1974.

59. Parry People Movers Ltd. (2009) PPM Technology. Parry People Movers Ltd., Overend Road, Cradley Heath, West Midlands, B647DD, UK. http://www.parrypeoplemovers.com/technology. htm. [Zugriff am 20. August 2016].

60. Centrum voor Constructie en Mechatronica (2000) ULEV-TAP Newsletter August 2000, Issue No. 2. http://www.ulev-tap.org/ulev1/index.html. [Zugriff am 14. Mai 2011].

61. R. Benger (2007) Fachpraktikum Energiesystemtechnik: Elektrische Energiespeicher für dynamische Anforderungen, Institut für Elektrische Energietechnik, TU Clausthal, Deutschland.

62. U. Henning, F. Thoolen, M. Lampérth, J. Berndt, A. Lohner und N. Jäning (2005) Ultra Low Emission Vehicle – Transport Advanced Propulsion. http://www.railway-research.org/IMG/pdf/480-2.pdf

63. Deutsche Bahn AG (2002) Applications for energy storage flywheels in vehicles of Deutsche Bahn AG. Deutsche Bahn AG, Research & Technology Centre, Witthuhn, Deutschland.

64. W. Novy (2008) Start-Stopp – aber mit Schwung! Kietische Energiespeicher als Alternative zu Akkumulatoren und Kondensatoren. AUTOMOTIVE, pp. 64–66, Ausgabe 11 2008.

65. K.R. Pullen, S. Shah und C. Ellis (2006) Kinetic Energy Storage for Vehicles. Department of Mechanical Engineering, Imperial College, London, UK.

66. C. Brockbank und C. Greenwood (2008) Full-Toroidal Variable Drive Transmission Systems in Mechanical Hybrid Systems – From Formula 1 to Road Vehicles. Torotrak (Development) Ltd. 1 Aston Way Leyland, PR26 7UX, UK.

67. Flywheel Energy Systems Inc. (2011) Performance Verification of a Flywheel Energy Storage System for Heavy Hybrid Vehicles. Flywheel Energy Systems Inc., 25C Northside Road, Ottawa, K2H 8S1, Kanada.

68. M. Schmich (2011) Mit einer Augsburger Innovation Sprit sparen. Augsburger Allgemeine, Nr. 2014, p. 30, Ausgabe 16. September 2011.

69. Ricardo plc. (2014) Ricardo to showcase ‚TorqStor' high efficiency flywheel energy storage at CONEXPO. Press Release, 24th of February 2014. Ricardo plc. Shoreham-by-Sea, UK.

70. M. M. Flynn, P. McMullen und O. Solis (2007) High-Speed Flywheel and Motor Drive Operation for Energy Recovery in a Mobile Gantry Crane. APEC 07 – Twenty-Second Annual IEEE Applied Power Electronics Conference and Exposition, Anaheim, USA.DOI: 10.1109/APEX.2007.357660

Das *Supersystem* des Flywheel Energy Storage Systems (FESS) umfasst all jene Aspekte und Komponenten, welche sich *außerhalb des Energiespeichers* befinden, jedoch in direkter oder indirekter Wechselwirkung mit dem Schwungrad stehen. Diese hierarchisch übergeordneten Komponenten oder Einflussgrößen können in sich wieder ein eigenes System bilden und werden in einer holistischen Betrachtung auch oftmals sinnvoller Weise zu einer eigenen Einheit zusammengefasst. So werden in manchen Fällen alle relevanten Komponenten des Fahrzeuges zum *Supersystem* „Fahrzeug und Fahrzeugtopologie" zusammengefasst, um für die relevante Betrachtung entsprechende Systemgrenzen zu setzen.

3.1   Fahrzeug und Fahrzeugtopologie

Seit einigen Jahren stehen dem Kunden immer mehr Antriebskonzepte und Fahrzeugtopologien zur Verfügung. Dabei geht es nicht nur um die Wahl zwischen konventionellem oder elektrischem Antrieb, da besonders die diversen „Zwischenstufen", also Hybridvarianten (*Seriell* vs. *Parallel, Micro* vs. *Full Hybrid*) verschiedenste Eigenschaften aufweisen. (vergleiche Abb. 3.1 und 3.2) Nur selten gelingt es dem Pkw-Kunden, sein eigenes Anforderungsprofil ausreichend und objektiv zu definieren und ein dementsprechend optimales Antriebskonzept zu wählen. Abgesehen davon sind beim Pkw-Kauf nur selten wirtschaftlich-energetische Kriterien ausschlaggebend, wie in Abschn. 3.5 noch beschrieben wird. Im Nutzfahrzeugsektor (siehe Abschn. 5.1) entscheidet hingegen in erster Linie die monetäre Amortisationsdauer über die Wahl von Fahrzeug und -topologie.

Fahrzyklus (welcher in Abschn. 4.2.1 noch genauer analysiert wird) und Fahrzeugtopologie beeinflussen das energetische Rekuperationspotential. Umgekehrt beeinflussen die technischen Eigenschaften der Nutzbremse (zur Rückgewinnung von Bremsenergie) auch

© Springer Fachmedien Wiesbaden GmbH, ein Teil von Springer Nature 2019   49
A. Buchroithner, *Schwungradspeicher in der Fahrzeugtechnik,*
https://doi.org/10.1007/978-3-658-25571-8_3

Paralleler Hybridantrieb

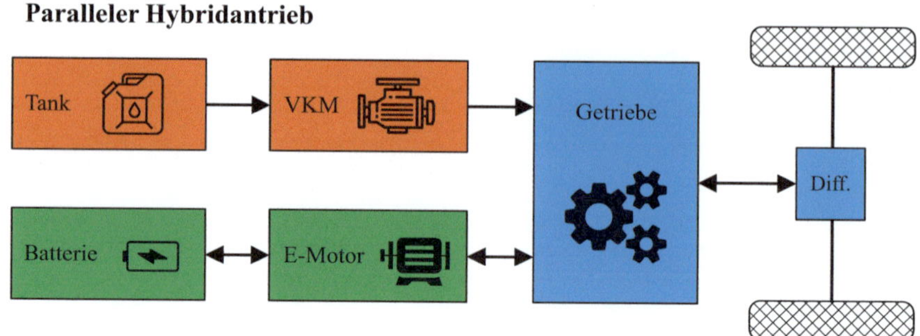

Abb. 3.1 Topologie eines parallelen Hybridantriebs. (Bildrechte: beim Autor)

Serieller Hybridantrieb

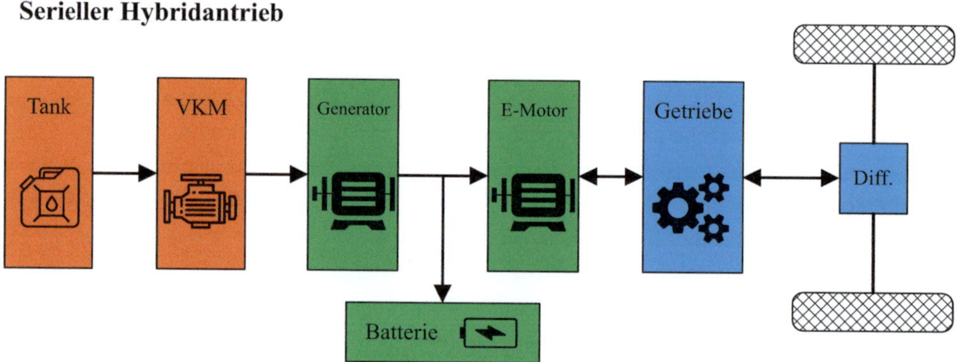

Abb. 3.2 Serieller Hybridantrieb wie oft bei schweren Nutzfahrzeugen eingesetzt

die zu wählende Fahrweise. Als Beispiel sei hier der *Volvo S60 Flywheel KERS*[1] *Hybrid* kurz diskutiert. Wie Abb. 3.3 zeigt, wirkt ein Schwungradspeicher mit mechanischer Energieübertragung auf die Hinterachse des Fahrzeuges, während die Vorderachse mit einem konventionellen Antriebsstrang ausgestattet ist. Wird das Fahrzeug verzögert, so wird die kinetische Energie auf das Flywheel übertragen und dessen Drehzahl erhöht. Bei Bedarf kann die Energie des Schwungrades wieder genutzt werden, um das Fahrzeug zu beschleunigen. Ein Detail der KERS-Einheit ist in Abb 3.4 dargestellt.

Aufgrund der dynamischen Achslastverteilung muss die Bremsleistung der Hinterräder jedoch erheblich niedriger sein als die der Vorderräder (übliche Bremskraftverteilung vorne zu hinten: 80/20 bis 60/40), wodurch nur ein Teil der theoretisch nutzbaren Energie rekuperiert werden kann. Würde die Nutzbremsung auf die Vorderachse wirken, wäre das bereits ein Vorteil. Optimal im Sinne der Nutzung des Rekuperationspotenzials wären hingegen vier Radnabenmotoren, welche generatorischen Betrieb erlauben. Allerdings würde sich in diesem Fall nicht nur die ungefederte Masse des Fahrzeuges erhöhen, sondern es wäre auch ein elektromechanisches FESS mit entsprechend hoher Leistung, sowie entsprechendem Energieinhalt erforderlich.

---

[1] *KERS* steht für *Kinetic Energy Recovery System.*

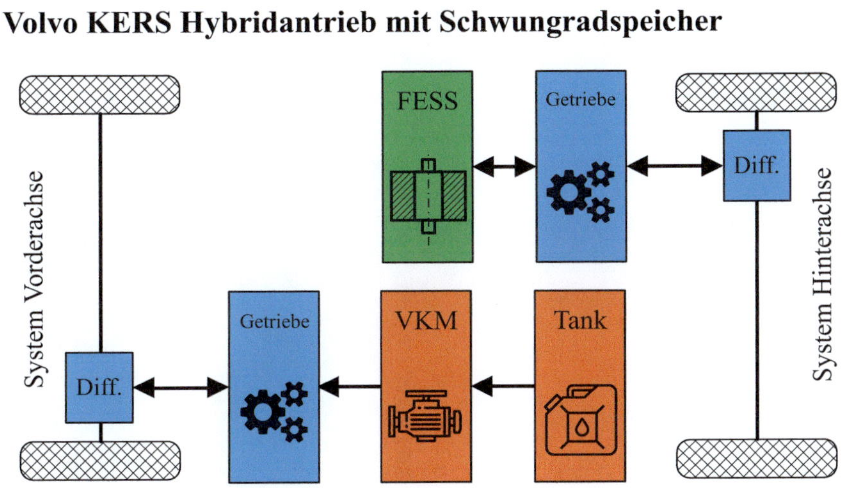

Volvo KERS Hybridantrieb mit Schwungradspeicher

Abb. 3.3 Konzept des Volvo S60 Flywheel KERS

3.2   Eigenschaften des Primärantriebs

Prinzipbedingt erreicht die ideale, *vollkommene VKM*[2] einen Wirkungsgrad η von maximal ~67 %; in der Praxis schwankt dieser Wert zwischen 0 % (Leerlauf) und circa 40 % (Bestpunkt) [9]. Generell kann davon ausgegangen werden, dass sich der durchschnittliche Wirkungsrad einer VKM bei überwiegendem Transientbetrieb (*Stop-and-Go* Verkehr) markant verschlechtert. Abb. 3.5 zeigt, dass der höchste Wirkungsgrad (hier $\eta = 0{,}29$) nur in einem relativ schmalen Drehzahlbereich in Kombination mit hoher Last erreicht wird. Die durch Hybridisierung des Antriebsstrangs ermöglichte Lastpunktverschiebung wirkt diesem Phänomen entgegen, bringt jedoch das Problem mit sich, dass Motorakustik und Fahrdynamik voneinander entkoppelt werden und ein für den Fahrer ungewöhnliches bis unangenehmes Verhalten an den Tag legen. Diese *psychoakustischen Aspekte* verhindern meist auch den effizienten Betrieb des herkömmlichen Pkws durch extrem niedertouriges Fahren. Diese so genannte *Overdrive*-Charakteristik wird vom Fahrer abgelehnt, da er das Brummen des Antriebsstranges als „schlecht für den Motor" interpretiert [10]. (Vergleiche auch Abschn. 3.5.)

Ein Elektromotor hingegen weist ein vorwiegend drehzahlproportionales akustisches Verhalten sowie einen eklatant besseren Teillastwirkungsgrad auf. Im Vergleich zur VKM bieten Asynchronmaschine (ASM) und geschaltete Reluktanzmaschine (GRM) einen relativ großen Drehzahlbereich konstanter Leistung, während die permanenterregte Synchronmaschine (PMS) sehr hohe Anfahrmomente abzugeben vermag (vergleiche Abb. 3.6). Aber diese und weitere Vorteile der Hybridisierung können nur dann vollends ausgeschöpft werden, wenn entsprechende elektrische Energiespeicher – wie zum Beispiel ein elektromechanisches Flywheel, oder chemische Batterien – verfügbar sind.

---

[2] VKM unter Annahme eines *reibungsfreien* und *adiabaten Verbrennungsprozesses.*

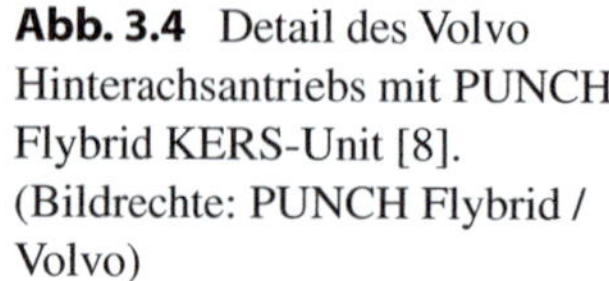

Abb. 3.4 Detail des Volvo Hinterachsantriebs mit PUNCH Flybrid KERS-Unit [8]. (Bildrechte: PUNCH Flybrid / Volvo)

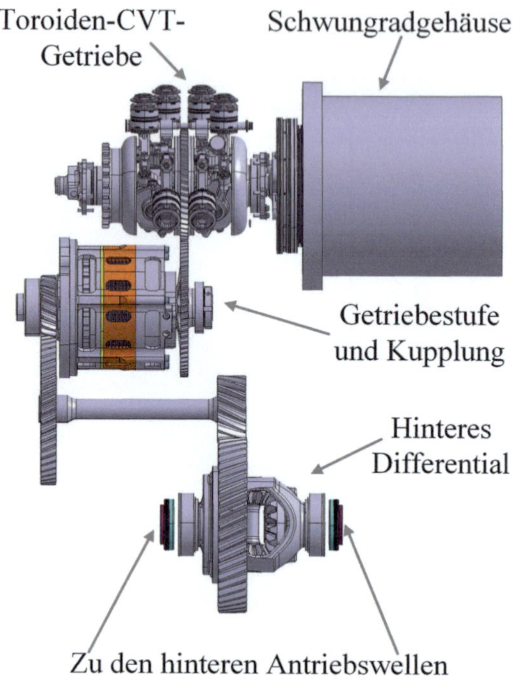

3.3   Eigenschaften mobiler Energiespeicher

Neben der in Abschn. 2.1 beschriebenen wichtigen Aufgabe der Sicherung einer sauberen und nachhaltigen netzgebundenen Energieversorgung durch volatile Quellen, gewinnen die verschiedenen Energiespeicher natürlich auch im Automobilsektor zunehmend an Bedeutung. Funktionen wie Rekuperation und Lastpunktverschiebung als Produkt der Hybridisierung des Antriebsstranges stehen in enger Wechselwirkung mit den energetischen Eigenschaften der Speicherkonzepte. Die exakte Auslegung eines Energiespeichers für Hybridfahrzeuge kann nur auf Basis eines bekannten Lastprofils, bzw. vorgegebenen Fahrzyklus erfolgen. Generell herrscht bei der Auslegung von Energiespeichern ein Streben nach hoher spezifischer Energie und Leistung bei gleichzeitig geringen Kosten und guter Umweltverträglichkeit vor. Leider stehen diese Eigenschaften oft in einem unumgänglichen, physikalischen Widerspruch.

Tab. 3.1 vergleicht einige mobile Energiespeicher im Zuge einer näherungsweisen, qualitativen Bewertung [7]. Es ist deutlich zu erkennen, dass chemische und elektrische Energiespeicher zwar hohe Energiedichten aufweisen, aber in Punkto Recycling und Herstellungsaufwand schlechter abschneiden als die mechanischen Alternativen. Es ist wichtig an dieser Stelle festzuhalten, dass Kosten und Energie- oder Leistungsdichte für Anwendungen im Automobilbereich die üblicherweise am stärksten gewichteten Kriterien sind.

Tab. 3.1 Eigenschaften gängiger Energiespeicher für Hybridfahrzeuge und qualitative Bewertung

	Li-Ion Batterie	PB-Batterie	Ni-Cd Batterie	Super-/ UltraCap	Druckluft-speicher	Hydraulik-speicher	Schwungrad-speicher
Energiedichte	***	**	***	*	*	*	*
Leistungsdichte	**	**	***	***	***	***	***
Lebensdauer	**	**	*	**	***	***	***
Kosten	**	**	**	*	***	**	*
Wirkungsgrad	***	***	***	***	*	*	**
Ladedauer	*	*	**	***	**	**	***
Recycling	*	**	*	*	***	***	***
Herstellung	*	**	*	*	***	**	**

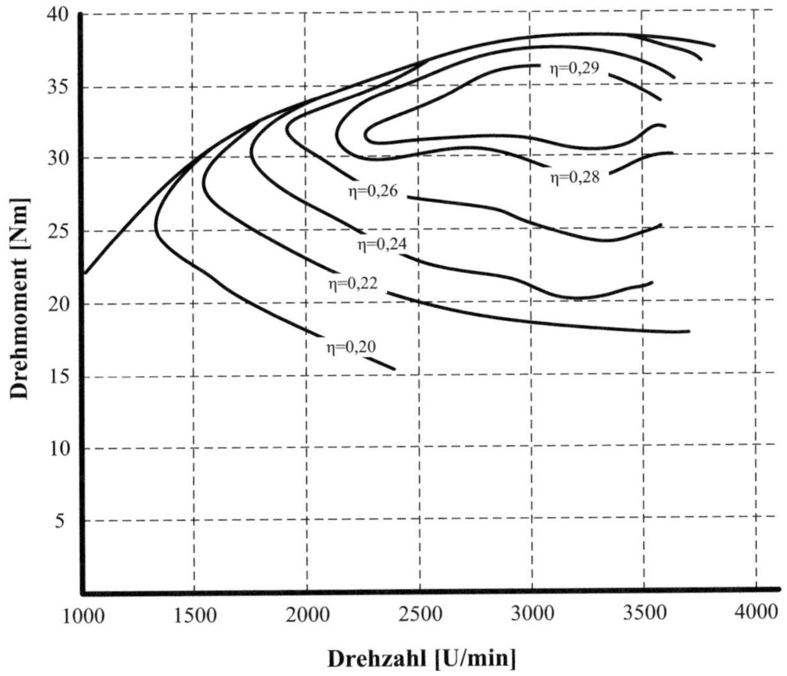

Abb. 3.5 Muscheldiagramm eines typischen Otto-Verbrennungsmotors (Renault Clio) erstellt auf Basis der Daten von [6]. (Bildrechte: Institut für Kraftfahrwesen und Kolbenmaschinen, RWTH Aachen)

Die Darstellung der verschiedenen Speicher in einem sogenannten *Ragone-Diagramm* (siehe Abb. 3.5 Abb. 3.7) ist ein adäquates Werkzeug, um die optimalen Anwendungsgebiete verschiedener Energiespeicher zu vergleichen. In diesem Diagramm wird die *spezifische Energie* über die *spezifische Leistung* der jeweiligen Speichermedien aufgetragen. Durch die Wahl eines doppellogarithmischen Maßstabs können Energiespeicher unterschiedlichsten Typs und stark divergierender Spezifikationen miteinander verglichen werden. Die Ordinate, welche die spezifische Energie repräsentiert, veranschaulicht also, wie viel Energie pro Gewichtseinheit zur Verfügung steht, während die Leitungsdichte auf der Abszisse ein Maß dafür ist, wie schnell diese Energie abgegeben werden kann.

▶ Wird ein Flywheel, so wie z. B. beim KERS in der Formel 1 strategisch als „Überhol-Booster" eingesetzt, so ist die Abgabe einer großen Energiemenge innerhalb kurzer Zeit von Bedeutung. Bei einem Schwungradspeicher, der einen Bus in einem Nahverkehrsnetz von Station zu Station bringen soll, wird man freilich mehr Wert auf den spezifischen Energieinhalt, also in weiterer Folge „Reichweite/kg" legen.

Traditioneller Weise setzt die technische Forschungs- und Entwicklungsarbeit bei den unter Abschn. 3.1, 3.2 und 3.3 diskutierten Punkten (also den Elementen des Fahrzeug-Subsystems) an. Der Einfluss auf das Gesamtsystem bzw. das physikalisch mögliche Entwicklungspotenzial ist aber durch Naturgesetze begrenzt.

3.4 Geografie, Infrastruktur und Verwendungszweck des Fahrzeugs

3.4.1 Geografie und Infrastruktur

Es ist wichtig zu erkennen, dass der Einfluss des *Supersystems* auf die Gestaltung des Fahrzeuges, und folglich dessen *Subsystem*, stärker ist als umgekehrt. Das ist auch historisch bedingt, da das Automobil natürlich um ein Vielfaches jünger ist als die Umgebung, in der es sich bewegt. Das Layout vieler mitteleuropäischer Städte wurde im Mittelalter oder bereits davor auf Basis strategischer, militärischer oder agrar- und versorgungstechnischer Überlegungen definiert. Verkehrswege, welche für hohe Reisegeschwindigkeiten optimiert sind oder die Energieversorgung von Fahrzeugen spielten damals keine Rolle und konsequenterweise sind manche Straßenzüge, Bezirke oder gar ganze Regionen aus heutiger „energetischer" Sicht nicht immer optimal für den Einsatz von Fahrzeugen geeignet. Die Umgehung dieses Problems durch Anlegen z. B. eines U-Bahnnetzes ist nicht immer ein gangbarer Weg. Jüngere Städte, wie sie vielerorts in den USA zu finden sind, verfügen über ein Straßennetz, welches für die Nutzung mit dem Pkw „optimiert" wurde. Zwei Beispiele sind in Abb. 3.8 und 3.9 dargestellt.

Diese „Optimierung" betrifft aber meist nur räumliche Aspekte (z. B. Parken) und Probleme wie die Anpassung des Energieversorgungsnetzes auf alternative Fahrzeugantriebe bleiben auch in diesem Fall bis dato ungelöst. In wie weit Geografie und Infrastruktur in direkter Wechselwirkung mit dem Fahrzeug und dessen Energiespeicher stehen, veranschaulichen die folgenden Beispiele:

- Die Anzahl der Start-Stop-Zyklen durch Ampeln oder Kreuzungen sowie geodätische Höhendifferenz und „Kurvenreichheit" einer Strecke bestimmen das Rekuperations-

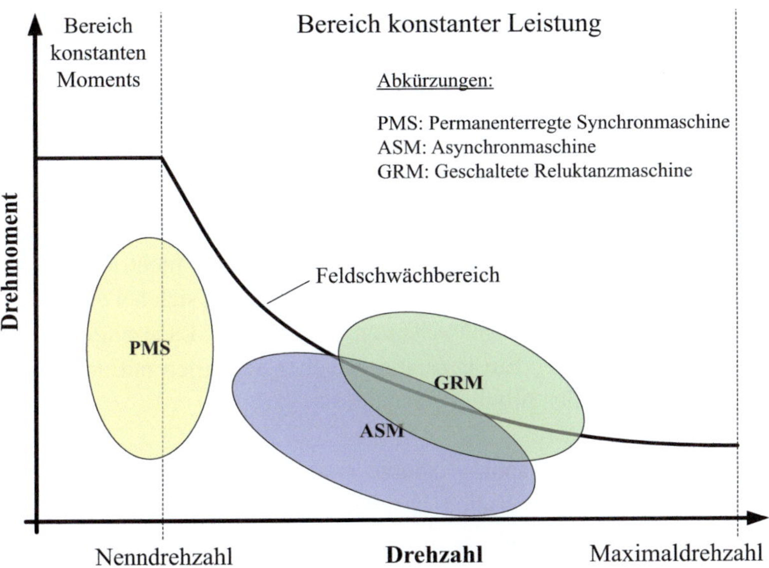

Abb. 3.6 Betriebsbereiche der unterschiedlichen E-Maschinen

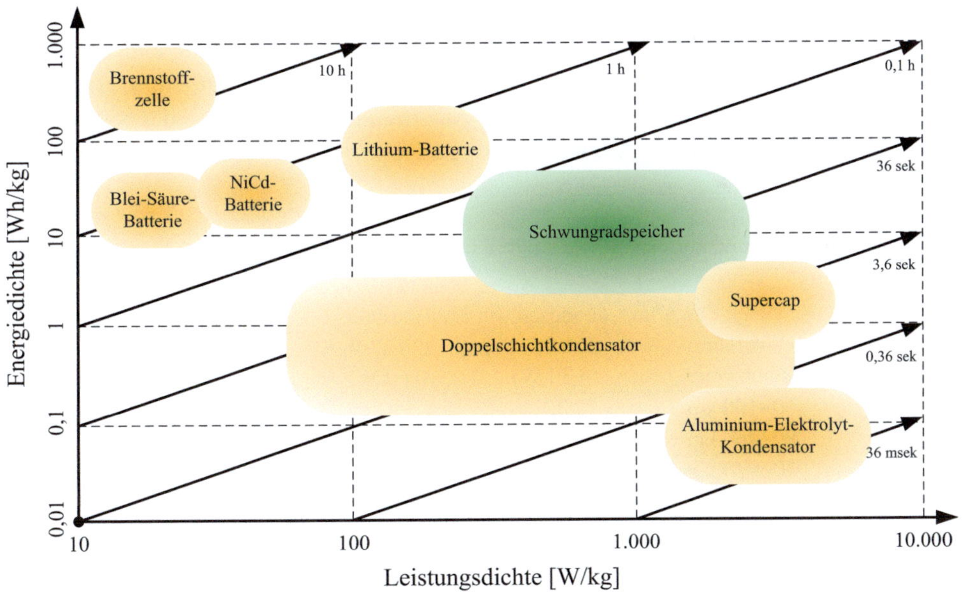

Abb. 3.7 Ragone-Plot verschiedener Energiequellen

potenzial und in weiterer Folge Energieeinsparungspotenzial für Hybridfahrzeuge. Grundsätzlich gilt, je dynamischer der Fahrzyklus, desto eher lassen sich die Vorteile eines Hybridfahrzeuges mit Nutzbremsung ausnutzen. (Abschn. 4.2 sowie das gesamte Kap. 5.)

- Plug-in-Hybride sowie reine EVs sind auf die Verfügbarkeit eines entsprechend leistungsfähigen Stromnetzes angewiesen. Während ein gut ausgebautes Tankstellennetzt den uneingeschränkten Betrieb eines konventionelleren Pkws sichert, müssen EVs – selbst wenn die Batterietechnik eine Schnellladung zuließe – oftmals mit bescheidenen Ladeleistung von wenigen kW auskommen, um das Netz nicht lokal zu überlasten. Sogar bei einem 400 V/100 A (40 kW) Anschluss ergäben sich bei einer Batteriekapazität von 20 kWh, also einer Reichweite von 100~200 km, Ladezeiten von 30 Minuten [11]. (Siehe auch Tab. 3.2.) Ein Umstand, welcher Szenarien mit unglaublich langen Wartezeiten an Tankstellen prognostizieren lässt.

- Das viel zitierte Battery-Swapping[3] könnte zwar die Ladedauer auf Raststationen verringern, bedingt aber, dass sich alle Hersteller auf ein einheitliches Batteriesystem einigen. Diese Einigung ist jedoch als unwahrscheinlich zu bezeichnen, wenn man Diskussionen auf politischer bzw. Konzern-Ebene wie zum Beispiel beim *European Electric Vehicle Congress* 2011 in Brüssel verfolgt. Einige Vorträge und „Panel Discussions" waren dem Thema „Standardisierung des EV-Ladesteckers" gewidmet, brachten aber keine konstruktiven Ergebnisse [12].

- Auch wenn Wasserstoff betrieben Fahrzeuge aufgrund der Fortschritte in der Batterietechnik in den letzten Jahren etwas in den Hintergrund gedrängt wurden, so könnte der Aufbau einer flächendeckenden Wasserstoffversorgung durch Nutzung des bestehenden Gasnetzes für zusätzliche Attraktivität sorgen. Speziell im Nutzfahrzeugsektor und

Tab. 3.2 Ladezeiten und korrespondierende Reichweiten von Elektrofahrzeugen [11]

Batterie-Kapazität	Ungefähre Reichweite	Ladezeit mit Hausanschluss[a]		Ladezeit mit Schnellladesystem[b]
		220 V, 15 A (3,3 kW)	220 V, 30 A (6,6 kW)	400 V, 100 A (40 kW)
10 kWh	50~100 km	3,0 h	1,5 h	0,25 h
16 kWh	80~160 km	4,8 h	2,4 h	0,4 h
20 kWh	100~200 km	6,0 h	3,0 h	0,5 h
14 kWh	120~240 km	7,3 h	3,6 h	0,6 h
30 kWh	150~300 km	9,0 h	4,5 h	0,75 h
100 kWh	500~1000 km	30,0 h	15,0 h	2,5 h

[a]Wechselstrom wurde für das „Normalladen" am Hausanschluss angenommen
[b]Für das Schnellladesystem wurde Gleichstrom angenommen

---

[3]Ein weiteres Problem des „Battery Swapping" ist, dass die Fahrzeugbatterie aus Gründen optimaler Schwerpunktlage meist im Unterboden des Fahrzeuges eingebaut und verteilt ist, sodass kein einziges, kompakte Modul für einfachen Tausch vorliegt.

Fernverkehr, bzw. im Bereich schwerer Baumaschinen sind die geforderten Energieinhalte mit Batterien nur schwer abzudecken, was eine Chance für die Brennstoffzelle darstellt. Dennoch werden die Investitionskosten für die Errichtung der erforderlichen Wasserstofftankstellen alleine in Deutschland auf mindestens 300 Millionen Euro geschätzt [13]. Auch wenn in den Medien des Öfteren vom Ausbau des Wasserstoffnetzes die Rede ist, so sind in Österreich im Jahr 2016 lediglich 5 öffentliche Wasserstofftankstellen verfügbar [14] und die Zahl ist bis heute nicht gestiegen. Zum Vergleich: Konventionelle Tankstellen gab es in diesem kleinen Land im Jahr 2014 bereits 2622 [15]. Aktuell stellt die Betankung eines Wasserstoffautos für den Privatkunden aufgrund des Fehlens von Füllstationen jedenfalls ein Problem dar.

- Auch Konzepte wie das „Luftauto", welches ausschließlich durch komprimierte Luft angetrieben wird, scheitern an fehlenden Tankstellen und sind daher höchstens für kommerzielle Fahrzeugflotten mit einer eigenen „Betankungsanlage" bzw. Befüllstation von Interesse. Obwohl das Fahrzeugkonzept, welches zurzeit von der Firma *Motor Development International – MDI* aus Luxemburg weiterentwickelt und vertrieben wird, zwar ein gutes Beispiel für ein funktionsfähiges *Zero Emission Vehicle* darstellt, so ist die eingeschränkte Verfügbarkeit des Energieträgers Druckluft ein Hemmnis für den Kauf dieses Fahrzeuges. Beispiele für drei Fahrzeugkonzepte, welche zwar lokal emissionsfreien Betrieb erlauben, aber noch mit dem „Henne-Ei-Problem" zwischen Fahrzeugflotte und Tankstellennetz zu kämpfen haben, sind in Abb. 3.10, 3.11 und 3.12 dargestellt.

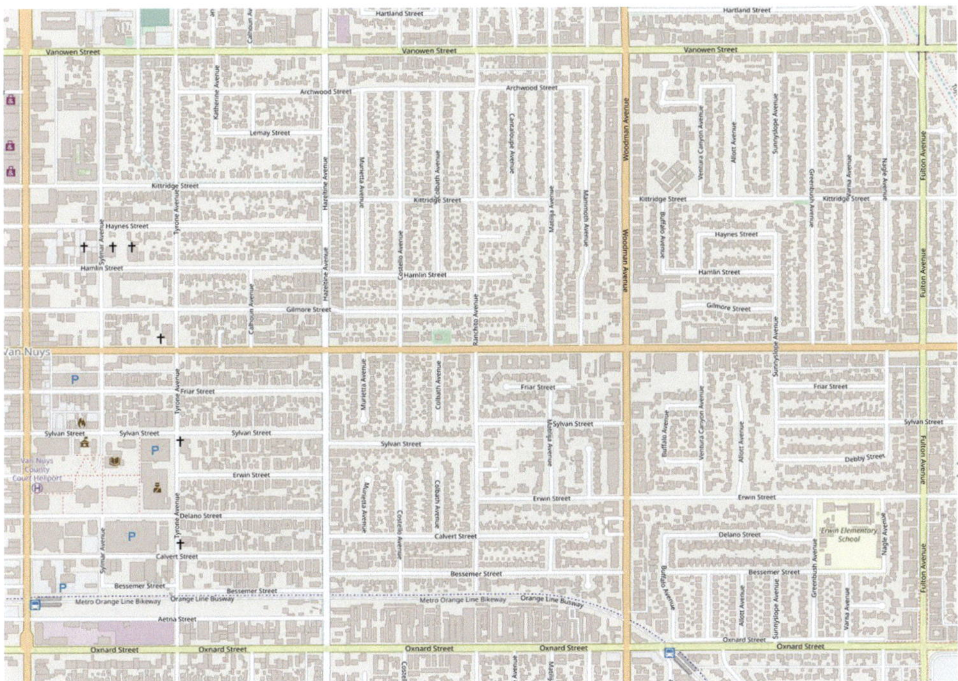

Abb. 3.8 „Optimiertes" Straßennetz in einem urbanen Gebiet in Van Nuys in Kalifornien, USA. (Bildrechte: OpenStreetMap)

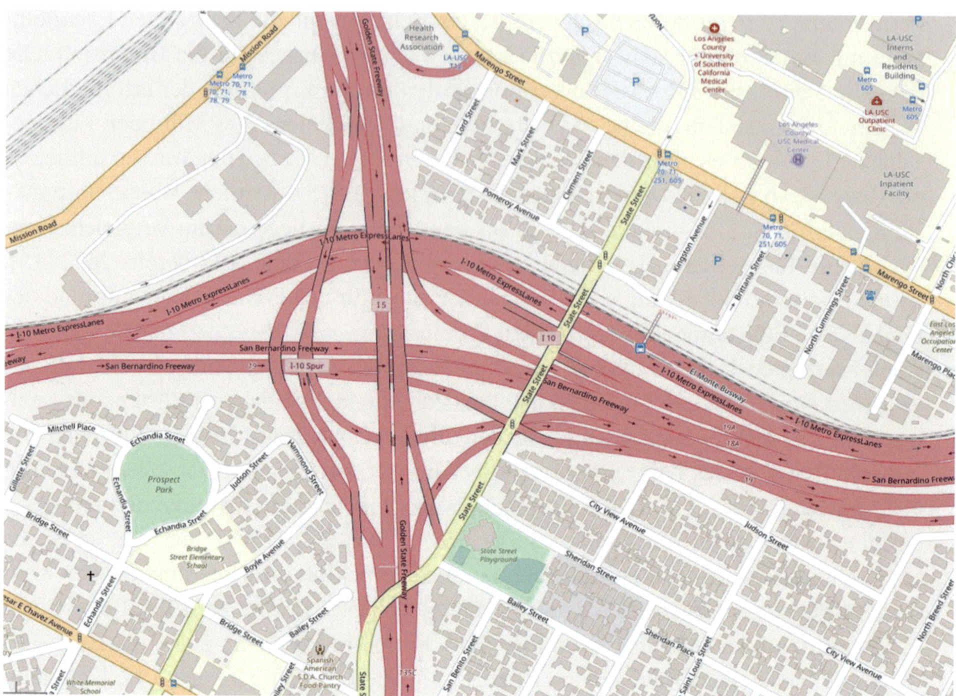

Abb. 3.9 An moderne Mobilität angepasstes Straßennetz: Highway I10, Los Angeles, Kalifornien, USA. (Bildrechte: OpenStreetMap)

Abb. 3.10 Druckluftauto AirPod 2.0 von MDI. (Bildrechte: Motor Development International)

3.4.2 Verwendungszweck des Fahrzeuges

Neben der Dynamik des Fahrzyklus (Siehe Abschn. 4.2.1 für eine detaillierte Analyse) ist es vor allem die *Vorhersagbarkeit* des Zyklus bzw. des Anwendungsprofils, welche für eine exakte Auslegung des Energiespeichers und der Antriebsstrategie eines Hybridfahrzeuges ausschlaggebend ist [16]. Während Nutzfahrzeuge – besonders im öffentlichen Nahverkehr – eine sehr gute Vorhersagbarkeit des Fahrzyklus aufweisen, kann dies von Pkws im Allgemeinen nicht behauptet werden. Grund hierfür ist nicht nur das sehr individuelle Verhalten des Fahrers, sondern oftmals auch eine „Zweckentfremdung" des Pkw-Typs. Besonders auffällig konnte dieses Phänomen in den letzten Jahren im Segment der *Sport Utility Vehicles* (SUVs) beobachtet werden. Obwohl diese Fahrzeuge für den leichten Geländeeinsatz und das Ziehen/Transportieren schwerer Lasten konzipiert wurden, verlassen sie die asphaltierten Verkehrswege nur selten. Besonders in den USA, wo der Anteil dieser Fahrzeuge aktuell bereits fast 30 % erreicht hat und weiter steigt, wird dieser Fahrzeugtyp überwiegend als reines Stadtauto eingesetzt. Hier spielen vor allem psychologische Phänomene (Vergleiche Abschn. 5.3.1 und 5.3.2) eine wichtige Rolle. Einen Überblick über Marktanteile und Trends im Verkauf der Fahrzeugtypen geben (Abb. 3.13 und 3.14).

Aber auch kleine und scheinbar wenig progressive Länder wie Österreich sind auf den SUV-Trend aufgesprungen, wie eine 2019 veröffentlichte Studie des Verkehrsclub Österreich (VCÖ) zeigt. Der Anteil an Allrad- und Sports Utility Fahrzeugen hat sich zwischen 2004 und 2018 verfünffacht – siehe Abb. 3.15.

Abb. 3.11 Wasserstoffauto „HYCAR 1" am HyCentA, TU Graz, Österreich. (Bildrechte: HyCentA Graz)

Abb. 3.12 Fahrzeug der Firma *nanoFlowcell* mit Redox-Flow-Batterie, welches durch tauschen des Elektrolyt rasch aufgetankt werden könnte[4]. (Bildrechte: nanoFlowcell IP AG)

Abb. 3.13 Anteile der PKW-
Typen in den USA 2011 [17]

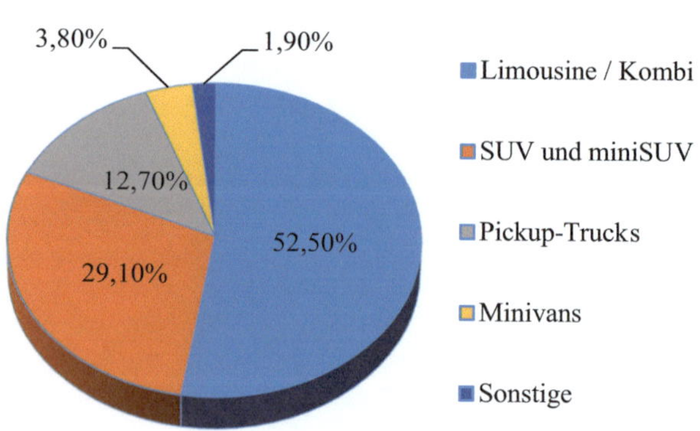

---

[4] Über die tatsächliche Existenz und Funktionalität des nanoFlowcell-Fahrzeuges herrscht Uneinigkeit. Dies ändert jedoch nichts an dem Umstand, dass dieses Fahrzeugkonzept, ähnlich wie die anderen genannten Alternativen, über keine Lade- bzw. Tankinfrastruktur verfügt.

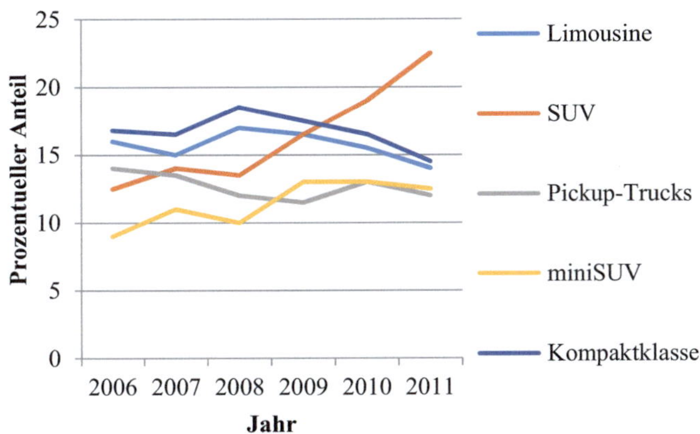

Abb. 3.14 Verkaufstrends von verschiedener Pkw-Klassen von 2006 bis 2011 [18]

Anteile der Fahrzeugklassen 2004 vs. 2018 in Österreich

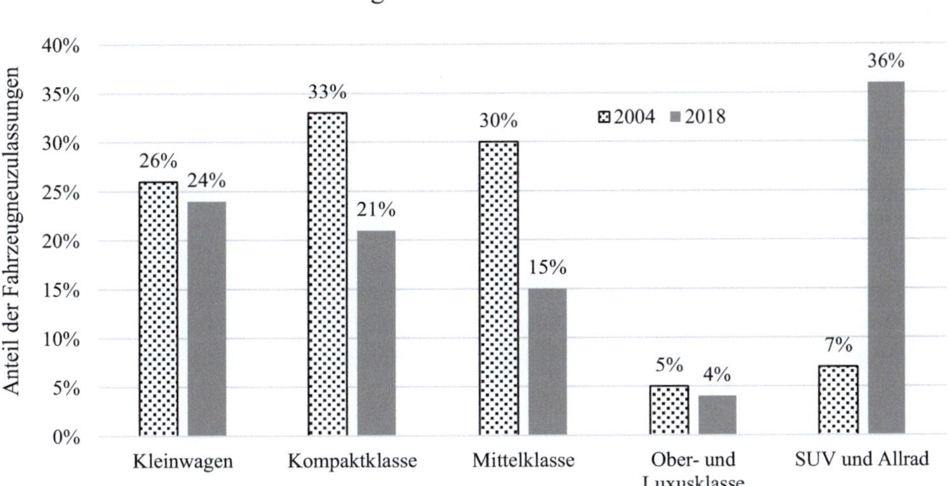

Abb. 3.15 Österreich verzeichnete im Jahr 2018 einen 5 Mal so hohen SUV-Anteil wie im Jahr 2004 [19]

3.5 Fahrer und Energiepsychologie

Aufgrund der hohen technischen Komplexität der modernen Transportmittel kann nicht davon ausgegangen werden, dass die Bevölkerung ein aus energetischer Sicht „richtiges" Mobilitätsverhalten an den Tag legt. Untersuchungen des *Institutes für Elektrizitätswirtschaft und Energieinnovation* der *TU Graz* haben wie eingangs erwähnt gezeigt, dass Energie eine hochgradig nichtintuitive, schwer fassbare physikalische Größe ist. Unter den Befragten, welche abschätzen sollten „was man mit 1 kWh Energie machen könne" waren auch Absolventen von (u. a. technischen) Universitäten. (Vergleiche 3.16.)

Aber nicht nur die Fehleinschätzung des energetischen Aufwandes für die Bereitstellung von thermischer und mechanischer Energie, sondern auch andere sozio-psychologische Effekte beeinflussen das Mobilitäts- und Fahrverhalten des Kunden und in weiterer Folge die Architektur des Antriebsstranges. Mobilität bzw. der Besitz eines Fahrzeuges werden mit folgenden symbolischen Attributen verbunden [1]:

- **Autonomie:** Selbstbestimmung und ein hoher Mobilitätsgrad können beinahe als Grundbedürfnis des modernen Menschen in der westlichen Welt betrachtet werden. Ein Fahrzeug vermittelt dem Eigentümer Freiheit und soll diese auf keinen Fall einschränken.
- **Status:** Mit der Wahl eines Fahrzeuges kann nicht nur sozialer Status demonstriert werden, sondern auch die Bereitschaft in „grüne" Technologien zu investieren. Nicht selten werden übermotorisierte, schwere Oberklassefahrzeuge auch als Hybrid angeboten (*BMW X6*, *Porsche Cayenne*, *VW Touareg* etc.), beruhigen somit lediglich das Gewissen des Käufers und tragen in keiner Weise zur nachhaltigen Mobilität bei. Ebenso werden reine Elektrofahrzeuge oftmals ausschließlich als Zweit- oder Stadtauto zusätzlich zum konventionellen Pkw angeschafft.
- **Fahrerlebnis:** Beschleunigung, Geschwindigkeit, Straßenlage, Reichweite und Geräuschentwicklung sind einige der Fahrzeugeigenschaften, welche die Wahl des Fahrzeuges oder Verkehrsmittels im Allgemeinen erheblich beeinflussen. Unter anderem deshalb war die historische Entwicklung des Automobils bislang vorwiegend von Leistungssteigerung geprägt.

Ein weiterer Punkt, welcher mit der Elektrifizierung des Antriebsstranges zunehmend an Bedeutung gewinnt, ist die *Psychoakustik*. Das so genannte *Overdrive*-Getriebe aufgrund der niedrigen Motordrehzahl und dem somit niederfrequenten, „brummenden" Geräusch trotz ihrer Effizienz vom Kunden kaum akzeptiert [10]. (Siehe auch Abschn. 3.2.) Ein

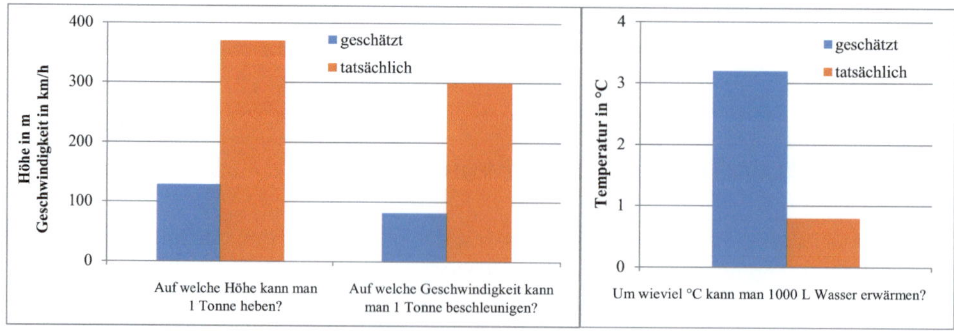

Abb. 3.16 Antworten der österreichischen Bevölkerung auf die „1-kWh-Frage" [4]. (Bildrechte: Ludwig Piskernik)

ähnliches Schicksal widerfuhr bislang auch dem *CVT-Getriebe,*[5] welches mit seiner kontinuierlich variierbaren Übersetzung den Betrieb der VKM vorwiegend im Bestpunkt (ohne diskrete Schaltpunkte) erlaubt. Der Kunde erwartet bei Betätigung des Gaspedals aber eine Drehzahlsteigerung sowie direkte Proportionalität zur Geschwindigkeit. Bei Einsatz eines CVT kann es jedoch sogar zu einem Abfall der Drehzahl bei steigender Geschwindigkeit aufgrund parasitärer Verluste der Steuerhydraulik kommen [5]. Serielle Hybride können ein ähnliches, nichtintuitives psychoakustisches Verhalten aufweisen, was zu einer Ablehnung im Kundenkreis führen kann.

Literatur

1. H. Stiegler und U. Bachhiesl (2013) Grundlagen der Energieinnovation. TU Graz, Österreich
2. L. Piskernik (2008) Erfolgsfaktoren des Infrastrukturanlagenbaus. Chancen und Nutzen der Energiepsychologie für die Energiewirtschaft beim Bau von Kraftwerken und Hochspannungsleitungen. Verlag Dr. Müller, Saarbrücken.
3. H. Naunheimer, B. Bertsche und G. Lechner (2007) Fahrzeuggetriebe. Springer-Verlag Berlin Heidelberg. DOI: 10.1007/978-3-662-07179-3
4. H. Schreck (1977) Konzeptuntersuchung, Realisierung und Vergleich eines Hybrid-Antriebes mit Schwungrad mit einem konventionellen Antrieb. Fakultät für Maschinenwesen der Rheinisch-Westfälischen Technischen Hochschule, Aachen.
5. A. Buchroithner und M. Bader (2014) Hybridfahrzeuge, Energiespeicher und Betriebsstrategien in der modernen Mobilität – Eine technologische Bewertung und Hinterfragung der Praxisrelevanz aus Kundensicht im Zuge einer interdisziplinären Systembetrachtung. 13. Symposium Energieinnovation, Graz, Österreich.
6. Volvo Cars (2011) Flywheel KERS Component Details – Press Release. Volvo Car Corporation, Göteborg, Schweden. https://www.media.volvocars.com/global/en-gb/media/photos/38469
7. H. Eichelseder und J. Blassnegger (2006) Der zukünftige Ottomotor – Überlegener Wettbewerber zum Dieselmotor? Institut für Verbrennungskraftmaschinen und Thermodynamik, TU Graz, Österreich.
8. G. Jürgens (1996) Rekuperation – eine „ewige" Herausforderung, TU Graz, Österreich.
9. Si-Yeon Kim et al (2013) A study on the construction of EV charging infrastructures in highway rest area. 4th International Conference on Power Engineering, Energy and Electrical Drives. Istanbul, Türkei. DOI: 10.1109/PowerEng.2013.6635639
10. European Electric Vehicle Conference (2001) Agenda," Forum Europe, Castle House, 1–7 Castle Street, Cardiff, CF10 1BS, UK. https://eu-ems.com/agenda.asp?event_id=72&page_id =523.
11. J. Kohler, M. Wietschel, L. Whitmarsh, D. Keles und W. Schade (2008) Infrastructure investment for a transition to hydrogen road vehicles. 2008 First International Conference on Infrastructure Systems and Services: Building Networks for a Brighter Future (INFRA). Rotterdam, Niederlande. DOI: 10.1109/INFRA.2008.5439664
12. http://www.Netinform.net (2016) Hydrogen / Fuel Cells – Hydrogen Filling Stations Worldwide. http://www.H2-Stations.org, 2016. http://www.netinform.net/h2/H2Stations/Default.aspx. [Zugriff am 09. September 2016].

---

[5]CVT steht für „Continuously Variable Transmission", also ein kontinuierliches Getriebe ohne diskrete Schaltpunkte.

13. M. Sackl (2015) Tankstellenstatistik 2014: Immer weniger Major-Branded Tankstellen in Österreich. Wirtschaftskammer, Fachgruppe GTS Wien. http://www.sackl.net/2015/06/26/tankstellenstatistik-2014-immer-weniger-major-branded-tankstellen-in-oesterreich/. [Zugriff am 09. September 2016].

14. M. Bader, A. Buchroithner, I. Andrasec und A.Brandstätter (2012) Schwungradhybride als mögliche Alternative für den urbanen Individual- und Nahverkehr," 12. Symposium Energieinnovation, Graz, Österreich.

15. T. Cain (2011) Auto Sales By Segment in the USA and Canada – May 2011. http://www.GoodCarBadCar.net, Ausgabe 23. 06. 2011. http://www.goodcarbadcar.net/2011/06/auto-sales-by-segment-in-usa-and-canada. html. [Zugriff am 03. November 2014].

16. M. Bland (2011) Long Live the SUV – The Light Vehicle Leader. IHS Automotive, Ausgabe 11. 05. 2011. http://blog.polk.com/blog/blog-posts-by-marc-bland/long-live-the-suv-the-light-vehicle-leader. [Zugriff am 08 Juli 2014].

17. Verkehrsclub Österreich (2018) Verkehrswende braucht Konsumwende. https://www.vcoe.at/themen/verkehrswende-braucht-konsumwende. [Zugriff am 05. Juni 2019].

Interaktion zwischen *Sub-* und *Supersystem* eines mobilen Schwungradspeichers 4

Selbst bei einer modernen Li-Io-Batterie mit Feststoffelektrolyt und grundsätzlich lagenunabhängigem Verhalten hängen Attribute wie Wirkungsgrad, Selbstentladung, maximale Leistung und nicht zuletzt Lebensdauer von Umgebungsbedingungen wie Temperatur oder Druck ab [1]. Untersuchungen der *Technischen Universität Eindhoven* haben ergeben, dass die nominelle Reichweite eines reinen Elektrofahrzeuges im Winter, wenn darüber hinaus noch eine erhöhte Nebenaggregatleistung zum Beispiel zum Heizen von Nöten ist, drastisch reduziert wird, wie Abb. 4.1 anschaulich zeigt.

Auch das Einsatzprofil, welches durch den Kunden definiert wird, beeinflusst die Lebensdauer einer Batterie eklatant. So kann die über die Lebensdauer des Akkus umsetzbare Energie durch *Mikrozyklieren*[1] maximiert werden, oftmaliges tiefentladen hingegen vermindert die Lebensdauer. Diese Beeinflussung der „Zellchemie", also des *Subsystems* des Speichers durch Umgebungsbedingungen fällt bei einem Schwungradspeicher, welcher schnelldrehende mechanische Komponenten in sich beherbergt, noch dramatischer aus. Aus diesem Grund ist es notwendig, das gesamte System durch holistische Betrachtung vom „Groben" (*Supersystem* – Umgebung, Fahrzeug, Fahrer, Infrastruktur) zum „Feinen" (*Subsystem* – Details und Komponenten innerhalb des FESS) zu analysieren und eine Systemhierarchie, wie in Abb. 4.2 dargestellt, aufzubauen. Das Potential und die Wichtigkeit eines holistischen Ansatzes zur Produktoptimierung am Beispiel Schwungradspeicher wird unter anderem in [2] bestätigt.

Abb. 4.2 stellt die Gliederung des Schwungradspeichers in dessen *Sub-* und *Supersystem* dar. Das *Supersystem* wird aus Gründen der besseren Übersicht wieder in Fahrzeug und Umgebung gegliedert, das *Subsystem* in „Speicher Gesamt" und „Komponente", wobei in diesem Fall das Wälzlager, welches sich noch als Schlüsselelement entpuppen wird,

---

[1] Entnahme einer Energiemenge, welche nur einem geringen Prozentsatz der Batteriekapazität entspricht, und anschließendes Aufladen.

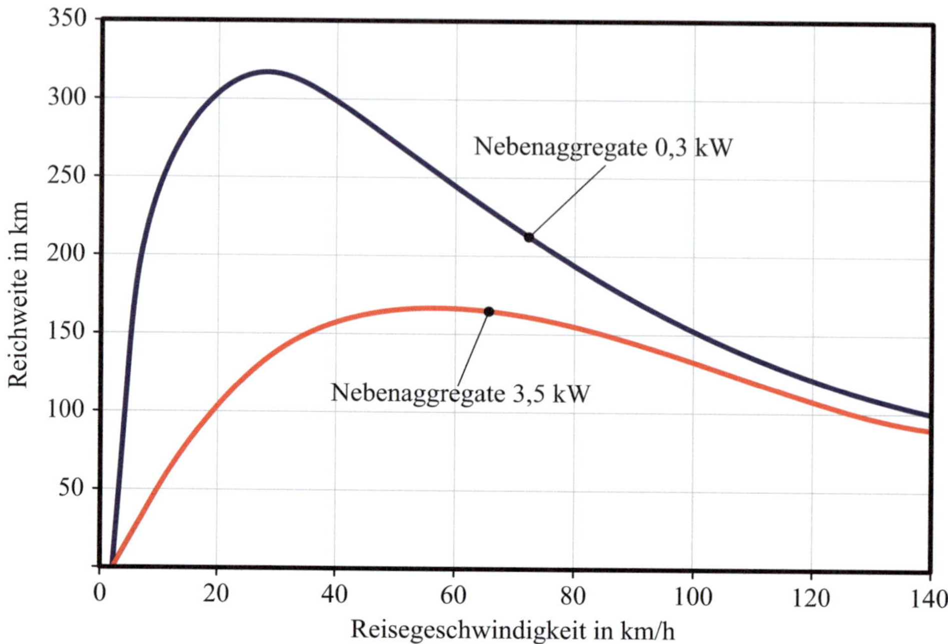

Abb. 4.1 Reichweite eines Elektrofahrzeuges (*ECE VW Golf*) in Abhängigkeit von Reisegeschwindigkeit und Nebenaggregatleistung [1]. (Bildrechte: I.J. Besselink, TU Eindhofen)

herausgegriffen wurde. Konkrete Beispiele für die gegenseitige Beeinflussung sind im folgenden Abschn. 4.1 angeführt.

4.1 Beispiele der direkten Beeinflussung von *Super-* und *Subsystem* des FESS

Die in Abb. 4.2 gezeigte Systemhierarchie greift das Wälzlager heraus. Obwohl dieses Maschinenelement in Kapitel Kap. 9 noch tiefgehend behandelt wird, sei an dieser Stelle ein plakatives Beispiel der Interaktion zwischen diesem Element des Speicher-*Subsystems* und dessen Umgebung (*Supersystem*) beschrieben:

- **Straßenlage und – zustand** beeinflussen die Fahrdynamik (Nicken, Gieren, Wanken und maximale Beschleunigungswerte des Fahrzeuges) und definieren somit die Lagerlasten, inklusive gyroskopischer Reaktionen durch das Kreiselmoment des Schwungrades.
- **Fahrzyklus** und erforderliche Speicherdauer definieren die maximal zulässige Selbstentladung und in weiterer Folge das tolerierbare Verlustmoment der Lagerung. Ebenso wird das Drehzahlkollektiv durch den Ladezustand des FESS definiert.

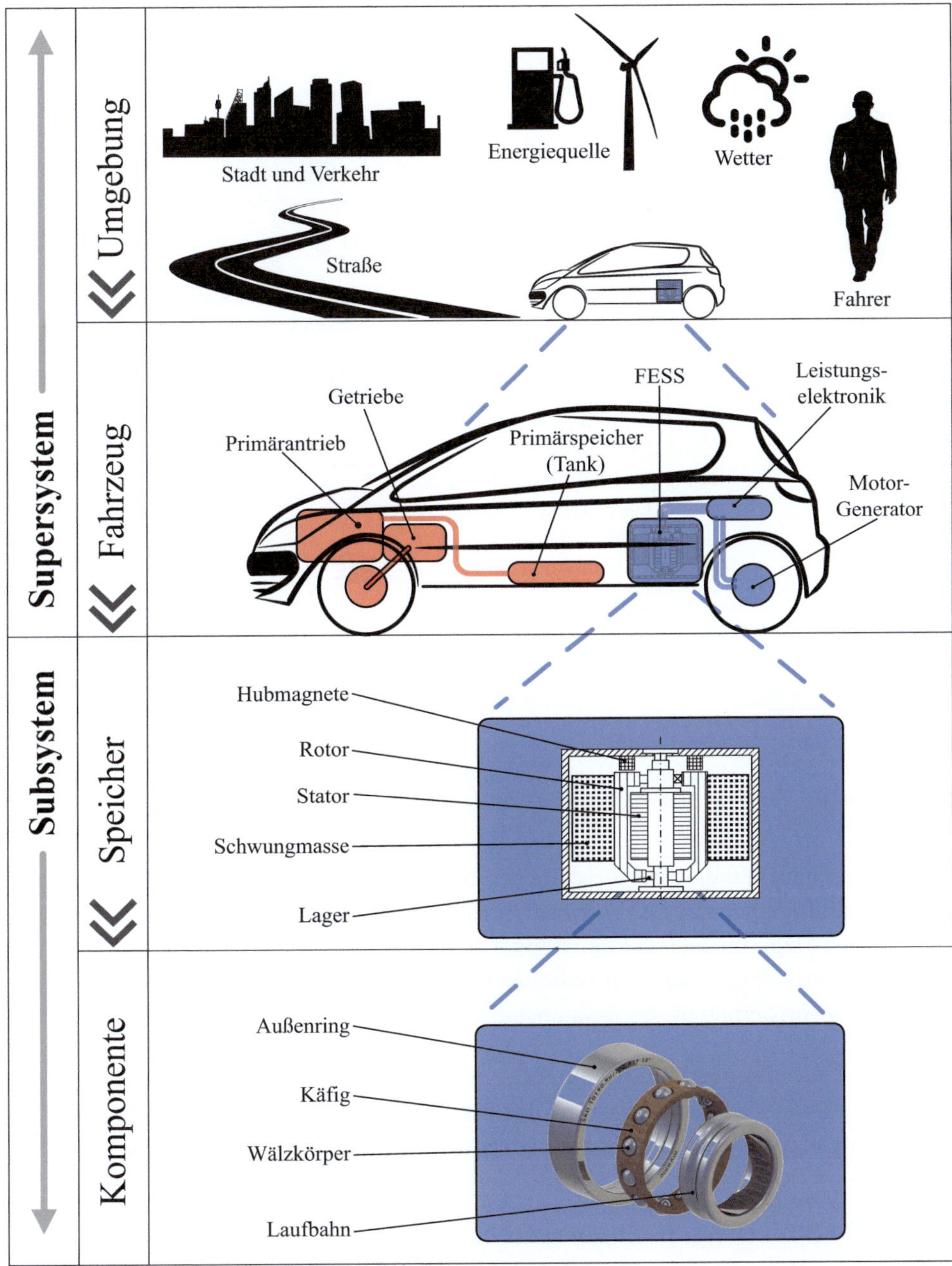

Abb. 4.2 Systemhierarchie und Interaktion zwischen Sub- und Supersystem am Beispiel des Wälzlagers im FESS

Tab. 4.1 Interaktionsmechanismen zwischen *Sub-* und *Supersystem* eines FESS

Supersystem-Aspekt	Interaktionsmechanismus	Subsystem-Aspekt
Infrastruktur und Verkehr	Dynamik des Fahrzyklus wird durch Straßennetz und Verkehr beeinflusst → Rekuperationspotenzial und erforderliche Speicherdauer sowie Vorhersehbarkeit des Kollektivs	Zulässiges Verlustmoment des Lagers Strömungsverluste und Vakuumtechnik
Energiequelle (Primärenergiemix)	Steigende Preise fossiler Energieträger und sinkende Strompreise → Ersparnis und Rentabilität des Systems	Steigende Stückzahlen → Fertigungsverfahren der Großserie
Wetter	Umgebungstemperatur, Fahrwiderstand und Reibungsverhältnisse auf der Straße durch Niederschlag → Maximal mögliche Längs- und Querbeschleunigungen	Viskosität der Schmierstoffe Regelung zur Vermeidung des Überbremsens bei Nutzbremsung
Fahrer & Psychologie	Kaufverhalten bzw. maximal zulässiger Preis → Image und Wahrnehmung der Technologie	Einsetzbare Technologien/ Komponenten
Straßenzustand	Maximale Beschleunigungen im Fahrzeug → Lagerlast- und Drehzahlkollektiv des FESS	Dimensionierung der Lagerung

Eine Zusammenfassung der wesentlichen Interaktionen zwischen Aspekten des *Supersystems* und Komponenten des Flywheel-*Subsystems* wird in Tab. 4.1 gegeben.

An dieser Stelle sei auch auf das Kapitel Abschn. 6.2 verwiesen, welches sich mit den *systeminternen Interdependenzen* zwischen den als kritisch eruierten FESS-Komponenten und der Kategorisierung dieser Zusammenhänge widmet.

▶ Eine besondere Bedeutung muss der Ausprägung des Fahrzyklus zugesprochen werden, weshalb dieser im folgenden Abschnitt im Hinblick auf das Rekuperationspotenzial mittels Schwungradspeicher genauer betrachtet wird.

4.2   Optimierung im *Supersystem*

4.2.1   Einfluss des Fahrzyklus auf das FESS

Es ist nicht nur das teilweise irrationale und von Marketing-Mechanismen beeinflusste Kaufverhalten des Kunden (vergleiche Kapitel Abschn. 5.3) sondern auch die beinahe unmögliche Vorhersagbarkeit des Fahrzyklus, welche die Speicherdimensionierung im Pkw zu einer schwierigen Aufgabe machen.

Bislang war es der genormte *New European Driving Cycle* (NEDC), der für die energetische Optimierung der meisten Fahrzeuge herangezogen wurde. Der Antriebsstrang und die Betriebsstrategie wurden also bis dato an einen gesetzlich vorgegeben, *synthetischen Fahrzyklus* angepasst. Es ist müßig zu erwähnen, dass eine stark von diesem Normzyklus abweichende Verwendung des Fahrzeuges deshalb erheblich schlechtere Verbrauchswerte mit sich bringt. Abb. 4.3 vergleicht verschiedene Fahrzyklen und beschreibt deren energetische Charakteristika bzw. Implikationen für die Gestaltung des Antriebsstranges.

Spätestens seit der „Abgas-Skandale" um verschiedene große Automobilkonzerne, welche bei ihren Fahrzeugen im Falle eines Normtests modifizierte Motorsteuerungen zum Einsatz brachten, um die CO_2-Emissionen zu senken, weiß selbst die breite Öffentlichkeit, dass die Zertifizierung auf Basis von Normzyklen problematisch ist [3]. Interessant ist, dass die „Verbrauchoptimierung" bzw. Erkennung des Fahrzeuges, ob es sich um einen Testzyklus handelt oder nicht, ein offenes Geheimnis war mit welchem viele Fahrzeugingenieure vertraut waren. Selbst Fahrzeuge wie der *Toyota Prius*, denen eine hohe Umweltfreundlichkeit nachgesagt wird, verhalten sich abseits des *NEDC* deutlich weniger effizient – wenn auch innerhalb der gesetzlichen Grenzen [4]. Es ist offensichtlich, dass die Ablöse des *NEDC* durch die so genannte *Worldwide Harmonized Test Procedure* (*WLTP*), also einem aus realen Testfahren generierten Zyklus, ein Schritt in die richtige Richtung ist. Zwei wesentliche Punkte bleiben in diesem Zusammenhang jedoch ungelöst:

1. Es wird unvermeidbar bleiben, dass viele Pkw-Anwender ihr Fahrzeug auch stark von der *WLTP* abweichend einsetzen. Somit kann zwar eine geringfügige, durchschnittliche Verringerung des CO_2-Ausstoßes erreicht werden, die Problematik der „Nichtvorhersagbarkeit" des Fahrverhaltens des individuellen Anwenders bleibt aber bestehen.

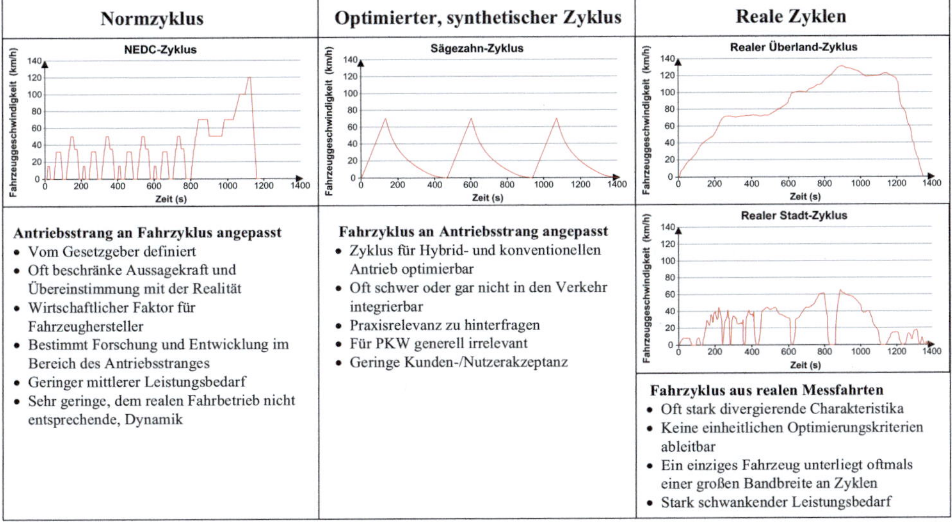

Abb. 4.3 Verschiedene Fahrzyklen und deren energetische Charakteristika

2. Der Umstieg auf einen neuen „schärferen" Testzyklus bringt voraussichtlich wieder „nur" inkrementelle Verbesserungen und eine sukzessive Verbrauchsreduktion mit sich.[2] Die Entwicklung einer völlig neuen Fahrzeugstruktur oder gar eines neuen Mobilitätskonzeptes wird dadurch nicht in die Wege geleitet.

4.2.2 Energiebedarf des Fahrzeugs

Betrachtet man die Längsdynamik eines Fahrzeuges, so setzt sich die Bedarfskraft für das Kfz bei stationärer Fahrt aus folgenden drei Komponenten zusammen [6]:

- Rollwiederstand F_{Rad}
- Steigungswiderstand F_{Steig}
- Luftwiderstand F_{Luft}

Die Abhängigkeit des des Rollwiderstandes von Reifenbauart, Luftdruck, Fahrbahnoberfläche etc. wird generalisiert im Reibungsbeiwert f_R berücksichtig und somit ergibt sich:

$$F_{Rad} = m * g * f_R \tag{4.1}$$

Korrekter Weise müsste F_{Rad} noch mit dem Cosinus des Steigungswinkels, $cos(\alpha_s)$ multipliziert werden, da sich die Radaufstandskraft mit zunehmender Steigung verringert. Da der relative Anteil dieser Änderung für kleine Winkel gering ist, wird dieser hier vernachlässigt.

Da des Weiteren für kleine Steigungswinkel α_s gilt: $\sin \alpha_s \approx \tan(\alpha_s)$ folgt:

$$F_{Steig} = m * g * \tan(\alpha_s) \tag{4.2}$$

Und nach der bekannten *Beziehung von Bernoulli* ist:

$$F_{Luft} = \frac{1}{2} * c_W * A * \rho_L * v^2 \tag{4.3}$$

Die Bedarfskraft für stationäre Fahrt ist die Summe dieser drei Kräfte ($F_{Rad} + F_{Steig} + F_{Luft}$). Um das Fahrzeug zu beschleunigen, müssen die Massenkräfte berücksichtigt werden. Werden die *translatorischen* und *rotatorischen* Massenanteile zusammengefasst, so spricht man von der sogenannten *verallgemeinerten Masse* m^* [6].

$$m^* = m_A + m_V + m_H + s_V^* \frac{I_V}{r^2} + s_H^* \frac{I_H}{r^2} \tag{4.4}$$

---

[2] Es ist mit einem flottenspezifischen CO_2-Ausstoss von ca. 95g/km bei Anwendung der WLTP gegenüber 80 – 85 g/km im NEDC zu rechnen [5].

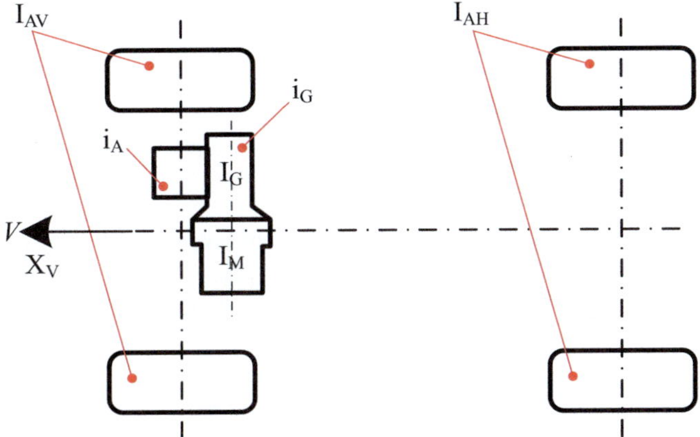

Abb. 4.4 Trägheitsmomente im Antriebsstrang eines Pkw mit Vorderradantrieb [6]. (Bildrechte: Prof. Wolfgang Hirschberg)

Der *Schlupf s** an den Vorder- und Hinterrädern spielt bei der überschlägigen energetischen Auslegung nur eine untergeordnete Rolle und kann in diesem Fall mit 1 angenommen werden. Die Trägheitsmomente an der Vorder- bzw. Hinterachse lassen sich nach Gl. 4.5 berechnen. Im Falle eines vorderradgetriebenen Fahrzeuges gilt:

$$I_V = I_{AV} + i_A^2 * \left(I_G + i_G^2 I_M \right) \tag{4.5}$$

$$I_H = I_{AH} \tag{4.6}$$

Die nun folgende Abb. 4.4 zeigt die Verkettung der Trägheitsmomente im Antriebsstrang. Beispielhaft wird ein Pkw mit Vorderradantrieb gezeigt, welcher momentan den höchsten Marktanteil bildet.

Dividiert man die *verallgemeinerte Masse m** durch die Fahrzeugmasse *m*, so gelangt man auf den *Drehmassenfaktor* λ_{DM} und die Bedarfskraft für allgemeine, instationäre Fahrt kann wie folgt ausgedrückt werden:

$$F_{Bed} = mg \left(f_R + \tan\left(\alpha_s \right) \right) + \frac{1}{2} c_W A \, \rho_L \, v^2 + m\ddot{x}\lambda \tag{4.7}$$

Woraus sich mit $\dot{x} = v$ die allgemeine Bewegungsgleichung des Fahrzeuges formulieren lässt:

$$\ddot{x} + \frac{\dfrac{1}{2} c_W A \, \rho_L}{m\lambda}\dot{x}^2 + \frac{g}{\lambda}\left(f_R + \tan\left(\alpha_s \right) \right) - \frac{F_{Bed}}{m\lambda} = 0 \tag{4.8}$$

Integriert man die Bedarfskraft über den Weg *x*, so erhält man die erforderliche mechanische Energie am Rad, welche durch den Antrieb zu Verfügung gestellt werden muss, um die Distanz *x* zu überwinden.

$$W_{Bed} = \int_0^x F_{Bed}\, dx \tag{4.9}$$

$$W_{Bed} = \int_0^x mgf_R\, dx + \int_0^x mg\tan(\alpha_s)\, dx + \int_0^x \frac{1}{2} c_W A\, \rho_L \dot{x}^2\, dx + \int_0^x m\ddot{x}\lambda\, dx \tag{4.10}$$

Da die Bedarfsenergie geschwindigkeits- und beschleunigungsabhängig ist, variiert sie stark je nach appliziertem Fahrzyklus. Eine empirisch ermittelte Näherungsformel für den *NEDC Fahrzyklus* schlägt *Prof. Lino Guzzella* an der *ETH Zürich* in [7] vor: (Ergebnis in kJ/100 km)

$$W_{BedNEDC} \approx A * c_W\, 19000 + m\, f_R\, 840 + m\, 11 \tag{4.11}$$

4.2.2.1 Theoretisch rückgewinnbare Energie

Diese Größe ist für die Auslegung eines Schwungradspeichers wesentlich, jedoch auf keinen Fall für alle Fahrzeugtypen konstant und sollte daher genauer betrachtet werden. Um die rückgewinnbare Energie zu ermitteln, muss zwischen Bereichen positiver ($\ddot{x} > 0$) und negativer ($\ddot{x} < 0$) Beschleunigung unterschieden werden [8]. Die folgenden Betrachtungen stellen die Grundlage für die in Abschn. 5.2.1 präsentierten Simulationsergebnisse dar.

Das Geopotential wird in erster Instanz nicht berücksichtigt, das heißt, der Fall einer ebenen Straße betrachtet, wodurch $\ddot{x} = a$ geschrieben werden kann. Ein synthetischer Beispielzyklus, anhand dessen die Nutzbremsung sowie die bezeichnenden Zeitabschnitte erklärt werden, ist in der folgenden Abb. 4.5 qualitativ dargestellt.

Man erkennt, dass die rückgewinnbare Energie $W_{Rück}$ – welche geringer ist als die für die Beschleunigung des Fahrzeuges erforderliche – sich zusammensetzt aus:

$$W_{Rück} = \int_0^{t_1} m\lambda a v\, dt - \int_{t_2}^{t_3} mgf_R v\, dt - \int_{t_2}^{t_3} \frac{1}{2} c_W A\, \rho_L v^3\, dt \tag{4.12}$$

Unter der Annahme, dass

$$a = constant = \frac{dv}{dt} \tag{4.13}$$

kann

$$dt = \frac{dv}{a} \tag{4.14}$$

eingesetzt, und das Integral gelöst werden:

$$W_{Rück} = m\lambda \frac{v_0^2}{2} - \frac{mgf_R}{a} \frac{v_0^2}{2} - \frac{c_W A\, \rho_L}{2a} \frac{v_0^4}{4} \tag{4.15}$$

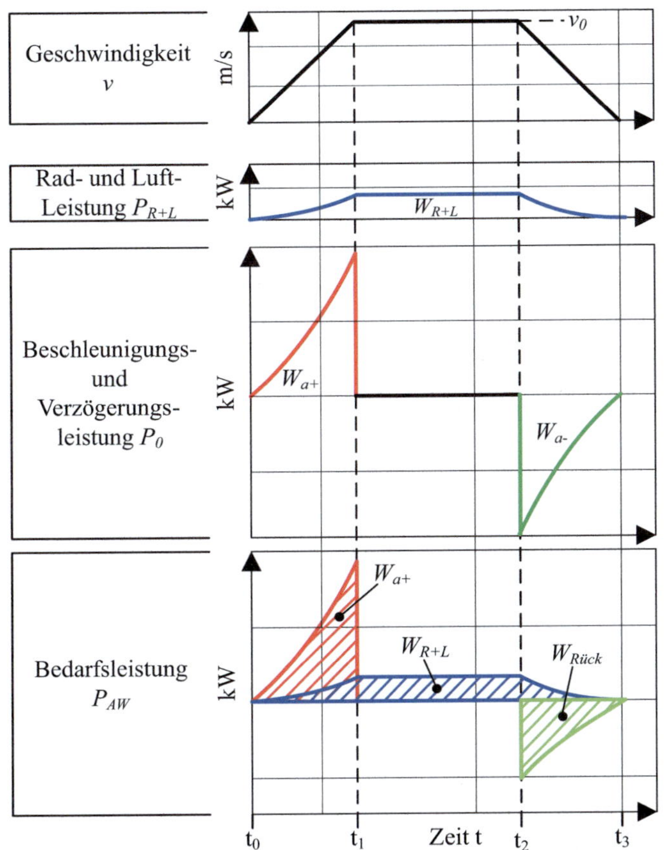

Abb. 4.5 Qualitativer Verlauf von Geschwindigkeit, Leistungs- und Energiebedarf eines Kfz, basierend auf [9]

Abb. 4.6 stellt die rückgewinnbare Energie $W_{R\ddot{u}ck}$ zweier Fahrzeuge über die Ausgangsgeschwindigkeit v_0 dar. Das linke Diagramm wurde nach [9] mit typischen Werten für ein Nutzfahrzeug (Fahrzeugmasse 12500 kg), das rechte mit Werten für einen kleinen Pkw (Fahrzeugmasse 1100 kg), ermittelt. Wie leicht zu erkennen ist, nimmt $W_{R\ddot{u}ck}$ aufgrund kleinerer Luft- und Radreibungsverluste für konstante Verzögerung a zunächst mit v_0 zu. Wegen der Zunahme des Luftwiderstandes mit höherer Potenz fällt $W_{R\ddot{u}ck}$ ab einer bestimmten Geschwindigkeit – diese sei $v_{\max}^{R\ddot{u}ck}$ genannt – drastisch ab und wird zu Null.

Wendet man die klassische Extremwertaufgabe auf die Gleichung für $W_{R\ddot{u}ck}$ an und setzt deren erste Ableitung nach der Geschwindigkeit Null, so erhält man:

$$v_{\max}^{R\ddot{u}ck} = \sqrt{\frac{m\lambda a - mgf_R}{\frac{1}{4}c_W A \rho_L}} \tag{4.16}$$

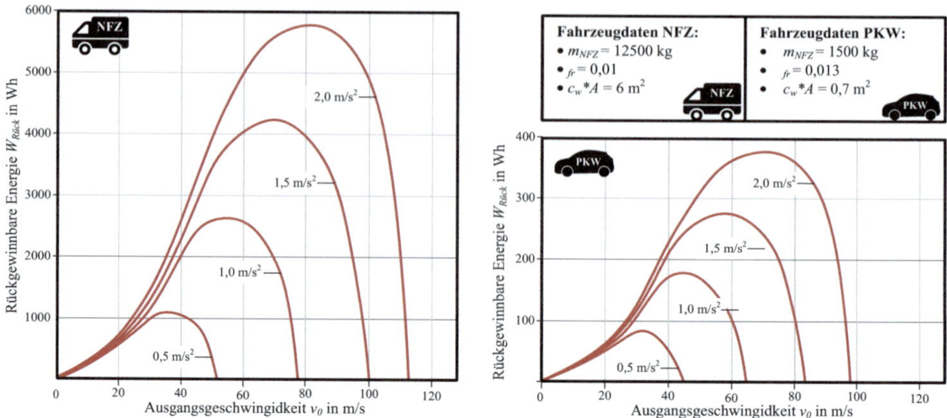

Abb. 4.6 Rückgewinnbare Bremsenergie $W_{Rück}$ in Abhängigkeit von der Geschwindigkeit v_0 [9]

> Es ist gut zu erkennen, dass die rückgewinnbare Energie mit höheren Verzöger-ungswerten ebenfalls steigt, jedoch extrem starke Verzögerungen zu keiner wesentlichen Effizienz-steigerung der Nutzbremsung führen.

4.2.2.2 Wirksamer Geschwindigkeitsberiech für die Nutzbremsung

$W_{Rück}$ wird klarer Weise im Falle eines Ausrollens des Kfz zu Null und stellt die Forderung einer variablen Verzögerung a, da die Bedarfskraft F_{Bed} ebenfalls Null sein muss. Abb. 4.7 zeigt den von der kinetischen Energie des Fahrzeuges rückgewinnbaren Anteil in Abhängigkeit der Verzögerung a für einen typischen Bus im innerstädtischen Verkehr, da dieser die höchste Eignung für Hybridisierung und Nutzbremsung mit sich bringt. Die Abbildung betrachtet den für die Nutzbremsung relevanten Geschwindigkeitsbereich.

Bis etwa 0,2 m/s² liegt für die angenommenen Fahrzeugdaten ein *Ausrollvorgang* vor und die gesamte kinetische Energie des Fahrzeuges wird in irreversible Reibungsverluste umgewandelt. Somit setzt die Wirksamkeit einer Nutzbremsung erst ab einer Verzögerung von 0,4 m/s² ein, in welchem Fall zwischen rund 50 bis 90 % der kinetischen Energie zur Rückgewinnung zu Verfügung stehen. Im üblichen, komfortablen Fahrbetrieb treten Verzögerungen in der Größenordnung von 0,4 bis 2 m/s² auf.

Da der relative Anteil der Fahrwiderstände mit der Geschwindigkeit zunimmt, ist der Anteil der rückgewinnbaren Energie bei der hier vorausgesetzten konstanten Verzögerung für niedrige Ausgangsgeschwindigkeiten größer.

4.2.3 Rentabilität eines FESS im Fahrzeug

In den technischen Wissenschaften dominiert das Bestreben, Erfindungen anhand von quantifizierbaren Spezifikationen zu bewerten. Es ist daher naheliegend, dass der Wunsch besteht, auch die Rentabilität von Schwungradspeichern in Fahrzeugen anhand eines

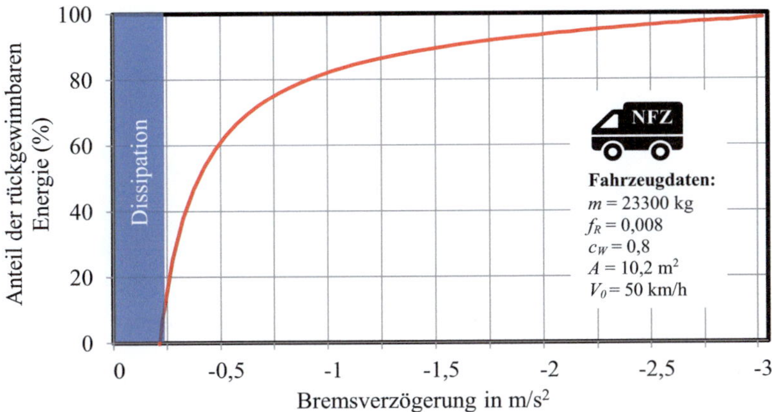

Abb. 4.7 Einfluss der Verzögerung auf den Anteil der rückgewinnbaren Energie

(oder weniger) expliziter Vergleichswerte zu bewerten. Die Effektivität der Nutzbremsung unterliegt in erster Linie der Charakteristik des Fahrzyklus. Es ist daher sinnvoll, das Rekuperationspotenzial anhand einer *Dynamikkennzahl* (K_{dyn}) zu bewerten, welche Aussage darüber gibt, ob der Einsatz eines FESS im Fahrzeug finanziell oder energetisch rentabel ist:

$$K_{dyn} = \frac{Theoretisches\ Rekuperationspotential}{Energieaufwand} \tag{4.17}$$

▶   Ziel ist der Vergleich des Rückgewinnungspotentials verschiedener Fahrzyklen. Zu diesem Zweck werden die Eigenschaften eines Referenzfahrzeuges definiert und auf Basis der unter Abschn. 4.2.2 beschriebenen Gl. 4.10 das energetische Rekuperationspotential verschiedener Fahrzyklen ermittelt.

Eine Zusammenfassung verschiedener Fahrzyklen aus [10] ist in Abb. 4.8 gegeben. Man erkennt, dass der Europäische *Extra-Urban Driving Cycle* (EUDC), also ein Überlandzyklus, wie zu erwarten das geringste Rekuperationspotential aufweist. Es ist anzumerken, dass es bei dieser Betrachtung um eine theoretische Potentialerhebung geht, welche den Wirkungsgrad des Antriebsstrangs mit η = 1 annimmt.

Die *Zyklus-Dynamikkennzahl* kann als Quotient zwischen Rekuperationspotential und gesamtem Energieaufwand für das Durchfahren eines Zyklus gesehen werden (Siehe Gl. 4.17). Tab. 4.2 zeigt eine Auswahl an 10 genormten Fahrzyklen und deren *Dynamikkennzahl*. Je höher diese ist, desto besser ist die Eignung für den Einsatz eines FESS im Antriebsstrang. Eine exakte Quantifizierung der finanziellen Amortisationsdauer hängt demzufolge von der jährlichen Kilometerleistung, den aktuellen Kraftstoffpreisen, sowie dem Wirkungsgrad des Fahrzeuges und des FESS ab.

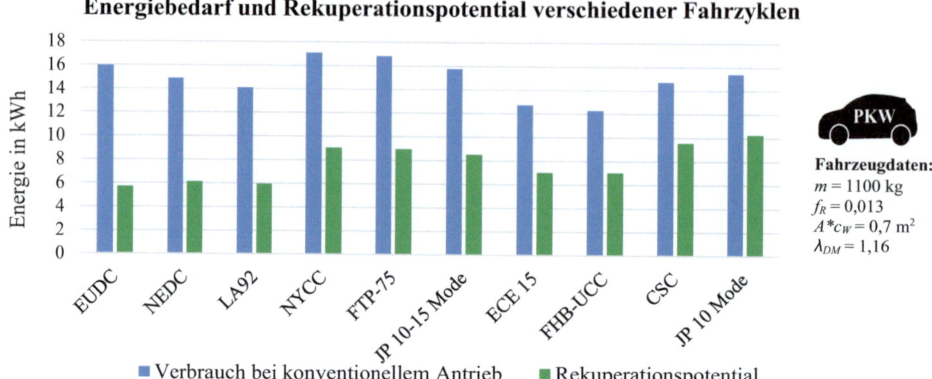

Abb. 4.8 Energiebedarf und Rekuperationspotential verschiedener Fahrzyklen errechnet aus den Daten von [10]

Tab. 4.2 Auswahl an genormten Fahrzyklen und deren *Dynamikkennzahl K_{dyn}* als Maß für das Rekuperationspotential

Fahrzyklus	Abkür-zung	Abbildung (aus [11])	Dauer	Länge	Durch-schnitt	K_{dyn}
			Sek.	km	Km/h	-
Extra-Urban Driving Cycle	EUDC		400	6,95	62,6	0,36
New European Driving Cycle	NEDC		1180	11,0	33,6	0,41
California Unified LA92	LA92		1435	15,8	39,6	0,42

(Fortsetzung)

Tab. 4.2 (Fortsetzung)

Fahrzyklus	Abkürzung	Abbildung (aus [11])	Dauer	Länge	Durchschnitt	K_{dyn}
			Sek.	*km*	*Km/h*	*-*
EPA New York City Cycle	NYCC	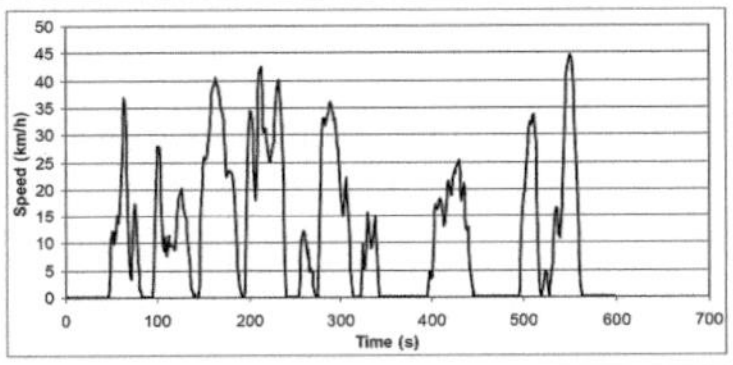	598	1,9	11,5	0,53
ADR 37 Australia	FTP-75	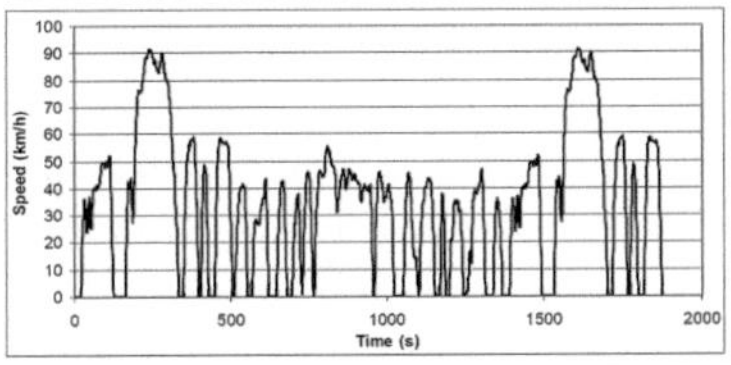	1874	17,8	34,2	0,53
Japanese Legislative Cycle	JP 10-15 Mode	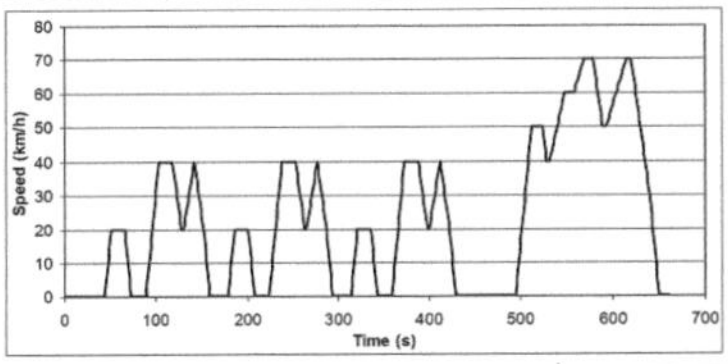	660	4,17	22,7	0,54
New European Driving Cycle	ECE 15	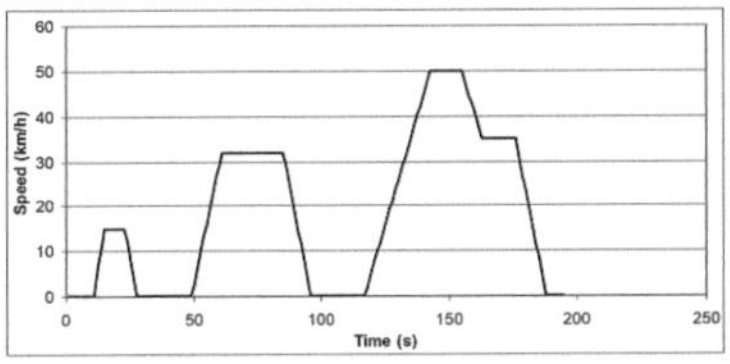	195	0,99	18,4	0,55
Fachhochschule Biel Urban City Center	FHB-UCC	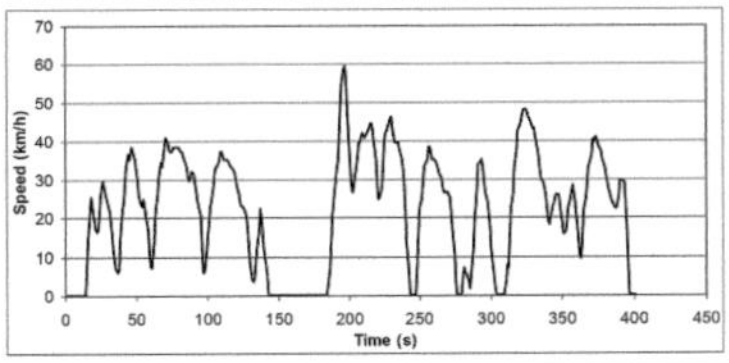	401	2,47	22,2	0,57
City Suburban Cycle	CSC	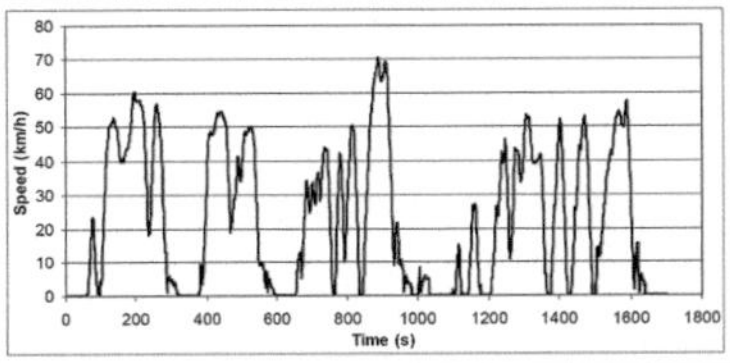	1700	10,75	22,8	0,65
Japanese Legislative Cycle	JP 10 Mode	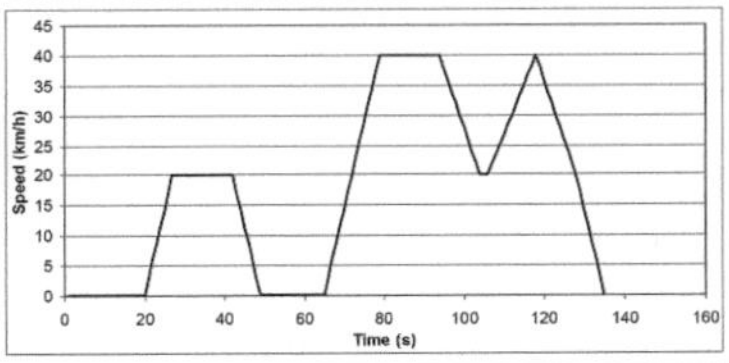	135	663	17,7	0,66

Literatur

1. I.J. Besselink, J.A. Hereijgers, P.F. van Oorschot und H. Nijmeijer (2011) Evaluation of 20000 km driven with a battery electric vehicle. Europen Electric Vehicle Congress (EEVC), Brüssel, Belgien.
2. A. Buchroithner, H. Lang und M. Bader (2016) A Holistic Approach for Technical Product Optimization. ICDPD 2016 – 18th International Conference on Design and Product Development, Paris, Frankreich.
3. Die Presse Online (2015) VW-Skandal: Falsche CO_2-Daten beschäftigen Justiz. http://diepresse. com/home/wirtschaft/international/4860183/VWSkandal_Falsche-CO2Daten-beschaefti-gen-Justiz. [Zugriff am 19. November 2015].
4. M. Burt (2014) MPG and Running Costs. Autocar – First for Car News and Reviews. http:// www.autocar.co.uk/car-review/toyota/prius/mpg. [Zugriff am 19. November 2015].
5. P. Mock, J. Kühlwein, U. Tietge, V. Franco, A. Bandivadekar und J. German (2014) The WLTP: How a new test procedure for cars will affect fuel consumption values in the EU. ICCT – The International Council on Clean Transportation, Washington, D.C., USA.
6. H. Hirschberg (2005) Skriptum Kraftahrzeugtechnik. Institut für Kraftfahrzeugtechnik, TU Graz, Österreich.
7. L. Guzzella (2008) Technische Optionen für den Individualverkehr der Zukunft. ETH Zürich, Schweiz.
8. M. Bader, A. Buchroithner, I. Andrasec und A. Brandstätter (2012) Schwungradhybride als mögliche Alternative für den urbanen Individual- und Nahverkehr. 12. Symposium Energieinnovation, Graz, Österreich.
9. H. Schreck (1977) Konzeptuntersuchung, Realisierung und Vergleich eines Hybrid-Antriebes mit Schwungrad mit einem konventionellen Antrieb. Fakultät für Maschinenwesen der Rheinisch-Westfälischen Technischen Hochschule, Aachen, Deutschland.
10. M. Ackerl (2016) Innovative Fahrzeugantriebe – Simulation von Fahrzeugen mit alternativen Antrieben. FTG – Institut für Fahrzeugtechnik, TU Graz, Österreich.
11. T. J. Barlow, S. Latham, I. S. McCrae und P. G. Boulter (2009) A reference book of driving cycles for use in the measurement of road vehicle emissions. IHS, Wolloughby Road, Bracknell, Berkshire, UK.

Optimierung des Speichereinsatzes im *Supersystem*

Dieses Kapitel erörtert Möglichkeiten der effizienteren Nutzung von Schwungradspeichern durch Anpassung der Speicherumgebung – oder des *Supersystems* (entsprechend der in Kap. 4, Abb. 4.2 vorgestellte Systemhierarchie) – an gegebene Speichereigenschaften.

5.1 Emotion versus Ratio – Personenkraftwagen versus Nutzfahrzeug

Auch wenn Erscheinungsbild und technischer Aufbau eines kompakten Kastenwagens und eines „Family Vans" sich kaum unterscheiden, so sind der jeweilige Kundenstock, Einsatz und folglich auch ihre Eignung für Hybridisierung des Antriebsstranges grundsätzlich verschieden. Während im Nutzfahrzeugsektor beinahe ausschließlich rational-wirtschaftliche Kriterien die Kaufentscheidung beeinflussen, so ist der Pkw-Bereich hochgradig emotional geprägt, wie Kap. 3 noch eindringlich darstellen wird.

▶ Es muss bei allen weiteren Betrachtungen unbedingt strikt zwischen Pkw und Nfz unterschieden werden!

Eine wesentliche Voraussetzung für den effizienten Einsatz eines Schwungradspeichers im Fahrzeug ist ein hochdynamischer und vorhersagbarer Fahrzyklus, wie er üblicherweise bei Nutzfahrzeugen im urbanen Nahverkehr zu finden ist. Abb. 5.1 zeigt eine qualitative Darstellung, welche die Eignung für Fahrzeughybridisierung mittels Schwungrad über die Vorhersagbarkeit des Lastkollektivs darstellt. Während Busse, welche für den Stadtverkehr konzipiert sind, eine gute Rentabilität eines FESS aufgrund ihres zweckbestimmten Einsatzes garantieren, kann ein und derselbe Pkw-Typ sowohl für überwiegend innerstädtischen als auch reinen Überlandbetrieb (vorwiegend Stationärfahrt) verwendet werden.

© Springer Fachmedien Wiesbaden GmbH, ein Teil von Springer Nature 2019
A. Buchroithner, *Schwungradspeicher in der Fahrzeugtechnik*,
https://doi.org/10.1007/978-3-658-25571-8_5

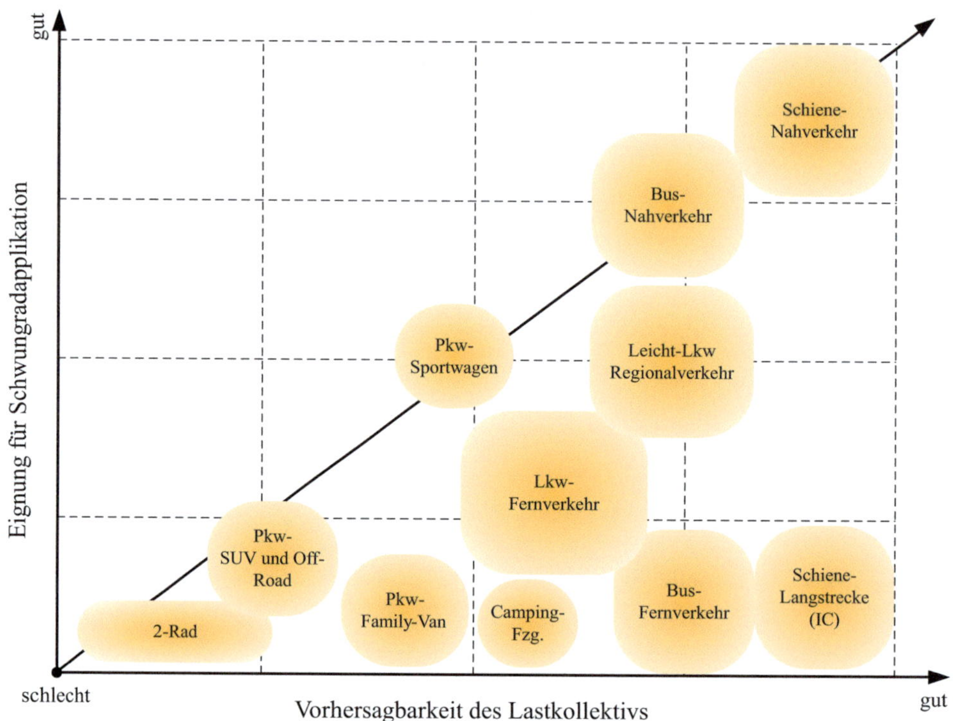

Abb. 5.1 Zunahme der Eignung für die Schwungradhybridisierung über der Vorhersagbarkeit des Lastkollektivs (angenäherte qualitative Darstellung)

Für die bereits angesprochene monetäre Amortisationszeit ist das Verhältnis von Betriebsdauer zu Stehzeit von großer Relevanz. Auch hier zeigen Nutzfahrzeuge ein deutlich günstigeres verhalten, wie Abb. 5.2 verdeutlicht.

5.2   Aspekte des *Supersystems* von öffentlichem Nahverkehr und Nutzfahrzeugen

Die Wahl der Betriebsstrategie und des Energiespeichers ist hierbei in erster Linie durch die Streckenführung und wirtschaftliche Aspekte bestimmt. Will sich eine Technologie im Bereich der Nutzfahrzeuge etablieren, so muss diese eine rasche monetäre Amortisation ermöglichen. Dabei sind nicht nur die direkte Reduktion der Betriebskosten (z. B. durch Kraftstoffeinsparung oder staatliche Förderungen) zu beachten, sondern auch sekundäre Effekte. Zu diesen gehört unter anderem die Imagepflege des Verkehrsbetreibers oder der Fahrzeugflotte. Ein „grünes Image" kann dazu beitragen, Kundenzahlen zu erhöhen, auch wenn tatsächlich keine direkte Reduktion der CO_2-Emissionen möglich ist.

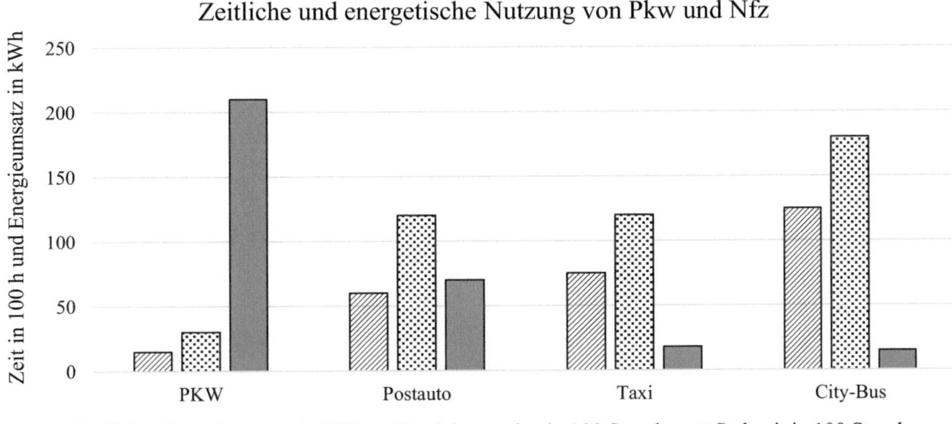

Abb. 5.2 Unterschiedliche Nutzung von Pkws und diversen Nutzfahrzeugen im Nahverkehr [1]. (Bildrechte: Sir John Samuel - RedT Energy)

Tab. 5.1 fasst zusammen, wie sich einige Charakteristika von Nutzfahrzeugen für den urbanen Nahverkehr auf die Hybridisierung des Antriebsstranges (und folglich die Eignung auf Integration eines Schwungradspeichers) auswirken.

5.2.1 Energetische Betrachtung von Nutzfahrzeugen

Wie in Tab. 5.1 unten erwähnt, spielt das Fahrverhalten, d. h. die Umsetzung des Fahrzyklus, eine wesentliche Rolle in Bezug auf das Rekuperationspotenzial. Für den energetisch optimalen Betrieb eines konventionellen Antriebsstranges schlägt *Prof. Ernst Fiala* in [2] einen so genannten *Sägezahn-Zyklus* (vergleiche Kap. 4, Abb. 4.3) vor. Das Nutzfahrzeug im öffentlichen Nahverkehr wird im Bestpunkt der VKM, also bei optimalem Wirkungsgrad bis zu einer Maximalgeschwindigkeit beschleunigt und rollt danach bis zur nächsten Haltestelle aus, ohne kinetische Energie durch die Betriebsbremse zu vernichten. Zwar wird dadurch der Kraftstoffbedarf für den entsprechenden Streckenverlauf auf den physikalisch kleinstmöglichen Betrag reduziert, aber in der Praxis ergeben sich folgende Probleme:

Es ist eine eigene Fahrspur von Nöten, da diese Strategie meist nicht in den bestehenden Verkehr integrierbar ist.

Die Fahrgäste würden keine extrem niedrigen Ausrollgeschwindigkeiten tolerieren und das Gefühl bekommen, mit einem anderen Verkehrsmittel „besser" unterwegs zu sein.

Abhilfe können die durch Hybridisierung gewonnenen Freiheitsgrade schaffen. Sie ermöglichen die im Folgenden angeführten Betriebsstrategien und erleichtern die Integration des Fahrzeuges in die bestehende Verkehrslandschaft. Den nachfolgend genannten Vorteilen stehen ein größerer technischer Aufwand sowie eine längere Wirkungsgradkette gegenüber.

Tab. 5.1 Charakteristika von Nutzfahrzeugen im innerstädtischen Verkehr und deren Einfluss auf Hybridisierung

Charakteristik von Nfz im urbanen Verkehr		Positiver Effekt auf Hybridisierung	
Hochdynamischer Fahrzyklus		Hohes Rekuperationspotenzial	
Geringe Stehzeiten bzw. Speicherdauern		Geringer Einfluss der Selbstentladung	
Gute Vorhersagbarkeit des Lastkollektivs		Einfache energetische Dimensionierung des FESS	
Hohe Kilometerleistung in kurzer Zeit		Rasche monetäre Amortisation	
Wirtschaftliche Aspekte bestimmen Kaufentscheidung		Einsparungspotenzial des FESS überzeugt Kunden	
Umfassende Förderlandschaft und Wert des „Grünen Image"		Erhöhte die Rentabilität alternativer Antriebskonzepte	
Spezifische Schulung professioneller Fahrer möglich		Anpassen der Verzögerung für optimale Nutzbremsung	

1. **Lastpunktverschiebung:** Das Fahrzeug kann selbst bei nahezu optimaler Drehzahl der VKM mit beliebiger Geschwindigkeit beschleunigt werden.
2. **Nutzbremsung:** Anstatt das Fahrzeug ausrollen zu lassen, kann die Bremsenergie zwischengespeichert und zur erneuten Beschleunigung genutzt werden.

Um diese Maßnahmen möglichst effizient umzusetzen, ist eine fahrzeugspezifische Schulung, welche mit professionellen Fahrern durchgeführt werden kann, von Vorteil.

▶　　Zusammenfassend lässt sich aus den obigen Betrachtungen ableiten, dass Hybridisierung als sinnvolle, vor allem kurzfristige Lösung für Fahrzeuge im urbanen Nahverkehr bzw. für Nutzfahrzeuge mit dynamischem Fahrzyklus im Allgemeinen angesehen werden kann.

5.2.1.1 Simulation von Zyklen und Strategien im öffentlichen Nahverkehr

Die Inhalte des folgenden Abschnitts wurden Zusammenarbeit mit *Michael Bader* und *Ivan Andrasec* im Rahmen von Forschungsprojekten an der TU Graz erarbeitet [3].

Betrachtet man Kraftfahrzeuge im öffentlichen, innerstädtischen Betrieb, so besteht deren übliches Fahrprofil aus einer Aneinanderreihung ähnlicher Einzelzyklen, die sich bedingt durch Ampelphasen und dem Anfahren der Haltestellen ergeben. Diese bestehen vereinfacht dargestellt aus den drei Phasen:

1 **Beschleunigung** aus dem Stillstand bis zur Maximalgeschwindigkeit mit hoher Last.
2 **Konstantfahrt**, bei der nur Luft- und Rollwiderstände überwunden werden müssen.
3 **Bremsung** mit hoher Leistung bis zum Stillstand.

Für die nun beschriebene Simulation wurde ein geschlossen lösbarer, analytischer Ansatz auf Basis der dynamischen Fahrwiderstandsgleichung des gesamten Fahrzeuges gewählt, welcher auf den Überlegungen in Abschn. 4.2.2 basiert. Dieser Ansatz erlaubt eine klassische Rückwärtssimulation und einfache, schnelle Parametervariation aufgrund der extrem kurzen Rechenzeiten. Ausgewählte Szenarien und Betriebspunkte wurden mithilfe eines umfangreichen, kennfeldbasierten *Matlab-Simulink* Modells des *Instituts für Elektrische Messtechnik und Messsignalverarbeitung* der *TU Graz* verifiziert.

Die als Simulationsbasis herangezogene synthetische Fahrstrecke zwischen zwei Haltestellen beträgt ca. 400 m. (Dies ist in erster Näherung dem *Braunschweigzyklus* entnommen). Dabei werden eine konstante Beschleunigung von 1 m/s^2 und eine konstante Verzögerung von 2 m/s^2 angenommen. Dies entspricht den in Fahrversuchen ermittelten Werten [4]. Roll- und Luftwiderstände, der Energiebedarf von Nebenverbrauchern, sowie der Wirkungsgrad des Hybridsystems werden berücksichtigt.

Die technischen Kennwerte des fiktiven, repräsentativen Linienbusses, welche als Eingangsdaten für die Simulation dienten, sind in Tab. 5.2 dargestellt.

Vom Standpunkt der Effizienz ist ein „Sägezahnprofil" (vergleiche Abb. 5.3), mit Beschleunigung im verbrauchsgünstigen Bereich des Kennfelds der Verbrennungskraftmaschine[1] (VKM) bis zur Maximalgeschwindigkeit und anschließendem Ausrollen ohne

Tab. 5.2 Für die Simulation herangezogene Eingangsgrößen eines typischen Linienbusses

Eigenschaft	Wert	Einheit
Leergewicht	18.900	kg
Sitzplätze	55	–
Durchschnittsgewicht Passagier	75	kg
Gesamtgewicht	23.025	kg
Rollreibungsbeiwert	0,008	–
c_w-Wert	0,5	–
Anströmfläche A	8	m^2
max. Leistung der VKM	200	kW

---

[1]Ein solches Kennfeld oder „Muscheldiagramm" wird in Abschn. 3.4.2 in Abb. 3.3 gezeigt und diskutiert.

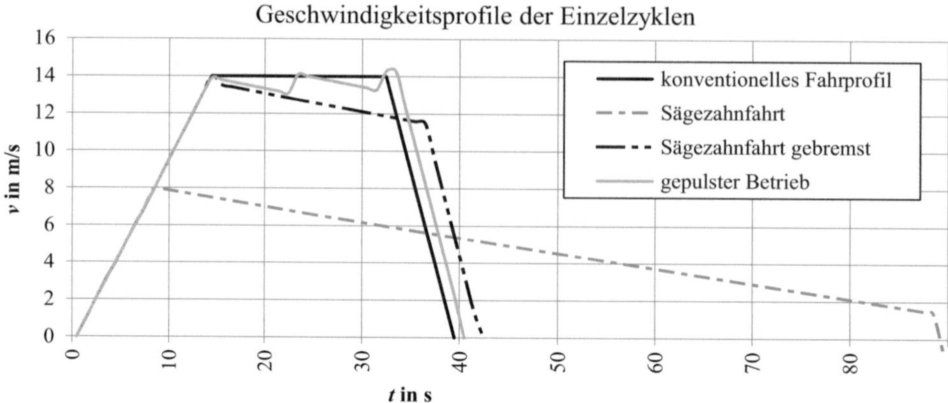

Abb. 5.3 Geschwindigkeitsprofile unterschiedlicher Betriebsstrategien

VKM-Betrieb anzustreben. Dabei lässt sich der Energieaufwand zwar auf sehr geringe Werte reduzieren, dies geht allerdings zu Lasten der Fahrzeit. Die Umsetzbarkeit dieses Ansatzes erfordert konsequenterweise eine eigene Fahrspur, da das gewünschte Geschwindigkeitsprofil nicht in den bestehenden Verkehr integrierbar ist. Auch die Umsetzung der Sollvorgabe durch den Fahrer und die Akzeptanz des Rollens bei geringer Geschwindigkeit durch die Fahrgäste sind als kritisch anzusehen. Ausgehend vom energieoptimierten Betrieb entsprechend einem Sägezahnprofil (in Abb. 5.3 exemplarisch dargestellt für eine Beschleunigung auf ca. 8 m/s und Bremsung unterhalb von 1,4 m/s), bieten sich mehrere Strategien zur Steigerung der Praxistauglichkeit an. Diese stellen eine Annäherung an das konventionelle Geschwindigkeitsprofil, mit entsprechenden Auswirkungen auf Energieaufwand und Fahrzeit, dar. Steigert man im Vergleich zum Sägezahnprofil die Maximalgeschwindigkeit mit anschließendem Ausrollen ohne VKM-Betrieb („segeln"), liegt bei der Annäherung an die nächste Haltestelle ein Geschwindigkeitsüberschuss vor, der mit der Betriebsbremse abgebaut werden muss. Ein weiterer Ansatz besteht darin, die Fahrgeschwindigkeit durch intermittierenden Betrieb der VKM in engeren Grenzen zu halten. In Abb. 5.3 sind die Geschwindigkeitsprofile im Zeitbereich, in Abb. 5.4 die Fahrzeiten in Relation zum konventionellen Fahrbetrieb dargestellt. Einzig die Sägezahnfahrt weist erhebliche Abweichungen betreffend Reisezeit und Energiebedarf auf.

Die Rekuperation der Bremsenergie mittels Schwungradspeicher ist aufgrund des Wirkungsgrades der mehrfachen Energiewandlung – hier mit relativ konservativen 65 % (*Round Trip Efficiency*) angenommen – nur in reduziertem Umfang nutzbar.

Bei adäquater Dimensionierung des sekundären Energiespeichers in Bezug auf Leistung und Energieinhalt – in diesem Fall ca. 330 kW und 0,6 kWh – ist im Vergleich zum konventionellen Fahrzyklus durch die Nutzbremsung trotz des pessimistisch angesetzten Wirkungsgrades bereits eine hohe Energieeinsparung möglich. Hier gilt es stets einen Kompromiss zwischen der generatorischen Bremsleistung und rekuperierbaren Energie als technisch-wirtschaftliches Optimum zu finden. In Abb. 5.5 ist ein Vergleich des Energieeinsparungspotenzials der verschiedenen Strategien, sowie eines Hybridsystems mit dem konventionellen Fahrbetrieb dargestellt.

Ein Beispiel für einen Personenbus mit hybridem Antriebstrang und FESS für den öffentlichen Nahverkehr ist in Abb. 5.6 gegeben.

5.2.2 Betriebsbedingungen für Hybridantriebe und Anforderungen an den Energiespeicher

Grundvoraussetzung für den effizienten Einsatz von Hybridsystemen ist ein dynamisches Geschwindigkeitsprofil, wodurch die zwei Aspekte *Lastpunktverschiebung* und *Nutzbremsung* am stärksten zum Tragen kommen. Der Fahrzyklus sollte kurze Konstantfahrstrecken sowie relativ hohe Verzögerungswerte in den transienten Phasen aufweisen. Bei-

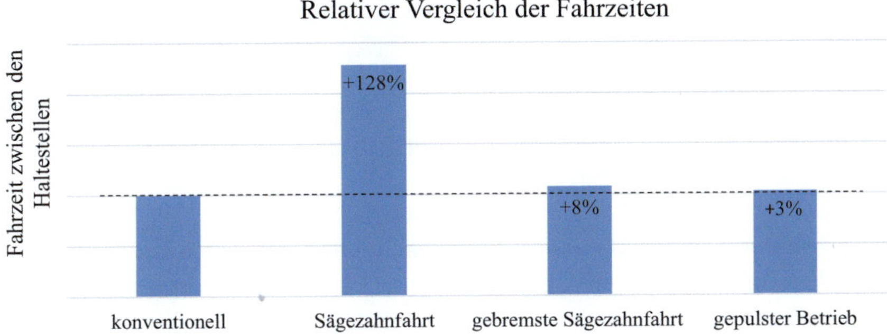

Abb. 5.4 Gegenüberstellung der Fahrzeiten bei unterschiedlichen Strategien

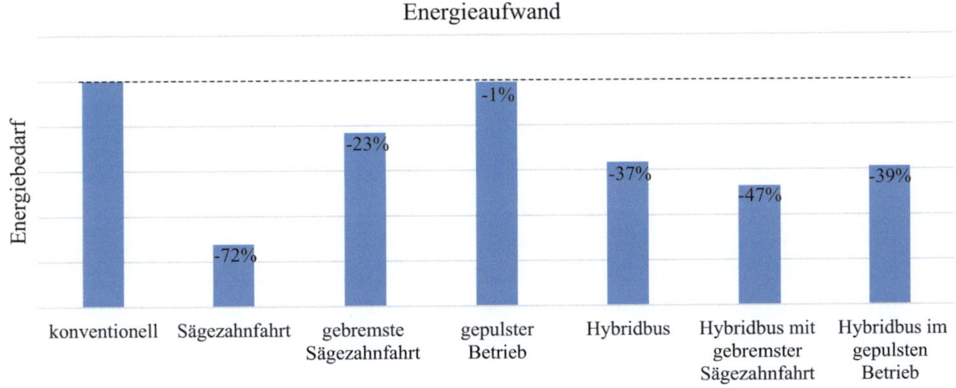

Abb. 5.5 Energetischer Vergleich der konventionellen Strategie mit alternativen Geschwindigkeitsprofilen ohne bzw. mit Hybridsystem (Fahrzeug mit Schwungradspeicher) und Bremsenergierekuperation

Abb. 5.6 Bus mit Schwungradspeicher der Firma PUNCH Flybrid, zur Rekuperation der Bremsenergie. (Bildrechte: PUNCH Flybrid)

spielsweise sind mit einem Bus unter Berücksichtigung der Fahrwiderstände und einer moderaten Verzögerung von 1 m/s^2 bereits 83 % der kinetischen Energie rekuperierbar, bei aus Komfortsicht noch akzeptablen 2 m/s^2 sogar 94 %.

In Abb. 5.7 sind das Geschwindigkeitsprofil und der korrespondierende Leistungsbedarf des Fahrzeuges im *Braunschweigzyklus* dargestellt. Dies ist ein realer Fahrzyklus im urbanen Linienverkehr. Wenn auch hinlänglich bekannt, so sind die hohen Leistungsspitzen (sowohl bei Beschleunigungs- als auch Verzögerungsvorgängen), welche die moderate Durchschnittleistung von 36 kW etwa um eine Dekade übersteigen, doch erwähnenswert. Dies bedeutet, dass ein entsprechend leistungsstarker Sekundärspeicher ein signifikantes Downsizing, sowie einen verbrauchsgünstigeren Betrieb der Verbrennungskraftmaschine erlaubt.

Daraus lässt sich ableiten:

▶ Bei der Auslegung des Schwungradspeichers und dessen Leistung ist es zielführend, einen Kompromiss zwischen Leistungsabdeckung und Energieinhalt auf der einen Seite sowie Bauraum, Gewicht und Systemkosten auf der anderen Seite einzugehen.

Für den simulierten Anwendungsfall bedeutet dies, dass bei einer maximalen Generatorleistung des Speichers von 165 kW bereits 95 % der Bremsenergie rekuperiert werden kann. Zwar liegt die höchste Bremsleistung deutlich über der maximal möglichen Spei-

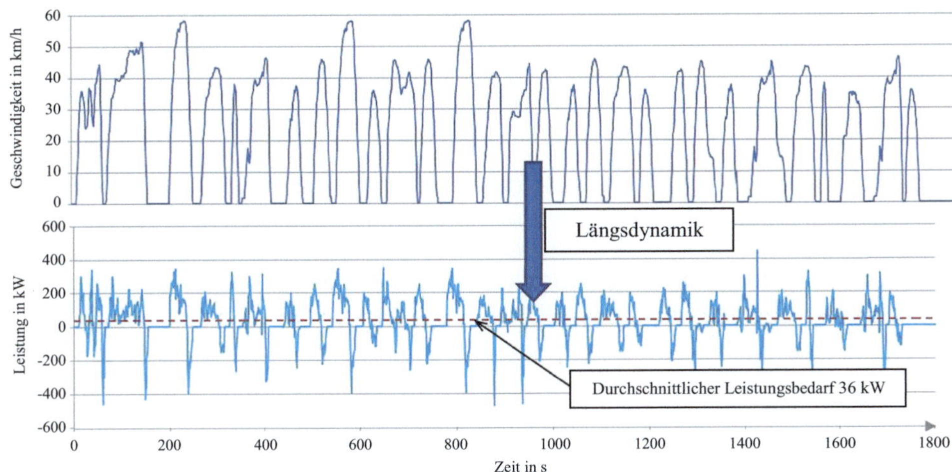

Abb. 5.7 Geschwindigkeitsprofil und Leistungsfluss bei einem Stadtbus in einem hochdynamischen Fahrzyklus

cherleistung, aber da die Leistungspeaks nur sehr kurz auftreten, sind die ungenutzten Energieanteile entsprechend gering. Dies unterstreicht die unter Abschn. 5.1 getätigte Aussage, dass für eine zielgerichtete energetische Dimensionierung des Energiespeichers die Vorhersagbarkeit des Geschwindigkeitsprofils von zentraler Bedeutung ist.

Unter dem Gesichtspunkt der Voraussetzungen *Dynamik des Geschwindigkeitsprofils* und dessen *Vorhersagbarkeit,* zeigt der Bus- bzw. Schienennahverkehr die beste Eignung zur Hybridisierung.

Lastpunktverschiebung und Bremsenergierekuperation bei Nutzfahrzeugen erfordern einen sekundären Energiespeicher mit folgenden Eigenschaften:

- Hohe Zyklenzahlen
- Hohe Leistungen bei mittlerem Energieinhalt
- Hohe Zuverlässigkeit (Kein Altern, Temperaturunabhängigkeit, etc.)
- Geringe Wartungs- und Betriebskosten.

Bei genauerer Betrachtung von Tab. 3.1 Abschn. 3.3 kann man feststellen, dass Schwungradspeicher diese Kriterien durchwegs erfüllen können und in einigen Fällen eine gute Alternative zu den aktuell populären Li-Ion-Batterien darstellen. Aufgrund der bis dato wesentlich geringeren Stückzahlen von *Flywheels* (üblicherweise Prototypen oder Kleinserien) sind jedoch die Anschaffungskosten zurzeit noch relativ hoch. Lösungsansätze, welche in Kap. 6 (*Optimierung im Subsystem*) noch detailliert vorgestellt werden, verfolgen neben dem Erreichen der in der *Supersystem*-Analyse definierten energetischen Kriterien auch stets das Ziel einer Kostensenkung.

Die wirtschaftliche Rentabilität eines Umstiegs von konventionellen Verbrennern auf Hybridfahrzeuge für den Betreiber eines Verkehrs- und Transportunternehmens hängt aber auch von der momentanen Förderlandschaft sowie der Preispolitik der Energieträger ab. Dieser wesentliche Aspekt des Supersystems bedarf einer eigenen wirtschaftlich-juristischen Analyse, wurde im Detail von *Emes et al.* in [5] untersucht und daher in diesem Buch nicht näher erörtert.

> ▶ Tatsache ist, dass vor allem die energetischen Kriterien, aber auch andere unter Abschn. 5.1 genannte Parameter, wie der größere verfügbare Bauraum, Nutzfahrzeuge im urbanen Nahverkehr zu klaren Favoriten für den Einsatz leistungsfähiger Schwungradspeicher, wie den in Abb. 5.8 dargestellten 145 kW/0,75 kWh Prototypen, machen.

5.3 Individualverkehr und Pkw

5.3.1 Aspekte des *Supersytems* Pkw

Skeptiker des Automobils sehen eine *alleinige* Effizienzsteigerung des Antriebsstranges als ungenügend, da die damit verbundene Senkung der Betriebskosten einen *Rebound Effekt*[2] mit sich bringen kann. Viel mehr braucht es den Umstieg von der Pkw-orientierten Einstellung in Mitteleuropa zu einem ganzheitlichen Mobilitätskonzept, in welchem insbesondere der öffentliche Verkehr eine wesentliche Rolle spielt [6]. Aber selbst wenn es

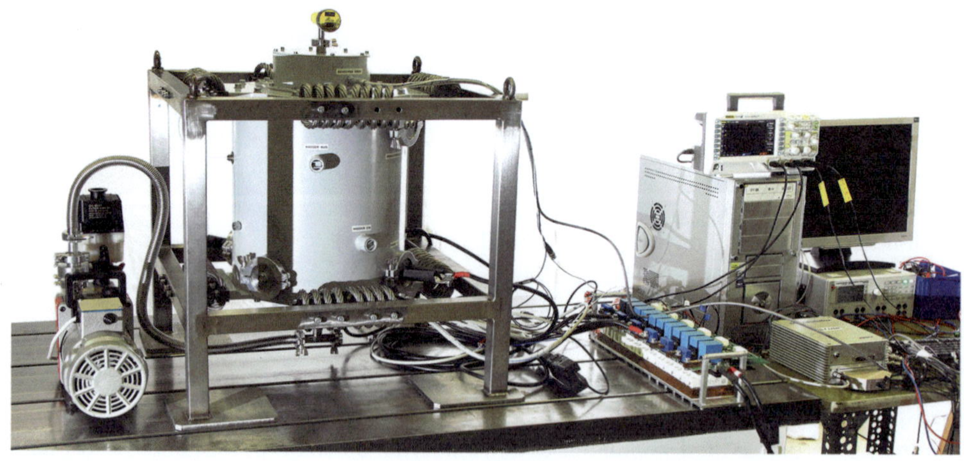

Abb. 5.8 Schwungradspeicher für den Nahverkehr auf dem Prüfstand der *Energy Aware Systems* Arbeitsgruppe, TU Graz

---

[2] *Rebound* oder *Backfire* bedeutet, dass eine Maßnahme einen gegenteiligen Effekt als geplant bewirkt. Die Senkung des Kraftstoffverbrauchs beispielsweise kann aufgrund der dadurch geringeren Betriebskosten bewirken, dass Fahrzeuge öfters und von größeren Personengruppen genutzt werden, womit die gesamte CO_2-Belastung wieder steigt.

gelingt, die *First-Mile/Last-Mile* Problematik[3] in den Griff zu bekommen, ist aus heutiger Sicht nicht mit uneingeschränkter Kundenakzeptanz der öffentlichen Verkehrsmittel zu rechnen, wie Umfragen, deren Auswertung in Abb. 5.9 dargestellt ist, gezeigt haben.

Zwar bewertet der Endkunde die Attribute „Stressfreiheit" und „Umweltfreundlichkeit" des öffentlichen Verkehrs besser, in allen anderen Aspekten gewinnt jedoch der Pkw. Es ist also weiterhin mit einem hohen Anteil an Pkws im Verkehr zu rechnen. Die Entscheidungsparameter für den Kauf und Betrieb eines Pkw sind jedoch um ein Vielfaches komplexer als bei Nutzfahrzeugen. Die unter Abschn. 3.4.5 erörterten energiepsychologischen Überlegungen lassen sich im Wesentlichen in zwei Einflussbereiche gliedern:

1. **Kaufverhalten:** Obwohl aus rational-technischer Sicht *Zweck und Fahrzyklus* die Kaufentscheidung beeinflussen sollten (!), so sind es in Realität meist die unter Abschn. 3.4.5 diskutierten symbolisch/psychologischen Attribute, welche den Kauf entscheiden.

2. **Fahrverhalten:** Ein Pkw ist ein Symbol für Autonomie. Der Fahrer lässt sich nicht „bevormunden" und möchte keine fahrzeugspezifische Schulung, wie es bei Vorhandensein einer Nutzbremsoption jedoch durchaus sinnvoll wäre. Um das Fahrverhalten bei den Pkws zu beeinflussen gibt es zwei grundlegende Möglichkeiten:

   a. *Motivation schaffen:* Die zunehmende Veränderung des Fahrzeuges zu einem mit Bluetooth, Internetzugang und anderen Schnittstellen ausgestatteten „rollenden Büro" erlaubt den Vergleich der Fahreffizienz auf persönlicher Ebene oder gar in soziale Netzwerken. Neuheiten wie diese bringen zwar keine Verbesserung aus „umwelttechnischer" Sicht mit sich, basieren aber auf dem Prinzip der *Market Pull Innovation* [7] und sind dementsprechend erfolgreich. Der Fahrer erfährt persönliche Genugtuung oder Anerkennung in der „Community" dank einer effizienten Fahrweise. Als Beispiel sei die *Next-Generation SmartGauge* von *Ford* genannt. Die CO_2-Einsparung wird in Form von grünen Blättern (o. Ä.) am Armaturenbrett angezeigt. (Siehe Abb. 5.10)

   b. *Technologie übernimmt effiziente Fahrweise:* Sie muss dies tun, ohne dass der Kunde es bemerkt bzw. sich eingeschränkt fühlt (*Technology Push Innovation*).

      Als langfristige Ideallösung können intelligente, vernetzte Systeme, welche unter Anderem autonomes Fahren und automatische Konvoy-Bildung ermöglichen, angesehen werden. Als Beispiel kann hier das *EO Smart Connecting Car* des *Deutschen Forschungszentrums für Künstliche Intelligenz* (*DFKI*) genannt werden (Siehe Abb. 5.11).

      Als Zwischenschritt zu diesem Ziel müssen *bestehende* Technologien *effizient verknüpft* werden! Energiespeicher, welche wie das Schwungrad einen exakt bestimmbaren Energieinhalt haben, lassen sich optimal mit einem GPS-gestützten

---

[3] *First-Mile/Last-Mile* bezieht sich auf die Schwierigkeit, vom Ausgangspunkt der Reise zu einem Knotenpunkt des öffentlichen Verkehrs zu gelangen und von dessen Endstation zum eigentlichen Reiseziel.

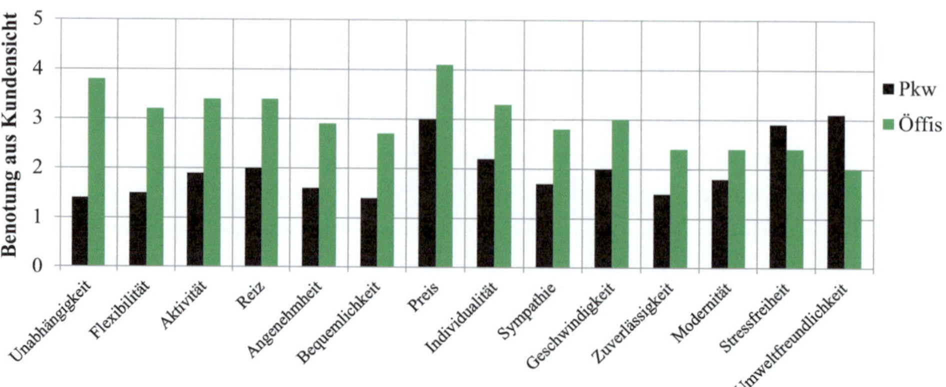

Abb. 5.9 Bewertung (analog zu österr. Schulnoten) von Pkw und öffentlichem Verkehr aus Kundensicht [7]

Abb. 5.10 Next-Generation „SmartGauge" von Ford [8]. (Bildrechte: Ford Motor Company)

Energiemanagement verknüpfen. Durch Eingabe des Reiseziels in das Navigationssystem ist es nicht nur möglich, den Energiebedarf durch Beachtung von Einflussgrößen wie Verkehrsdichte, Kurvenradien und geodätischem Höhenunterschied vorherzusagen, sondern es lassen sich auch im Vorfeld die Energieströme von und zum Sekundärspeicher simulieren und eine *prädiktive Regelung* implementieren. Dadurch übernimmt das Fahrzeug (im Rahmen der technischen Möglichkeiten und der Vorhersagbarkeit der Ereignisse) effizientes „Handeln", ohne den Fahrer spürbar einzuschränken. Eine der ersten Erfindungen, welche dieses Ziel verfolgte, ist das 1921 vom kanadischen Ingenieur *Alfred Horner Munro* erfundene und heute noch gebräuchliche Automatikgetriebe. Es ermöglicht das Definieren verbrauchsoptimierter Schaltpunkte, senkt somit den Kraftstoffbedarf und steigert durch zugkraft-unterbrechungsfreien Betrieb den Komfort.

Um in gewissen, hochbelasteten, urbanen Regionen lokale Emissionsfreiheit zu er-langen, können durch virtuelle Grenzen (*Geofencing*) Zonen definiert werden, in wel-chen die VKM automatisch abschalten und das Fahrzeug den Vortrieb nur mehr durch den (elektrischen) Sekundärantrieb erfährt (Abb. 5.12).

Während Tab. 5.2 in Abschn. 5.2 die Charakteristika von Nutzfahrzeugen im öffentlichen Nahverkehr und deren Auswirkungen auf Fahrzeughybridisierung auf logisch-rationaler Ebene wiedergibt, ist eine derartige Kategorisierung im Sektor des Pkws, bzw. Individual-verkehrs nicht möglich. Die Problematik geht dabei stets vom Fahrer (der meist mit dem Kunden bzw. Käufer des Fahrzeuges gleichzusetzen ist) aus. Der Besitz eines Automobils repräsentiert das Attribut *Freiheit*, wodurch der Fahrer eine Bevormundung in Bezug auf seine Fahrweise oder gar seine Kaufentscheidung nicht annehmen würde. Einzig die staat-liche Gesetzeslage vermag das Fahrverhalten oder das Kaufverhalten zu steuern, indem einerseits Geschwindigkeitsbegrenzungen eingeführt oder finanzielle Anreize im Sinne von steuerlichen Vergünstigungen beim Kauf eines Hybrid- oder Elektrofahrzeuges ge-setzt werden. Es sind also der Fahrer und sein auf psychologischen Phänomenen basieren-des Verhalten die wesentlichen Einflussgrößen, welche die Interdependenzen zwischen dem *Sub-* und *Supersystem* des Schwungradspeichers gestalten.

Der folgende Abschnitt greift wesentliche Charakteristika des Individualverkehrs mit Pkw heraus.

Abb. 5.11 Convoy des *EO Smart Connecting Car* [9]. (Bildrechte: Deutschen Forschungszentrums für Künstliche Intelligenz)

5.3.2 Fahrer und Psychologie

Der Kunde steht im Zentrum der in Abb. 5.13 visualisierten Überlegung, da sein Verhalten sich direkt und indirekt auf etliche Aspekte des *Subsystems Schwungradspeicher* niederschlägt. Der Einflussbereich kann in folgende zwei Kategorien unterteilt werden:

a. **Fahrverhalten:**

   Das Fahrverhalten des Kunden definiert im Wesentlichen die Dynamik, Nutzungsdauer und Summenhäufigkeit gewisser Fahrmanöver und ergibt folglich den auslegungsrelevanten Fahrzyklus.

   - Der **Fahrzyklus** ist die wesentliche Grundlage der energetischen Auslegung des Speichers, welche Kenngrößen wie die Leistung des Motor-Generators oder das Rotordesign (Energieinhalt) definiert.
   - **Fahrmanöver und Fahrdynamik** definieren unter anderem die unter Abschn. 9.2.1 noch detailliert beschriebenen Lagerlasten des FESS-Rotors.

b. **Kaufverhalten:**

   Das Kaufverhalten des Kunden fällt die binäre Entscheidung, ob überhaupt ein Fahrzeug mit Schwungradspeicher (oder ein Hybridfahrzeug im Allgemeinen) angeschafft wird oder nicht.

   - **Wirtschaft und Gesetz:** Hierbei handelt es sich um eine wechselseitige Beeinflussung. Die wirtschaftlichen und gesetzlichen Rahmenbedingungen definieren einer-

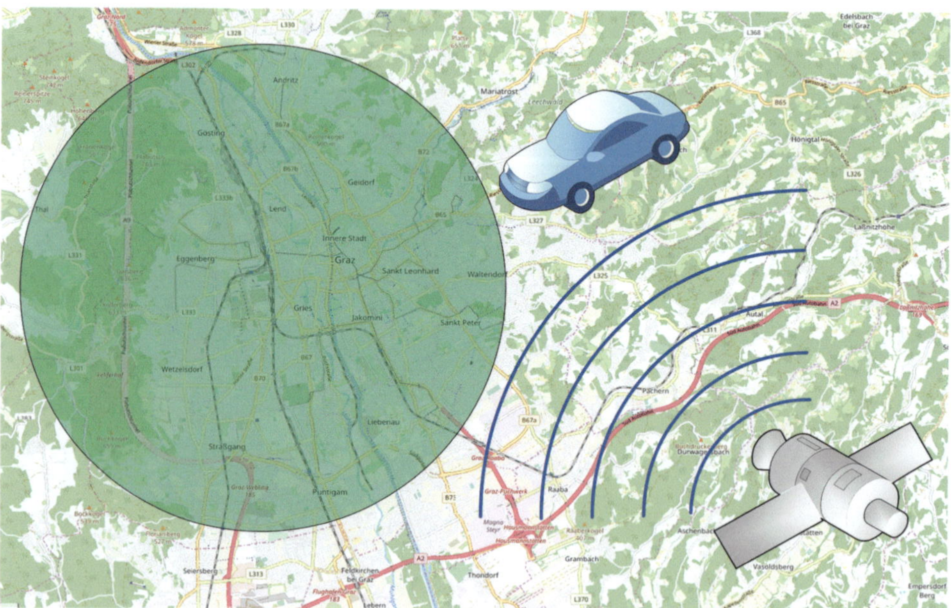

Abb. 5.12 Funktionsprinzip einer emissionsfreien Zone durch Geofencing

seits die Attraktivität des Kaufs eines Fahrzeuges mit Schwungradspeicher. Andererseits ist es der Kundschaft im Kollektiv möglich, durch die Mechanismen von Angebot und Nachfrage den freien Markt zu gestalten. Wichtige Einflussgrößen sind:

1. Energiepreise
2. Nationale Förderlandschaft
3. Gesetzliche Emissions- und Verbrauchsgrenzwerte
4. Marketing und Trends

Das Hauptproblem bei der Auslegung eines FESS für einen Pkw stellt die schlechte (bzw. eigentlich nicht vorhandene Vorhersagbarkeit des Lastzyklus dar. Wünschenswert wäre jedoch eine *prädiktive Regelung*, welche sich auf Eingaben der geplanten Fahrstrecke durch den Nutzer stützen kann. Ein fiktives Beispiel, welches ein nicht unwahrscheinliches Szenario beschreibt, veranschaulicht die Problematik:

Beispiel

- Angenommen, während einer kurzen Fahrt vom Wohnort des Fahrers zum nahegelegenen Supermarkt wird das FESS durch Lastpunktverschiebung (d. h. durch die VKM) geladen, da die Verzögerungswerte im Kolonnenverkehr nicht ausreichen, um regenerativ zu bremsen. Die Betriebsstrategie antizipiert mögliche Beschleunigungsphasen (*Boost-Phasen*), zu denen es jedoch aufgrund des starken Verkehrsaufkommens nie kommt. Der Speicher wird während der Fahrt nicht entladen.
- Als das Fahrzeug abgestellt wird, ist das Flywheel zwar zu 100 % geladen, jedoch verbringt der Fahrer zu lange Zeit mit der Erledigung seiner Einkäufe, sodass der Großteil der Energie der Selbstentladung des Speichers zum Opfer fällt. Selbiges gilt für die Heimfahrt.
- Idealerweise müsste die VKM vor Erreichen des Reiseziels abgeschaltet werden um den letzten Teil des Weges (emissionsfrei) nur mit Hilfe des Schwungradspeichers zurückzulegen.

In diesem Fall können zwei grundlegend verschieden Lösungsansätze verfolgt werden:

1. Lösung im Supersystem des FESS – Prädiktive Regelung

Der Umstand, dass heutzutage beinahe jedes Fahrzeug und jedes Smartphone mit einem GPS ausgestattet ist, hat völlig neue Möglichkeiten in Bezug auf prädiktive Regelung des hybriden Antriebsstranges eröffnet. Nach der Eingabe des Reiseziels durch den Fahrer können Geoinformationsdaten wie Höhenunterschiede oder Steigungen entlang der Strecke ermittelt werden und erlauben somit optimale Ausnutzung der im Sekundärspeicher verfügbaren Energie. Apps wie der *Google Traffic Estimator* [10], welcher die Geschwindigkeit tausender Mobiltelefone auf den Verkehrswegen analysiert und somit auf Durchschnittsgeschwindigkeiten, mögliche Staus oder mögliche Behinderungen schließt, können ebenfalls implementiert werden. Dadurch wurde in den letzten Jahren ein regelrechter Boom im Bereich prädiktiver Regelungen ausgelöst, wobei an dieser Stelle auf Fachliteratur anderer Autoren (wie z. B. [11–13] verswiesen wird). Das Einsparungspotenzial dieser Regelstrategie, deren Aspekte für die Anwendung eines FESS in Abb. 5.14 grafisch dargestellt ist, wird auf maximal 10 % geschätzt [14], also deutlich geringer als die knapp bis zu 30 % bei Nutzbremsung durch Schwungrad im schweren Nutzfahrzeug und innerstädtischen Betrieb.

2. Lösung im *Subsystem* des FESS – Reduktion der Selbstentladung

Eine Lösung, welche auf den ersten Blick deutlich einfacher erscheint, da sie eine geringere Anzahl an *Interdependenzen im Supersystem* beinhaltet und es dem Kunden erlaubt, sich der Verantwortung einer energieeffizienten Regelungsstrategie zu entziehen, ist die

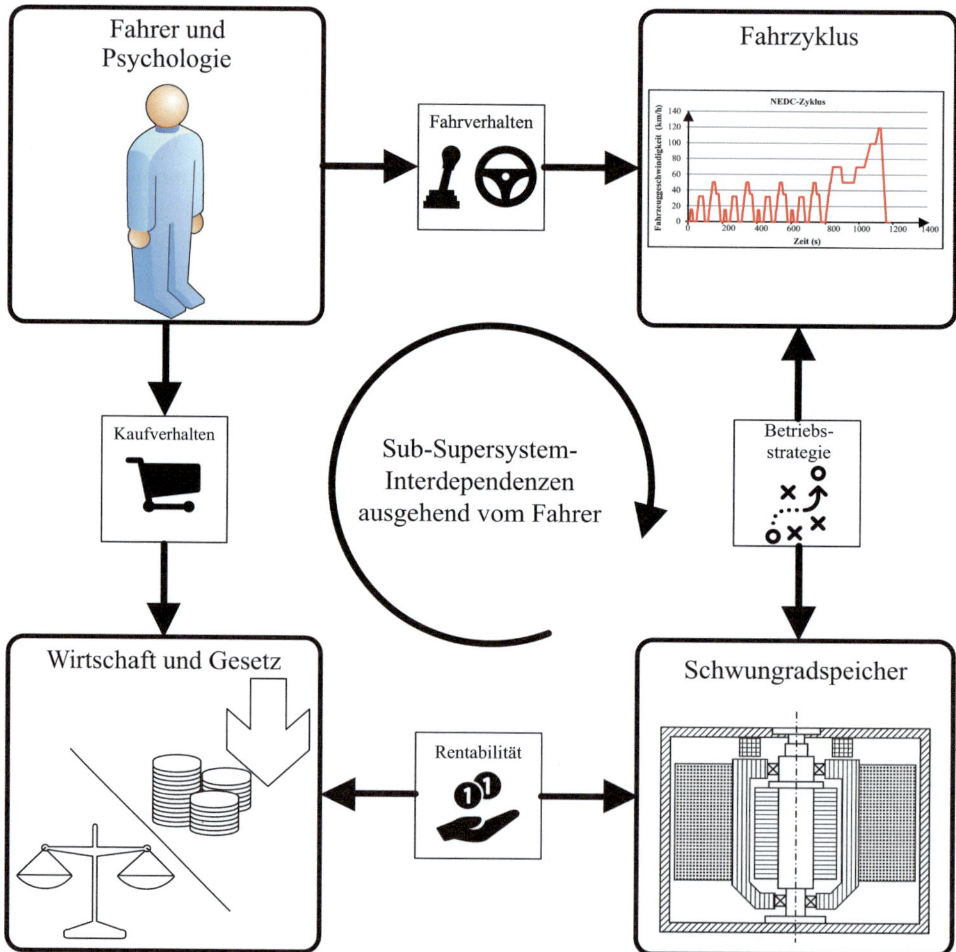

Abb. 5.13 Wichtigste Interdependenzen zwischen Sub- und Supersystem eines Pkws im Individualverkehr

Reduktion der Selbstentladung des FESS. Würde der gespeicherte Energieinhalt selbst bei längerem Stillstand des Fahrzeuges erhalten bleiben, würde sich die Notwendigkeit einer prädiktiven Regelung ebenfalls weniger dramatisch auswirken. Für eine ausführliche Beschreibung technischer Lösungen betreffend dieses Problem wird an dieser Stelle auf Abschn. 10.1 „Verringerung des Verlustmoments von FESS-Lagern" verwiesen.

5.3.3 Zieleigenschaften mobiler Schwungradspeicher

5.3.3.1 Wirtschaftliche Betrachtung

Dass das Prinzip eines Schwungradhybrides aus technisch-energetischer Sicht sinnvoll ist und entsprechendes Einsparungspotenzial mit sich bringt, haben die in Abschn. 2.3.2, Tab. 2.4 zusammengefassten Beispiele bewiesen. Die reine Steigerung der Wirtschaftlichkeit eines Pkws durch Hybridisierung und Hinzufügen eines sekundären Energiespeichers reicht aber offensichtlich für eine gute Marktdurchdringung nicht aus. Vielmehr muss der Energiespeicher einen *Mehrwert* mit sich bringen, welcher die unter Abschn. 3.5 gelisteten *psychologischen Attribute* des Käufers anspricht. Neben einem dynamischen Fahrverhalten (das durch eine „*Boost-Funktion*" mittels FESS realisiert werden könnte) legt der Pkw-Kunde aber vor allem Wert auf die Individualisierung seines Fahrzeuges durch Zukauf von Sonderausstattung. Der Psychologe *Alfred Hermann* betont in [15], dass der Kunde zwar ein Serienprodukt kauft, aber möchte, dass es etwas „ganz Besonderes" ist. Der durchschnittliche Käufer eines *Mini Cooper* investiert 20 % des Kaufpreises in Extras [15]. Die Platzierung nachhaltiger Fahrzeugtechnologie im Segment der individuellen Zusatzausstattung bietet eine Möglichkeit, den sanften Übergang zum *Zero Emission Vehicle* zu beschleunigen, definiert aber auch den preislichen Rahmen für den Energiespeicher und die erforderlichen Komponenten im Antriebsstrang. Daraus lassen sich – aus *Kundensicht* – folgende Anforderungen an einen Sekundärspeicher im Pkw ableiten:

- Hohe Leistungsdichte bzw. spezifische Leistung (positiver Einfluss auf die Fahrdynamik)
- Leichte, unkomplizierte Bedienbarkeit
- Einfache Integrierbarkeit in die bestehende Fahrzeugarchitektur
- Geringe oder besser keine Wartungskosten
- Gutes Image der Sekundärenergie (wie z. B. Strom)
- Gutes Recycling des Speichers (wie z. B. Schwungrad)
- Geringe Entwicklungs- und Herstellkosten

Es mag erstaunlich erscheinen, dass Attribute wie eine *hohe Energiedichte* und eine *geringe Selbstentladung* in dieser Liste nicht enthalten sind. Das bedeutet, dass eine geradlinige Annäherung des FESS an die Eigenschaften eines virtuellen Referenzenergiespeichers ohne Analyse des *Supersystems* nicht zielführend ist. Der Kunde kauft oftmals eine aus strikt technischer Sicht suboptimale Lösung.

▶ Wichtigster Punkt für die Marktdurchdringung von FESS im Fahrzeugsektor ist daher die Reduktion des Preises und das Erreichen von energetischen Mindestanforderungen, sie seien hier „Threshold-Spezifikationen" genannt, werden im folgenden Abschnitt erläutert.

5.4 Energetische Threshold-Spezifikationen

Die zentrale Frage, die sich hinter dem Begriff *Threshold*[4] *Spezifikation* verbirgt ist:

„Wann ist eine technische Lösung gerade gut genug, sodass der Kunde sie kauft?"

Ein Beispiel soll die Überlegungen verdeutlichen:

Beispiel

Der ideale Referenzenergiespeicher hat eine unendlich hohe Energie- und Leistungsdichte und keine Selbstentladung. Trotzdem geben wir uns mit einer Reichweite von etwa 500 bis 1000 km zwischen Tankstopps auf jeden Fall zufrieden und können daher schlussfolgern, dass eine Tankgröße von ca. 30 bis 80 Litern beim Pkw aus heutiger Sicht ausreichend ist. Kaum ein Kunde fordert ein größeres Tankvolumen oder eine höhere Energiedichte des Treibstoffs. Anders stellt sich die Situation bei der reinen E-Mobility dar. Gewisse Batterietechnologien wie zum Beispiel die Bleibatterie erreichen lediglich zu geringe Energiedichten und finden daher aktuell keinen Einsatz im Elektrofahrzeug. Selbst eine signifikante Senkung der Kosten kann die mangelnde Praktikabilität nicht aufwiegen.

Abb. 5.14 zeigt die spezifischen Energien verschiedener mobiler Energiespeicher. Während Lithium Polymer und Lithium-Ionen-Akkus die am weitesten verbreiteten Speichertechnologien für alternative Fahrzeugantriebe sind, finden Hydraulikspeicher und auch Supercaps keine Anwendung als primärer Speicher im Fahrzeug. Sämtliche bisher als „Hauptbatterie" für EVs eingesetzte Speicher (so auch der Druckluftspeicher) weisen eine spezifische Energie von mindestens 60 Wh/kg auf (Abb. 5.15).

Wie können also solche *Threshold-Kriterien* für einen Schwungradspeicher bestimmt werden? Ab welcher Energiedichte ist ein FESS sinnvoll? Diese Frage lässt sich eben durch Analyse konkurrierender Technologien und deren Dissemination im Markt beantworten.

5.4.1 Bestimmung von energetischen *Threshold Kriterien* für FESS

Dass sich Flywheels entgegen diverser euphorischer Ankündigungen in den 1970er-Jahren bis dato nicht durchsetzen konnten, ist ein historisches Faktum [20]. Die erreichbaren spezifischen Energien waren trotz der teilweise hohen theoretischen Werte (vergleiche Tab. 7.2 in Kap. 7) aufgrund des hohen Gewichts der umgebenden Systemkomponenten (Schutzgehäuse, Vakuumtechnik, E-Maschine, Regelung, Kühlung) schlichtweg noch zu

---

[4] *Threshold*, englisch für Schwelle, oder Schwellwert.

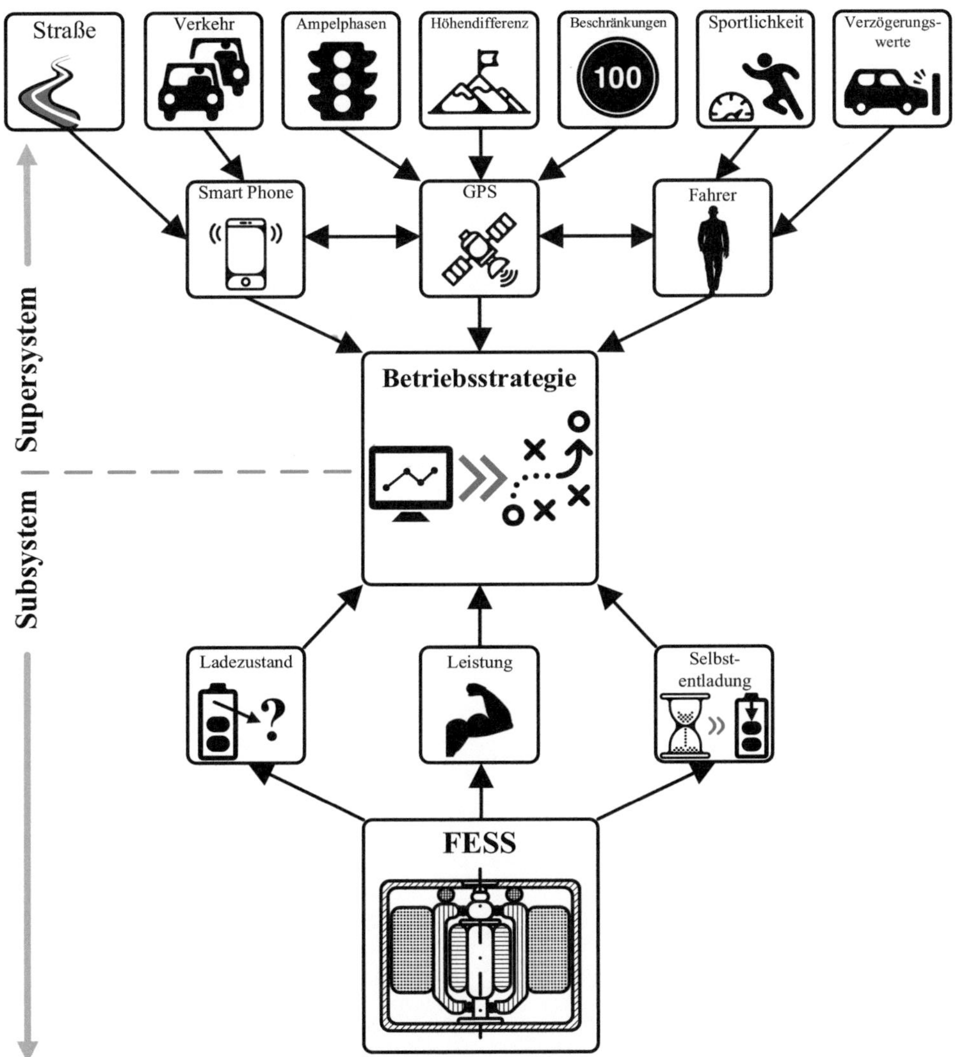

Abb. 5.14 Wesentliche Aspekte einer prädiktiven Regelung des Antriebsstranges für einen Schwungradhybrid

gering. Darüber hinaus macht die hohe Selbstentladung eine mehrtägige Reise mit einem reinen Schwungradfahrzeug aus heutiger Sicht undenkbar.

Der Einsatz von FESS in Fahrzeugen erscheint daher in erster Linie als Nutzbremse, zur Lastpunktverschiebung der VKM oder für den lokal emissionsfreien Betrieb, nicht jedoch als primärer Energiespeicher sinnvoll! Eine der wenigen Ausnahmen stellt der MFO Gyrobus von 1953 dar, welcher das Schwungrad bei jeder Haltestelle erneut aufladen konnte (Abb. 5.16).

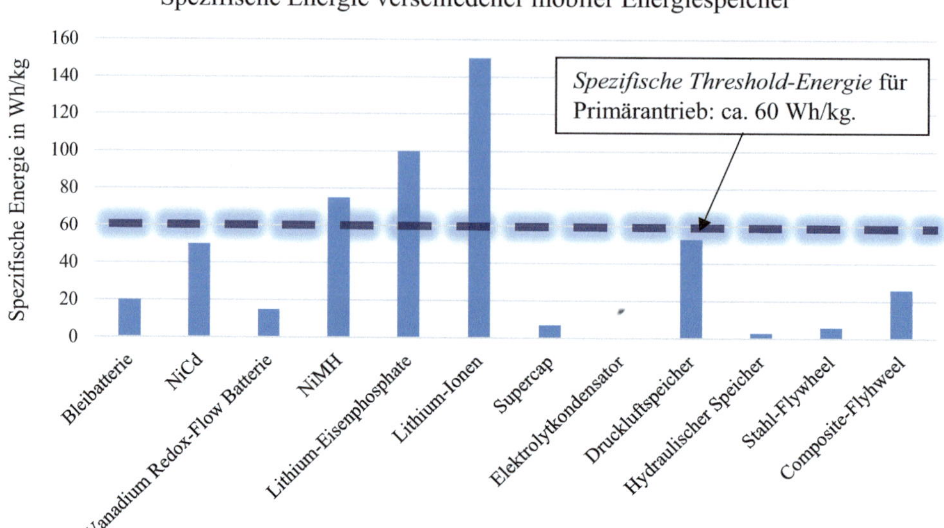

Abb. 5.15 Spezifische *Threshold Energie* von Energiespeichern den Einsatz als Prime Mover (Erstellt aus Daten von [16–19])

Abb. 5.16 Der *MFO Gyrobus* bei einer Versuchsfahrt in Yverdon, 1950. Deutlich zu erkennen ist das Ladesystem mit Pantographen. (Bildrechte: ABB Schweiz, N.3.1.54627)

Die Anforderungen an diesen dynamischen *Leistungsspeicher* unterscheiden sich von den konventionellen *Energiespeichern,* die als Primärenergiequelle in alternativen Fahrzeugen eingesetzt werden. Für die Abdeckung kurzzeitiger Leistungsspitzen kommen üblicherweise Speicher wie Supercaps, Li-Io-Batterien, hydraulische Speicher oder Flywheels zum Einsatz. Tab. 5.3 gibt einen Überblick über die Eigenschaften von bisher in Hybridfahrzeugen verbauten Energiespeichern und führt Beispiele an ausgeführten Fahrzeugen an. Es muss angemerkt werden, dass die quantifizierbaren Spezifikationen je Speichertechnologie eine relative Bandbreite abhängig von konkreter Ausführung und Hersteller aufweisen. Darüber hinaus sind die Systemgrenzen nicht bei jedem Speicher eindeutig bestimmbar. Die Werte in der Tabelle beziehen sich jedoch auf *Pack-Ebene,* das heißt das nötige „Packaging" (Gehäuse, Leistungselektronik, Kühlung etc.) wurde berücksichtigt.

Um jene Eigenschaft, welche für die Spezifizierung eines Leistungsspeichers relevant ist, nämlich die *spezifische Leistung,* anschaulich gegenüber zu stellen, wurde die Darstellung in Form eines Balkendiagramms gewählt. Alle Speichertypen, die vorwiegend für Bremsenergierekuperation eingesetzt wurden liegen über oder im Bereich *der Threshold-Linie,* welche mit ca. 2,5 kW/kg definiert wurde (Abb. 5.17).

Tab. 5.3 Eigenschaften von bisher in Hybridfahrzeugen eingesetzten Energiespeichern

Energie-speicher	Spez. Energie	Spez. Leistung	Energie-dichte	Wirkungs-grad	Selbst-entladung	Zyklen-zahl	Beispiel-Fahrzeug	Ref.[a]
	Wh/kg	*kW/kg*	*Wh/ Liter*	*%*	*%/Tag*			
Bleibatterie	20	0,18	50	50–85	0,1–0,8	500–800	*Audi DUO III (1997)*	[21, 22]
NiCd	50	0,2	100	70–90	0,05	2000	*1976 Alfa Romeo EV Conversion*	[23]
Vanadium Redox-Flow Batterie	15	10	20	70–75	0,001–0,1	2000	*nanoFlowcell Quant E*	[1, 24, 25]
NiMH	75	0,7	200	65–70	0,25–3	500–2000	*Toyota Prius II, Honda Insight*	[26]
Lithium-Eisen-phosphat	100	0,2	200	75–85	1,5	100–2000	*Aptera Typ-1*	[27–30]
Lithium-Ionen	150	0,6	500	80–90	0,25	400–1200	*Tesla Model S, Nissan Leaf EV*	[31]
Supercap	7	20	10	90–95	1,5	10.000	*Toyota Yaris Hybrid-R*	[32]
Elektrolyt-kondensator	0,05	35	0,5	75–95	3–10	1000–10.000	–	[33–35]

Energie-speicher	Spez. Energie	Spez. Leistung	Energie-dichte	Wirkungs-grad	Selbst-entladung	Zyklen-zahl	Beispiel-Fahrzeug	Ref.[a]
	Wh/kg	*kW/kg*	*Wh/ Liter*	*%*	*%/Tag*			
Druckluft-speicher	50	2	50	10–15	0,001	10.000	*MDI AirPod, PSA Peugeot Citroën Hybrid Air*	[36, 37]
Hydraulik-speicher	3	5	2	80–90	0,1	10.000	*MAN Hydro-Bus*	[18, 38]
Stahl Flywheel	10	5	5	90–95	20–80	10.000	*Oerlikon Gyrobus*	[39]
Composite Flyhweel	60	6	15	90–95	20–80	10.000	*GKN Hybrid Power*	[40]

[a]… Diese Literaturverweise wurden zusätzlich zu Informationen aus [41] und *Wikipedia.org* hinzugezogen

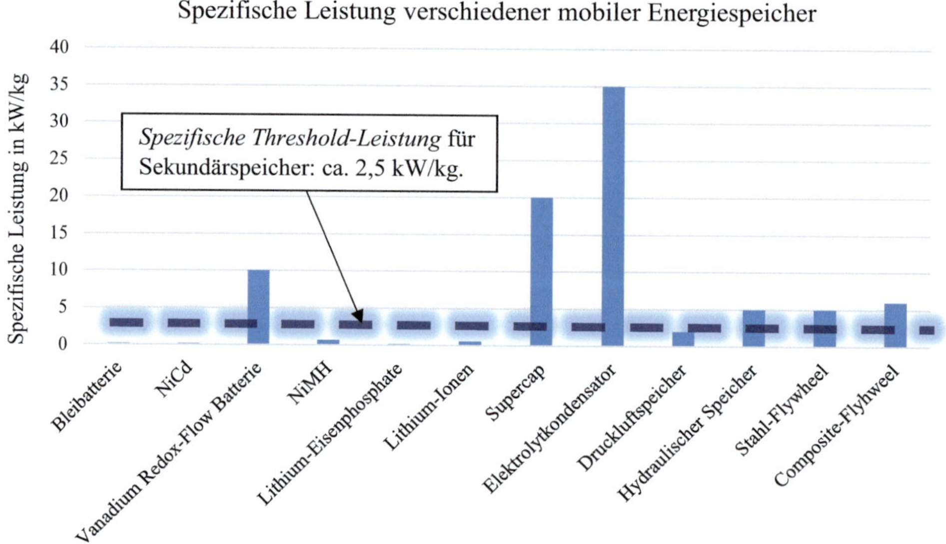

Abb. 5.17 Spezifische Leistung verschiedener mobiler Energiespeicher, die in Fahrzeugen eingesetzt wurden

Auch wenn sämtliche in Tab. 5.3 angeführten, quantifizierbare Eigenschaften, wie zum Beispiel Zyklenzahl und Selbstentladung eine essentielle Rolle bei der Auswahl der Speichertechnologie für ein Hybridfahrzeug spielen, so lassen sich vorerst zwei wesentliche energetische Zielsetzungen für FESS definieren:

- **Spezifische Energie:** Diese muss bei Anwendung als *Leistungsspeicher* nicht zwingend die für den Einsatz als *Primärspeicher* geforderte Grenze von mindestens 70 Wh/

kg erreichen, **sollte jedoch über 10 Wh/kg liegen**, um gegenüber konkurrierenden Leistungsspeichern wie Supercaps einen Marktvorteil zu erzielen.

- **Spezifische Leistung:** Dieser Wert lässt sich durch Analyse und Vergleich der zurzeit auf dem Markt befindlichen Speicher für Hybridfahrzeuge mit **etwa 2,5 kW/kg festlegen**.

▶ Diese beiden „praktischen" Kriterien definieren das zulässige Gewicht (bzw. Volumen) des FESS im Fahrzeug, wodurch ein erster Anhaltspunkt für die Auslegung bzw. die strategischen Entwicklungsziele im Bereich der Schwungradspeicher gegeben ist.

Weitere Eigenschaften wie *Selbstentladung* und *Wirkungsgrad* sind stark an den Fahrzyklus und die Betriebsstrategie gekoppelt und können daher nur durch numerische Simulation (wie in Abschn. 5.2.1.1 besprochen) untersucht werden.

5.5   Relevante Erkenntnisse der Systembetrachtung

Die Zerlegung des Hybridfahrzeuges in ein *Subsystem*, bestehend aus den Komponenten des Antriebsstranges und eines *Supersystems*, welches Umgebungseinflüsse wie Verkehrsinfrastruktur und Fahrer beinhaltet, ermöglicht eine kritische *holistische Analyse* moderner Fahrzeugtopologien. Mobile Energiespeicher spielen dabei eine entscheidende Rolle, wobei sie in starker Wechselwirkung mit Fahrverhalten und Fahrzyklus stehen. Während Hybridisierung und der Umstieg zu alternativen (auch rein elektrischen) Antriebskonzepten im Bereich der kommerziellen und insbesondere Nutzfahrzeuge für den innerstädtischen Einsatz eine kurzfristige und vielversprechende Alternative darstellt, weisen Hybridisierungs-Maßnahmen im Pkw-Segment ein deutlich geringeres Potenzial zur Verbrauchsreduktion auf. Grund hierfür sind hauptsächlich sozio-psychologische Aspekte, woraus geschlossen werden kann, dass das größte Optimierungspotenzial in den Einflussgrößen des *Supersystems* liegt.

▶ Es ist daher unabdingbar, den Übergang von der bislang rein technischen Entwicklung der Fahrzeuge zu einer *interdisziplinären Systemoptimierung*, welche unterschiedliche Diszipline wie Technik, Psychologie, Politik, Gesetzgebung und Marketing vereint, zu wagen. Somit kann auch ein weiterer Schritt in Richtung ganzheitlichem Mobilitätskonzept als Alternative zum „Status Quo" des konventionellen Pkws mit Verbrennungskraftmaschine getätigt werden.

Die Analyse bestehender Systeme und erfolgreicher Anwendungen von konkurrierenden Speichertechnologien für Hybridfahrzeuge erlaubt eine Abschätzung der *Threshold-Spezifikationen*, das heißt jener Leistungsmerkmale, die erreicht werden müssen, damit die Schwungradtechnologie am Markt bestehen kann. Eine spezifische Energie von mindestens 10,0 Wh/kg sowie eine spezifische Leistung von mehr als 2,5 kW/kg stellen Mindestanforderungen an die FESS-Technologie dar.

5.5.1 Zusammenfassung – Optimierung des *Supersystems* eines FESS

Die holistische Betrachtung und systematische Analyse des *Supersystems* ermöglichte es, wichtige Einflussgrößen und Parameter in Bezug auf den effizienten Einsatz von Schwungradspeichern in Fahrzeugen zu identifizieren. Zusammenfassend lässt sich feststellen:

- Die Forschungs- und Entwicklungsarbeit im Bereich der Energiespeicher für Hybridfahrzeuge im Allgemeinen und der Schwungräder im Speziellen ist stark von politischen und ökonomischen Phänomenen, wie zum Beispiel dem Rohölpreis geprägt.
- Betrachtungen des psychologischen Verhaltens des Endkunden zeigen, dass die Bereitschaft die Individualisierung des Pkws zu investieren, durchaus gegeben ist; die Zweckentfremdung des Fahrzeugtyps und das individuell stark divergierende Lastprofil machen die Auslegung eines FESS jedoch äußerst schwierig.
- Nutzfahrzeuge im urbanen Nahverkehr bieten nicht nur wegen des dynamischen Fahrzyklus und des hohen energetischen Rekuperationspotenzials, sondern sind in erster Linie wegen der guten Vorhersagbarkeit des Lastzyklus eine optimale Plattform um FESS, welche hohe Leistungen bei moderaten spezifischen Energien aufweisen, einzusetzen.
- Entscheidend für die Rentabilität des FESS an Bord eines Fahrzeuges ist (neben dem Preis, wie sich von selbst versteht) einzig und alleine der Fahrzyklus bzw. dessen *Dynamikkennzahl* (vergleiche Abschn. 4.2.3).
- Vor allem der Vergleich von FESS mit konkurrierenden Speichertechnologien erlaubt es, energetische und wirtschaftliche Entwicklungsziele in Form von so genannten *Threshold Spezifikationen* zu definieren, welche im folgenden Abschnitt zusammengefasst sind.

5.5.2 Allgemeingültige, erstrebenswerte FESS Verbesserungen

Auch wenn das Wort „Leistungssteigerung" in der Automobilindustrie omnipräsent ist, so ist die Steigerung der effektiven elektrischen Leistung eines FESS nicht von übergeordneter Relevanz. Viel mehr hat die Betrachtung der *Interdependenzen von Sub- und Supersystem* des FESS die Verfolgung der nun aufgelisteten Entwicklungsziele als unumgängliche Voraussetzung für einen erfolgreichen Markeintritt von FESS im Fahrzeugsektor ergeben:

- **Steigerung der spezifischen Energie auf über 10,0 Wh/kg.**
- **Erreichen einer spezifischen Leistung von 2,5 kW/kg.**
- **Senkung der Selbstentladung.**
- **Senkung der Kosten.**
- **Ausdehnung der Wartungsintervalle.**
- **Verbesserung der inhärenten Sicherheit und des Images.**

▶ Ab nun werden in den folgenden Kapiteln des Buchs konkrete technische Lösungsansätze betreffend das FESS-Subsystem vorgestellt, welche es ermöglichen sollen, die soeben genannten Zieleigenschaften erreichen zu können.

Literatur

1. J. Samuel (2011) Electric Vehicle Applications of Flow Batteries – Rapid Recharging of EVs by Electrolyte Exchange. RE-fuel Technology Ltd., Wokingham, Berkshire, UK. http://www.paredox.com/foswiki/pub/Luichart/InternationalFlowBatteryForum/Electric_Vehicle_Applications_of_Flow_Batteries_-_Sir_John_Samuel.pdf
2. E. Fiala (2012) Effektive Hybridstrategien. ATZ – Automobiltechnische Zeitschrift, pp. 148–153, Ausgabe Februar 2012. Springer Fachmedien Wiesbaden, Deutschland.
3. M. Bader, A. Buchroithner und I. Andrasec (2014) Schwungrad-Hybridantriebe im Vergleich mit konventionellem und alternativen Konzepten. ATZ – Automobiltechnische Zeitschrift, pp. 68–73, Ausgabe Oktober 2014. Springer Fachmedien Wiesbaden, Deutschland. https://doi.org/10.1007/s35148-014-0503-2
4. B. Walter, S. Schneider und K. Schimmelpfenning (1999) Stand und Sicherheit im innerstädtischen Verkehr – Eine Untersuchung der tolerierbaren Beschleunigungen. Zeitschrift VKU Nr. 12.
5. M. Emes, A. Smith, N. A. Tyler, R. Bucknall, P. A. Westcott und S. Broatch (2009) Modelling the costs and benefits of hybrid buses from a 'whole-life' perspective. 7th Annual Conference on Systems Engineering Research (CSER 2009), Loughborough University – 20th – 23rd April 2009.
6. P. L. Schiller, E. C. Brunn und J. R. Kenworthy (2010) An Introduction to Sustainable Transportation – Policy, Planning and Implementation. EARTHSCAN, Washington D.C., USA.
7. H. Stiegler (1999) Rahmen, Methoden und Instrumente für die Energieplanung in der neuen Wirtschaftsorganisation der Elektrizitätswirtschaft. TU Graz, Graz, Österreich.
8. Ford Motor Company (2013) Fusion Energy Plug-In Hybrid Technology. http://www.ford.com/cars/fusion/trim/titaniumenergi/. [Zugriff am 14. Juni 2014].
9. Anmiation Labs für DFKI GmbH (2012) EO smart connecting car – Innovative Fahrzeugkonzepte. Deutsches Forschungszentrum für Künstliche Intelligenz, Robotics Innovation Center, Robert-Hooke-Straße 1, D-28359 Bremen, Deutschland http://robotik.dfki-bremen.de/de/forschung/projekte/item.html. [Zugriff am 22. Mai 2014].
10. D. Barth (2009) The bright side of sitting in traffic: Crowdsourcing road congestion data. Official Google Blog. https://googleblog.blogspot.com/2009/08/bright-side-of-sitting-in-traffic.html [Zugriff am 09. Mai 2016].
11. B. Gindroz (2014) Optimization of a Predictive Drive Strategy for a Plug-In Hybrid Vehicle (Optimierung der vorausschauenden Antriebssteuerung bei einem Plug-In Hybrid). Royal Institute of Technology, KTH – Department of Vehicle Engineering, Stockholm, Schweden.
12. R. Beck, A. Bollig und D. Adel (2006) Comparison of two Real-Time Predictive Strategies for the Optimal Energy Management of a Hybrid Electric Vehicle. E-COSM – Rencontres Scientifiques de l'IFP.
13. S. Jonesa, A. Huss, E. Kural, A. Massoner, C. Vock und R. Tatschl (2014) Development of Predictive Vehicle & Drivetrain Operating Strategies Based Upon Advanced Information & Communication Technologies (ICT). Transport Research Arena 2014, Paris, Frankreich.
14. J. Wang und H. Koch-Groeber (2015) Predictive operation strategy for hybrid vehicles. In: Bargende M., Reuss HC., Wiedemann J. (eds) 15. Internationales Stuttgarter Symposium. Proceedings. Springer Vieweg, Wiesbaden, Deutschland.

15. K. Kalowitz und S. Anker (2012) Geschäft mit dem gewissen Extra. Die Welt, Welt am Sonntag, Nr. 15./16. Dzember 2012. Axel Springer SE, Berlin, Deutschland.

16. D. Hackstein und U. Fechter (2008) Seminarvortrag – Regenerative Energietechnik. Fernuniversität in Hagen, Deutschland.

17. P. Rundel et al (2013) Speicher für die Energiewende. Fraunhofer-Institut für Umwelt-, Sicherheits- und Energietechnik, Sulzbach-Rosenberg, Deutschland. https://speicherinitiative.at/assets/Uploads/18-Speicher-fuer-die-Energiewende-Fraunhofer-UMSICHT.pdf

18. I. Valentin (2015) Cost Efficient Composite Platform with Integrated Energy Storage for a Hydraulic Hybrid. SPE Automotive Composites Conference & Exhibition, 46100 Grand River Avenue, Novi, MI 48374, USA.

19. C. Fieger (2015) Energiewirtschaftliche und technische Anforderungen an Speicher-Systeme für den stationären und mobilen Einsatz. Forschungsgesellschaft für Energiewirtschaft mbH, München, Deutschland.

20. A. Buchroithner (2011) Systematische Analyse von Hybridfahrzeugen mit Schwungradspeicher unter Erfassung von Entwicklungstendenzen. Institut für Maschinenelemente und Entwicklungsmethodik, Technische Universität Graz, Österreich.

21. Power Sonic Corporation (2009) Sealed Lead Acid Batteries – Technical Manual. Power-Sonic Corporation, San Diego, CA 92154, USA.

22. G. Albright und J. Edie, S. Al-Hallaj (2012) A Comparison of Lead Acid to Lithium-Ion in Stationary Stage Applications. BTH Management, 5942 Edinger Ave #113 - 230, Huntington Beach, CA 92649, USA. http://www.altenergymag.com/content.php?post_type=1884.

23. M. Shoesmith und L. O. Valøen (2007) The Effect of PHEV and HEV Duty Cycles on Battery and Battery Pack Performance. Plug-in Highway Electric Vehicle Conference 2007, Montreal Kanada.

24. M. R. Mohamed, S. Sharkh and F. Walsh (2009) Redox Flow Batteries for Hybrid Electric Vehicles: Progress and Challenges. 2009 IEEE Vehicle Power and Propulsion Conference. DOI: 10.1109/VPPC.2009.5289801

25. T. Nguyen und R. F. Savinell (2010) Flow Batteries. The Electrochemical Society Interface. Ausgabe Fall 2010, volume 19, issue 3, pp. 54-56. DOI: 10.1149/2.F06103if

26. Sanyo Twicell (2009) Data Sheet: "eneloop" Cell Type HR-3UTGA. Sanyo Electric Co., Ltd., Osaka Prefecture, Japan.

27. Victron Energy B.V. (2015) Data Sheet: 12,8 Volt Lithium-Iron-Phosphate Batteries. De Paal 35, 1351 JG Almere, Niederlande.

28. Incell International (2010) Comparison – Common Lithium Technologies. Incell Academy, Kistagången 16, 164 40 Kista, Schweden.

29. M. Swierczynski, D. Stroe, A. Stan, R. Teodorescu und S. Kær (2014) Investigation on the Self-discharge of the LiFePO4/C nanophosphate battery chemistry at different conditions. Transportation Electrification Asia-Pacific (ITEC Asia-Pacific), IEEE Conference and Expo, Bejing, China.

30. P. G. Pereirinha, A. Santiago und João P. Trovão (2011) Preparation and characterization of a lithium iron phosphate battery bank for an electric vehicle. XIICLEEE – 12th Portuguese-Spanish Conference on Electrical Engineering, Ponta Delgada, Portugal.

31. G. Nagasubramanian und R. G. Jungst (1999) Energy and Power Characteristics of Lithium-Ion Cells. Lithium Battery Research and Development Department, Sandia National Laboratories, Albuquerque, USA.

32. SKELCAP (2018) High Energy Ultracapacitor Product Information. Skeleton Technologies, Großröhrsdorf, Deutschland.

33. D. A. Scherson und A. Palencsár (2006) Batteries and Electrochemical Capacitors. The Electrochemical Society Interface, Vol. 15, No. 1. https://www.electrochem.org/dl/interface/spr/spr06/spr06_p17-22.pdf

34. IC – Illinois Capacitor (2017) Aluminum Electrolytic Capacitors – Life Expectancy. Lincolwood, Illinois, USA.

35. C. S. Kulkarni, G. Biswas, und X. Koutsoukos (2009) A prognosis case study for electrolytic capacitor degradation in DC-DC converters. Annual Conference of the Prognostics and Health Management Society, San Diego, USA.

36. P. Fairley (2009) Deflating the Air Car. IEEE Spectrum. https://spectrum.ieee.org/energy/environment/deflating-the-air-car

37. A. Burke (2005) Energy Storage in Advanced Vehicle Systems. GCEP Advanced Transportation Workshop, Stanford University, Kalifornien.

38. Y. Louvigny, J. Nzisabira and P. Duysinx (2008) Analysis of hybrid hydraulic vehicles and comparison with hybrid electric vehicles using batteries or super capacitors. EET-2008 European Ele-Drive Conference – International Advanced Mobility Forum, Genf, Schweiz.

39. I. Hadjipaschalis, A. Poullikkas und V. Efthimiou (2009) Overview of current and future energy storage technologies for electric power applications. Renewable and Sustainable Energy Reviews 13(6-7), pp. 1513-1522. DOI: 10.1016/j.rser.2008.09.028

40. H. Wegleiter und G. Brasseur (2009) An Overview of Electrical Energy Storage Systems for Automotive Applications. Alternative Propulsion Systems and Energy Carriers. A3PS Ecomobility Conference, Wien, Österreich.

41. J. G. Patrick und T. Moseley (2014) Electrochemical Energy Storage for Renewable Sources and Grid Balancing, Elsevier Ltd., Amsterdam, Niederlande.

Das *Subsystem des FESS* umfasst wie beschrieben alle Komponenten und Bauteile, welche für den Aufbau und Betrieb des Speichers notwendig sind. Durch Modifikation einzelner Komponenten, wie Lager, Rotor, oder E-Maschine können energetische Spezifikationen des FESS beeinflusst und ggf. verbessert werden. Ziel ist die Annäherung der im Rahmen der aktuellen technischen Möglichkeiten erreichbaren Eigenschaften eines FESS an die Performance eines Referenzenergiespeichers – zumindest bis zum Erreichen der unter Abschn. 5.4 beschriebenen *Threshold-Spezifikationen*.

6.1   Abweichung zwischen *Wunsch-* und *Ist-Eigenschaften*

Um die Frage zu beantworten, *welche* Komponenten einer Optimierung bedürfen, muss zuerst geklärt werden, welche Eigenschaften des FESS verbessert werden müssen. Die Wunscheigenschaften ergeben sich wie in Abschn. 5.5.1 zusammengefasst aus der Analyse des *Supersystems* und müssen mit dem Stand der Technik im Bereich der Schwungradspeicher verglichen werden, um zu eruieren, welche Speichereigenschaften in erster Linie verbessert werden müssen. Erst nachdem eine mögliche Diskrepanz zwischen Wunsch- und Ist-Eigenschaften identifiziert und genau definiert wurde, kann daraus abgeleitet werden, welche Komponenten des *Subsystems* darauf Einfluss nehmen und daher modifiziert werden müssen.

© Springer Fachmedien Wiesbaden GmbH, ein Teil von Springer Nature 2019   107
A. Buchroithner, *Schwungradspeicher in der Fahrzeugtechnik*,
https://doi.org/10.1007/978-3-658-25571-8_6

Um die Abweichung zwischen den Wunsch- und Ist-Eigenschaften von Schwungradspeichern zu definieren, bietet es sich an, einen Vergleich des Standes der Technik im Bereich FESS mit

a. **Referenzenergiespeicher**
b. **Konkurrenzspeicher**

durchzuführen. Die Definition dieser Eigenschaften ist Teil der Analyse des *Supersystems*. Beide Speicher werden in den Abschn. 3.3 sowie Abschn. 5.4 genauer beschrieben. Unter den allgemeingültigen Verbesserungszielen befinden sich jedoch die **Steigerung der spezifischen Energie** (und folglich die Reduktion des Gewichts) sowie die **Senkung der Kosten**. Im Folgenden sollen Prototypen, welche in der *Energy Aware Systems* Gruppe der TU Graz entwickelt wurden, bezüglich Kosten und Gewicht der Komponenten genauer betrachtet werden.

6.1.1 Analyse von Kosten und Gewicht der Systemkomponenten zweier Prototypen

In diesem Abschnitt werden zwei Prototypen verglichen und die Aufteilung von Gewicht und Kosten unter den Systemkomponenten diskutiert. Eine kurze Erklärung bezüglich der Bewertung der Komponenten sowie ein Verweis auf die später folgende, detaillierte Beschreibung der technischen Lösung werden ebenfalls gegeben. Abb. 6.1 und zeigt ein mögliches Fahrzeug, für welche der VIMS Schwungradspeicher in Tab. 6.1 konzipiert wurde.

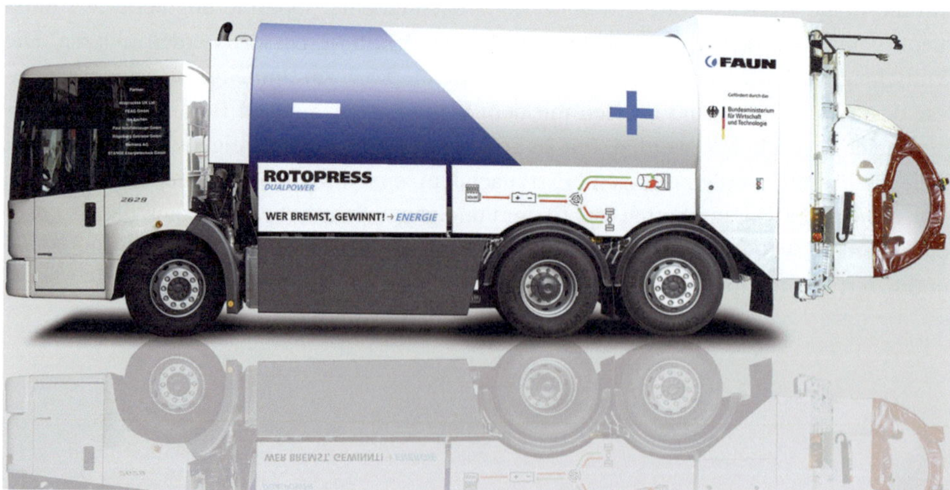

Abb. 6.1 Schweres Nutzfahrzeug für den Kommunaleinsatz (FAUN Rotorpress Dual Power [1]) – Eine ideale Anwendung für einen Schwungradspeicher. (Bildrechte: FAUN Umwelttechnik GmbH & Co. KG)

Tab. 6.1 Gegenüberstellung der Kosten- und Gewichtsaufteilung der Komponenten zweier FESS Prototypen

VIMS-Flywheel	*CMO*-Flywheel
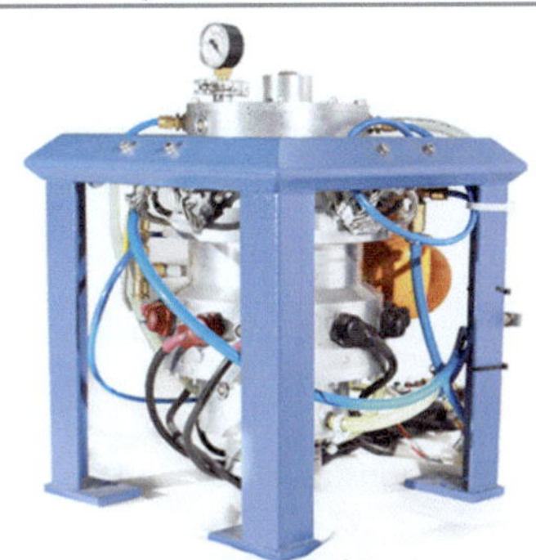	

Beschreibung

FESS zur Parallelschaltung in einem Serienhybrid (Schweres Nutzfahrzeug im innerstädtischen Betrieb) für Lastpunktverschiebung. (Siehe Abschn. 7.5 für genauere Beschreibung.)	FESS als Sekundärspeicher in einem Parallelhybrid (Demonstratorfahrzeug für in Österreich entwickelte Technologien für Hybridfahrzeuge). (Siehe Abschn. 7.4 für genauere Beschreibung)

Technische Daten

• Energieinhalt: 0,8 kWh • Leistung: 145 kW • Maximaldrehzahl 40.000 UpM • Rotorgewicht: 80 kg • Gesamtgewicht: 280 kg	• Energieinhalt: 0,1 kWh • Leistung: 40 kW • Maximaldrehzahl 60.000 UpM • Rotorgewicht: 11 kg • Gesamtgewicht: 35 kg
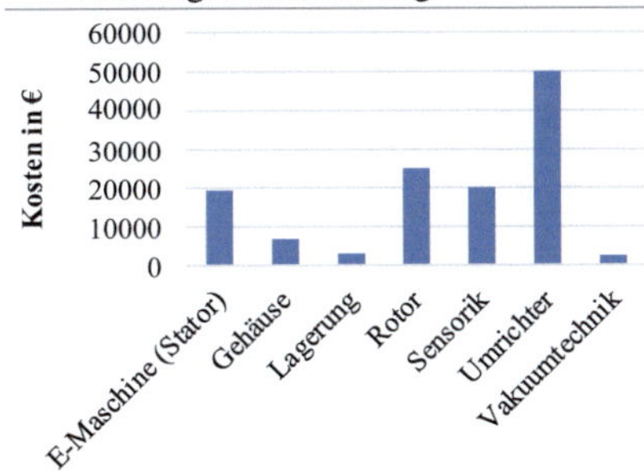	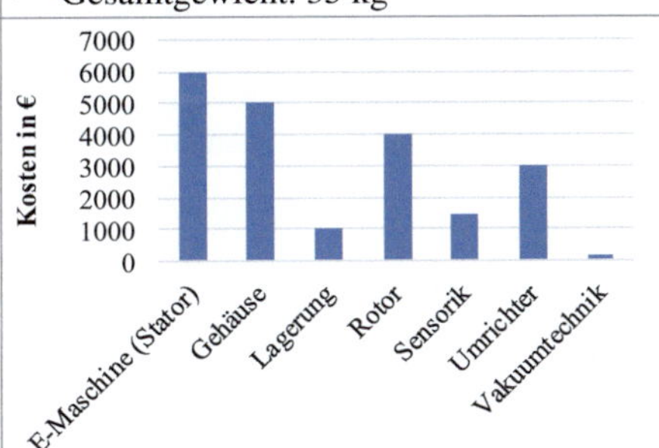

*Betrachtet wurden die Kosten für einen Laborprototyp mit Stückzahl 1! Für genauere Beschreibung siehe unten.

(Fortsetzung)

Tab. 6.1 (Fortsetzung)

VIMS-Flywheel	*CMO*-Flywheel
Diskussion der Kostenaufteilung	
E-Maschine (Stator): Relativ hoher Kostenanteil aufgrund der hohen geforderten elektrischen Materialeigenschaften, sowie in erster Linie aufgrund des Fertigungsverfahrens (Laserschnitt der Bleche).	**E-Maschine (Stator):** Relativ hoher Kostenanteil aufgrund der geforderten elektrischen Materialeigenschaften, sowie in erster Linie aufgrund des Fertigungsverfahrens (Laserschnitt der Bleche).
Gehäuse: Kostengünstige Schweißgruppe aus Baustahl.	**Gehäuse:** Höhere relative Kosten durch den Einsatz von Aluminium (Drehteil aus Vollmaterial).
Lagerung: Kostengünstig durch den Einsatz von Wälzlagern Siehe Abschn. 9.6.1.	**Lagerung:** Kostengünstig durch den Einsatz von Wälzlagern Siehe Abschn. 9.7.1.
Rotor: Kosten sind in erster Linie vom Fertigungsverfahren (Drahterodieren der Elektrobleche und CNC-Fräsen der Schwungmassebleche) bestimmt. Siehe Abschn. 7.5.	**Rotor:** Kosten sind in erster Linie vom Fertigungsverfahren (Drahterodieren der Elektrobleche) bestimmt. Siehe Abschn. 7.4.
Sensorik: Hier wurde nur die für den Prototyp erforderliche Sensorik betrachtet. Die im Serienprodukt eingesetzte Sensorik (Temperaturüberwachung und Drehzahlmessung) ist um einen Faktor 10–20 günstiger [2].	**Sensorik:** Wesentliche Sensorik für die Zustandsüberwachung (Temperaturüberwachung und Drehzahlmessung) plus Beschleunigungsaufnehmer, welche die Kosten dramatisch erhöhen.
Umrichter: Extrem hohe Kosten der Leistungselektronik, da es sich um die Entwicklung eines Prototyps handelte.	**Umrichter:** Extrem hohe Kosten der Leistungselektronik, da es sich um die Entwicklung eines Prototyps handelte.
Vakuumtechnik: Geringer Kostenanteil durch den Einsatz von Standardkomponenten.	**Vakuumtechnik:** Geringer Kostenanteil durch den Einsatz von Standardkomponenten.

(Fortsetzung)

Tab. 6.1 (Fortsetzung)

VIMS-Flywheel	*CMO*-Flywheel
Diskussion der Gewichtsaufteilung	
E-Maschine (Stator): Der Gewichtsanteil des Stators hängt mit den Leistungsspezifikationen zusammen und lässt sich technisch kaum verringern. Es wurde bereits hochwertiges Dynamoblech eingesetzt, um hohe spezifische Energie zu erreichen. Zur Erhöhung des Trägheitsmoments wurden Massebleche aus Vergütungsstahl angebracht (Siehe Abschn. 7.5).	**E-Maschine (Stator):** Der Gewichtsanteil des Stators hängt mit den Leistungsspezifikationen zusammen und lässt sich technisch kaum verringern. Es wurde bereits hochwertiges Dynamoblech eingesetzt, um hohe spezifische Energie zu erreichen.
Gehäuse: Höchster Gewichtsanteil durch konservative Auslegung und hohe Sicherheitsfaktoren aufgrund des Fehlens von Auslegungs- und Berechnungsvorschriften. Siehe Kap. 8.	**Gehäuse:** Höchster Gewichtsanteil durch konservative Auslegung und hohe Sicherheitsfaktoren aufgrund des Fehlens von Auslegungs- und Berechnungsvorschriften. Siehe Kap. 8.
Lagerung: Geringer Anteil durch Einsatz von Wälzlagern und Vermeidung aufwändiger Magnetlager.	**Lagerung:** Geringer Anteil durch Einsatz von Wälzlagern und Vermeidung aufwändiger Magnetlager.
Rotor: Hohes Gewicht aufgrund des geforderten Energieinhaltes. Reduktion nur durch veränderte Materialwahl und Durchmessererhöhung realisierbar. Siehe Abschn. 7.5.	**Rotor:** Geringerer Masseanteil aufgrund geringem Energieinhalt. Reduktion selbst durch veränderte Materialwahl kaum möglich, da Schwungmasse = E-Maschine. Siehe Abschn. 7.4.
Sensorik: Geringes Bauteilvolumen/Masse verglichen zur Gesamtmasse des FESS.	**Sensorik:** Geringes Bauteilvolumen/Masse verglichen zur Gesamtmasse des FESS.
Umrichter: Nicht maßgeblicher Anteil aufgrund der hohen Gesamtmasse des FESS.	**Umrichter:** Umrichter wurde als Prototyp eigens für das CMO-FESS entworfen und weist eine nicht optimierte Kühlung sowie eine schwere Kupferplatte als Basis auf.
Vakuumtechnik: Gewicht nicht maßgeblich, Reduktion durch Einsatz einer Membranpumpe statt zweistufiger Drehschieber Pumpe jedoch möglich.	**Vakuumtechnik:** Gewicht nicht maßgeblich, da aufgrund des geringeren Evakuationsvolumens eine Membranpumpe zum Einsatz kommt.
Fazit (gültig für beide Konzepte)	

- Signifikante Kostensenkung durch Vermeidung von Magnetlagern und Einsatz von Wälzlagern wurde bereits umgesetzt. (Details zur Lagerauslegung siehe Kap. 9)
- Die hohen Kosten finden ihren Ursprung in den Prototyp-spezifischen Fertigungsverfahren.
- Rotorkosten werden vom Fertigungsverfahren und nicht vom Material bestimmt.
- Anteil des (Berst-)Gehäuses dominiert Gesamtgewicht aufgrund des Fehlens von Berechnungsvorschriften und Erfahrungen mit Leichtbaugehäusen (siehe Abschn. 8.9).
- Gewicht des Rotors richtet sich nach gefordertem Energieinhalt. Reduktion nur durch veränderte Materialwahl realisierbar.

6.2 Systeminterne Interdependenzen – Wechselwirkungen zwischen kritischen Komponenten

Obwohl die im Fazit von Tab. 6.1 aufgelisteten Erkenntnisse suggerieren, dass beispielsweise eine isolierte Veränderung des Rotorwerkstoffes schon zu einer Erhöhung der Energiedichte führt, so muss an dieser Stelle ausdrücklich darauf hingewiesen werden, dass bereits die Änderung von Eigenschaften *eines* Bauteils aufgrund der starken Wechselwirkung zwischen den hochbelasteten Komponenten innerhalb des FESS oft weitreichende Konsequenzen mit sich bringt. Der Wechsel des Rotormaterials von Stahl auf beispielsweise Glasfaser bringt eine signifikante Veränderung der in Tab. 6.2 genannten Eigenschaften mit sich. (Aus Gründen der besseren Lesbarkeit seien hier zusammenfassend nur die wesentlichen Aspekte erwähnt und im konkreten Falle der Rotorauslegung auf Kap. 7 verwiesen.)

Die Wahl und Auslegung der Komponenten hat daher nicht nur Einfluss auf Interaktionen mit dem *Supersystem* durch Veränderung der nach außen hin sichtbaren Eigenschaften des Speichers, sondern darüber hinaus auch starke *systeminterne Interdependenzen*.

Besonders die für einen (Strömungs-) verlustarmen Betrieb und somit die Senkung der Selbstentladung notwendige Evakuierung des Gehäuses schlägt sich in komplexen thermischen und konstruktiven Interdependenzen zwischen den Komponenten nieder. Abb. 6.2 zeigt die thermische Simulation des Außenläufers mit Kohlefaserbandage mit Hilfe von *ANSYS*. Während der Stator im Zentrum der Maschine wassergekühlt ist, herrschen am inneren Umfang des Rotors Temperaturen bis 265 °C, welche bereits die zulässige Betriebstemperatur des Kohlefaserverbundes übersteigen. Ursache sind die im Rotor auftretenden elektrischen Verluste, welche sich durch das Fehlen konvektiver Kühlung und die zusätzliche Isolation der Kohlefaserbandage kaum abtransportieren lassen. Einzige verbleibende Möglichkeit ist die Wärmeleitung über die Wälzlager, welche in hoher thermischer Belastung des Schmiermittels sowie des Lagers an sich resultiert.

Es ist daher nicht möglich, die Eigenschaften des Speichers durch isolierte Modifikation *nur einer* Komponente in zufriedenstellendem Maße zu verbessern. Die scheinbare

Tab. 6.2 Auswirkungen der Veränderung des FESS-Rotormaterials auf umgebende Komponenten

Eigenschaft des FESS–Rotormaterials:		Auswirkung auf:	
Maximaldrehzahl		→ Lagerauslegung	
Berstverhalten Rotor		→ Gehäuseauslegung	
Alterung und Schadensmechanismen		→ Sensorik und Zustandsüberwachung	
Thermisches Verhalten des Werkstoffs		→ Kühlsystem und Betriebstemperatur	

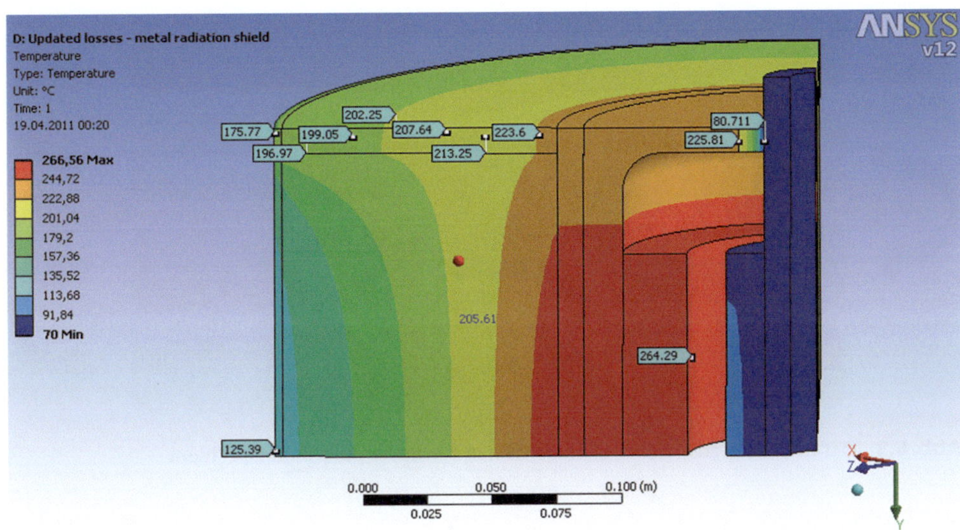

Abb. 6.2 Thermische Simulation eines Außenläufers mit Kohlefaserbandage (Projekt E3oN) mit Hilfe von ANSYS

Verbesserung einer Lösung durch Veränderung der Topo- und Morphologie des Schwungradspeichers bringt meist weitere, andere Komplikationen mit sich, sodass immer ein Zielkonflikt vorliegt, der es erforderlich macht, einen Kompromiss einzugehen. Ein Beispiel, welches eine *Verkettung dreier Zielkonflikte* beinhaltet, sei zur Veranschaulichung in Abb. 6.3 skizziert und anschließend beschrieben.

- Die einfachste Umsetzung eines Schwungrades, ein scheibenförmiger Rotor in freier Umgebungsatmosphäre laufend und mit mechanischer Anbindung (= mechanischer Energieübertragung), erzeugt erhebliche Strömungsverluste. Versucht man diese durch Evakuierung zu umgehen, entstehen neben dem eklatant höheren Konstruktionsaufwand des Vakuumgehäuses weitere Verluste, nämlich jene der Vakuumdurchführung und der Pumpe.
  - Versucht man in weiterer Folge die Durchführungsverluste zu vermeiden, indem man auf elektrische Energieübertragung setzt und einen Motorgenerator integriert, so stößt man auf thermische Probleme, da die Verlustleistung der elektrischen Maschine im Vakuum nur schwer abzuführen ist.
    - Hat man die thermischen Probleme nun gelöst und versucht man die Vorteile der elektrischen Energieübertragung völlig auszuschöpfen, indem man den elektromechanischen Speicher kardanisch aufhängt, um die gyroskopischen Kräfte zu reduzieren, so stellt man fest, dass der für eine crashsichere Ausführung benötigte Bauraum eklatant ansteigt.

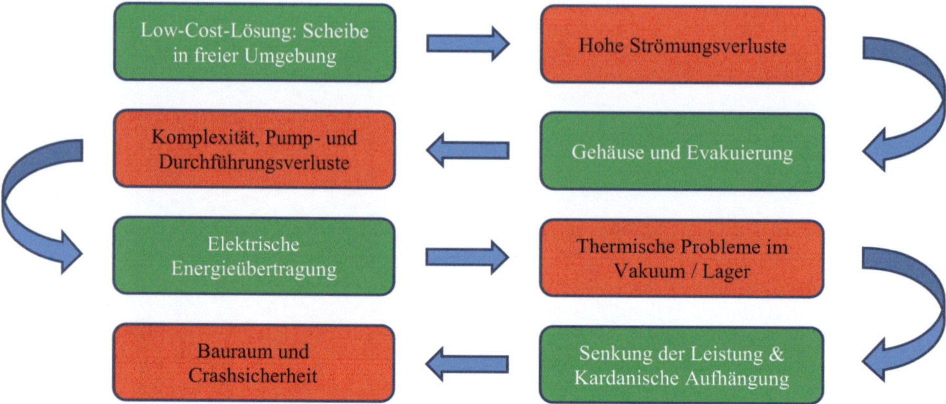

Abb. 6.3 Der Schwungradspeicher als multidimensionales Optimierungsproblem

6.2.1   Kategorisierung der Zusammenhänge

Basierend auf Erfahrungen bei der Konstruktion und dem Betrieb von FESS wurden Zusammenhänge beschrieben, welche einer *systematischen Kategorisierung* unterliegen müssen. Abb. 6.4 zeigt – ausgehend von der zentralen Komponente *Wälzlager* – welche Mechanismen *direkte* und *indirekte* Auswirkungen auf Aspekte des *Sub-* und *Supersystems* des FESS haben.

In Anlehnung an Abb. 6.4 lässt sich folgende Kategorisierung der Zusammenhänge vornehmen:

a. ***Horizontale Interdependenzen:*** Gegenseitige Beeinflussung von Komponenten innerhalb einer hierarchischen Ebene. Die Zusammenhänge sind also *monosystematisch.*

Beispiel

- **Beispiel im System *Speicher*:** Das Rotordesign beeinflusst über die auftretenden Unwuchtkräfte die Lagerung. Umgekehrt beeinflusst die Lageranordnung (bzw. deren Steifigkeit) die Eigenfrequenz und Dynamik des Rotors.
- **Beispiel im Systemen *Umgebung*:** Der Fahrer gibt vor, welche Route und folglich Straßenbeschaffenheit er wählt bzw. mit welcher Geschwindigkeit er sich auf ihr bewegt. Umgekehrt, ist die Straßenbeschaffenheit für den Komfort des Fahrers verantwortlich und hat somit Einfluss auf dessen Geschwindigkeitsvorgabe.

b. ***Vertikale Interdependenzen:*** Gegenseitige Beeinflussung von Komponenten unterschiedlicher hierarchischer Ebenen. Die Zusammenhänge sind also *transsystematisch.*

Beispiel

- **Beispiel zwischen den Systemen *Komponente* und *Speicher*:** Das generelle Rotordesign hat über die erforderlichen Bearbeitungsschritte (Fertigung) einen erheblichen Einfluss auf die Materialwahl. Umgekehrt gibt das Material vor, welche Rotorgeometrie sinnvoll ist. (Mehr zur Rotorauslegung in Kap. 7)

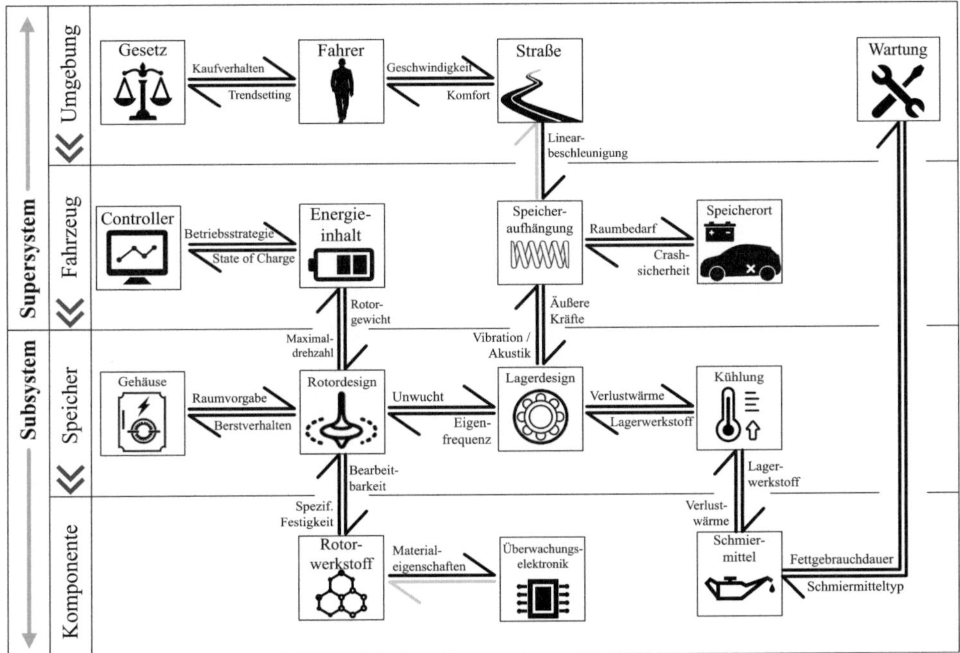

Abb. 6.4 Darstellung horizontaler und vertikaler Interdependenzen bezogen auf Sub- und Supersystem des FESS

Dabei können auch Ebenen übersprungen werden:

> **Beispiel**
>
> Das Schmiermittel (System *Komponente*) zum Beispiel hat über dessen Gebrauchsdauer direkten Einfluss auf die Wartungsintervalle (System *Umgebung*)

c. **Bidirektionale Interdependenzen:** Es liegt eine *gegenseitige* Beeinflussung von Komponenten, wie bei den oben genannten Beispielen vor.
d. **Unidirektionale Interdependenzen:** Eine Komponente beeinflusst die andere, jedoch nicht umgekehrt.

> **Beispiel**
>
> - **Beispiel einer *unidirektionalen, vertikalen Interdependenz*:** Die Straße hat Einfluss auf die Auslegung der nachgiebigen FESS-Anbindung am Fahrzeug. Umgekehrt ist der Zustand der Straße in keiner Weise von konstruktiven Aspekten des Speicher- oder Fahrzeugsystems abhängig.

6.2.2 Kritische Interdependenzen im *Subsystem* des FESS

Das omnipräsente Ziel der Kostensenkung verfolgend etablieren sich im Automobilsektor zusehend computergestützte Entwicklungswerkzeuge, welche praktische Versucheersetzen sollen. Assoc. Prof. Michael Bader vom *Institut für Maschinenelemente und Entwick-*

lungsmethodik der *TU Graz* hat mit seiner Habilitationsschrift „*Der versuchsgestützte technische Entwicklungsprozess*" gezeigt, dass der praktische Versuch nach wie vor einen unumgänglichen Schritt im Produktentwicklungszyklus darstellt und noch lange nicht ausgedient hat. Diese Aussage gilt insbesondere für Schwungradspeicher deren hochkomplexe *systeminterne Zusammenhänge* in den frühen Entwicklungsphasen nicht sichtbar sind und sich oftmals erst beim Prototyp zeigen. Ursache hierfür sind nicht nur Aspekte, die bei Vorauslegungen oder ersten Simulationen aufgrund mangelnder Erfahrung vernachlässigt werden, sondern prinzipielle Unsicherheiten wie beispielsweise die erreichbare Wuchtgüte aufgrund eines Fertigungsverfahrens (Tab. 6.3).

Die folgend angeführte Liste basiert auf Erfahrungen aus dem FESS-Prototypen- und Prüfstandsbau: (Freilich ist die Anzahl der Interdependenzen beinahe unendlich, die folgenden wurden jedoch *als kritisch identifiziert* und am *Institut für Elektrische Messtechnik und Messsignalverarbeitung* im Zuge der Forschungstätigkeit genauer untersucht.)

1. **Rotordynamik:**

Kategorie: *Horizontale, bidirektionale Interdependenz*
- Beteiligte Komponenten/Eigenschaften: Koppelsteifigkeiten, Eigenfrequenz Welle/Rotor, Lager, Lagerschild, Gehäuse, Aufhängung, etc.
  - Spezifischer Prüfstand zur Untersuchung: LESS (siehe Abschn. 9.7).

Tab. 6.3 Interaktionsmechanismen zwischen *Subsystem*-Komponenten und Aspekten des *Supersystems*

Subsystem-Komponente	Interaktions-Effekt	Supersystem-Aspekt
Vakuumkomponenten	Reibung (Self-discharge)	Dynamik und Lastzyklus
Lager		Rentabilität
	Verschleiß + Lebensdauer	Service und Wartung
Rotordesign	Energiedichte + Sicherheit	Eignung für mobilen Einsatz
Gehäuse		
Energieübertragung		
a) Elektrisch	maximale Leistung	Eignung für Boosting
b) Mechanisch		

2. Thermomanagement:

Kategorie: Horizontale und vertikale, bidirektionale Interdependenz
- Beteiligte Komponenten/Eigenschaften: E-Maschine, Kühlsystem, Vakuum, Lager, etc.
  - Spezifischer Prüfstand zur Untersuchung: Wärmeleitprüfstand der Energy Aware Systems Gruppe, TU Graz. (Für nähere Informationen siehe [3].)

3. Selbstentladung:

Kategorie: Horizontale und vertikale, bidirektionale Interdependenz
- Beteiligte Komponenten/Eigenschaften: Lager und Schmierung, Vakuum, Eigenfrequenz Rotor, Rotorwerkstoff, Hubmagnet
  - Spezifischer Prüfstand zur Untersuchung: Selbstentladungsprüfstand (siehe Abschn. 10.3).

6.2.3 Identifikation kritischer Komponenten

Bei der Identifikation kritischer Komponenten handelt es sich um technische „Enabler", das heißt Komponenten, welche einen kritischen Einfluss auf Lebensdauer- und Performance des Systems haben. Dabei sind besonders jene Komponenten gemeint, welche eine Schlüsselrolle beim Erreichen der unter Abschn. 5.4 definierten *Threshold-Spezifikationen* spielen.

Im Fazit von Tab. 6.1 sind bereits Informationen über kritische Komponenten enthalten, welche aufgrund der Kosten- und Gewichtsanalyse zweier Prototypen gewonnen werden konnten. Andererseits geht daraus ebenso hervor, dass eine Kostensenkung durch den Einsatz von Wälzlagern (statt aktiven Magnetlagern) erreicht werden kann. Im Endeffekt geben erst praktische Erfahrungen Aufschluss über die versteckten Probleme, welche die *systeminternen Interdependenzen* mit sich bringen.

6.2.3.1 Die Lagerung als technischer „Enabler"

Die Erfahrung hat gezeigt, dass sich bei Schwungradspeichern tatsächlich (und sprichwörtlich) alles um das Lager dreht. Deshalb wird dieser Komponente besondere Aufmerksamkeit geschenkt. Sämtliche Erfahrungen, die im Zusammenhang mit Wälzlagern während der ersten Forschungsprojekte gesammelt wurden, hatten eines gemeinsam: Bei allen Prototypen und/oder Komponenten-Prüfständen war das Erreichen der geplanten Betriebsdrehzahl schwierig oder nicht wie vorab berechnet möglich! Tab. 6.4 stellt die geplanten und bei Erstinbetriebnahme erreichten Drehzahlen zweier FESS-Prototypen und zweier Komponentenprüfstände gegenüber. Bei allen vieren war die Ursache für die unvorhergesehene Veränderung der Maschinendynamik auf ein Problem der Lagerung bzw. eine *systeminterne Interdependenz* zurückzuführen.

Tab. 6.4 Gegenüberstellung von Soll- und tatsächlich erreichten Drehzahlen bei Erstinbetriebnahme verschiedener FESS und Komponentenprüfstände

Projekt		Solldrehzahl	Drehzahl bei Erstinbetriebnahme	Abbruchkriterium	Ursache
VIMS		37.500 UpM	24.000 UpM	Lagerschädigende Beschleunigungen/ Vibrationen	Resonanz, axiale Lagervorspannung durch thermische Einflüsse verändert
CMO		60.000 UpM	10.000 UpM	Zu hohe Verlustleistung und thermische Belastung der Lager	Vermutlich fehlerhafte Einstellung der Schmiermittelmenge
Berstprüfstand		40.000 UpM	24.000 UpM	Lagerschädigende Beschleunigungen/ Vibrationen	Resonanz, reale Lagersteifigkeit geringer als berechnet
Wärmeleitprüfstand		20.000 UpM	10.000 UpM	Lagerschädigende Beschleunigungen/ Vibrationen	Resonanz, reale Lagersteifigkeit geringer als berechnet

6.3 Ergebnis: Kritische Komponenten im FESS

Neben der soeben besprochenen *Lagerung* geht aus der systematischen Analyse bzw. der bisherigen Projekterfahrung hervor, dass das *Gehäuse* und der *Rotor* an sich jene Komponenten sind, welche über Erfolg oder Misserfolg der Schwungradspeichertechnologie entscheiden. Tab. 6.5 beschreibt die aktuellen Probleme der *drei kritischen* Komponenten des Subsystems eines FESS und die Entwicklungsziele.

Daraus lassen sich folgende allgemein gültige Maßnahmen für die (Weiter-)Entwicklung von FESS für den Automotive-Einsatz ableiten (prioritär gelistet):

Tab. 6.5 Als kritisch identifizierte *FESS-Subsystem-Komponenten* und Beschreibung der aktuellen Probleme und Entwicklungsziele

Komponente	Aktuelle Probleme	Entwicklungsziele
Rotor	Für das Erreichen der Threshold Energiedichte ist eine Drehzahlsteigerung notwendig. Hohe Kosten durch aufwändige Fertigungsverfahren und Materialwahl (Faserverbund). Bersten des Rotors stellt Sicherheitsrisiko dar.	Senkung der Kosten, Erlangen hoher Sicherheiten bzw. eines günstigen Crash- und Berstverhaltens.
Lager	Magnetlager bringen einen zu hohen Kosten- und Regelungsaufwand mit sich. Wälzlager sind zwar eine kostengünstige Alternative, stellen aber das einzige verschleißbehaftete Bauteil dar, welches u. a. die Selbstentladung dominiert.	Senkung des Verlustmoments bei gleichzeitiger Steigerung der Lager- und Schmiermittellebensdauer.
Gehäuse	Das Gehäuse dominiert die Gewichtsaufteilung unter den FESS-Komponenten und senkt somit die spezifische Energie des Systems. Es ist eine sicherheitskritische Komponente, deren Zulassung und Zertifizierung besonders im Automotive-Bereich als kritisch angesehen werden muss.	Senkung des Gewichts bei Maximierung der Sicherheit im Fall von Rotorversagen und Fahrzeugcrash.

1. **Kostensenkende Maßnahmen:**
   - Einsatz von Wälzlagern statt aktiver Magnetlager
   - Einsatz von optimierten Stahlrotoren statt gewickelter Faserverbundrotoren, oder
   - Kostensenkung von Fertigungsverfahren für Faserverbundrotoren
2. **Sicherheitssteigernde Maßnahmen:**
   - Verbesserung der Berstgehäuse
   - Verbesserung des Rotordesigns
   - Condition Monitoring
3. **Lebensdauersteigernde Maßnahmen:**
   - Reduktion der Lagerlasten
   - Erhöhung der Wuchtgüte
   - Predictive Maintenance

4. **Performancesteigernde Maßnahmen:**
   - Reduktion des Gehäusegewichts
   - Erhöhung der Rotordrehzahl

▶   Es folgt eine tief gehende Betrachtung und Optimierung der drei als kritisch identifizierten Subsystem-Komponenten Rotor, Lagerung und Gehäuse.

Literatur

1. FAUN Umwelttechnik (2018) Rotopress. FAUN Umwelttechnik GmbH & Co. KG Feldhorst 4, 27711 Osterholz-Scharmbeck, Deutschland.
2. A. Buchroithner et al (2016) Decentralized Low-Cost Flywheel Energy Storage for Photovoltaic Systems. International Conference on Sustainable Energy Engineering and Application (ICSEEA 2016), Jakarta, Indonesien. DOI: 10.1109/ICSEEA.2016.7873565
3. A. Buchroithner, P. Haidl, H. Wegleiter, M. Simonyi und T. Murauer (2019) Design, operation and results of a low-cost test rig for investigation of thermal properties of rolling element bearings in vacuum", 18th ESMATS – European Space Mechanisms and Tribology Symposium, München, Deutschland.

Um die Motivation und Vorgehensweise des Designs jener Rotoren, welche unter Abschn. 7.4 und 7.5 noch genau beschrieben werden besser zu verstehen sind im folgenden Abschnitt die wesentlichen mechanischen Grundlagen zusammengefasst. Unter Abschn. 7.2 wird der Stand der Technik erhoben bzw. analysiert. Es ist anzumerken, dass das Kapitel *Rotor* an dieser Stelle nur vom Gesichtspunkt der Energiedichte und dem maschinendynamischen Verhalten betrachtet wird. Rotorspezifische Berst- und Versagensszenarien werden im Kapitel *Gehäuse* (vergleiche Kap. 8) betrachtet.

7.1 Wesentliche physikalische Zusammenhänge des FESS-Rotordesigns

Aus den in Abschn. 2.2.1 besprochenen Punkten geht klar und deutlich hervor, dass der maximale Energieinhalt eines Schwungradspeichers durch die zulässige Drehzahl definiert ist. Diese wiederum wird durch konstruktive Faktoren und Materialeigenschaften limitiert. Werden konventionelle Wälzlager eingesetzt, so begrenzen diese oftmals die Drehzahl, genauso wie die Erwärmung der elektrischen Maschine, falls diese in integraler Bauweise mit dem Schwungrad verbaut ist. Unwuchtkräfte – wie unter Abschn. 9.6.1 auf noch anhand eines Fallbeispiels erklärt – können die Drehzahl ebenfalls limitieren und zu unüberwindbaren Resonanzen führen bzw. die Lagerlebensdauer signifikant reduzieren.

Meist sind es jedoch die Fliehkräfte, die den Werkstoff an seine Grenzen treiben und somit den Energieinhalt bzw. die Energiedichte beschränken. Um ausreichende Betriebssicherheit zu gewährleisten und kritische Betriebszustände zu vermeiden, dürfen die Spannungen im Werkstoff die maximal zulässigen Werte nicht überschreiten. Weiterführende Informationen zu den nun folgenden Ableitungen sind den Literaturstellen [1] und [2] zu entnehmen.

© Springer Fachmedien Wiesbaden GmbH, ein Teil von Springer Nature 2019
A. Buchroithner, *Schwungradspeicher in der Fahrzeugtechnik*,
https://doi.org/10.1007/978-3-658-25571-8_7

Massebehaftete Objekte, welche mit der Winkelgeschwindigkeit ω umlaufen, unterliegen Fliehkräften nach dem *d'Alembert'schen Prinzip*. Diese Trägheitskräfte negativer Massenbeschleunigung können angesetzt werden als:

$$\omega^2 r\,dm = \omega^2 r\,\rho\,dA\,dr \qquad (7.1)$$

Es gilt nun die Fliehkräfte auf Spannungen zurück zu führen und deren Maximum zu ermitteln. Der erste Fall, der betrachtet werden soll, ist eine umlaufende Vollscheibe (Abb. 7.1).

Die größten Spannungen sind die Tangentialspannungen σ_t am Zentrum der Scheibe, da hier der tragende Querschnitt am kleinsten ist, jedoch die Fliehkräfte aufgrund der außenliegenden Massen am größten sind [1]. Es gilt

$$\sigma_{t\,max} = \rho\omega^2 r_a^2 \frac{3+\mu}{8}\left[2+\left(\frac{r_i}{r_a}\right)^2\left(1-\frac{1+3\mu}{3+\mu}\right)\right] \qquad (7.2)$$

wobei μ die Querkontraktionszahl beschreibt und für Stahl mit ca. *0,3* angenommen werden kann. Nach Vereinfachung des Ausdrucks und Einsetzen des Radienverhältnisses $r_i/r_a \approx 0$ im Falle einer *kleinen Innenbohrung* erhält man (Abb. 7.2):

$$\sigma_{t\,max0} = \rho\omega^2 r_a^2 \frac{3+\mu}{4} \qquad (7.3)$$

Ausgehend von den Gleichungen können die Beziehungen für eine ungebohrte Scheibe hergeleitet werden. Setzt man $r_i = 0$, so erhält man:

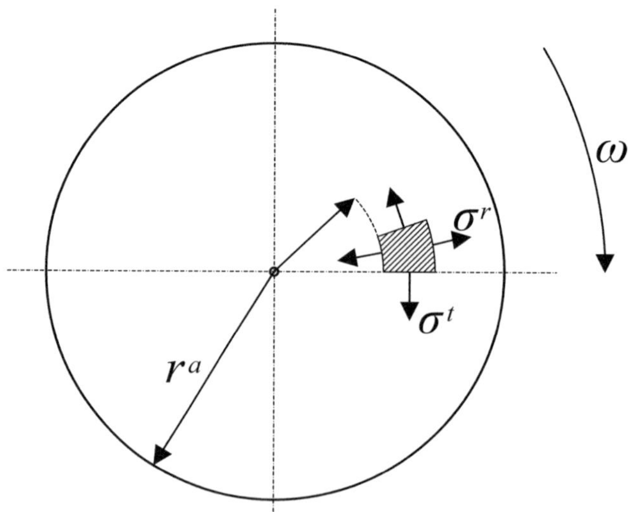

Abb. 7.1 Spannungssituation in einer umlaufenden Vollscheibe

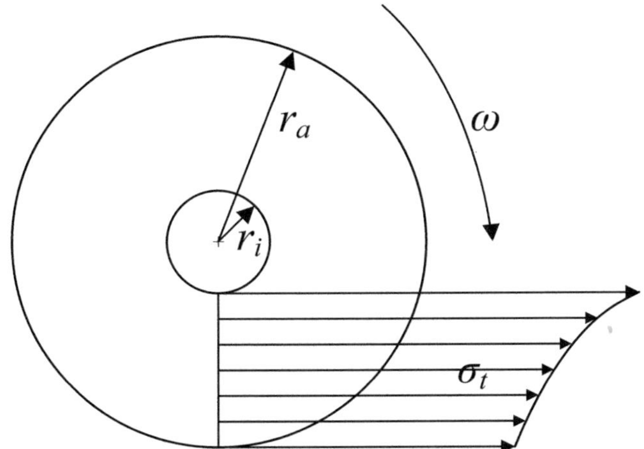

Abb. 7.2 Spannungsverlauf in der gebohrten, umlaufenden Scheibe

$$\sigma_{t\,voll} = \rho\omega^2 r_a^2 \frac{3+\mu}{8}\left[1 - \frac{1+3\mu}{3+\mu}\left(\frac{r}{r_a}\right)^2\right] \tag{7.4}$$

Beziehungsweise

$$\sigma_{r\,voll} = \rho\omega^2 r_a^2 \frac{3+\mu}{8}\left[1 - \left(\frac{r}{r_a}\right)^2\right] \tag{7.5}$$

Im Mittelpunkt der Vollscheibe gilt $r = 0$ und in Folge $\sigma_{t\,voll} = \sigma_{r\,voll}$ mit der Größe:

$$\sigma_{max\,voll} = \rho\omega^2 r_a^2 \frac{3+\mu}{8} \tag{7.6}$$

Man erkennt, dass die maximale Spannung einer Scheibe mit kleiner Bohrung doppelt so groß ist wie die der Vollscheibe. Hochbelastete, schnelldrehende Bauteile sollten also tunlichst ungebohrt ausgeführt werden. Eine Lösung für diese schwierige Welle-Scheibe-Verbindung ist ein angeschmiedetes Wellenende oder ein angeschraubter Wellenflansch nach *Zwerenz und Schauberger* [3], siehe Abb. 7.3. Je weiter axiale Bohrungen vom Zentrum der Scheibe (Drehachse) entfernt sind, desto unwesentlicher ist die Verminderung der Maximaldrehzahl, wie auch die Diskussion des *VIMS*-Rotors unter Abschn. 7.5 zeigt.

Betrachtet man nur die Festigkeit des Schwungrades und ignoriert Aspekte der Fertigung oder Systemintegration, so ist es nicht immer sinnvoll, eine Scheibe gleicher Dicke zu betrachten und deren Spannungsverteilung zu berechnen. Vielmehr lohnt es sich, eine optimale Spannungsverteilung vorzugeben und daraus die Dicke der Scheibe abzuleiten. Eine Lösung dieses Problems ist seit Langem bekannt und wird als *de Laval Scheibe*, oder *Scheibe gleicher Festigkeit* bezeichnet.

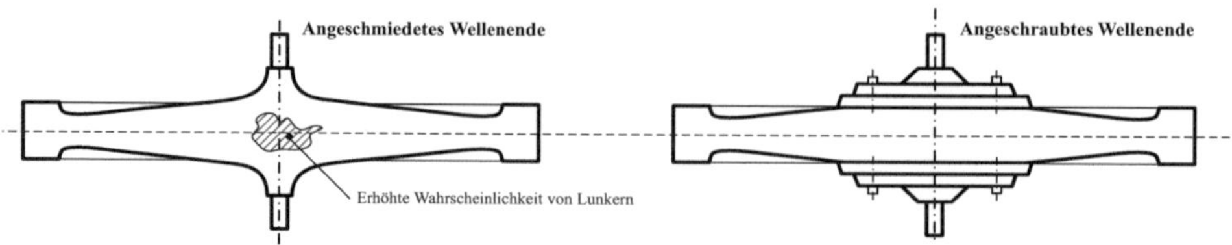

Abb. 7.3 Mögliche Welle-Rotor-Verbindungen zur Reduktion der Fliehkraftspannungen im Zentrum gemäß [3]

Der Werkstoff kann optimal ausgenutzt werden für den Fall, dass:

$$\sigma_r = \sigma_t = \sigma \tag{7.7}$$

Ermittelt man hieraus den Höhenverlauf der Scheibe, so ergibt sich:

$$h(r) = h_0 e^{-\rho(\omega r)^2/(2\sigma)} \tag{7.8}$$

Der ermittelte Höhenverlauf in Gl. 7.8 entspricht einem Formfaktor von $K_{shape} = 1$ in Tab. 7.1

In jedem Fall – egal ob mit oder ohne Bohrung ausgeführt – geht die Dichte des Rotorwerkstoffes linear in die Berechnung der Tangentialspannungen der Schwungscheibe ein. Abschn. 2.2.1 hat gezeigt, dass der Energieinhalt zwar linear mit dem Massenträgheitsmoment des Rotors, aber quadratisch zu dessen Drehzahl ansteigt.

▶   Es folgt, dass sich leichte, hochfeste Werkstoffe am besten für Schwungräder hoher Energiedichte eignen, da sie eine geringere Fliehkraftbelastung hervorrufen und somit höhere Drehzahlen ermöglichen. Die maximal speicherbare kinetische Energie einer Scheibe hängt also vom Verhältnis der Zugfestigkeit σ_{max} zur Dichte ρ des Werkstoffes ab und lässt sich wie folgt ausdrücken:

$$E_k = K_{shape} \frac{\sigma_{max}}{\rho} \tag{7.9}$$

K_{shape} ist der sogenannte *Formfaktor des* Schwungrades, welcher im Wesentlichen die Abnahme der theoretischen spezifischen Energie des Rotorwerkstoffes durch praktische Formgebung berücksichtigt und in Tab. 7.1 beschrieben wird. Die Formfaktoren wurden vom italienischen Schwungrad-Pionier *Giancarlo Genta* empirisch ermittelt.

Die Grenzdrehzahl abhängig von Rotorwerkstoff und Form lautet somit:

$$n_{zul} = \frac{30}{\pi} \cdot \sqrt{4 \cdot K_{shape} \cdot \frac{\sigma_{max}}{r^2 \cdot \rho}} \tag{7.10}$$

Hieraus lassen sich die theoretisch erreichbaren gravimetrischen Energiedichten für Schwungräder aus unterschiedlichen Werkstoffen berechnen, wie in Tab. 7.2 dargestellt. Es muss angemerkt werden, dass diese Werte in der Praxis nicht erreichbar sind, da keine Sicherheiten und reale konstruktive Einflüsse wie Kerben etc. berücksichtigt sind.

Tab. 7.1 Formfaktoren K_{shape} verschiedener Rotorformen [4]

Beschreibung	Skizze	Formfaktor K_{shape}
Ideale Scheibe gleicher Festigkeit		*1,0*
Reale Scheibe annähernd gleicher Festigkeit		*~0,7–0,9*
Konische Scheibe		*~0,7–0,85*
Zylindrische Scheibe		*~0,6*
Dünner zylindrischer Ring		*~0,5*
Zylindrische Scheibe mit Bohrung		*~0,3*

Tab. 7.2 Materialeigenschaften und theoretische Energiedichte verschiedener FESS Rotorwerkstoffe

Material	Zugfestigkeit σ_{max}	Dichte ρ	Spezifische Energie σ_{max}/ρ
	N/mm²	*Kg/dm³*	*Wh/kg*
Baustahl	340	7,8	12,1
Standard Elektroblech	400	8	13,9
Vergütungsstahl (*42CrMo4*)	1100	7,8	36,6
Birkenholz	137	0,65	58,5
Aluminium („*Ergal 65*")	600	2,72	61,3
Titan („*ZK 60*")	1150	5,1	62,6
Hochfester Stahl (*AlSi 4340*)	1790	7,83	63,5
FRP (E-Glass/EP 60 %)	960	2,2	132
Kevlar („*Aramid 49EP*"/60 %)	1120	1,33	234
Kohlefaser („*T1000G*")	3040	1,5	563

Es ist also zu erkennen, dass die spezifischen Energien von Schwungradspeichern weiter steigen werden, solange es Fortschritte in den Materialwissenschaften gibt. Wäre es möglich einen Rotor aus Carbon Nanotubes zu bauen, so könnte dieser spezifische Energien von beinahe 15.000 Wh/kg erreichen. Dieses Szenario muss freilich noch als Zukunftsmusik bezeichnet werden, zeigt aber das hohe theoretische Potenzial dieser Technologie.

7.2   Analyse bestehender Systeme/Stand der Technik

7.2.1   Schwungräder aus Faserverbundkunststoffen

Tab. 7.2 verdeutlicht das große Potenzial von Faserverbundrotoren und erklärt, weshalb die Forschung im Bereich der FESS etliche Jahrzehnte lang auf diese Rotorbauweise setzte und dies noch immer tut. Die theoretisch erreichbare Energiedichte der Carbonfaser

TG1000 überseigt mit 563 Wh/kg sogar jene von handelsüblichen Li-Io-Batterien, welche üblicherweise 100 bis 200 Wh/kg auf Zellebene[1] erreichen, um ein Vielfaches.

Der Masseanteil der Matrix, ein inhärenter Sicherheitsfaktor und vor allem das Gewicht umgebende Systemkomponenten wie Gehäuse, E-Maschine, Frequenzumrichter, Kühlung, etc. verringern diesen theoretischen Energeinhalt jedoch signifikant, wie Abb. 7.4 zeigt. Diese signifikante Divergenz zwischen realen und theoretischen spezifischen Energien kann auch anhand des Beispiels *NASA G2 Flywheel*, welches in Abb. 7.5 dargestellt ist, beobachtet werden. Für Rotoren aus Stahl gilt dieser Prozess ebenso. Zwar entfällt der erste Schritt, die Verminderung von Faser zu Matrix, jedoch weisen Stahlrotoren ohnehin schon eine signifikant niedrigere spezifische Energie auf. Nichts desto trotz stellen Faserverbundrotoren seit den 1970er-Jahren den Löwenanteil in FESS-Anwendungen. Diese Composite-Rotoren wurden zum Teil intensiv in Hinblick auf die maximal erreichbare Energiedichte untersucht und Ergebnisse entsprechen publiziert, wie [5] und die Referenzen in Tab. 7.3 beweisen. Nachfolgend ist eine Auswahl an repräsentativen Flywheel-Rotoren aus Faserverbundstoffen angeführt (Abb. 7.6 und 7.7).

7.2.1.1 Vorteile von Faserverbundrotoren

Im Folgenden werden nun die wesentlichen Vorteile von Faserverbrundrotoren (Composite-Rotoren) gegenüber Stahlrotoren beschrieben. Die Erkenntnisse stammen aus umfangreichen Literaturanalysen, welche Publikationen zwischen 1960 und 2019 umfassen.

1. **Hohe Energiedichte durch Ausnutzung der spezifischen Festigkeit der Faser**
   a. Die hohe spezifische Festigkeit der Faser nimmt bei gewickelten Rotoren die dominanten Tangentialspannungen auf. Die Anisotropie des Werkstoffes ist somit optimal ausgenutzt.

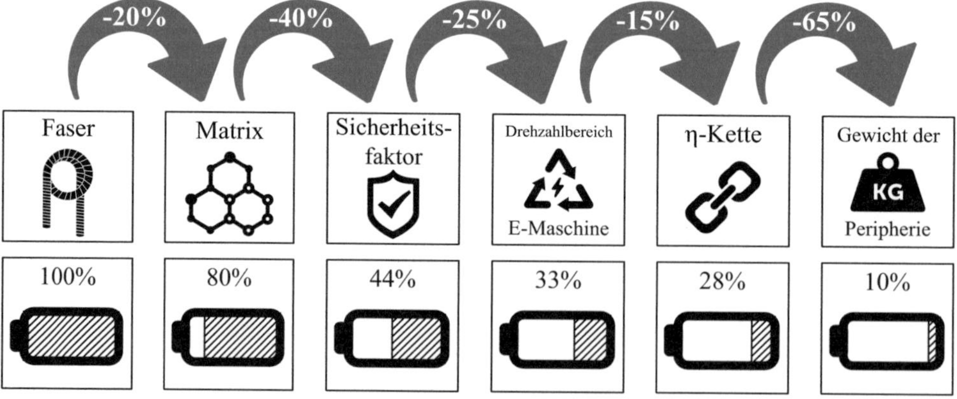

Abb. 7.4 Verminderung des theoretischen Energieinhaltes des Faserwerkstoffes durch konstruktive Einflüsse

---

[1] Auf „Packebene", welche Gehäuse, Balancingplatine und Kühlung beinhaltet, sinkt die spezifische Energie weiter ab.

Abb. 7.5 *NASA G2* Flywheel
für Raumfahrtanwendungen.
(Bildrechte: NASA)

2. **Günstiges Berstverhalten**
   a. Meist kündigt sich der Bruch von Composite-Rotoren durch Auftreten einer Unwucht bei Delamination an. Im Gegensatz zu einem spontanen Sprödbruch kann bei
   Detektion dieser Unwucht das System sicher heruntergefahren werden.
   b. Gutmütiges Bruchverhalten durch „Pulverisieren", wodurch eine homogenere Druckbelastung am Schutzgehäuse vorliegt. Große Fragmente treten nur selten auf (Abb. 7.8).

7.2.1.2 Nachteile von Faserverbundrotoren

3. **Herstellung und Kosten**
   a. Der Wickelprozess unterliegt höchsten Genauigkeitsanforderungen und wird nur
   von wenigen, spezialisierten Herstellern beherrscht. Vorspannung der Faser, Harz-
   anteil, Aushärtedauer und ähnliche Herstellungsparameter müssen exakt bestimmt
   und überwacht werden.
   b. Aufgrund der frei werdenden thermischen Energie beim Aushärten des Harzes können massive Strukturen nicht mit beliebiger Wandstärke gefertigt werden. Es werden daher meist konzentrische Ringe gefertigt, welche konisch geschliffen und axial
   verpresst werden (Abb. 7.9 und 7.10).
4. **Reproduzierbarkeit der Rotoreigenschaften**
   a. Untersuchungen und Bersttests von Faserverbundschwungrädern haben gezeigt, dass
   selbst Versuchsobjekte identer Bauweise stark streuende Berstdrehzahlen und ein
   stark variierendes Versagensverhalten aufweisen [15]. Diese Streuung macht möglicherweise auch den zuvor genannten Vorteil des üblicherweise gutmütigeren Berstverhaltens zunichte (Siehe Punkt 7. „Auch Spontanbruch ohne Ankündigung möglich").

Tab. 7.3 Übersicht – Flywheelrotoren aus Verbundwerkstoffen

Bezeichnung	Hersteller	Jahr	Aufbau	Drehzahl	Spez. Energie[a]	Ref.
APL Filament Flywheel	John Hopkins Applied Physics Lab	1980	Geflochtener Ring aus Aramidfaser	30.000 UpM	~ 100 Wh/kg	[6]
Curved Kevlar Spokes Flywheel	John Hopkins Applied Physics Lab	1980	Kevlar-Zylinder mit flexiblen Speichen	36.000 UpM	~ 80 Wh/kg	[6]
PowerRing	LaunchPoint Technologies, Inc.	2005	Wellenloser Kohlefaserring mit Permanentmagneten	8400 UpM	~ 80 Wh/kg	[7]
ComFess	NEDO – New Energy and Development, Japan	2003	Gewickelter Kohlefaser-Rotor	24.000 UpM	~ 22 Wh/kg	[8]
GKN HP MK4 Flywheel	GKN Hybrid Power	2014	Kohlefaser auf Stahl-Nabe gewickelt	36.000 UpM	~ 45 Wh/kg	[9]
BeaconPower	Beacon Power LLC	2010	Kohlefaser auf Stahl-Nabe gewickelt	15.500 UpM	~ 25 Wh/kg	[10]
NASA G3 Rotor	NASA/Glenn Research Center	2006	Kohlefaser auf Alu-Nabe gewickelt	52.500 UpM	~ 120 Wh/kg	[11]
Flybrid F1 KERS	FlybridSystems Inc. Torotrac	2009	Kohlefaser auf Alu-Nabe gewickelt	64.500 UpM	~ 30 Wh/kg	[12]
UT-CEM composite flywheel	University of Texas, Center forElectro-mechanics	1998	Multi-Layer Kohlefaser auf Stahl-Nabe	40.000 UpM	~ 42 Wh/kg	[13]

[a]… Es wird die theoretische und maximale *spezifische Energie des Rotors* an sich betrachtet, nicht die des gesamten Speichers

Abb. 7.6 Explosionsdarstellung des *Ricardo* „Kinergy High-Speed Flywheel" Prototypen mit Magnetgetriebe. Der Kohlefaserrotor ist rechts im Bild zu erkennen. (Bildrechte: Ricardo plc)

Abb. 7.7 Schwungrad von PUNCH Flybrid, konzipiert für das in der Formel 1 eingesetzte KERS. (Bildrechte: PUNCH Flybrid)

Abb. 7.8 Gegenüberstellung des Bruchs eines Stahl- und Glasfaserrotors durch Versuche an der ETH Zürich [5]. (Bildrechte: Peter von Burg, ETH Zürich)

5. **Wuchten und Halten der Wuchtgüte**
   a. Setzungserscheinungen – vor allem im Matrixmaterial – welche u. a. durch Temperatureinflüsse hervorgerufen werden können, verändern die Wuchtgüte im Laufe der Zeit. Auch ist das Anbringen einer Wuchtnut (Vergleiche Abschn. 9.6.1) oder von Wuchtbohrungen nur in der metallischen Nabe des Faserverbundschwungrades (und daher bei geringem Wirkradius) möglich.
6. **Altern und Dauerfestigkeit**
   a. Stahl weist ein ausgeprägtes *dauerfestes*[2] Verhalten auf. Faserverbundwerkstoffe hingegen besitzen eine ähnliche Charakteristik wie Aluminium, welches größtenteils nicht als dauerfest bezeichnet werden kann. Eines der wesentlichen Argumente für FESS verglichen zu chemischen Batterien ist die hohe Zyklenzahl und Lebens-

---

[2] Der Begriff „dauerfest" wurde durch August Wöhler (∗ 22. Juni 1819 in Soltau; † 21. März 1914 in Hannover) geprägt. Er erforschte die Werkstoffe Stahl und Eisen. Die nach ihm benannte „Wöhlerlinie" stellt für einen Werkstoff unter Schwingbelastung den Zusammenhang zwischen Bruchlastspielzahl und Ausschlagsspannung dar [21].

Abb. 7.9 Industrielle Wickelmaschine für Faserverbundwerkstoffe. (Bildrechte: Mikrosam A.D.)

Abb. 7.10 Wickeln eines 160 kWh-Rotors für das *Advanced Locomotive Propulsion System* am *Center for Electromechanics* der *University of Texas*, in Austin [14]. (Bildrechte: Center for Electromechanics, University of Texas)

dauer, welche allerdings nur erreicht werden kann, wenn der Rotor eine entsprechend hohe Anzahl an Lastwechsel erreichen kann. Abb. 7.11 zeigt das Dauerfestigkeitsverhalten verschiedener Faserverbundwerkstoffe, wobei unschwer zu erkennen ist, dass besonders *S-Glass/Epoxy*[3] einen eklatanten Abfall aufweist. Dabei muss angemerkt werden, dass *E-Glass/Epoxy*[4] eine um rund 25 % niedrigere absolute Zugfestigkeit aufweist als *S-Glass/Epoxy*.

---

[3] Das „E" in der Bezeichnung hat den historischen Hintergrund, dass diese Glasfasern ursprünglich für *elektrische* Anwendungen entwickelt wurden.

[4] Das „S" in der Bezeichnung kommt vom englischen Wort „stiff" (steif) und deutet bereits auf eine erhöhte Zugfestigkeit hin.

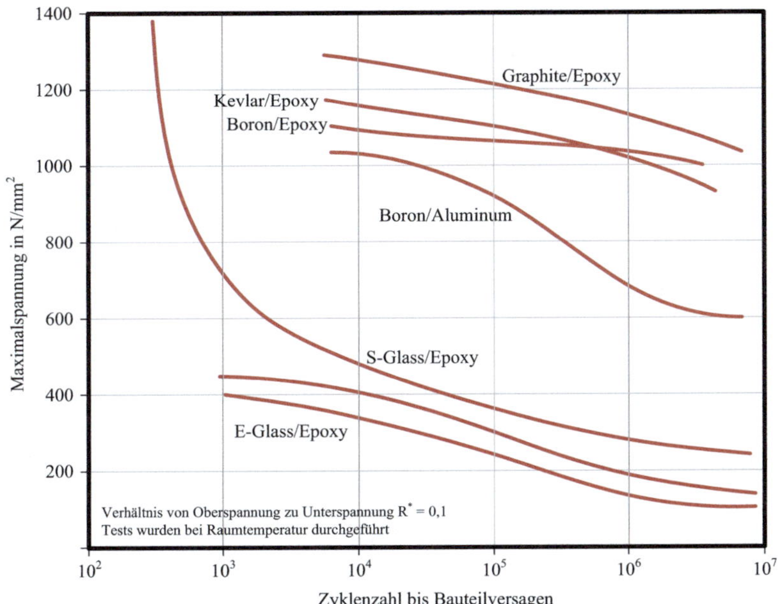

Abb. 7.11 Wöhler-Diagramm verschiedener Faserverbundwerkstoffe. (Bildrechte: McGraw-Hill Education)

Da es sich bei Schwungradrotoren um sicherheitsrelevante Bauteile handelt, muss die Festigkeit des Rotors über die projektierte Lebensdauer nachgewiesen werden. *Anthony Colozza* vom *Glenn Research Center* der *NASA* beschreibt in [17], dass empirische Festigkeitsnachweise eines Faserverbundrotors typischerweise mehr als 6 Monate in Anspruch nehmen, da das Drehzahlspektrum mehrere zehntausendmal abgefahren werden muss. Der Rotor wird dabei circa alle 5 Minuten auf Maximaldrehzahl gebracht und wieder abgebremst, um eine Schwellbelastung zu erreichen. Da es ein wissenschaftlich bestätigtes Faktum ist, dass Stahl unter gewissen Bedingungen als dauerfest angenommen werden kann, entfällt dieser Aufwand bei Stahlrotoren.

b. Das Altern von Kunststoffen im Allgemeinen stellt ein weiteres Problem bezüglich Zuverlässigkeit und Sicherheit von Faserverbundrotoren dar. Als Hauptgründe für die Degradation der mechanischen Eigenschaften von Faserverbundwerkstoffen werden in [16] folgende Aspekte angegeben:
  - Altern der polymeren Matrix
  - Luftfeuchtigkeit
  - Temperaturzyklen
  - Ultraviolette Strahlung
  - Chemische Produkte (Säuren, Laugen, …)
  - Deformation
  - Ermüdung aufgrund von Lastzyklen

- Biologische Einflüsse (Pilzbefall)
- Im Falle von Schwungradrotoren fallen selbstverständlich ***thermische Zyklen***, ***Schwellbelastung*** und das ***Altern*** der Polymermatrix am stärksten ins Gewicht. (Pilzbefall der im Vakuum laufenden Rotoren wird als eher unwahrscheinlich angesehen.)
- Die Alterung des Faserverbundwerkstoffs betrifft das Matrixmaterial und verkleinert die zulässige Spannung des Rotors in radialer Richtung. Wenn das Matrixmaterial beispielsweise eine zulässige Maximalspannung von circa 120 MPa aufweist, dann wird angenommen, dass der gesamte Faserverbundwerkstoff etwa zwei Drittel dieser Spannung in radialer Richtung übertragen kann. Diese Annahme stützt sich auf den *Spannungskonzentrationsfaktor*, genauer beschrieben in [20, 21]. Hat das Material zu Beginn noch seine volle Belastbarkeit, so kann davon ausgegangen werden, dass es entsprechend einer Exponentialfunktion nach 10.000 Stunden nur noch die Hälfte seiner ursprünglichen Belastbarkeit aufweist (Abb. 7.12).

7. **Spontanbruch ohne Ankündigung möglich**
   - Obwohl die frühzeitige Detektierbarkeit eines Rotorversagens durch Delamination ein oft genannter Vorteil von gewickelten Faserrotoren ist [15], so sind auch Unfälle bekannt, bei denen es zu einem spontanen, sprödbruchähnlichen Versagen ohne Ankündigung kam. Systematische Untersuchungen des Realen Versagensverhaltens von Schwungrädern aus Faserverbundwerkstoffen erfordern komplexe, hochleistungsfähige bildgebende Messverfahren und ein sicheres Prüfstandsdesign. Abb. 7.13 zeigt einen Schleuderstand mit einem von der *School of Computing, Engineering and Mathematics* (University of Brighton, UK) entwickelten High-Speed-Kamerasystem.

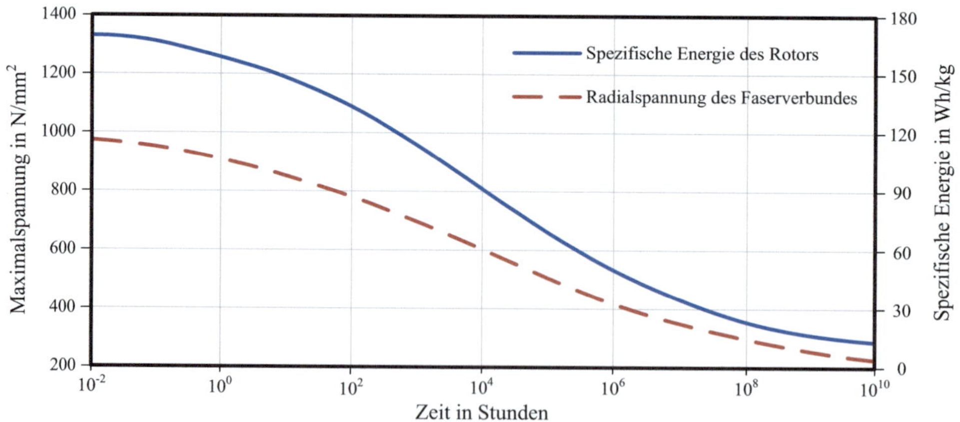

Abb. 7.12 Maximal ertragbare Radialspannungen und spezifische Energie eines Faserverbund-Flywheels, errechnet aus den Untersuchungen von *Koyanagi* [21]. (Bildrechte: Springer Fachmedien Wiesbaden GmbH)

Abb. 7.13 Prüfstand zur untersuchung des Berstverhaltens von Faserverbundschwungrädern. Die Bildinformation für die High-Speed-Kamera wird über ein Spiegelsystem umgelenkt. (Bildrechte: Ricardo plc)

8. **Schädliche Staubbildung bei Rotorversagen**

- Das „Pulverisieren" eines Faserverbundrotors im Versagensfall wirkt sich zwar günstig auf die Gestaltung des Bertgehäuses aus, da die Auslegung basierend auf einer homogenen Druckverteilung vorgenommen werden kann und meist keine großen, scharfkantigen Bruchstücke das Gehäuse durchschlagen können, aber die feine „Zerstäubung" des Rotors birgt weitere Gefahren. Besonders im Falle von Carbonfaser entsteht feiner Kohlestaub, welcher nicht nur extrem schädlich für die menschlichen Atemwege, sondern auch hochentzündlich ist. Die U.S.-amerikanische Raumfahrtbehörde *NASA* hat bereits 1979 einen Bericht veröffentlicht, in dem auf die potenziellen Gefahren von Kohlefaserstaub aufgrund der hohen elektrischen Leitfähigkeit hingewiesen wird [22].
- Als Beispiel sei hier die Explosion eines Kohlefaser-Flywheels einer UPS-Anlage der Firma *Beacon Power* im Juli 2011 genannt [23]. Zwar konnte der eigentliche Impakt der Bruchstücke des Rotors das Berstgehäuse nicht durchschlagen, aber die darauffolgende Kohlenstaubexplosion zerstörte das metallische Berstgehäuse und das umgebende Betonfundament.

9. **Schlechte Wärmeleitfähigkeit**

- Der Transport der Verlustwärme der E-Maschine eines Flywheels stellt aufgrund des Entfallens von Konvektion durch Betrieb im Vakuum ein grundlegendes Problem dar. Bei *vollintegrierter Bauweise* (Vergleiche Abschn. 2.2.2) dient der Aktivteil der E-Maschine gleichzeitig als Schwungmasse. Da die meisten Elektrobleche üblicherweise eine relativ geringe mechanische Festigkeit aufweisen, ist ihr Durchmesser bei gegebener Drehzahl begrenzt und – im Falle eines Außenläufers – kann der Blechrotor mit einer dicken Bandage aus Faserverbundwerkstoff umwickelt werden.[5] Hierbei wird einerseits eine Steigerung der Grenzdrehzahl durch Einbringen von Druckspannungen in das Elektroblechpaket erreicht, andererseits wird das Trägheitsmoment und somit das Energiespeichervermögen weiter erhöht. Im Zuge eines von der österreichischen FFG geförderten Forschungsprojektes mit dem Titel „Effizienter Elektrischer Energiespeicher für den öffentlichen Nahverkehr" (kurz *E3oN*), welches an der *TU Graz* durchgeführt wurde, zeigten Simulationsergebnisse, dass diese Kunststoff-Bandage stark thermisch isolierend wirkt und es zu Problemen bei der Wärmeabfuhr kommen kann. Abb. 7.14 zeigt die thermische Situation des Außenläufers mit Kohlefaserbandage. Der Stator (im rechten Teil des Bildes) ist wassergekühlt und weist daher deutlich geringere Temperaturen als der Rotor auf. Die höchste Temperatur wird im aktiven Teil des Rotors erreicht und beträgt aufgrund der guten Isolation der Kohlefaserbandage über 200 °C. Selbst innerhalb der Bandage treten Temperaturen von weit mehr als 100 °C auf. Diese hohen Temperaturen stellen nicht nur eine erhebliche thermische Belastung für andere Systemkomponenten wie Wälzlager, Schmiermittel und sogar Elektroblech dar, sondern vermindern vor allem auch die Festigkeit und Langlebigkeit von Faserverbundwerkstoffen, wie in Abb. 7.15 beschrieben.

- Aufgrund der Anisotropie von Verbundwerkstoffen weist auch die thermische Leitfähigkeit eine starke Richtungsabhängigkeit auf, wobei die Wärmeleitung in Faserrichtung üblicherweise um etwa einen Faktor 10 höher ist als quer zur Faser. Das Problem liegt hier in den isolierenden Schichten der Matrix. Während Glas- und Kohlefasern relativ gut leiten, erreicht Epoxidharz lediglich Werte zwischen 0,2 und 0,3 W/mK [24]. Baustahl hingegen leitet mit Werten bis zu über 60 W/mK Wärme signifikant besser [25]. Tab. 7.4 fasst die Wärmeleitfähigkeit verschiedener Faserverbundstoffe zusammen.

▶   An dieser Stelle muss angemerkt werden, dass neben der Wärmeleitfähigkeit auch die Wärmeausdehnung von Faserverbundwerkstoffen eine essenzielle Rolle hinsichtlich konstruktiver Details des Rotors einnimmt. Während metallische Werkstoffe Wärmeausdehnungskoeffizienten (α) von rund 10 bis 15 10^{-6}K^{-1} aufweisen, können Kohlefaserverbunde sogar negative Werte annehmen! Ein Aspekt, der bei der Materialwahl von Welle und Nabe des Rotors unbedingt beachtet werden muss.

10. **Schlechte Temperaturbeständigkeit**
- Das hochfeste Fasermaterial weist üblicherweise eine deutlich höhere Temperaturfestigkeit auf als die Matrix. Während Karbonfasern in Luftumgebung bei etwa

---

[5] Bei einem Innenläufer würde eine CF-Bandage um den elektrisch aktiven Rotor den Luftspalt der Maschine vergrößern und somit den Wirkungsgrad verschlechtern.

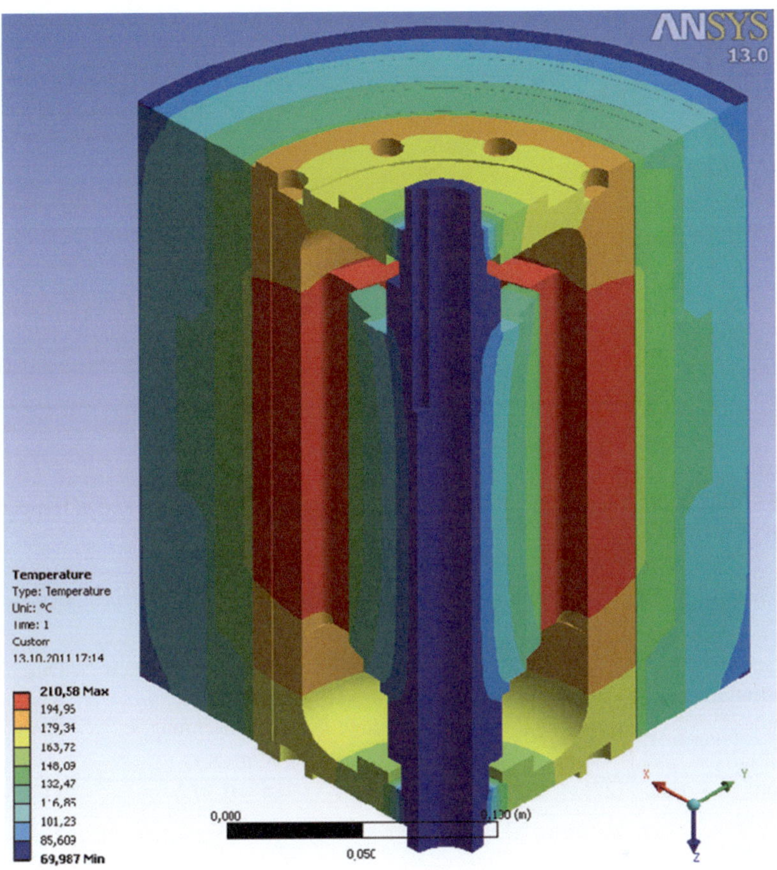

Abb. 7.14 Thermische Simulation des E3oN-Außenläuferkonzeptes

300 °C ihre Festigkeit verlieren, können Glasfasern Temperaturen von bis zu 850 °C überstehen bevor ein signifikanter Einbruch der mechanischen Festigkeit auftritt. Das Problem ist jedoch die geringe Temperaturbeständigkeit der Matrix, welche meist als Epoxidharz ausgeführt ist, dessen Festigkeit bereits ab ca. 120 °C einen deutlichen Einbruch erleidet [30]. Abb. 7.15 zeigt die Degradation der Festigkeit von Aramid-, Karbon- und Glasfaserverbundwerkstoffen über die Temperatur. Da Schwungradspeichern im Vakuum betrieben werden kann es aufgrund des Fehlens von Konvektion für die Abfuhr der Verlustwärme der E-Maschine zu Betriebstemperaturen jenseits der 200 °C kommen, wie auch die in Abb. 7.14 dargestellten Simulationsergebnisse zeigen.

11. Ferromagnetische Eigenschaften

Zu Beginn des Buchs (und in Abschn. 5.5) wurde darauf hingewiesen, dass sich die FESS-Technologie nur dann durchsetzen kann, wenn konsequente *Low-Cost*-Systeme

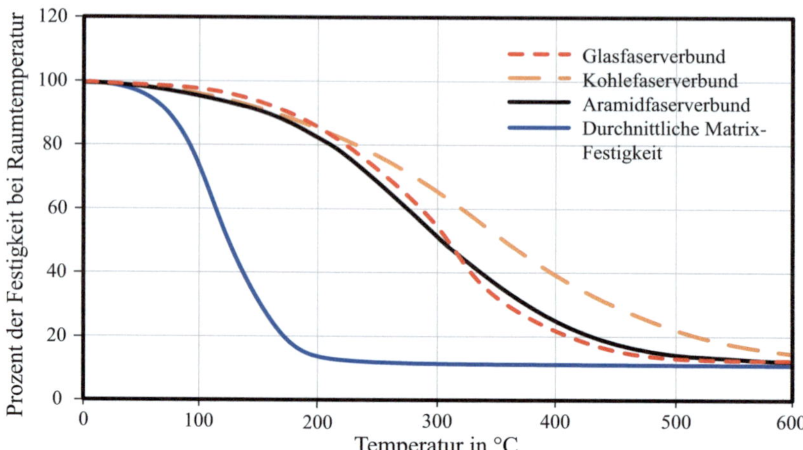

Abb. 7.15 Abhängigkeit der Zugfestigkeit von Faserverbundwerkstoffen von der Temperatur [34]. (Bildrechte: Luke A. Bisby)

Tab. 7.4 Wärmeleitfähigkeit verschiedener Faserverbundstoffe in und quer zur Faserrichtung [26]

Material (Faser/Matrix) (Werkstoffnummer/ Kurzname)	Literatur-Referenz	Wärmeleitfähigkeit in Faserrichtung, k_x	Wärmeleitfähigkeit Quer zur Fasserrichtung, k_y	Durchschnitts-wert k_x/k_y
		(W/m∗K)	(W/m∗K)	
Grafite/epoxy „plain-weave fabric composite"	[27]	5,36	0,43–0,50	11,5
Hexcel F593 „carbon/ epoxy plain-weave pre-preq laminate"	[28]	2,0–3,5	0,50–0,80	4,2
Grafite/epoxy „matrix lamina"	[29]	3,8–8,0	0,40–0,80	9,8
Carbon-fiber/epoxy[a]	[26]	–	0,30–0,80	–
Carbon-fiber/epoxy[b]	[26]	5,0–7,0	0,50–0,80	10,4
1.2080-X210Cr12 „Böhler K100"	[25]	20,0	20,0	1
1.0570/S355J2G3 „Böhler St52-3"	[25]	35,0–45,0	35,0–45,0	1

[a]… Werte gemessen von *Lincoln Composites*, Lincoln, NE 68507, United States
[b]… Werte gemessen von Tian Tian, *University of Nebraska*, Lincoln, United States in [26]

eine entsprechende Marktdurchdringung und Breitenwirkung erreichen. Dies kann nur durch den Einsatz preiswerter Lagersysteme – wie z. B. Spindellager – gelingen. Um die mechanische Grundlast sowie in weiterer Folge das Verlustmoment zu reduzieren kann ein teilweises oder vollständiges magnetisches Heben des Rotors dienlich sein. (Abschn. 10.3) Hierfür muss jedoch ein großer Teil der Rotorstirnfläche rotationssymmetrisch und ferromagnetisch sein. Faserverbundstoffe können a priori nicht magnetisch gehoben werden. Zwar gibt es Kunststoffe, so genannte *Magnetically Loaded Composites (MLCs)*, welche ferromagnetische Eigenschaften aufweisen [31] aber die Inhomogenität des Magnetfeldes würde in diesem Fall möglicherweise weitere Verluste hervorrufen. Als Beispiel kann ein von *Williams Hybrid Power* entwickelter Kohlefaserrotor mit MLC genannt werden, der seit 2014 auch im Hybridbuskonzept *Gyrodrive* der Firma *GKN* Anwendung findet [33].

7.2.2   Schwungräder aus Stahl

Tab. 7.5 gibt eine Übersicht der Flywheelrotoren aus Stahl. Es ist anzumerken, dass beinahe alle bisherigen Konzepte einen soliden, isotropen Rotor verbaut hatten und die spezifischen Energien deutlich unter jenen von Faserverbundrotoren liegen. Einige Beispiele sind in Abb. 7.16 und 7.17 gezeigt.

7.2.2.1 Entwicklungsziele für Stahlrotoren

Tab. 7.6 zeigt eine zusammenfassende Gegenüberstellung der wesentlichen Eigenschaften von Stahl- und Faserverbundrotoren, welches sich aus Abschn. 7.2.1 ableiten lassen.

Tab. 7.5 Übersicht – Flywheelrotoren aus Stahl von ausgewählten FESS

Bezeichnung	Hersteller	Jahr	Aufbau	Drehzahl	Spez. Energie[a]	Ref.
Lockheed Flywheel Transaxle	Lockheed Martin Corp.	1973	Solide, Wellenbohrung	24.000 UpM	~25 Wh/kg	[38]
NYC Subway Flywheel	Garrett Air Research Manufacturing	1974	Solide, wellenlos	14.000 UpM	~8,6 Wh/kg	[39]
MAN Gyrobus Flywheel	M.A.N/Mercedes-Benz	1980	k.A.	12.000 UpM	~13,6 Wh/kg	[40]
Gyreacta	Robert Clerk, England	1961	k.A.	15.000 UpM	~4 Wh/kg	[41]
Gyrobus	Oerlikon Werke, Schweiz	1953	Solide	3000 UpM	~6 Wh/kg	[42]
Dynastore	Compact Dynamics	2006	Geschichtet (Elektroblech, hochfest)	80.000 UpM	~6 Wh/kg	[43]
Hybrid III Flywheel	ETH Zürich	1999	Solide (42CrMo4)	6000 UpM	~2,5 Wh/kg	[44]
PPM 60 Flywheel	Parry People Movers	1992	Solide, mit Wellenbohrung	2500 UpM	~11,8 Wh/kg	[45]
VW-T2 FESS-Hybrid	RWTH Aachen	1975	Solide (42CrMo4)	13.400 UpM	~3,6 Wh/kg	[46]

[a]… Es wird die theoretische und maximale spezifische Energie des Rotors an sich betrachtet, nicht die des gesamten Speichers.

Abb. 7.16 Schwungradspeicher *Piller Powerbridge* mit Stahlrotor (3D-Darstellung mit Schnitt). (Bildrechte: Piller Group GmbH)

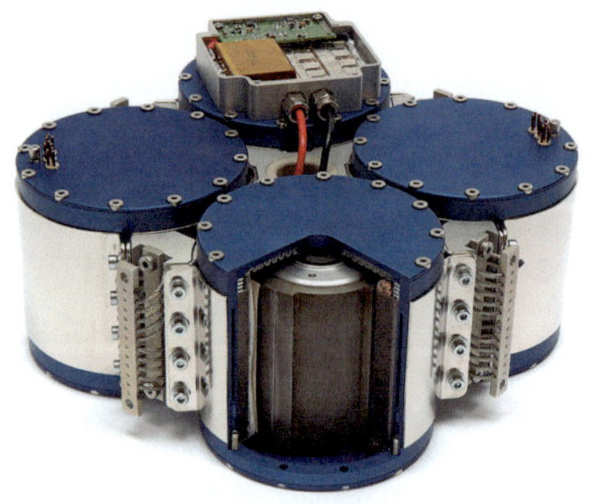

Abb. 7.17 Halbschnitt durch ein Modell des *Compact Dynamics* Flywheel-Modul. Der Stahlrotor ist im Inneren zu erkennen. (Bildrechte: Compact Dynamics GmbH)

Aus Tab. 7.2 und 7.6 geht klar hervor, dass eine Steigerung der spezifischen Energie (sprich zulässigen Maximaldrehzahl) von Stahlrotoren erforderlich wird, um mit Faserverbundrotoren konkurrieren zu können. Das Thema Bestsicherheit lässt sich aufgrund der komplexen Wechselwirkung der Rotorversagensmechanismen mit dem Gehäuse nicht isoliert betrachten und pauschal beurteilen. (Siehe auch Kap. 8.) Ziel ist jedenfalls ein Rotordesign, welches folgende Eigenschaften aufweist:

- Sicheren Betrieb im Grenzbereich bei maximaler Ausnutzung der Rotorfestigkeit
- Frühzeitige Detektion von Überlastung oder Rotorschädigung
- Günstige, auf das Gehäuse abgestimmte Versagensmechanismen

Tab. 7.6 Zusammenfassung wesentlicher Eigenschaften von Stahl- und Faserverbundrotoren für Schwungradspeicher

		Stahlrotor		Faserverbundrotor
Spezifische Energie	−	Geringe spez. Energie aufgrund hoher Materialdichte → Hohe Fliehkraftspannungen.	+	Hohe spez. Energie durch geringe Materialdichte und Ausnutzung der spezif. hohen Festigkeit in Faserrichtung.
Berstverhalten	−	Ungünstig, da Bruch meist in wenige Fragmente mit großer Masse und hoher kinetischer Energie. → Scharfkantige Rotorstücke verlangen robustes und schweres Berstgehäuse.	+	Oftmals günstig, da Bruch meist mit Delaminination beginnt und detektiert werden kann. Verreiben von Fasermaterial absorbiert Energie und erzeugt feine Fragmente → Homogene Druckbelastung an Gehäusewand.
Erhaltung der Wuchtgüte	+	Gut, da gute Maßhaltigkeit, kein Altern, einfaches Anbringen von Wuchtgewichten in Bohrungen oder Schwalbenschwanznut.	−	Schlecht, da Altern von Matrixmaterial Eigenspannungen freisetzen kann. Anbringen von Wuchtgewichten schwierig.
Temperaturbeständigkeit	+	Gut. Signifikante Festigkeitsabnahme erst bei Temperaturen jenseits der Betriebstemperatur von Lagern und Elektroblechen.	−	Schlecht. Signifikante Festigkeitsabnahme schon bei Temperaturen von 120–200 °C abhängig von duroplastischem Matrixwerkstoff.
Thermische Leitfähigkeit	+	Hoch, dadurch günstig für das Ableiten der Verlustwärme des E-Motors bei integr. Bauweise.	−	Niedrig, dadurch thermische Isolation der Verlustwärme von E-Maschine und Wälzlagern.
Herstellungskosten	+	Geringe Materialkosten, jedoch mehr Material nötig, um auf best. Energieinhalt zu kommen. Geringe Bearbeitungskosten	−	Höhere Materialkosten, jedoch weniger Werkstoff für entsprechenden Energieinhalt erforderlich. Mittlere bis hohe Bearbeitungskosten.

Verglichen zu der großen Anzahl an Publikationen im Bereich Faserverbundrotoren, scheint es kaum Veröffentlichungen über „Low-Cost/High-Performance" Stahlrotorkonzepte zu geben. Zwar wird in einigen Literaturstellen wie [4] und [5] darauf hingewiesen, dass solide Stahlrotoren üblicherweise in 2 bis 3 große (und daher energiereiche) Bruchstücke zerbrechen, aber die Konsequenz dieser Aussage scheint der Übergang von Stahl zu anderen Werkstoffen zu sein. Im Zuge einer umfangreichen Literaturrecherche konnten lediglich 2 Stahlrotorkonzepte, welche aufgrund ihrer Topologie ein gutmütiges Berstverhalten aufweisen, gefunden werden:

1. *N.V. Gulia*, **Rotor aus gewickeltem Stahlband** [47].
2. *Compact Dynamics System*, **Rotor ausgeführt als Stapel aus Dynamoblechen** [43].

Das zweite der beiden Rotorkonzepte ist in Abb. 7.18 dargestellt.

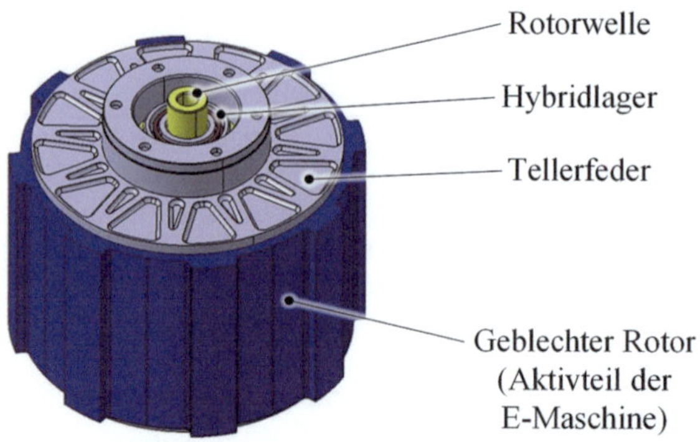

Abb. 7.18 Geblechter Rotor des *Dynastore* Flywheel-Speichers der Firma *Compact Dynamics* [48]. (Bildrechte: Compact Dynamics GmbH)

7.3   Anforderungen abgeleitet aus *Supersystem-Analyse*

Kaum eine Komponente des Schwungradspeichers weist so umfangreiche und komplexe Zusammenhänge auf wie der Rotor an sich. Die wesentlichsten dieser Interdependenzen können als die *8 Paradigmen des FESS-Rotordesigns* bezeichnet werden und sind in Abb. 7.19 dargestellt.

Unter Berücksichtigung all dieser in Abb. 7.19 genannten Eigenschaften gilt es nun entweder die spezifischen Nachteile aktueller Faserverbundrotoren durch neuartige Kunststoffe oder intelligentes Design – wie z. B. matrixlose Rotoren – zu vermeiden oder ein Stahlrotorkonzept zu entwickeln, welches zwei wesentlichen Design-Aspekten gerecht wird:

Steigerung der Energiedichte: Nur wenn eine *Threshold Energiedichte* von etwa 10 Wh/kg (vergleiche Abschn. 5.4) erreicht wird, sind FESS konkurrenzfähig.

Kontrolle des Berstverhaltens[6]**:** Nur wenn ein FESS im Kundenkreis als *sichere Technologie* anerkannt wird, hat es eine Chance der Marktdurchdringung.

Erst wenn diese Voraussetzungen erfüllt sind, können die weiteren Vorteile des Stahlrotors gegenüber Faserverbundrotoren – wie in Tab. 7.6 beschrieben – zur Geltung kommen. Ein „blindes" Optimieren der Energiedichte auf ein Niveau jenseits des *Thresholds* und alleiniges Setzen auf Faserverbundrotoren kann aufgrund der hohen Kosten ein Hemmnis für die Marktdurchdringung von FESS darstellen. Es werden folgend 2 vom *Institut für Elektrische Messtechnik und Messsignalverarbeitung* mitentwickelte Rotorkonzepte vorgestellt, welche auf Stahl als kostengünstigen und gut beherrschbaren Werkstoff setzen.

---

[6] Ein „gutmütigeres" Berstverhalten des Rotors ermöglicht den Einsatz eines leichteren Berstgehäuses und steigert somit ebenfalls die spezifische Energie (Wh/kg) des Systems.

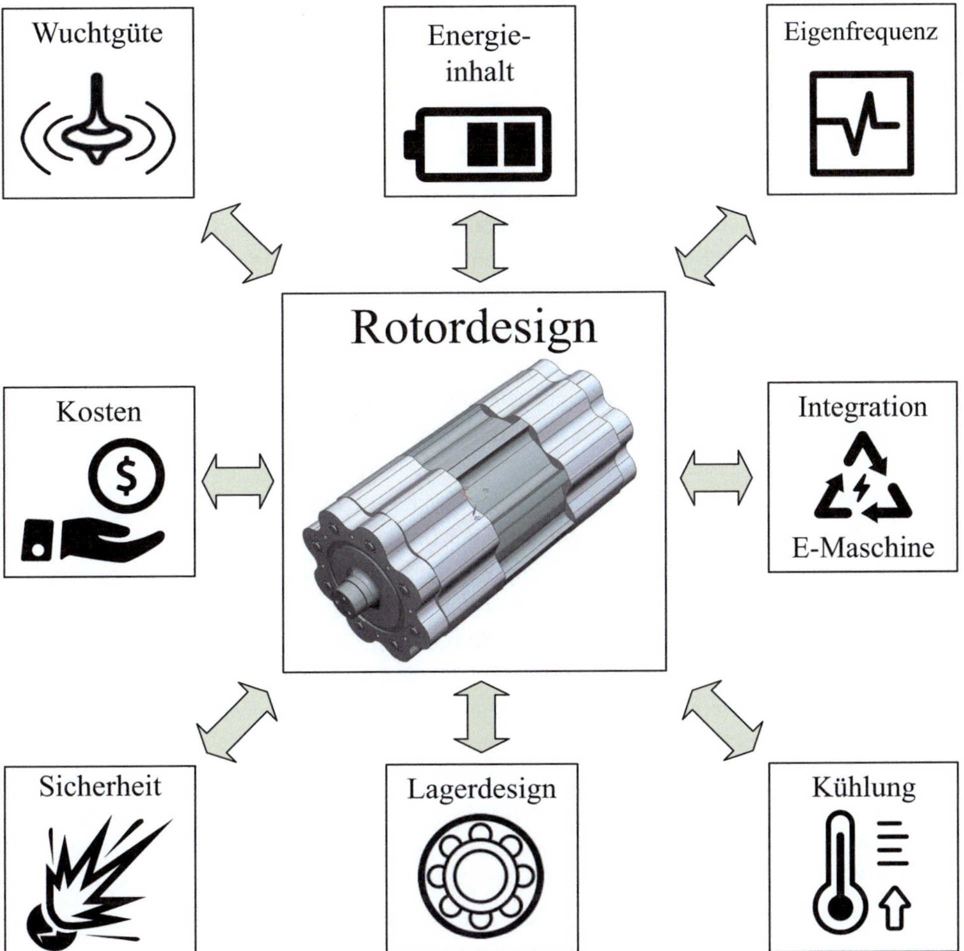

Abb. 7.19 Die 8 Paradigmen des FESS Rotor-Designs – Wesentliche Einflüsse auf die Gestaltung des Schwungrades

7.4 Lösungsansatz/Fallbeispiel: Beispiel *CMO-Rotor*

7.4.1 Systembeschreibung *Clean Motion Offensive* Flywheel

Bei der *Clean Motion Offensive* (CMO) handelt es sich um eine vom *Klima- und Energiefond* der Republik Österreich unterstützte Initiative, welche das Ziel verfolgt, Betrieben und Forschungseinrichtungen eine Schlüsselposition bei der flächendeckenden Markteinführung der Elektromobilität zuzusprechen. Als Chance werden hierbei Versäumnisse der „großen" Player im Elektromobilitätssektor gesehen, wie zum Beispiel zu geringe Reichweiten, Lebensdauer und Kosten der Fahrzeugbatterien, unzureichend ausgebaute Infrastruktur usw. Folgende Projektinhalte wurden vom Fördergeber, dem österreichischen *Klima- und Energiefond* definiert [35]:

- Reichweitenvergrößerung durch innovative Range Extender
- Kostensenkung beim Einsatz von Akkumulatoren durch technische und kommerzielle Innovation
- Testen von möglichen Varianten der „Intelligenz"-Verteilung im System (intelligentes Batteriesystem, intelligentes Fahrzeug, intelligente Ladestation, intelligente Lastverteilung, intelligentes Netz, *Smart-Metering*)
- Integration der Akkumulatoren in das Smart Grid und die Abrechnungssysteme via Telematik
- Entwicklung von elektrisch angetriebenen Fahrzeugen für spezielle Nischenanwendungen
- Infrastruktur (Lastverteilung und Satellitensystem, „Easy2use Anwendung")

Eine der wesentlichen Aufgaben des Projektes war, ein Demonstratorfahrzeug zu bauen, welches die Leistungsfähigkeit der im Zuge der Initiative neu entwickelten Technologien darstellt. Das relativ große Konsortium, welches etliche österreichische Automotive-Firmen beinhaltete, wurde durch das *Institut für elektrische Messtechnik und Messsignalverarbeitung* der *TU Graz* ergänzt, dessen Aufgabe es war, einen mobilen Schwungradspeicher für die Lastpunktverschiebung des Fahrzeuges zu konstruieren. (Eine Übersichtsskizze des Demonstratorfahrzeuges ist in Abb. 7.20 dargestellt.)

Die energetischen Eckdaten des Schwungradspeichers wurden mit 300 kJ (ca. 83 Wh), 20 kW Dauerleistung (40 kW Peak) definiert. Es wurde ein Außenläuferkonzept einer 5-phasigen, geschalteten Reluktanzmaschine gewählt. Die Lagerung des Rotors wurde durch 2 Wälzlager mit Ölumlaufschmierung realisiert, welche in diesem Buch (Vergleiche Abschn. 9.7.1) noch genauer beschrieben ist. Die Maschine ist in einem Berstgehäuse aus Aluminium untergebracht, welches mittels Seilfedern an einem Stahlrahmen befestigt ist. Diese Seilfedern weisen eine hochprogressive Kennlinie auf, was sich nicht nur positiv auf das akustische Verhalten des FESS auswirkt, sondern auch ein wesentliches Sicherheits-

Abb. 7.20 Konzept des CMO-Demonstratorfahrzeuges [36]. (Bildrechte: Clean Motion Offensive / Business Upper Austria)

merkmal ist, da ein Losreißen des Berstgehäuses vom Rahmen im Falle eines Rotorschadens verhindert wird. Eine 12V-Membranpumpe evakuiert das Gehäuse, um die Strömungsverluste zu reduzieren. Die Fertigung des Schwungradspeichers wurde von der Firma *Rosseta Technik GmbH* (*Dr. Frank Teubner*) übernommen. Die in Derenburg, Deutschland ansässige Firma hatte sich auf die Entwicklung und Fertigung schnelldrehender E-Maschinen und Schwungradspeicher spezialisiert. Das Konzept des *CMO*-Flywheels ist in Abb. 7.21 dargestellt bzw. eine Foto des Systems ist in Abb. 7.22 gezeigt.

7.4.2 Das CMO-Rotorkonzept

Die Motivation für einen geblechten Aufbau des Rotors findet sich in der Tatsache, dass der Aktivteil der E-Maschine gleichzeitig die Schwungmasse darstellt. Dieses Konzept einer „vollintegrierten Bauweise" erlaubt kompakte Abmessungen, also eine höhere volumetrische Energiedichte, was bei mobilen Anwendungen einen entscheidenden Vorteil bietet. Allerdings muss der Rotor, abhängig vom Maschinentyp, entsprechende elektrische und magnetische (Material-)Eigenschaften aufweisen. Die Wahl des Maschinentyps wird im Wesentlichen von zwei Überlegungen beeinflusst:

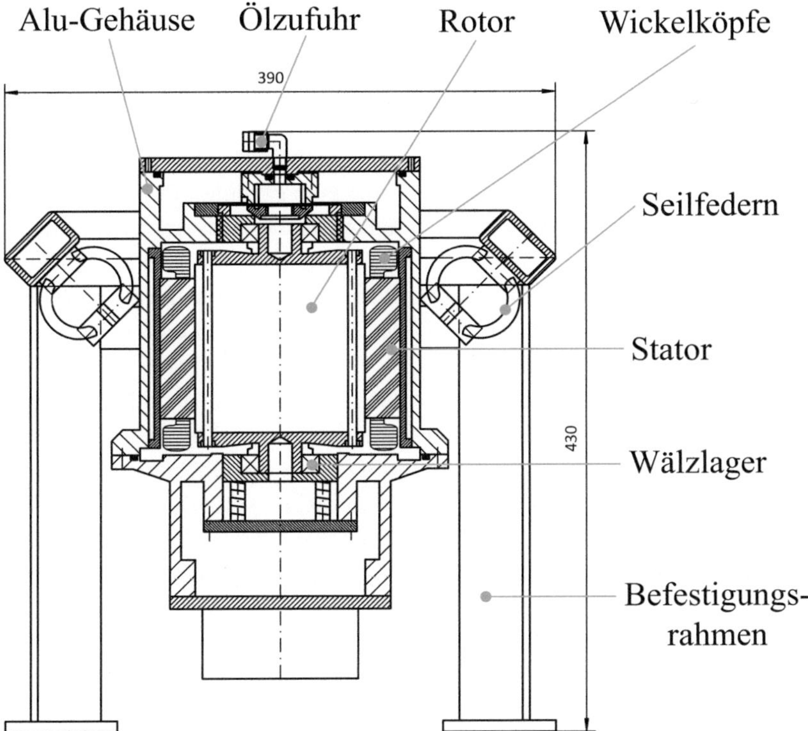

Abb. 7.21 Schnittzeichnung des CMO-Flywheels

Abb. 7.22 Fotografie des gesamten CMO Schwungradspeichers. Das Gehäuse ist in einem Stahlrahmen (blau) auf Seilfedern aufgehängt

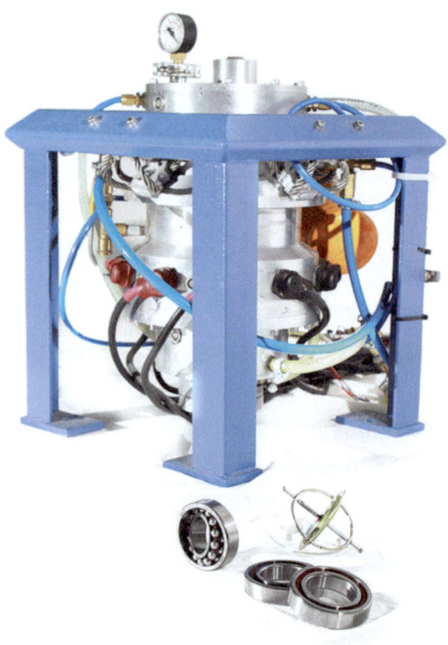

1. **Fliehkräfte:** Aufgrund der hohen Umfangsgeschwindigkeiten ist die Verwendung von Wicklungen und Magneten im Rotor problematisch. (Wuchtgüte und Festigkeit.)
2. **Leerlaufverluste:** Um die Selbstentladung gering zu halten, kommen nur Maschinen mit geringen Leerlaufverlusten (also keine permanenterregten) in Frage.

Hieraus lässt sich ableiten, dass *geschaltete* oder *synchrone Reluktanzmaschinen* (sowie in Manschen Fällen auch Asynchronmaschinen) eine gute Eignung für FESS aufweisen. Da die Kühlung des Rotors in der Niederdruckatmosphäre des Schwungradspeichers problematisch ist, ist es nicht nur erstrebenswert, die elektrischen Verluste so gering wie möglich zu halten, sondern diese auch vorwiegend im Stator (welcher im Falle des *CMO Flywheels* eine Wasserkühlung besitzt) auftreten zu lassen. Dies ist durch eine entsprechende Beschaltung des Umrichters möglich [49].

Um Wirbelströme aufgrund der Induktion durch die zeitliche Veränderung des Magnetfeldes im Rotor gering zu halten, ist dieser aus einzelnen 0,35-mm-starken Blechen aufgebaut, welche in den Trennfugen eine elektrisch isolierende Backlackschicht aufweisen. Der Blechstack wird von 8 axial entlang der Rotorzähne verlaufenden Spannstiften zusammengehalten. Es handelt sich daher aufgrund des spannungsoptimalen Verhaltens um einen wellenlosen Rotor, der in Abb. 7.23 gezeigt ist und folgende Eckdaten aufweist

- Rotor-Durchmesser (Luftspalt): $d_{rotor} = 120$ mm
- Länge ca. 110 mm (magn. 100 mm)
- Stator-Durchmesser: $d_{außen} = 170$ mm
- Material Rotor: *Vacodur S Plus*, mechanisch optimiert ($R_m = 800$ N/mm^2)
- Drehzahlbereich: 13.000–60.000 U/min

Abb. 7.23 Foto des CMO-
Flywheel-Rotors

Nachdem keine zusätzlichen Schwungmassen am elektrisch aktiven Teil des Rotors angeflanscht sind, fungiert der Blechstack als alleiniger kinetischer Energiespeicher. Die Energiedichte ergibt sich als Funktion des Verhältnisses σ/ρ (vergleiche Tab. 7.2), woraus ersichtlich wird, dass ein Zielkonflikt zwischen elektrischen und mechanischen Eigenschaften des Rotors vorliegt.

Weichmagnetische Kobalt-Eisen-Legierungen, welche bevorzugt für Rotoren von Reluktanzmaschinen eingesetzt werden, erlauben hohe Flussdichten und eine magnetische Sättigung von bis zu 2,35 T. Die mechanischen Eigenschaften dieser Werkstoffe sind jedoch mit einer Streckgrenze ($R_{p0,2}$) von 190–250 N/mm^2 und einer Zugfestigkeit (R_m) von 220–550 N/mm^2 denkbar ungeeignet für die Aufnahme hoher Fliehkräfte. Die mechanische Festigkeit von Kobalt-Eisen-Legierungen kann jedoch durch Einstellen der Temperatur während der Schlussglühung modifiziert werden. Durch eine Glühung bei hohen Temperaturen kann eine optimierte Magnetik erzielt werden, während niedrige Temperaturen verbesserte mechanische Eigenschaften mit sich bringen [37] (Abb. 7.24).

Der für den *CMO*-Rotor gewählte Werkstoff ist *Vacodur S Plus* mit einer Zugfestigkeit von 800 N/mm^2 und einer Dichte von etwa 8,12 kg/dm^3. Unter Annahme eines idealen Flywheels mit dem Formfaktor $K_{shape} = 1$ und eingesetzt in die Formel

$$E_k = K_{shape}\,\frac{\sigma_{\max}}{\rho}$$

lässt sich daraus eine theoretische, maximale Energiedichte von 27,375 Wh/kg errechnen. Die reale Spannungssituation und ein Sicherheitszuschlag (es werden Maximalspannungen von ca. 500 N/mm^2 zugelassen) reduzieren dieses theoretische Maximum jedoch auf etwa die Hälfte. Die Ergebnisse der FEM-Simulation des Rotors sind in Abb. 7.25 dargestellt.

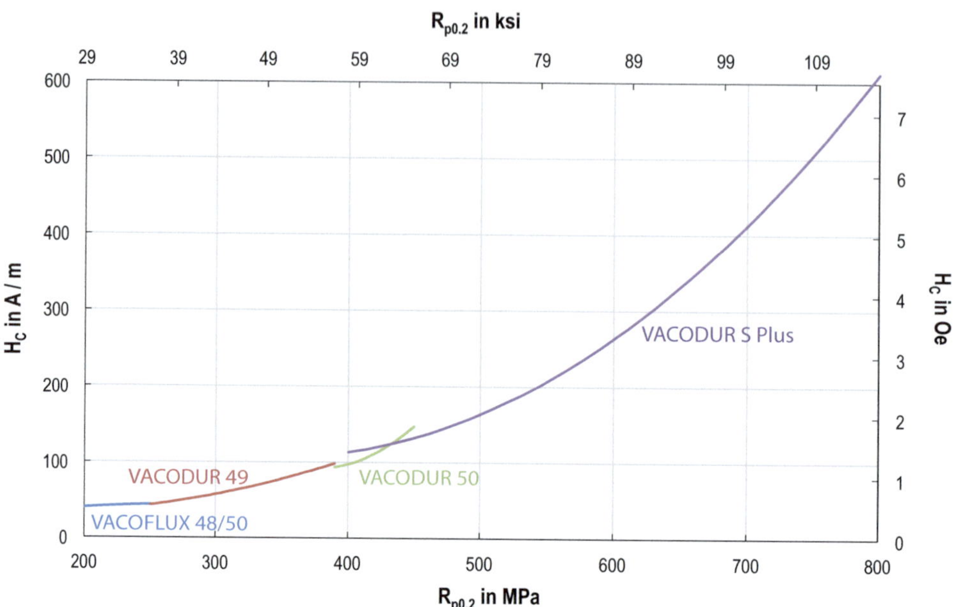

Abb. 7.24 Durch Glühung einstellbare Streckgrenze $R_{p0.2}$ und Koerzitivfeldstärke H_c für VACOF-LUX und VACODUR (Bandmaterial 0,35 mm), Firma Vacuumschmelze, Deutschland [37]. (Bildrechte: Vacuumschmelze GmbH und Co. KG)

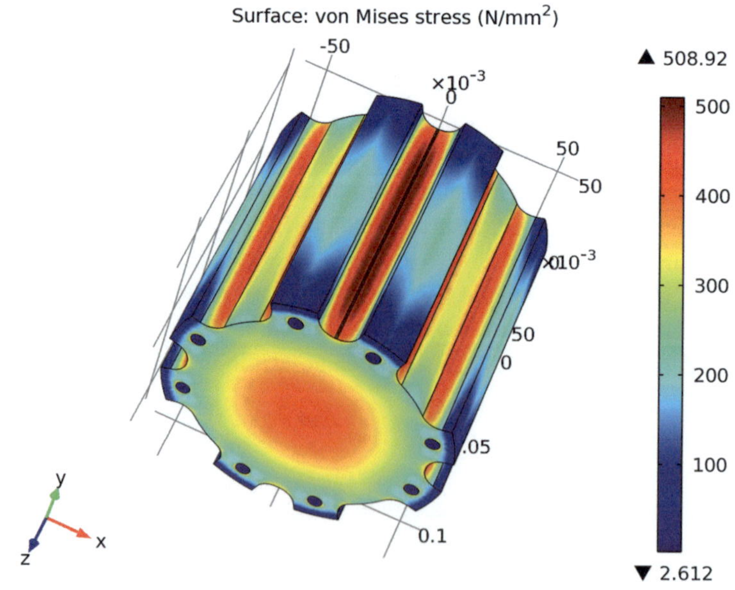

Abb. 7.25 FEM-Simulation der Spannungen (von Mises stress) im CMO Rotor bei Maximaldrehzahl von 60.000 U/min. (*Energy Aware Systems Gruppe*, TU Graz). (Bildrechte: Bernhard Schweighofer)

7.4.2.1 Wuchten des *CMO*-Rotors

Aufgrund der kurzen, kompakten Rotorgeometrie (Durchmesser zu Längenverhältnis ist etwa 1) kann der Rotor als starr angenommen werden und die erste Eigenfrequenz des Systems wird primär durch die Steifigkeit der Lager definiert. Um die Anregung durch einen umlaufenden Kraftvektor gering zu halten, muss der Rotor entsprechend feingewuchtet werden. (Dieser Vorgang wird in Abschn. 9.6 genauer erläutert) Da sich zwischen den Blechschichten des Rotors je ein dünner Film Backlack[7] befindet, welcher die Teile miteinander verklebt, ist nicht zwingend davon auszugehen, dass Setzerscheinungen einen Vorspannkraftverlust der Spannbolzen hervorrufen und die Wuchtgüte mit der Zeit verändern. Im Rotor wurden daher nur Möglichkeiten für einmaliges Wuchten durch Wegnehmen von Material an den Endplatten vorgesehen. Abb. 7.26 zeigt ein Foto der unteren Endplatte des Rotors, an welcher eine Sacklochbohrung, welche im Zuge des Wuchtens angebracht wurde, deutlich erkennbar ist.

7.4.2.2 Berstverhalten des CMO-Rotors

Aufgrund der hohen Kosten und dem engen zeitlichen Rahmen des *CMO*-Projektes wurde kein Schleuderversuch mit dem *CMO*-Rotor durchgeführt. Es besteht jedoch eine starke Ähnlichkeit zum einzigen anderen zurzeit verfügbaren Schwungradsystem mit gleichem Rotoraufbau – dem *Compact Dynamics Dynastore* Rotor, welcher ebenfalls eine vollintegrierte Bauweise aufweist. (Dieser Rotor ist in Abb. 7.18 dargestellt und wird in der folgenden Abb. 7.27 vor bzw. nach einem Bersttest gezeigt.) Man erkennt, dass die E-Maschine vollends „pulverisiert" wurde und somit eine relativ gleichmäßige Druckbelastung auf das Berstgehäuse auswirkte, ohne dieses zu durchschlagen. Die größten Fragmente stellen die

Abb. 7.26   Stirnseitige Ansicht des CMO-Rotors mit Lagerschild, Endplatte und Blechstack

---

[7] *MAGNETBONDER HT-01* der Firma *Vakuumschmelze* mit einer Dichte von 1,1 g/cm^3 und einer maximalen Schubspannung von 7100 N/cm^2.

Abb. 7.27 Bersttests geblechter Rotoren: Prototyp des Compact Dynamics F1-Moduls. (Bildrechte: Compact Dynamics GmbH)

Tellerfeder für die axiale Vorspannung und die Rotorwelle dar. Im Falle des *CMO*-Flywheels sind aufgrund der wellenlosen Architektur selbst diese beiden Bauteile nicht vorhanden, dafür jedoch zwei Endplatten mit größerer Masse (je ca. 350 g).

7.5 Lösungsansatz/Fallbeispiel: *VIMS-Flywheel*

Aufbauend auf den Erkenntnissen des FFG-Projektes *E3ON* wurde der Prototype eines FESS mit 1,0 kWh Energieinhalt und 145 kW Peak-Leistung aufgebaut. Die Bezeichnung *VIMS* steht für „Voll-Integrierter Mehr-Scheiben Rotor".

Ausschlaggebend für die Auslegung des Konzeptes war unter anderem der Wunsch eines Herstellers von Sonderfahrzeugen, einen Schwungradspeicher als Alternative zu Supercaps im hybriden Antriebsstrang eines schweren Nutzfahrzeuges einsetzen zu können. Das Fahrzeugkonzept ist in Abb. 7.28 dargestellt.

Da das Nutzfahrzeug für den innerstädtischen Betrieb konzipiert ist und einen relativ geringen durchschnittlichen Energiebedarf aufweist, kommt dem Flywheel in erster Linie die Aufgabe der Lastpunktverschiebung zu gute. Hieraus lassen sich die energetischen Spezifikationen (hohe Leistung bei niedrigem Energieinhalt) ableiten. Die Entwicklungsziele des Projektes sind in Tab. 7.7 dargestellt.

Das Konzept verfolgt aus Gründen der Kompaktheit eine vollintegrierte Topologie. Aktivteil der E-Maschine und Schwungmassen sind zu einem kompakten, walzenförmigen Rotor verbaut und durch Wälzlager gelagert. (Genauere Informationen zur Lagerung siehe Abschn. 9.6.1) Im Gegensatz zum Vorgängerprojekt *E3oN,* bei dem ein Außenläuferkonzept aufgrund des höheren Trägheitsmomentes designed wurde, besitzt das *VIMS-Flywheel* einen klassischen Innenläufer als Rotor. Vorteil dieser Anordnung ist, dass Statorblechpaket und Wicklungen als zusätzlicher Berstschutz im Versagens- oder Crashfall dienen.

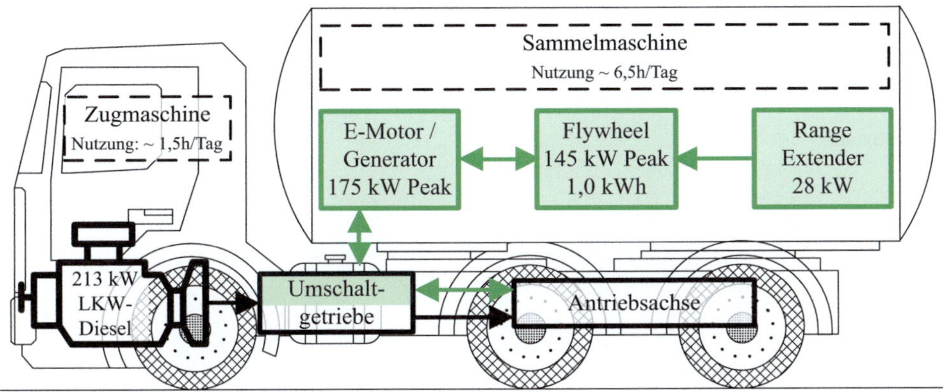

Abb. 7.28 Schema der Anwendung des VIMS-Flywheels in einem schweren Nutzfahrzeug mit Hybridantrieb

Tab. 7.7 Anforderungsprofil des *VIMS*-Flywheels

Energieinhalt	1 kWh
Max. Leistung	145 kW
Wirkungsgrad (*round trip*)	~70 %
Spind-Down Zeit	>1 h
Systemgewicht	<300 kg
Lebensdauer	50.000 h

Als E-Maschine wurde eine 3-polpaarige, *synchrone Reluktanzmaschine* mit einer Nennleistung von 75 kW und einer Maximalleistung von 145 kW gewählt. Die Drehzahlspreizung beträgt 13.000 bis 40.000 UpM, wobei der U/f-Knickpunkt bei 21.000 liegt. Die drei Phasen sind in Sternanordnung verschaltet. Für den Betrieb der Maschine sind zwei *SKAI*-Frequenzumrichter (*Typ SKAI45A2GD12-W24DI*) erforderlich, welche von der Firma *Compact Dynamics* bezogen wurden. Der Scheitelwert des Phasenstroms beträgt 3 × 320 A bei 680–750V. Stator und Wickelköpfe (in denen der größte Teil der Verlustwärme anfällt) sind direkt an die wassergekühlte Gehäusewand angrenzend eingebaut, wodurch ein guter Wärmetransport gewährleistet wird. Das gesamte System ist in Abb. 7.29 schematisch dargestellt.

Die für die Zustandsüberwachung des FESS vorgesehenen Sensoren sind in Abb. 7.30 zu erkennen:

- **Beschleunigung/Vibration:** Je ein einachsiger Piezo-Beschleunigungsaufnehmer an den Lagerstellen
- **Drehzahl und Winkel:** Induktiver Drehgeber stirnseitig am Rotor; ein Signal alle 90°
- **Rundlauf und Wuchtgüte:** Zwei 90° versetzte Wirbelstromsensoren, welche radial auf eine kreisrunde Rotorscheibe gerichtet sind

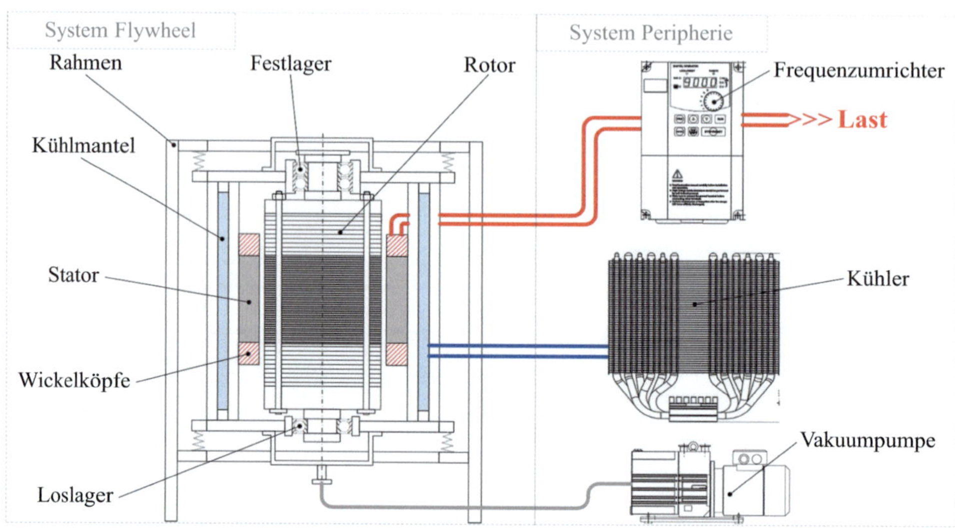

Abb. 7.29 Prinzipskizze und Systemübersicht des *VIMS*-Flywheels

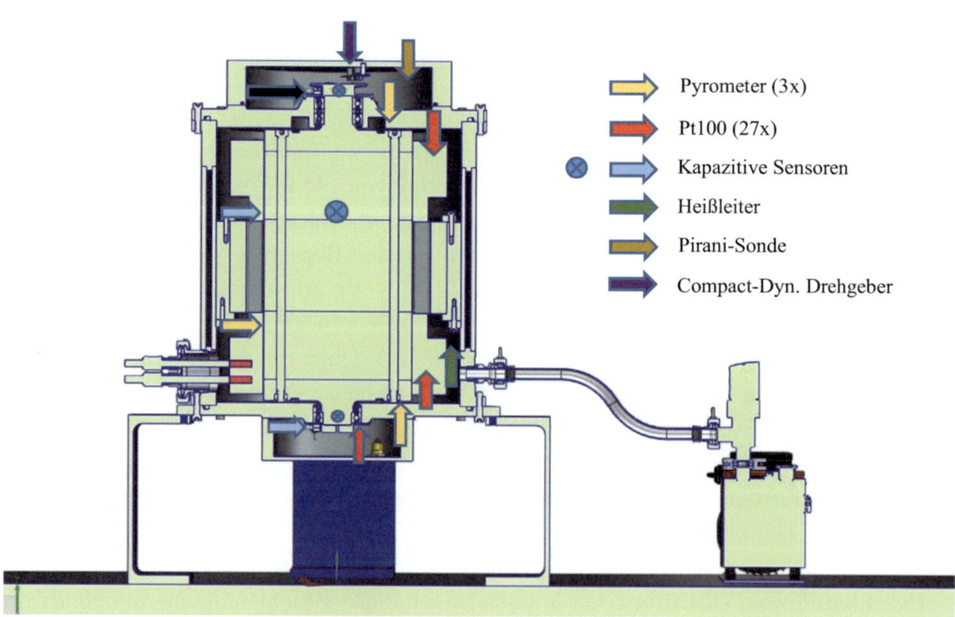

Abb. 7.30 Übersicht der Sensorik im *VIMS*-Flywheel

- **Temperatur:** In Summe 30 Temperaturfühler (Typ *PT100* und berührungslose *Pyrometer*) für die Messung der Temperatur von: Lageraußenring, Wickelköpfen, Stator, Kühlwasser.

Detaillierte Informationen zur Lagerung sind Abschn. 9.6.1 zu entnehmen.

7.5.1 *Aufbau* des *VIMS*-Rotors

Um die Fliehkraftspannungen zu minimieren, weist der Rotor ein wellenloses Design auf. (Vergleiche Abschn. 7.1) Nachdem jedoch Schwungmasse und E-Maschine in *einem* Rotor integriert sind, ist eine vollständige Vermeidung axialer Bohrungen nicht möglich. Wie in Abb. 7.31 dargestellt, wird der mehrschichtige Aufbau des Rotors durch sogenannte *Spannschrauben* zusammengehalten. Die Bohrungen befinden sich relativ nahe des äußeren Umfangs des Rotors und zwischen den jeweiligen Schrauben wurde Material durch „Ausnehmungen" entfernt. Daraus resultiert eine sogenannte „Blütenblattkontur" der Schwungmasse, welche sich aus der FE-Optimierung der Fliehkräfte ergibt. Die Kontur der E-Maschine (bzw. ihrer Rotorzähne) wird jedoch ausschließlich durch elektrische Auslegungskriterien bestimmt. Die Aufgabe des kreisrunden „Messmasseblechs" wird in Abschn. 9.6.1 genauer beschrieben.

An dieser Stelle muss erwähnt werden, dass in Summe 2 Rotoren gefertigt wurden. Der in Abb. 7.31 dargestellte *Prototyprotor* und ein verkürzter *Berstrotor* für den in Abschn. 7.5.2 beschriebenen *Over-Speed-Test*.

Der spezielle Aufbau des Rotors erlaubt eine Realisierung folgender Entwicklungsziele:

1. Senkung der Kosten: Der Wechsel von gewickelten Kohlefaserstrukturen hin zu stählernen Rotoren erlaubt eine theoretische Preisreduktion um einen Faktor zwanzig[8] [50]. Der für die Schwungmassenbleche verwendete Werkstoff 42CrMo4 ist in Österreich für etwa 1,79 €/kg erhältlich (Stand 2016) [51].
2. Steigerung der Energiedichte: Folgende Eigenschaften des VIMS-Flywheel erlauben eine Steigerung der spezifischen Energie gegenüber herkömmlichen Stahlrotoren:
   - Die Verwendung hochfester Stähle bzw. auf mechanische Eigenschaften hin optimierte Elektrobleche.

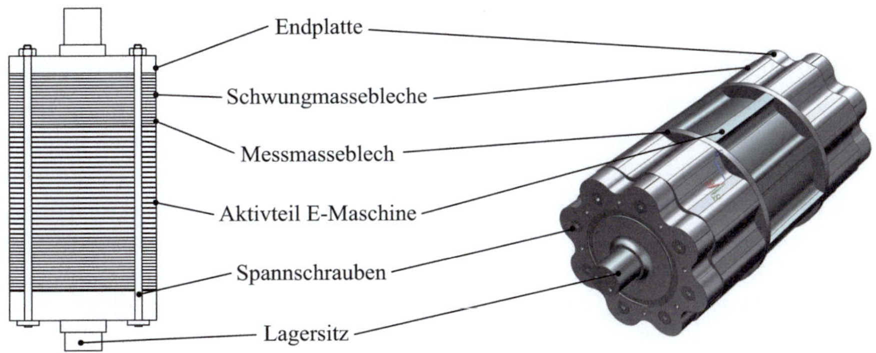

Abb. 7.31 Aufbau des VIMS-Rotors

[8] Die Ausschöpfung dieses Reduktionspotenzials hängt nicht nur vom Materialpreis ab, sondern bedingt auch optimierte, kostengünstige Fertigungsverfahren!

- Ein wellenloses Design, welches den Formfaktor Kshape (vergleiche Tab. 7.1 und Gl. 7.9 in Abschn. 7.1) und somit den Energieinhalt annähernd verdoppelt.
- Ausnutzung hoher spezifischer Materialfestigkeit durch Vermeidung massiver Bauteile (vergleiche Tab. 7.8) aufgrund des geschichteten Rotoraufbaus.
- Die Optimierung der Fliehkraftspannungen im Rotor durch Einführen der „Blütenblatt-Kontur".

3. Verbesserung des thermischen Verhaltens: Die direkt an den Aktivteil der E-Maschine angrenzenden Schwungmassebleche wirken wie eine Wärmesenke bzw. Wärmespeicher und können dank ihrer hohen Masse die elektrische Verlustwärme des Rotors „abfedern" und aufgrund ihrer guten Wärmeleitfähigkeit über die Lager zum wassergekühlten Stator transportieren.

4. Erhöhung der Sicherheit: Die inhärente Sicherheit des VIMS-Rotors wurde folgendermaßen erhöht:
   - Wahl von Stahl als Werkstoff mit dauerfester Charakteristik im Gegensatz zu Faserverbundwerkstoffen (vergleiche Abb. 7.11
   - Reduktion der maximalen Bruchstückmasse und Energie durch geschichteten Aufbau. (Auf das Berstverhalten von Rotoren bzw. die Implikationen auf das Gehäuse-Design wird in Kap. 8 eingegangen.)
   - Die Wahl von hochfesten (jedoch spröden) Elektroblechen, hochfesten Endplatten sowie duktilen Schwungmasseblechen erlaubt die frühzeitige Detektion einer Überlastung aufgrund von Fliehkräften durch Messen der relativen geometrischen Aufweitung des Rotors, wie in Abschn. 7.5.2 noch beschrieben.

7.5.1.1 Materialwahl

1. **Elektrischer Motor/Generator:** Hierfür kommt *Vacodur S Plus* der Firma *Vakuumschmelze* zum Einsatz. Es handelt sich um eine weichmagnetische Kobalt-Eisen-Legierung, deren mechanische Eigenschaften durch Wärmebehandlung (Schlussglühen) angepasst werden können. Streckgrenzen jenseits 800 N/mm^2 sind möglich, wie der durchgeführte Zugversuch in Abb. 7.49 zeigt.

2. **Endplatten mit Lagerzapfen:** Da die Endplatten die größten und massivsten Bauteile sind und die Krafteinleitung über die Lagerzapfen erfahren, wurde für diese Teile der hochwertigste Stahl gewählt. Es handelt sich um den Warmarbeitsstahl *W400 VMR* von *Böhler*, der auch unter der Werkstoffnummer 1.2343 und der Bezeichnung X37CrMoV5-1 zu finden ist. Die Bezeichnung „*VMR*" bedeutet, dass es sich um einen im Vakuum vergossenen Warmarbeitsstahl handelt, dessen besonders reines Gefüge durch Weichglühen angepasst werden kann, wodurch Zugfestigkeiten von mehr als 1300 N/mm^2 möglich sind.

Tab. 7.8 Reduktion der spezifischen Festigkeit von *42CrMo4* bei zunehmender Bauteilgröße [53]

Bauteildicke (mm)	bis 8	8–20	20–60	60–100	100–160	160–250
Zugfestigkeit R_m (N/mm^2)	900	750	650	550–500	460–500	390

3. **Schwungmassebleche:** Hierfür wurde der kostengünstige Vergütungsstahl 42CrMo4 (Werkstoffnummer 1.7225) gewählt. Er wird vorwiegend für Teile hoher Zähigkeit im Flugzeugbau eingesetzt. Seine Zugfestigkeit in Abhängigkeit der Bauteilgröße ist in Tab. 7.8 dargestellt.
4. **Spannschrauben:** Aufgrund elektrischer Voraussetzungen verlangt die E-Maschine Spannbolzen aus nicht-ferromagnetischem Material. Hierfür bieten sich *austenitische Stähle* an, wobei der relativ hochfeste 1.4573 (oder X6CrNiMoTi1812 nach DIN 17006) gewählt wurde. Seine Zugfestigkeit erreicht bis zu 740 N/mm² [52].

7.5.1.2 Zusammenbau und Konditionierung des Rotors

Der Zusammenbau eines Rotors in der beschriebenen Bauweise ist aufgrund mehrerer Faktoren ein Prozess, welcher auf die Performance, Lebensdauer und Sicherheit des gesamten Systems Einfluss nimmt. Folgende Probleme mussten gelöst werden:

- **Statische Überbestimmtheit der Spannschrauben:** Fertigungsbedingt muss das Lochbild für die Spannschrauben in jedem Rotorteil (vgl. Abb. 7.31) einzeln erzeugt werden. Im Aktivteil der E-Maschine ist aufgrund der geringen Blechstärke von 0,1 mm keine spanende Fertigung möglich.
- **Unterschiedliche Wärmeausdehnungskoeffizienten:** Es ist mit Betriebstemperaturen von 150 °C zu rechnen. Der Wärmeausdehnungskoeffizient α der Spannschrauben aus *X6CrNiMoTi1812* beträgt etwa 17,5 10⁻⁶ K⁻¹, während die Schwungmassebleche lediglich 11,9 10⁻⁶ K⁻¹ aufweisen [54, 55].
- **Setzerscheinungen im Blechstapel:** Setzen bewirkt einen Vorspannkraftverlust einer Schraube durch Einebnen von fertigungsbedingten Rauhigkeitsspitzen zwischen den verschraubten Bauteilen bzw. Schraubenkopf und Unterlage im mikroskopischen Bereich.
- **Unbekannte mechanische Eigenschaften des E-Maschinen-Blechpakets:** Die mechanischen (bzw. dynamischen) Eigenschaften des Backlacks (Hocktemperaturklebstoff *VAC HT-01*), welcher die einzelnen 0,1-mm-Bleche voneinander elektrisch isoliert, sowie der Füllgrad waren unbekannt. Eine Messung des Elastizitäts-Moduls des gesamten Blechstacks war erforderlich. Hierfür wurden Probestücke wie in Abb. 7.32 dargestellt mit Dehnmessstreifen (DMS) bestückt und mit einer hydraulischen Presse belastet.

Lösungen

Statischer Überbestimmtheit kann nur durch entsprechende Passungswahl und exakte Fertigung (enge Toleranzklassen) entgegnet werden. (Fertigungszeichnung Schraube, bzw. Passung über Länge.) Eventuell durch Nacharbeiten (vorsichtiges Abschleifen) der Passfläche der Schrauben während des Zusammenbaus.

Auch die unterschiedlichen **Wärmeausdehnungskoeffizienten** der verschiedenen Stähle sind physikalische Eigenschaften, die nur schwer zu umgehen sind. (Hinzu kommt, dass

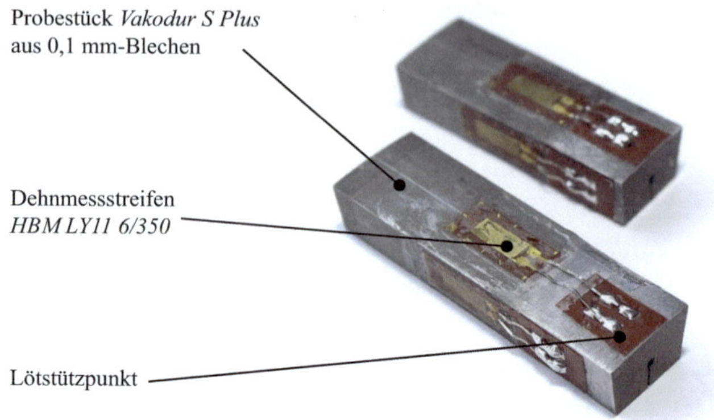

Abb. 7.32 Für die Ermittlung des E-Moduls vorbereitete Proben des Blechstacks aus *Vacodur S Plus*

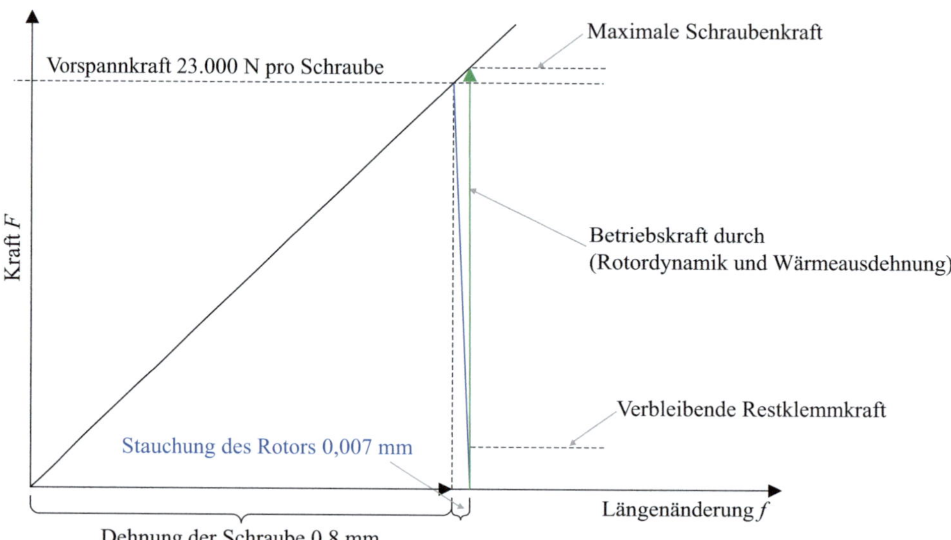

Abb. 7.33 Verspannungsdreieck der Spannschrauben des VIMS-Rotors (Reale Einbausituation, Werte wurden durch Kraft-Weg-Messungen ermittelt)

die Wärmeausdehnung des *Vacodur-Blechstacks* unbekannt war.) Einzige Möglichkeit liegt in der Wahl eines geeigneten Verhältnisses zwischen Nachgiebigkeit der Schraube und Unterlage, bzw. der Vorspannung, wie das in Abb. 7.33 dargestellte *Verspannungsdreieck* zeigt.

Setzerscheinungen können durch Vorkonditionieren des Rotors vor dem eigentlichen Einbau in das Flywheel-Gehäuse vermindert werden. Die Einebnung der Rauhigkeitsspitzen ist ein Prozess, welcher erst im Betrieb und nicht unmittelbar nach der Montage auftritt. Die Anzahl der Lastzyklen, bis zu welchen der Setzvorgang abgeschlossen ist, kann im Vorhinein nicht abgeschätzt werden, wodurch eine Beobachtung des Vorspannkraftverlustes während des Konditionierungsvorganges erforderlich ist. Im Betrieb sind

Zyklen der thermischen Expansion sowie aufgrund von Unwucht und magnetischen Kräften erregte Vibrationen zu erwarten, welche Setzerscheinungen hervorrufen können. Jene auslösenden Kräfte wurden in einer Konditioniereinrichtung, welche im Wesentlichen eine mechanische Gewindepresse ist, nachgebildet. Abb. 7.34 zeigt den fertigen Aufbau schematisch und als Foto. Es ist dabei anzumerken, dass die Schwelldruckbelastung in Rotorlängsrichtung zeitlich vor den Temperaturzyklen in der Thermokammer durchgeführt wurde.

A. Montage und Konditionierablauf

Abb. 7.35 und 7.36 zeigen den Rotor während der Montage. Der Ablauf des kann wie folgt beschrieben werden:

1. Fertigung Einzelteile
   a. Dreh/Frästeile aus Rohmaterial fertigen
   b. Wärmebehandlung
2. Herstellen des Aktivteils der E-Maschine
   a. Herstellen und Vergüten der Vacodur-Bleche
   b. Beschichten mit Backlack und Pressen
   c. Drahterodieren der Rotorkontur
3. Stapeln der einzelnen Schichten auf 2 Schrauben

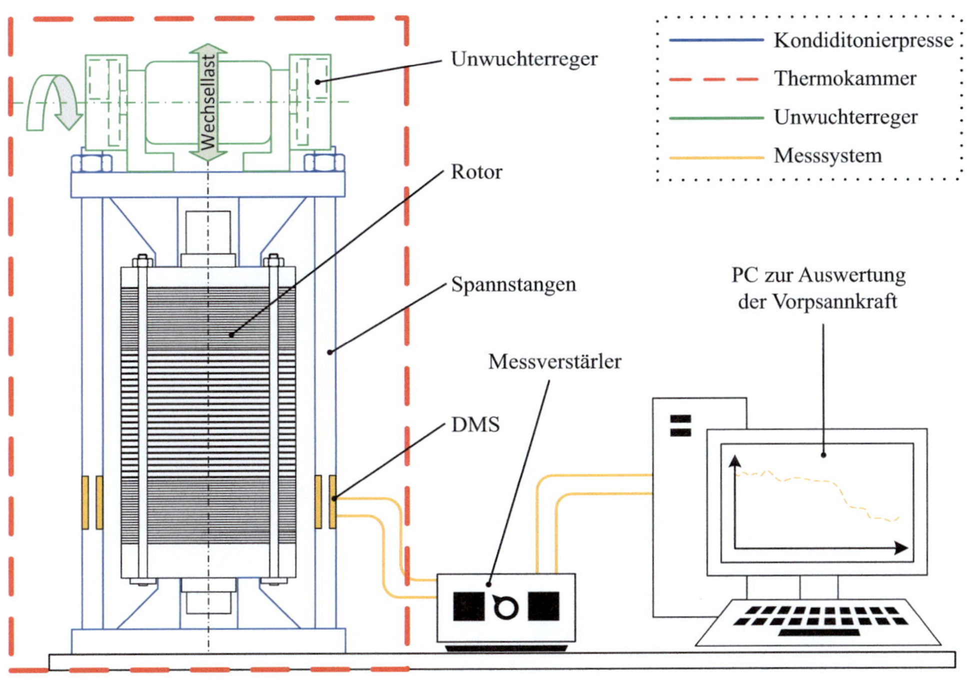

Abb. 7.34 Schematischer Aufbau und Foto der VIMS-Rotorkonditioniereinrichtung

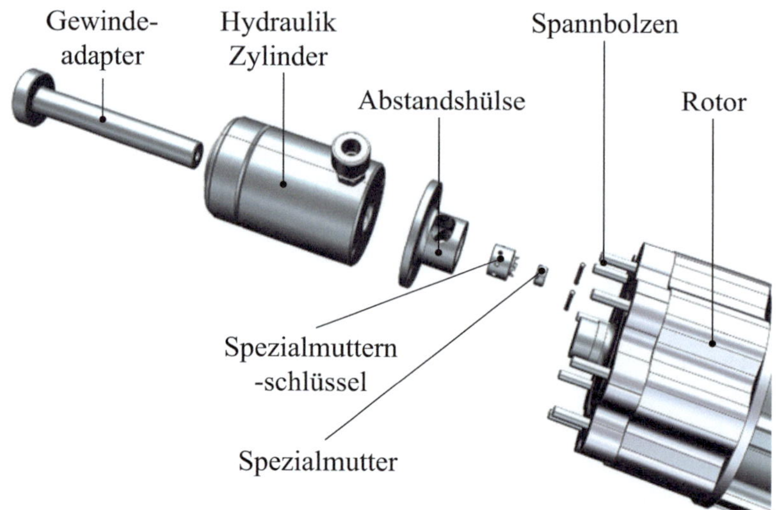

Abb. 7.35 Explosionsdarstellung der hydraulischen Vorspannung der Spannbolzen

Abb. 7.36 Rotor bei der Montage und Kraftmessung der hydraulischen Vorspanneinheit

4. Einführen und Anpassen der verbleibenden Schrauben
5. Hydraulisches Vorspannen der Schrauben
6. Konditionieren in Setzeinrichtung (wie in Abb. 7.34 gezeigt.)
7. Hydraulisches Nachziehen der Verschraubung und Verstemmen der Muttern

7.5.2 Bersttest des *VIMS-Rotors*

Aufgrund der rotationsymmetrischen Aufteilung der Fliehkräfte und des schichtweisen Aufbaus, war es möglich, eine verkürzte Version des Rotors einem Bersttest zu unterziehen. Die Ergebnisse sind jedoch mit hoher Genauigkeit auf den eigentlichen Rotor des *VIMS Prototypen* übertragbar.

Berstversuche eines Rotors dieser Größenordnung werden nur von wenigen Firmen in Mitteleuropa angeboten, wobei in diesem Fall die Firma *Schenck Rotec* in Darmstadt herangezogen wurde, um den Versuch in einem Schleuderstand Typ „*Centrio100*" durchzuführen. Das Drehzahlniveau, bei dem mit einem Versagen des Rotors zu rechnen ist, wurde mit Hilfe von FE-Methoden mit etwa 45.000 UpM bestimmt. Um derart hohe Winkelgeschwindigkeiten zu erreichen, muss der zu prüfende Rotor eine äußerst hohe Wuchtgüte aufweisen, da es sonst zu Wellenschwingungen kommen kann, welche die Lager der Antriebswelle des Schleuderprüfstands schädigen können. Als Abbruchkriterium wurde eine maximale Schwingungsamplitude von 250 µm definiert. Daher war ein genaues Wuchten des Rotors vor dem Berstversuch unerlässlich.

Um eine Taumelbewegung des Rotors zu vermeiden, muss eine weitere maschinendynamische Bedingung erfüllt sein. Das Verhältnis der Trägheitsmomente des Rotors J_1/J_2 muss kleiner als 0,7 oder größer als 1,25 sein, wobei J_1 auf die Drehachse des Rotors bezogen ist, und J_2 auf die Querachse durch den Schwerpunkt. Für das Vorwuchten des Berstrotors wurde eine Wuchtmaschine „*Schenck Pasio 50*" eingesetzt, welche in Abb. 7.37 und 7.38 während des Wuchtvorganges gezeigt wird.

Vor dem ersten Wuchtvorgang wies der Rotor eine „Rohunwucht" von 300 g∗mm auf, was angesichts der Gesamtmasse des Rotors von 25 kg schon als relativ gut angesehen werden kann. Nach mehreren dynamischen Wuchtdurchgängen bei 700 UpM wurde durch Anbringen einer M6 Madenschraube und durch Platzieren eines 1,9 g schweren Nutsteins eine Restunwucht von 4,2 g∗mm erreicht. Durch diese hohe Wuchtgüte konnte eine sehr geringe Wellenschwingung erwartet und der Bersttest begonnen werden.

Abb. 7.39 zeigt die Berstmaschine *Centrio100* der Firma *Schenck Rotec* mit ihrem Schutzgehäuse aus 4 massiven, konzentrischen Stahlringen. Im Zentrum erkennt man ein einfaches Berstgehäuse aus Baustahl, welches zum Zwecke eines qualitativen Bersttests eingesetzt wurde. Der Berstrotor hängt bereits an der nachgiebigen Antriebswelle im Zentrum des Oberteils der Maschine. Um die Leistungsanforderungen für das Erreichen solch hoher Berstdrehzahlen herabzusetzen und auch die viskose Dämpfung beim Aufprall zu reduzieren, wird der Versuch im evakuierten Raum durchgeführt.

Abb. 7.37 VIMS-Berstrotor auf Wuchtmaschine *Schenck Pasio 50*

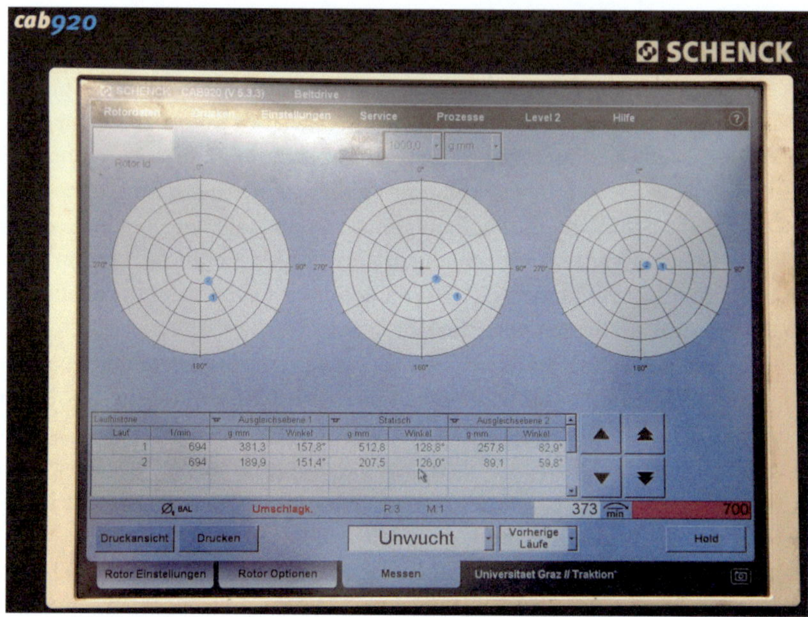

Abb. 7.38 Unser Interface der Wuchtmaschine Schenck Pasio 50 wärhend des Wuchtens des VIMS-Berstrotors

Abb. 7.39 Berstrotor montiert auf der nachgiebigen Welle des Schleuderstandes vor dem ersten Hochfahren

Erster Schleuderdurchgang

Da bei einem Schleuderversuch der Versuchsträger zwangsläufig an seine Streckgrenze und noch weiter betrieben wird, verändert sich die Wuchtgüte über die Drehzahl durch Setzerscheinungen, sowie plastische Verformung des Rotorwerkstoffes. Das Steigern der Drehzahl erfolgt daher stufenweise. Abb. 7.40 zeigt aufgenommene Daten des ersten Durchgangs der Schleuderprüfung. Es ist ganz klar zu erkennen, dass die Drehzahlsteigerung von 37.500 auf 40.000 UpM ein signifikantes Anwachsen der Wellenschwingung (sprich ein signifikantes Verschlechtern der Wuchtgüte) mit sich brachte. Da sich die Wuchtgüte jedoch bei Konstanthalten der Drehzahl auf 40.000 UpM nicht weiter verschlechterte und ein Absenken der Drehzahl auch eine Verringerung der Wellenschwingung mit sich brachte, wurde der Versuch nicht sofort abgebrochen, sondern eine weitere Steigerung auf 42.500 UpM vorgenommen.

Um den Rotor visuell inspizieren zu können und die Ursache für die signifikante Verschlechterung der Wuchtgüte möglicherweise entdecken zu können, wurde der Versuch vorerst unterbrochen. Außerdem war erneutes Wuchten erforderlich, um die geplante Berstdrehzahl von 45.000 UpM erreichen zu können. Bei der Sichtprüfung und dem Nachwuchten konnten folgende Ergebnisse festgestellt werden:

- Abfallen der Wuchtgüte (pro Ebene) von 7,5 auf 121 bzw. 5,6 auf 163 g∗mm
- Vermutliche Ursache: Plastifizieren eines Rotorwerkstoffes
- Aufweitung des Schwungmasseblechs (42CrMo4) um ca. 5/10 mm
- Nachwuchten auf 6,2 bzw. 10,1 g∗mm je Ebene

Die Aufweitung des Schwungmasseblechs aus 42CrMo4 um ca. 5/10 mm ist in Abb. 7.41 gut zu erkennen, da die äußere Kontur des montierten Rotors bei der Fertigung überdreht wurde und daher keine Durchmessersprünge aufweisen dürfte.

Die Ursache der Veränderung der Wuchtgüte lag also im Erreichen der *Streckgrenze* des Schwungmasseblechs aus 42CrMo4, da diese die duktilsten Eigenschaften der verwendeten

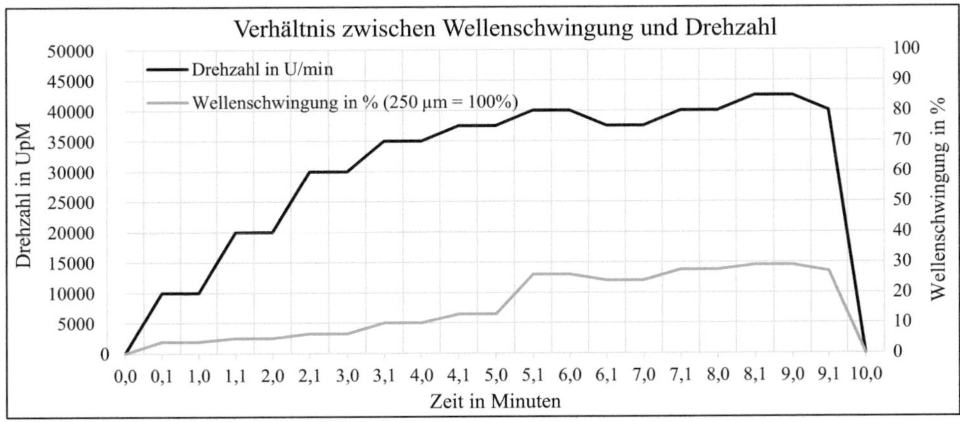

Abb. 7.40 Verlauf von Wellenschwingung und Drehzahl während des ersten Schleuderdurchgangs

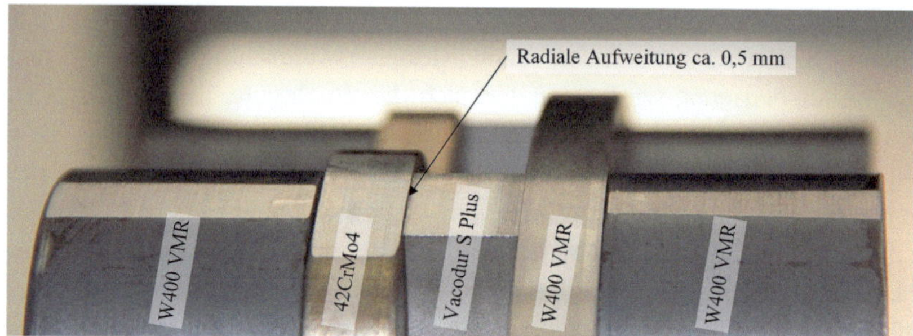

Abb. 7.41 Visuelle Prüfung des VIMS-Berstrotors nach einem Lauf bei bis zu 42.500 UpM

Tab. 7.9 Gegenüberstellung der mechanischen Eigenschaften der verschiedenen Rotorwerkstoffe des *VIMS*-Rotors

Werkstoff	*Böhler W400 VMR*	*42CrMo4*	*Vacodur S-Plus*
Nummer	1.2343	1.7225	–
Streckgrenze (ca.)	900 N/mm²	700 N/mm²	800 N/mm²
Zugfestigkeit (ca.)	1300 N/mm²	1200 N/mm²	1200 N/mm²

Rotorteile aufweisen. Die *Zugfestigkeit* der Schwungmassebleche liegt jedoch wie Tab. 7.9 zeigt über jener des Blechstacks aus *Vacodur S-Plus*.

Zweiter Schleuderdurchgang

Die Vorgehensweise beim zweiten Schleuderdurchgang war ident der des ersten. Die Drehzahl wurde stufenweise erhöht, wobei die Wellenschwingung bis zu 42.000 UpM deutlich geringer war, ja sogar mit zunehmender Drehzahl abnahm. Erst bei der Erhöhung von 42.000 auf 44.000 UpM konnte ein Anstieg der Wellenschwingung von ca. 3 % auf etwa 12 % bemerkt werden. Ab diesem Punkt stieg die Wellenschwingung jedoch selbst bei Konstanthalten der Drehzahl weiter an und wurde nicht wieder stabil; ein Zeichen dafür, dass die Fliehkräfte derart hoch waren, dass die Rotorbauteile dauerhaft plastisch verformt wurden. Bei 45.000 UpM kam es zum Bruch des Rotors, welcher sich durch einen lauten Knall sowie durch einen überproportionalen Ausschlag der Wellenschwingung bemerkbar machte. Der Verlauf der Messgrößen des zweiten Schleuderdurchgangs ist in Abb. 7.42 dargestellt.

7.5.2.1 Qualitative, postmortale Analyse

Nach dem Auslaufen der in der Berstkammer nach wie vor rotierenden Rotorteile und Bruchstücke wurde das Szenario fotografisch dokumentiert und die Daten für eine qualitative, postmortale Analyse aufbereitet.

Der Rotor war in horizontaler Ebene zweigeteilt worden, wobei der untere Teil bestehend aus der massiven Endplatte und der kreisrunden Messmassescheibe (beide aus *W400 VMR*) in das Fanglager der Berstmaschine gefallen war und dort aufgrund der gyroskopischen Stabilisierung für das lange Auslaufen (etwa 10 min) verantwortlich war. Der obere

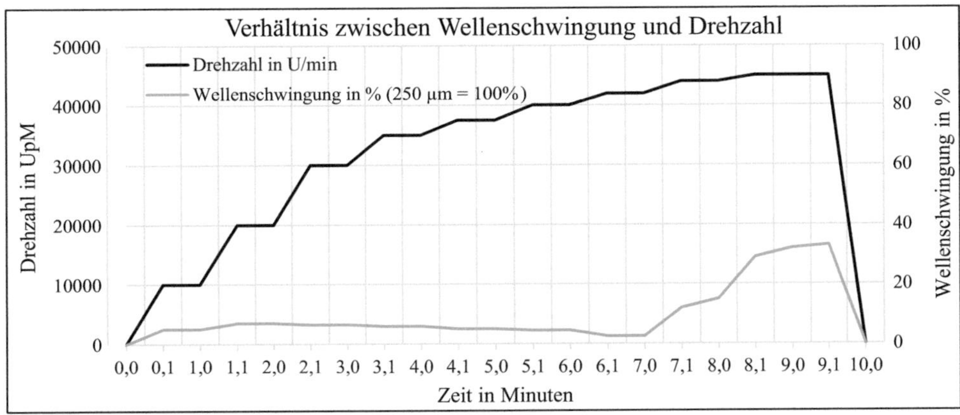

Abb. 7.42 Verlauf von Wellenschwingung und Drehzahl während des zweiten Schleudertests bis zum Bruch

Teil des Rotors hing weiterhin an der Antriebswelle, wobei das duktile Masseblech nach wie vor mit ihm verbunden war. Der Blechstack der E-Maschine aus *Vacodur S Plus* war zur Gänze pulverisiert worden. Abb. 7.43 zeigt die Prüfkörper unmittelbar nach öffnen der Berstkammer.

Alle noch verfügbaren Fragmente und Bauteile wurden eingesammelt und genau untersucht, um das Versagensszenario so gut wie möglich rekonstruieren zu können. Abb. 7.44 zeigt die vom Berstversuch übriggebliebenen Teile. Rechts unten im Bild erkennbar sind Bruchstücke der Spannschrauben, wobei nur mehr 5 der 8 zylindrischen Fragmente in der Berstkammer gefunden wurden.

Obwohl zwischen Spannschraube und Bohrung durch die Rotorschichten eine annähernd spielfreie Übergangspassung (H7/j6) gewählt wurde, ist in Abb. 7.45 links eine extreme Ausweitung der Bohrung im Schwungmasseblech aus 42CrMo4 zu erkennen. Das gleiche Phänomen konnte auch bei der Messmassescheibe aus *W400 VMR* beobachtet werden, jedoch wesentlich geringer, wie Abb. 7.45 rechts zeigt. Ein weiterer Indikator für die höhere Duktilität, aber geringere Festigkeit des 42CrMo4 gegenüber dem vakuumvergossenen Stahl von Böhler. Die Gegenüberstellung der beiden Werkstoffe nach dieser exzessiven Fliehkraftbelastung in Abb. 7.46 bestätigt dies: Der Überstand des Blechs 42CrMo4 gegenüber der massiven Endplatte aus *W400 VMR* beträgt 0,6 mm (Abb. 7.47).

Die Stirnseiten der Bolzenreste wiesen jeweils starke Indizien für hohe Scherkräfte auf und deuten nicht auf ein Versagen aufgrund von Zugspannungen hin. (Abb. 7.48 links.) Des Weiteren wies die ursprünglich zylindrische Kontur eine leichte Biegung der Symmetrieachse auf. Auf der konvexen Seite eines jeden Schraubenbruchstücks befinden sich „eingebackene" Fragmente der spröd-harten, 0,1 mm-starken *Vacodur S Plus* Elektrobleche. Es ist anzunehmen, dass diese Fragmente durch den Impact am Berstgehäuse mit dem relativ weichen Schraubenwerkstoff *X6CrNiMoTi17-12-2* (Nr. 1.4571) verschweißt wurden. Die Umfangsgeschwindigkeit zum Zeitpunkt des Rotorbruchs betrug knapp 520 m/s (1870 km/h).

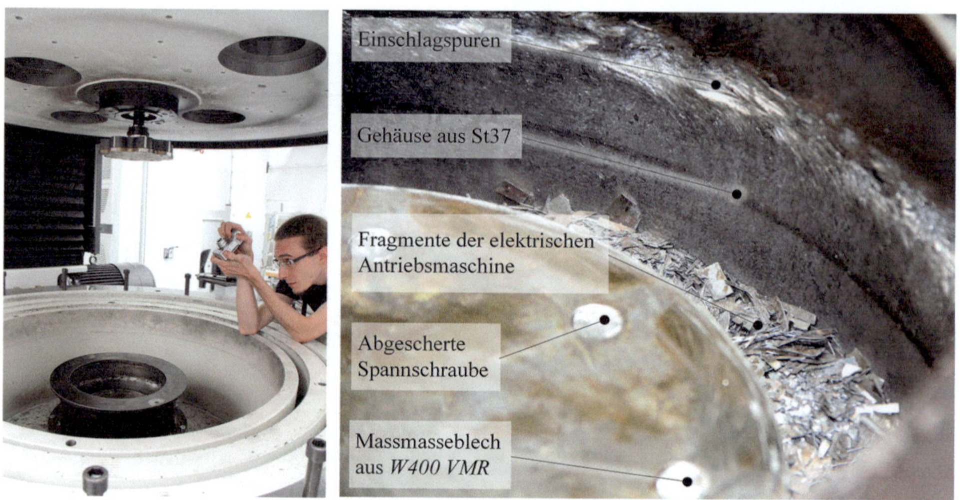

Abb. 7.43   Berstrotor nach eintreten des Versagens bei 45.000 UpM

Abb. 7.44   Vom Berstversuch übriggebliebene Rotorteile

Rekonstruktion des Rotorberstens

Alle Indizien deuten auf einen Ablauf des Versagens hin, der wie folgt rekonstruiert werden kann:

1. **Erstes Plastifizieren von Bauteilen bei 42.000 UpM**
   - Eine signifikante Abnahme der Wuchtgüte war durch Messen der Wellenschwingung zu beobachten. (Vergleiche Abb. 7.41)
2. **Bersten des *Vacodur S-Plus* Blechstacks bei 45.000 UpM**
   - Trotz degressiven Anwachsens der Wellenschwingung kam es zu einem plötzlichen, sich nicht durch Schwingungsmessung abzeichnenden Versagen des Rotors – ein

Abb. 7.45 Schwungmasseblech aus 42CrMo4 und Messmasseblech aus W400 VMR mit Resten der Spannschrauben

Abb. 7.46 Vergleich der fliehkraftbedingten Aufweitung der Rotorteile aus 42CrMo4 und W400 VMR nach 45.000 UpM

Abb. 7.47 Überreste der Spannschrauben, welche auf Höhe des *Vacodur*-Blechstacks abgeschert wurden

Abb. 7.48 Makroaufnahmen einer abgescherten Spannschraube. Links – Draufsicht mit eindeutigen Abscherungen. Rechts – Seitenansicht. Auf der rechten Seite des Bruchstücks sind „aufgebackene" Fragmente von *Vacodur S Plus* zu erkennen

klassischer Sprödbruch, der schon vor der postmortalen Analyse darauf hindeutete, dass ein Bruch des Vakodur-Blechstacks eingetreten war.

- Dieses spontane, spröde Berstverhalten war aufgrund vorhergehender Zugversuche zu erwarten – siehe Abb. 7.49.

3. Abscheren der Spannschrauben

- Die Spannschrauben, welche aufgrund der elektromagnetischen Anforderungen aus nicht-ferromagnetischem und daher relativ niederfestem austenitischem Stahl gefertigt werden mussten, konnten den Kräften, welche die Bruchstücke der E-Maschine aufgrund der Fliehkräfte in radialer Richtung auf die Zylindermantelfläche ausübten, nicht standhalten. Nicht nur die geringere Zugfestigkeit der Schrauben aus *1.4571* gegenüber allen anderen Rotorwerkstoffen, sondern auch die unterlegene Härte gegenüber *Vacodur S Plus* machten es möglich, dass sich großflächige Abscherungen wie in Abb. 7.48 links bildeten. Die Bruchstücke der Spannschrauben wiesen die exakt gleiche Höhe (12 mm) wie der Blechstack der E-Maschine auf.

4. Einschlagen der Rotorfragmente

Mit rund 500 m/s schlugen die Teile des E-Maschinen-Blechstacks, in welchen sich noch die abgescherten Spannschrauben befanden, in das Test-Berstgehäuse bestehend aus 2 konzentrischen Stahlringen mit je 8 mm Stärke ein.

Abb. 7.50 gibt den Ablauf des Rotorberstens in grafischer Form wieder.

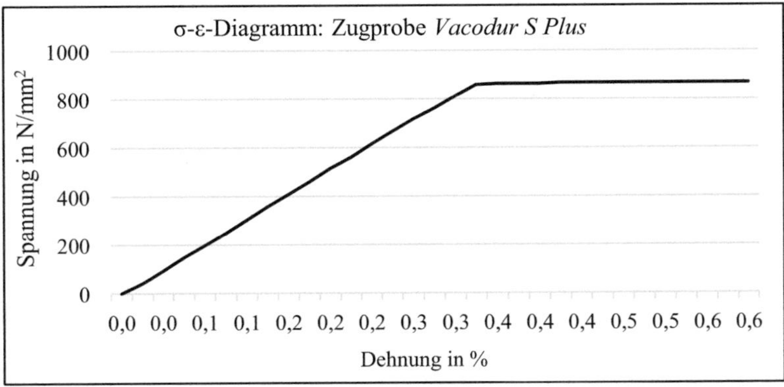

Abb. 7.49   Zugversuch einer Probe aus *Vacodur S Plus*, schlussgeglüht für maximale mechanische Festigkeit

7.5.3   Zusammenfassung der Ergebnisse – Vollintegrierter Mehrscheibenrotor (*VIMS*)

Die Konstruktion und theoretische Auslegung des vollintegrierten Mehrscheibenrotors barg viele Unsicherheiten, wie unter anderem:

- Statische Überbestimmtheit der Spannschrauben (Passschrauben)
- Mögliche Setzerscheinungen zwischen den Blechen
- Unterschiedlichste thermische Materialeigenschaften
- Unbekannte Materialeigenschaften des Backlacks (Isolators) der Elektrobleche
- Unbekannte gesamte Rotorsteifigkeit
- Unbekannte Schwingungsdämpfung

Nichts desto trotz verhielt sich der Rotor (sowohl beim Bersttest als auch der eigentlichen Inbetriebnahme) wie erwartet. Folgende Vorteile der Konstruktion gegenüber massiven Stahlrotoren, ja sogar gegenüber manchen Faserverbundrotoren, konnten mit dem *VIMS*-Konzept nachgewiesen werden:

1. **Berstverhalten:** Eine geschickte Materialwahl, welche den größten und massivsten Bauteilen den hochwertigsten (festesten) Werkstoff zuweist und den dünneren Schichten (= kleineren Rotorbauteilen) den sprödesten bzw. schwächsten, garantiert ein „gutmütiges" Berstverhalten. Es gilt:

$$\sigma_{W\,400\,VMR} > \sigma_{42CrMo4} > \sigma_{Vacodur\,S\,Plus} \tag{7.11}$$

Obwohl die abgescherten Segmente der Spannschrauben mit einem Durchmesser von 10 mm und 12 mm Höhe nur ca. 7,4 g wogen, war ihr Einschlag im Berstgehäuse eindeutig erkennbar

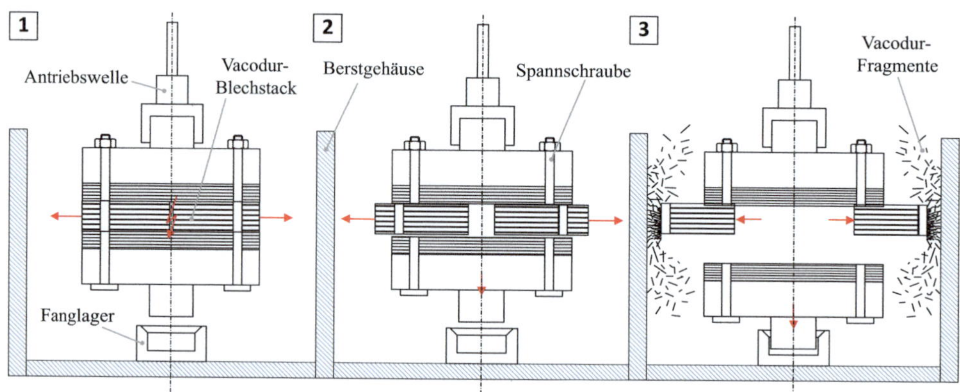

Abb. 7.50 Rekonstruktion des Versagenshergangs: 1. Sprödbruch des E-Maschinen-Blechstacks, 2. Abscheren der Spannschrauben, 3. Impact der Fragmente der E-Maschine am Berstgehäuse und der unteren Endplatte im Fanglager

(Abb. 7.51). Nahezu äquidistant, jeweils in 45° Winkelteilung am Umfang, ist eine deutliche Vertiefung zu erkennen, welche aufgrund der hohen kinetischen Energie der Schraubenstummel (je etwa 1000 Joule oder 0,3 Wh) entstanden sind. Der Stapel aus rund 120 Stück 0,1 mm starken *Vacodur S Plus* Blechen hingegen wurde beim Impact „pulverisiert", wodurch einerseits ein Teil der Energie in Reibung durch das Schaffen neuer Oberflächen umgewandelt wurde, andererseits erfuhr das Gehäuse dadurch eine nur homogene „Flächenlast" und wurde nicht punktuell durchstoßen. Das Vermeiden großer, hochenergetischer Bruchstücke im Versagensfall machte sich also bezahlt. Weitere Informationen zur Auslegung von Berstgehäusen und dem Zusammenspiel mit dem FESS-Rotor sind Kap. 8 zu entnehmen.

2. **Überwachung der Betriebssicherheit**: Der Einsatz eines duktilen Stahls als Masseblech erlaubt es, ein Verändern der Wuchtgüte bzw. eine mögliche Überlastung durch Plastifizieren messtechnisch zu erfassen bevor Sprödbruch der gehärteten Stähle einsetzt. Dies beweisen auch Abb. 7.40 und 7.42. Es ergibt sich ein stufenweises Versagen, wobei den dünnsten Rotorschichten die geringste Festigkeit (E-Maschinen Stack mit 0,1 mm Blechen) und die massivsten Teile (Endplatten aus W400 VMR, 30 mm stark) die höchste spezifische Festigkeit zugewiesen wurde.

3. **Erreichen und Halten einer hohen Wuchtgüte**: Beide Rotoren, der Prototyprotor mit 472 mm Höhe und 84 kg Masse und der Berstrotor mit 157 mm Höhe und 22 kg Masse, wiesen im Betrieb keinerlei Veränderung der Wuchtgüte aufgrund von Setzerscheinungen o. Ä. auf. Erst plastische Verformung bei 42.000 UpM bewirkte ein Abfallen der Wuchtklasse. Gegenüber gewickelten Faserverbundrotoren ergeben sich zwei wesentliche Vorteile:

   - Hinzufügen einer dritten Wuchtebene nahe der Rotormitte durch radiale Bohrungen in die stählernen Massebleche möglich. (Vergleiche Abschn. 9.6.1.)
   - Kein Verändern der Wuchtgüte durch Kriechen stark vorgespannter Fasern in der Matrix.

Abb. 7.51 Einschläge der Schraubenfragmente im Berstgehäuse des VIMS-Berstrotors

4. **Gute thermische Eigenschaften:**

▶   Während herkömmliche E-Maschinen üblicherweise durch einen axialen Luftstrom gekühlt werden, müssen Flywheel-Systeme aufgrund der evakuierten Atmosphäre mit Wärmestrahlung und -leitung alleine auskommen. Daher kommt der Berücksichtigung der thermischen Situation des FESS im Design-Prozess eine spezielle Bedeutung zu [56].

Zwei Eigenschaften stählerner Werkstoffe fallen hierbei besonders ins Gewicht:

- Höhere Temperaturbeständigkeit als CFK oder andere Werkstoffe mit duroplastischer Matrix. Die unter Abschn. 7.2.1.2 genannten Vorteile von Stahl gegenüber Verbundwerkstoffen wurde bei dem hier diskutierten Mehrscheibenrotor voll ausgenützt. Die Festigkeit von Metallen bleibt bis in höhere Temperaturbereiche erhalten, wie Abb. 7.52 zeigt.
- Gute Wärmeleitfähigkeit von Stahl. Wie auch aus Abschn. 6.2 hervorgeht, wirken Kunststoffteile um den Rotor der E-Maschine thermisch isolierend. Im Falle des vollintegrierten Mehrscheibenrotors leiten die axial angrenzenden Schwungmassen deutlich besser, ja sie dienen sogar als thermische Senke bzw. thermisch träge Masse. Dadurch können Temperaturspitzen bei kurzeitig auftretender, hoher Last abgefangen werden.

5. **Reduktion der Kosten**
    - Die Erzeugung des Rotors ist durch konventionelle Fertigungsverfahren wie Drehen, Fräsen und Bohren möglich. Einzige Ausnahme im Falle des evaluierten Prototyps stellte der Aktivteil der E-Maschine dar, welcher drahterodiert wurde. Bei höheren Stückzahlen oder in Serienproduktion sind allerdings kostengünstigere Verfahren wie z. B. Stanzen möglich.

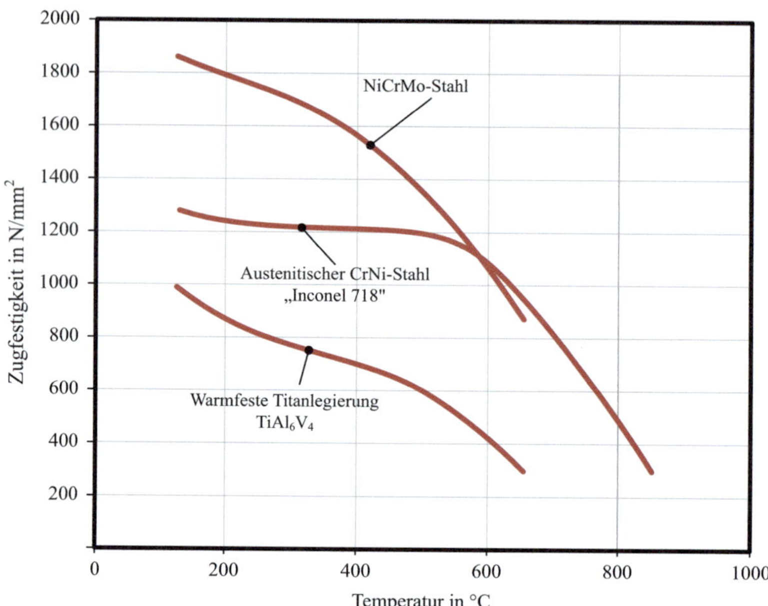

Abb. 7.52 Zugfestigkeit von Metallen bei Temperaturerhöhung (Daten aus [54] und [55])

- Der Einsatz kostengünstiger Werkstoffe erlaubt einen theoretisch erreichbaren Rotormaterialpreis von etwa 150 Euro. Die spezifischen Kosten des Böhler W400 VMR liegen bei 11,00 €/kg, die des 42CrMo4 bei etwa 1,79 €/kg.

Literatur

1. J. Feldhusen und K.-H. Grote (2007) Dubbel – Taschenbuch für den Maschinenbau, 22. Auflage. Springer, Berlin, Heidelberg, Deutschland
2. P Selke und B. Assmann (2006) Technische Mechanik – Band 2: Festigkeitslehre, 16. Auflage, 2006. Oldenburg Wissenschaftsverlag GmbH, München, Deutschland.
3. F. Strößenreuther (1996) Machbarkeitsstudie und Konzept einer stationären Schwungradanlage zur dezentralen, verbraucherorientierten Energiespeicherung (Diplomarbeit), Lehrstuhl für Dampf- und Gasturbinen, Aachen, Deutschland.
4. G. Genta (1985) Kinetic Energy Storage: Theory and Practice of Advanced Flywheel Systems. Butterworths, London, UK.
5. P. von Burg (1996) Schnelldrehendes Schwungrad aus Faserkunststoff, ETH Zürich, Schweiz.
6. S. Renner-Smith (1980) Energy Storage: Search for the Perfect Flywheel. Popular Science, Ausgabe Januar 1980.
7. O.J. Fiske und M.R. Ricc (2005) Third Generation Flywheels For High Power Electricity Storage. LaunchPoint Technologies, Goleta, California, USA.
8. A. Kubo, H. Kameno und R. Takahata (2003) Development of a Compact Flywheel Energy Storage System. Koyo Engineering Journal, Nr. English Edition No. 163E.

9. J. Carter (2014) The use of the Gyrodrive hybrid system in bus, truck and off highway vehicles. GKN Hybrid Power, Grove UK.

10. J. Arseneaux (2011) 20 MW Flywheel Energy Storage Plant. Beacon Power LLC, Wilmington, Massachusetts, USA.

11. T. Dever (2013) Development of a High Specific Energy Flywheel Module and Studies to Quantify Its Mission Applications and Benefits. NASA, USA.

12. A. J. Deakin (2014) High performance and low CO_2 from a Flybrid® mechanical kinetic energy recovery system. Torotrak Group PLC. Preston, Lancashire, UK.

13. R.J. Hayes, J.P. Kajs, R.C. Thompson and J.H. Beno (1999) Design and Testing of a Flywheel Battery for a Transit Bus. SAE International Congress and Exposition, Detroit, Michigan, USA.

14. Robert Hebner, Joseph Beno and Alan Walls (2002) Flywheel Batteries Come Around Again. IEEE Spectrum, pp. 46-51, Ausgabe April 2002. https://spectrum.ieee.org/energy/the-smarter-grid/flywheel-batteries-come-around-again

15. M. A. Pichot, J. M. Kramer, R. C. Thompson, R. J. Hayes und J. H. Beno (1997) The Flywheel Battery Containment Problem. 1997 SAE International Congress and Exposition, Detroit, Michigan, USA.

16. NEXUS Projects SL (2012) Durability of Composites – Fatigue. Martorell, Barcelona, Spanien. http://nexusprojectes.com/durabilidad.aspx?lang=en. [Zugriff am 17. August 2016].

17. Anthony J. Colozza (2000) High Energy Flywheel Containment Evaluation. NASA, Brook Park, Ohio, USA.

18. S.K. Ha, K.K. Jin und Y Huang (2008) Micro Mechanics of Failure (MMF) for Continuous Fiber Reinforced Composites. Journal of Composite Materials, Bd. 42 (18) pp. 1873–1895 Ausgabe Juli 2008.

19. J. Koyanagi (2011) Durability of filament-wound composite flywheel rotors. Mechanics of Time-Dependent Materials, Bd. 16, Nr. 1, pp. 71–83.

20. H. P. Luckett (1979) PS/What's News. Popular Mechanics, p. 75, Ausgabe Oktober 1979.

21. B. Nearing (2011) Flywheels fail at energy project. TimesUnion, Ausgabe 19. 10. 2011.

22. Universal Science (2012) Thermal Conductivity of Materials. http://www.universal-science.com/wp-content/uploads/2012/08/Thermal-conductivity-table.pdf. [Zugriff am 08. Januar 2016].

23. Böhler (2012) Werkzeugstähle Schnellarbeitsstähle. Lieferprorgamm BÖHLER – Stahl für die Besten der Welt, Nr. Ausgabe Mai 2012 pp. 10–74.

24. T. Tian (2011) Anisotropic Thermal Property Measurement of Carbon-fiber/Epoxy Composite Materials. University of Nebraska, Lincoln, Nebraska, USA.

25. A. Dasgupta und R. K. Agarwal (1992) Orthotropic thermal conductivity of plain-weave fabric composites using a homogenization technique. Journal of Composite Materials, Nr. Edition 26, pp. 2736–2758.

26. R. D. Sweeting (2004) Measurement of thermal conductivity for fibre-reinforced composites. Composites Part A: Applied Science and Manufacturing, pp. 933–938.

27. R. C. Wetherhold und J. Wang (1994) Difficulties in the theories for predicting transverse thermal conductivity of continuous fiber composites. Journal of Composite Materials, pp. 1491–1498.

28. A. Storer (2015) What is the maximum temperature stability of carbon fiber composite and glass fiber composite? https://www.quora.com/What-is-the-maximum-temperature-stability-of-carbon-fiber-composite-and-glass-fiber-composite. [Zugriff am 08. Januar 2016].

29. P.E. Mason, K. Atallah und D. Howe (1999) Hard and Soft Magnetic Composites in High Speed Flywheels, ICCM-12 Paris, Frankreich.

30. GKN Hybrid Power (2014) Gyrodrive by GKN Hybrid Power – Driving Efficient Transport," Unit 1 Pentagon South, Abingdon Science Park, Barton Lane, Abingdon, Oxford OX14 3PZ, UK.

31. L.A. Bisby (2003) Fire behaviour of fibre-reinforced polymer (FRP) reinforced or confined concrete," (Dissertation), Queen's University, Kingston, Ontario, Kanada.

32. Clean Motion Offensive (2011) Projektinhalt. Clusterland Oberösterreich GmbH, Hafenstraße 47-51, 4020 Linz, Österreich. http://www.cleanmotion.at/index.php?id=19. [Zugriff am 20. Februar 2016].

33. Klima- und Energiefonds (2011) CMO – Clean Motion Offensive. Klima- und Energiefonds, Gumpendorferstr. 5/22, 1060 Wien, Österreich. https://www.klimafonds.gv.at/unsere-themen/e-mobilitaet/leuchttuerme/cmo-clean-motion-offensive/. [Zugriff am 20. Februar 2016]

34. VAC – Vacuumschmelze (2013) Weichmagnetische Kobalt-Eisen-Legierungen (Datenblatt VACOFLUX und VACODUR). Vacuumschmelre, Hanau, Deutschland.

35. E. Lindsley (1973) Hybrid Car: Part-Time Engine + Part-Time Flywheel = Full-Time Transportation. Popular Science, Ausgabe. August 1973.

36. A. P. Armagnac (1974) Flywheel Brakes Store New Train's Energy for Electricity-Saving Starts. Popular Science, pp. 70–72, Ausgabe Februar 1974.

37. D. Scott (1980) Hydrobus, gyrobus use brake-generated energy. Popular Science, pp. 76–77, 1980.

38. D. Scott (1961) Fith Wheel Runs Bus… Stops it Too! Popular Science, pp. 98–102, Ausgabe Mai 1961.

39. R. C. Clerk, J. Adams und J. A. Howell (1970) Flywheel aided power surge. Commercial Motor Archive, 30 Oktober 1970.

40. W. Novy (2008) Start-Stopp – aber mit Schwung! Kietische Energiespeicher als Alternative zu Akkumulatoren und Kondensatoren. AUTOMOTIVE, pp. 64–66, Ausgabe 11 2008.

41. P. Dietrich (1999) Gesamtenergetische Bewertung verschiedener Betriebsarten eines Parallel-Hybridantriebes mit Schwungradkomponente und stufenlosem Weitbereichsgetriebe für einen Personenwagen (Dissertation).p. 86. ETH Zürich, Schweiz.

42. Parry People Movers Ltd. (2009) PPM Technology. Parry People Movers Ltd, Overend Road, Cradley Heath, West Midlands, B64 7DD, UK. http://www.parrypeoplemovers.com/technology.htm. [Zugriff am 20. August 2016].

43. H. Schreck (1977) Konzeptuntersuchung Realisierung und Vergleich eines Hybrid-Antriebes mit Schwungrad mit einem konventionellen Antrieb. Fakultät für Maschinenwesen der Rheinisch-Westfälischen Technischen Hochschule, Aachen, Deutschland.

44. N. N. Gulia, (1986) Der Energiekonserve auf der Spur. Verlag Harri Deutsch, Thun, Deutschland.

45. Compact Dynamics (2008) KERS – Energy Recovery System (Version 08). Compact Dynamics, Moosstrasse 9, D-82319 Starnberg, Deutschland.

46. B. Schweighofer, M. Recheis, P. Fulmek und H. Wegleiter (2013) Rotor Losses in a Switched Reluctance Motor – Analysis and Reduction Methods. EPJ Web of Conferences, Volume 40, 2013. JEMS 2012 – Joint European Magnetic Symposia. https://doi.org/10.1051/epjconf/20134017008

47. E. Chiao (2012) Amber Kinetics DOE Peer Review. U.S. Department of Energy, Washington D.C., USA.

48. Grosschädl Stahl (2016) Lager-Preisliste, Stabstahl 42CrMo4 + QT. Graz, Österreich.

49. Edelstahl Service Schulz (2016) Übersicht über die verarbeiteten Werkstoffe – Nichtrostende Stähle (austenitisch) – Sonderstähle. Edelstahl Service Schulz, Augustenstr. 10 a, 70178 Stuttgart, Deutschland.

50. D. Breslavsky (2011) European steel and alloy grades and numbers. National Technical University, KhPI, 21 Frunze Str., Kharkov 61002,Ukraine. http://www.steelnumber.com/en/steel_composition_eu.php?name_id=335. [Zugriff am 22. Juli 2016].

51. BI-WAT GmbH. – Bad Ischler Wassertechnik und Edelstahldesign (2013) Edelstahl-Information I Chemische Beständigkeit. Marie-Luisenstraße 1A, 4820 Bad Ischl, Österreich.

52. Thyssen Krupp Materials International (2008) Werkstoffblatt TK 34CrMo(S)4 bis 42CrMo(S)4, p.3. Thyssenkrupp AG, Essen, Deutschland.

53. A. Buchroithner, I. Andrasec und M. Bader (2012) Optimal system design and ideal application of flywheel energy storage systems for vehicles. 2012 IEEE International Energy Conference and Exhibition (ENERGYCON). Florenz, Italien. DOI: 10.1109/EnergyCon.2012.6348295

54. P. M. Rudeloff (1909) Der Einfluß erhöhter Temperaturen auf die mechanischen Eigenschaften der Metalle. Polytechnisches Journal, Berlin, Deutschland. http://dingler.culture.hu-berlin.de/article/pj324/ar324182

55. C. Brummer (2013) Licht hilft beim Formen anspruchsvoller Materialien – Laserunterstütztes Metalldrücken verbessert Formänderungsverhalten hochfester Werkstoffe. Industrieanzeiger Future Trends, Ausgabe 22. April 2013. Konradin-Verlag Robert Kohlhammer GmbH, Leinfelden-Echterdingen, Deutschland.

56. Grosschädl Stahl (2016) Lager-Preisliste, Stabstahl 42CrMo4 + QT. Grosschädl Stahl Graz, Südbahnstraße 10, A-8020 Graz, Österreich.

Gehäuse

Nichts schadet dem wirtschaftlichen Erfolg einer Technologie mehr, als der Ruf, gefährlich zu sein. Auch wenn kaum Unfälle mit Schwungrädern bekannt sind, bei denen es tatsächlich zu einem Personenschaden kam, so genügen Zwischenfälle wie z. B. der vielzitierte Rotorbruch in der Grid-Stability-Anlage von *Beacon Power*, um das Misstrauen gegenüber der FESS-Technologie zu schüren [1], aber bisher wurden nur wenige Unfälle publik, bei denen das Berstgehäuse durschlagen wurde und Rotorbruchstücke ausgetreten sind. Zwei prominente Beispiele sind jedoch:

- **2011, *Beacon Power*:** (Vergleiche Abb. 8.1): Pulverexplosion des Kohlefaserstaubs [2].
- **2015, *Quantum Technologies*:** Fehlerursachen wurden von den Betreibern nicht publiziert [3].

Bei allen weiteren in der Literatur zu findenden Rotor- und Gehäusebeschädigungen handelt sich um vorsätzlich durchgeführte Bersttests im Rahmen wissenschaftlicher Untersuchungen. Da das Berstverhalten von isotropen (meist stählernen) Rotoren ein völlig anderes ist als jenes von anisotropen (Faserverbund-) Rotoren, muss hier eine klare Unterscheidung vorgenommen werden.

8.1 Anforderungen abgeleitet aus *Supersystem-Analyse*

Das Gehäuse des Flywheels ist ein Bauteil, dem im Wesentlichen drei Aufgaben zugesprochen werden:

- Schnittstelle der Anbindung zwischen beweglichen Teilen des Speichers und dem Fahrzeug
- Gewährleistung der erforderlichen Dichtheit für das Vakuum
- Schutzfunktion gegen Austreten von Teilen im Falle eines Rotorversagens/Crashs

© Springer Fachmedien Wiesbaden GmbH, ein Teil von Springer Nature 2019
A. Buchroithner, *Schwungradspeicher in der Fahrzeugtechnik*,
https://doi.org/10.1007/978-3-658-25571-8_8

Abb. 8.1 Kohlenstaubexplosion in der *Beacon Power* Flywheel Plant in Stephentown, USA im Jahr 2011 [2]. (Bildrechte: The Eastwick Press)

In weiterer Folge soll nur auf die dritte Teilaufgabe eingegangen werden, da die ersten beiden Punkte selbsterklärend sind und auch weitgehend als gelöst angesehen werden können.

Abb. 8.2 illustriert die 8 wesentlichsten Aspekte des Gehäusedesigns, welche sich aus der Betrachtung des *Supersystems* ergeben. Neben dem Sicherheitsaspekt (im Falle von Bersten und Crash), der stets oberste Priorität bei der Konstruktion des Gehäuses haben muss, sind folgende Anforderungen einzuhalten:

1. **Geringes Gewicht:** Die tendenziell hohe spezifische Energie des Rotors alleine beträgt auf Systemebene meist nur einen Bruchteil, da das Gehäuse üblicherweise den größten Gewichtsanteil aufweist.
2. **Gute Integrierbarkeit ins Fahrzeug:** Eine entsprechende Schnittstelle zum Fahrzeug muss geschaffen werden, welche generell beim Nutzfahrzeug aufgrund des großzügigeren Platzangebots leichter zu realisieren ist.
3. **Hohe Steifigkeit und Dämpfung**: Günstige Beeinflussung der Maschinendynamik und Akustik durch die Gehäusestruktur und deren Eigenschaften ist erforderlich.
4. **Eignung für Kühlsystem:** Ein entsprechendes Kühlsystem für Motor-Generator und Lagerung muss in das Gehäuse integrierbar sein.
5. **Geringe Kosten:** Da üblicherweise duktile (Bau-)Stähle zum Einsatz kommen, welche sehr kostengünstig sind, ist besonders auf fertigungsgerechte Konstruktion zu achten, um prozessbedingte Kosten zu vermeiden.

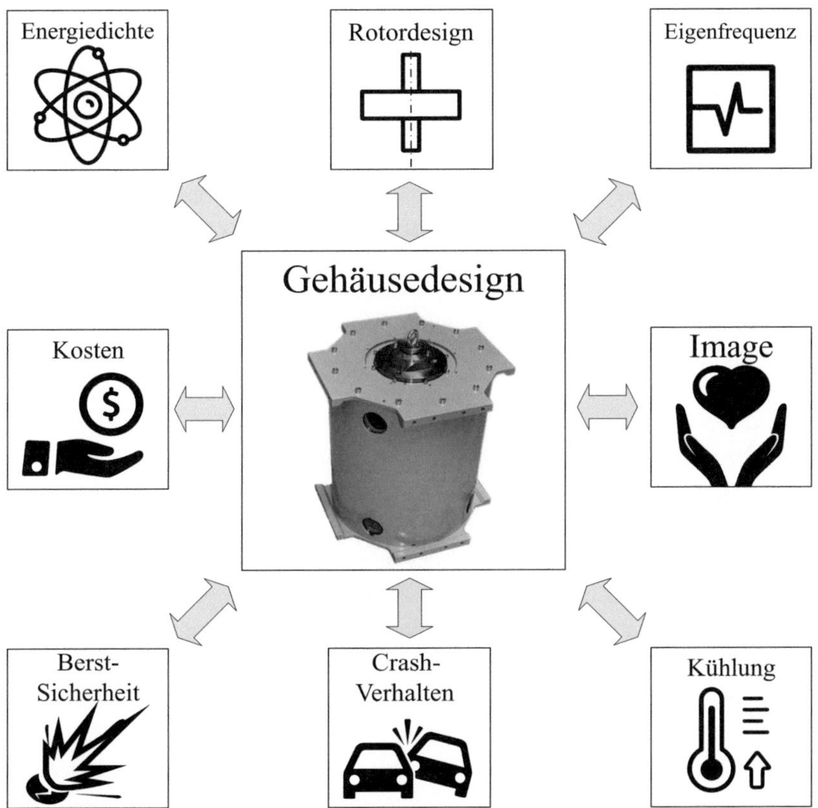

Abb. 8.2 Die 8 wesentlichen, wechselseitigen Einflussparameter des Gehäusedesigns für FESS

6. **Ansprechendes Design:** Da der Kunde vom „Inneren", d. h. der eigentlichen Technologie des Speichers nichts sieht, spielt das äußere Erscheinungsbild eine zentrale Rolle in Bezug auf Marketing.

Die in der Literatur verfügbaren Auslegungsmethoden für Schwungradgehäuse (*NASA* [5], *Lockheed* [6], *Genta* [7] (siehe Abschn. 8.6) weisen starke Divergenzen auf und stützen sich zum Teil auf spezifische, empirische Eingangsgrößen.

Fortschritte im Bereich der Gestaltung von FESS-Berstgehäusen sind jedoch aus den folgenden zwei Gründen besonders wichtig [4]:

1. **Um FESS einen erfolgreichen Markteintritt zu gewährleisten, muss Vertrauen der Bevölkerung in die Technologie geschaffen werden:**
   - Wie das kurze Rechenbeispiel in Kap. 2, Gl. 8.2 und die zu Beginn des Kapitels erwähnten Unfälle zeigen, so kann das Schadensbild im Falle des Rotorberstens katastrophale Ausmaße annehmen.

- Auch die Experten des *Oak Ridge National Laboratories* (U.S. Department of Energy) sind sich einig.
- „An accident resulting from a containment failure by any one of the flywheel developers would be detrimental to the entire industry"[8]. Das betrifft auch die Einstellung großer Investoren, welche durch das Zurückziehen ihrer finanziellen Mittel die technische Entwicklung von Schwungradspeichern extrem verlangsamen können [1].

2. **Steigerung der spezifischen Energie durch Senkung des Gehäusegewichts:**

▶ Das Erreichen der unter Abschn. 5.4 erwähnten *Threshold Energiedichte* muss als wesentliches Ziel bei der Entwicklung mobiler Schwungradenergiespeicher angesehen werden.

8.2 Sicherheitstechnische Anforderungen an mobile Energiespeicher

Alle Energiespeicher müssen gewissen Sicherheitsbestimmungen gehorchen. Speziell im Bereich der Fahrzeugindustrie unterliegen sie besonders strengen Auflagen, welche aufgrund des limitierten Bauraums und des Trends zum Leichtbau nicht immer einfach einzuhalten sind. Während Supercaps und Batterien keine beweglichen Teile besitzen und die Gefahr in erster Linie durch einen möglichen Stromschlag oder Brand durch Kurzschluss zu Stande kommt, benötigt der Schwungradspeicher ein anderes, umfangreiches Sicherheitskonzept. Das Hauptproblem hierbei ist, dass beim Schwungradspeicher die gesamte kinetische Energie innerhalb kürzester Zeit freigesetzt werden kann. Ein einfaches Zahlenbeispiel macht deutlich, welche Schäden beim Versagen eines Flywheels mit einem Energieinhalt von 1,5 kWh entstehen können. Der Energieinhalt wird einfach mit der kinetischen Energie eines 1,5-Tonnen-Pkws verglichen:

$$1,5\left[kWh\right] = 1,5 * 1000 * 3600 = 5400000\left[J\right] = \frac{1}{2}\,m\,v^2 = 750\,v^2 \qquad \text{(Gl. 8.1)}$$

$$v = \sqrt{\frac{5400000}{750}} \approx 85\left[\frac{m}{s}\right] \mathrel{\hat{=}} 306\,km\,/\,h \qquad \text{(Gl. 8.2)}$$

Beispiel

Der Energieinhalt eines 1,5-kWh-Flywheels ist also dem eines über 300 km/h schnellen Pkws gleichzusetzen. Größte Gefahr ist der Bruch des Rotors und die hohe Energie der Bruchstücke durch die extremen Umfangsgeschwindigkeiten. Es ist daher müßig zu erwähnen, dass eine ausgeklügelte Überwachungs- und Notfallstrategie unerlässlich ist.

Im Wesentlichen kann man *vier mögliche Szenarien* während des Fahrzeugbetriebes unterscheiden und demnach Sicherheitsanforderungen definieren:

1. **Für den normalen Fahrbetrieb**

   Der Schwungradspeicher muss unter den gegebenen Betriebsbedingungen ein sicheres Verhalten aufweisen. Die Auslegung muss so erfolgen, dass die im normalen Fahrbetrieb auftretenden Beschleunigungen, Frequenzen und Temperaturbereiche dem Flywheel in keiner Weise schaden. Durch unterschiedliche Einflüsse kann es aber selbst bei sachgemäßem Betrieb zu plötzlichem, technischem Versagen kommen. Ursachen hierfür können sein:
   - Materialermüdung durch Dauerbelastung
   - Thermisches Altern von Kunststoffen
   - Verschleiß der Lager
   - Stochastische Fehler in der Regelung
   - Stochastische Fehler im Material (Lunker, etc.)

2. **Für den frühzeitig detektierbaren Störfall**

   Es muss ein Überwachungssystem vorgesehen werden, welches durch Messung von Betriebsparametern wie Beschleunigung, und/oder Amplitude der Drehachse, Temperatur etc. den „normalen" vom „gestörten" Betrieb unterscheiden kann. Wird bei einem Betriebsparameter eine kritische Grenze überschritten (z. B. Beschleunigung an einer Lagerstelle), so muss das System kontrolliert und schadenfrei abgeschaltet werden.

Für die Zustandsüberwachung sind unter anderem folgende Methoden verfügbar:

a. Vibrationsbasierte Methode: [9, 10].
b. Messung der Deformation: [11].
c. Risserkennung im drehenden Rotor durch Spektralanalyse: [12, 13].

Die obengenannten Methoden gehören dem Themenkreis der Messtechnik bzw. Signalauswertung an und werden im Zuge diesem Buch nicht genauer beschrieben. Es wird auf die angeführten Literaturreferenzen verwiesen.

3. **Für den sogenannten Repair-Crash**

Es handelt sich hierbei um Unfälle bei geringen Geschwindigkeiten, zum Beispiel einem Parkschaden. Die Versicherungskonzerne führen genormte Crashtests (*AZT/RCAR Tests*) durch, nach welchen die Reparaturkosten ermittelt werden. (Vergleiche Abb. 8.3 und 8.4.) Ziel eines jeden Fahrzeugherstellers ist es, die Reparaturkosten so gering wie möglich zu halten, um für das Fahrzeug günstige Versicherungsprämien zu erhalten. Würde das Flywheel durch den *RCAR*-Reparaturtest beschädigt werden, so wäre dies aus wirtschaftlicher Sicht ein Knock-Out-Kriterium für den Serieneinsatz im Fahrzeug!

   Sowohl für Front- als auch für Hecktests gilt: Die Aufprallgeschwindigkeit ist mit $v_F = 15$ km/h definiert, der *Barrierenwinkel* $\alpha = 10°$ und der Rundungsradius $R = 15$ cm.

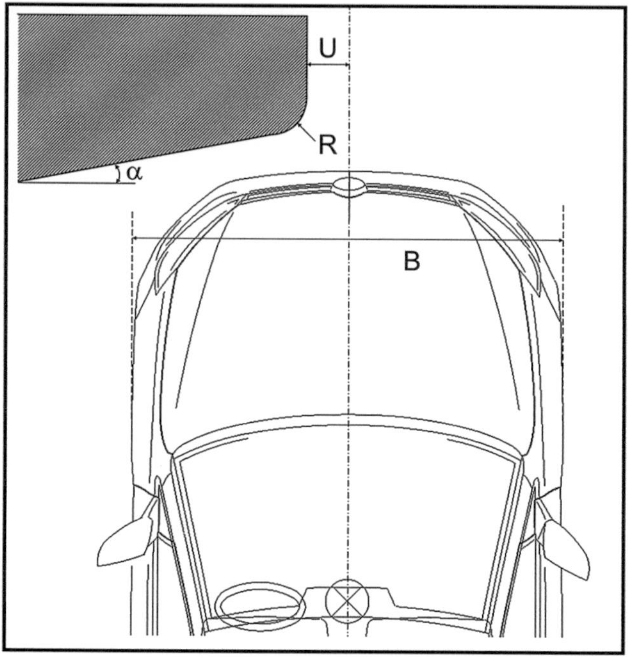

Abb. 8.3 Neuer AZT/RCAR Reparaturtest: 10° Front. (Bildrechte: ATZ Automotive GmbH)

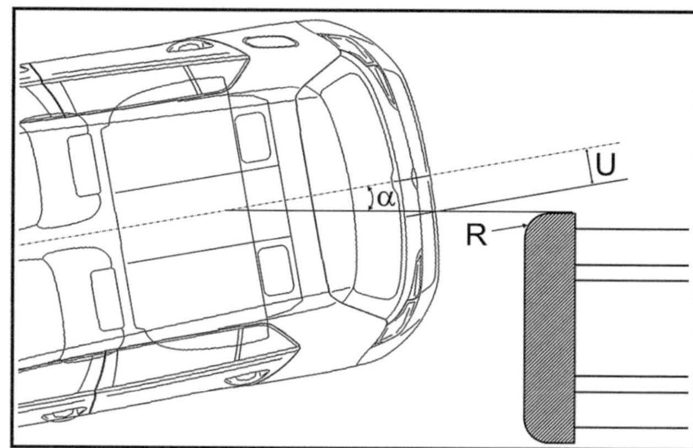

Abb. 8.4 Neuer AZT/RCAR Reparaturtest: 10° Heck. (Bildrechte: AZT Automotive GmbH)

4. Für den schweren Unfall

In diesem Fall darf der Schwungradspeicher zwar zerstört werden, aber selbstverständlich dürfen keine Bruchstücke aus dem Sicherheitsgehäuse austreten und somit ein weiteres Verletzungsrisiko darstellen. Es ist naheliegend, eine „Abschalte-" oder „Selbstzerstörungsstrategie" mit der Auslösung des Rückhaltesystems des Fahrzeuges zu koppeln.

Die Testverfahren für die üblichen, im Verkehr auftretenden Unfälle, sind vielfältig. In Europa gelten grundsätzlich die Bestimmungen des *EEVC (European Enhanced*

Vehicle-safety Committee). Für den Verkauf sind aber noch die *EuroNCAP*-Tests von großer Bedeutung, da die Kundschaft bei der Fahrzeugsicherheit großen Wert auf die erreichte Punkte- und Sternbewertung der Fahrzeugtypen legt. Mit Schwungradspeicher ausgestattete Fahrzeuge sollten also nicht nur die *EEVC*-, sondern auch den *EuroNCAP*-Bestimmungen gerecht werden. (Die genauen Testverfahren und Richtlinien sind der Fachliteratur, wie zum Beispiel [14] zu entnehmen.) Meistens ist die Knautschzone eines Fahrzeuges so aufgebaut, dass sich Beschleunigungen von ca. 10 g bei Zerstörung des Stoßfängers, 40 g bei weiterem Eindringen in den Motorraum und 60 g kurz vor Erreichen der Spritzwand ergeben, um Intrusionen in die Fahrgastzelle zu vermeiden. Zusätzlich führt jeder Fahrzeughersteller noch hausintern Missbrauchstests durch, welche ebenfalls bei der Auslegung der mechanischen Schwungradkomponenten beachtet werden müssen.

Bislang wurde nur ein einziger Crashtest (Schlittentest) mit einem Flywheel durchgeführt [21]. Ein Schwungrad der Firma *Flybrid Systems* wurde bei einer Betriebsdrehzahl 64000 U/min erfolgreich getestet. Der für das *KERS* in der Formel 1 bestimmte Schwungradspeicher wurde in einem Schutzgehäuse Beschleunigungen von mehr als 20 g ausgesetzt, ohne dass die Betriebstüchtigkeit darunter litt [15]. Der Testaufbau ist in Abb. 8.5 zu sehen.

Die elektrischen Schutzbestimmungen gelten für Batterien, *Supercaps* und auch Schwungrad-speicher, falls die Energie elektrisch übertragen wird. Hierfür existieren bereits etliche, technisch anerkannte Empfehlungen. Sehr umfassende Leitnormen sind die *ECE-R-100* und die *DIN EN 1987* auf die nur verwiesen, aber nicht weiter eingegangen wird.

Abb. 8.5 Schlitten-Crashtest eines Schwungradspeichers der Firma *Flybrid Systems*. (Bildrechte: PUNCH Flybrid)

8.3   Analyse bestehender Systeme/Stand der Technik

Betrachtet man einige in der Literatur verfügbare Beispiele von Berstgehäusen für Schwungradspeicher, so stellt man fest, dass:

1. Die Auslegung meist sehr konservativ, d. h. durch signifikante Überdimensionierung vorgenommen wurde.
2. Der Gewichtseinfluss des Gehäuses bei stationären FESS-Anlagen als irrelevant angesehen wird und die Schwungräder meist zusätzlich in betonierten Rohren im Boden (d. h. dem Gebäudefundament) versenkt werden.

Für mobile Anwendungen sind diese beiden Maßnahmen selbstverständlich ungeeignet, da sie die Energiedichte des Speichersystems erheblich verringern.

8.3.1   Beispiel: Lamellengehäuse für Faserverbundrotoren stationärer FESS

Das Konzept Lamellengehäuse wurde von der *Boeing Phantom Works* entwickelt und als „*S-Bracket Chamber*" bezeichnet. Der Grundgedanke bei der Auswahl dieses Konzeptes war, dass durch die Stahllamellen sehr viel Verformungsenergie aufgenommen werden kann. Dieser Gehäusetyp wurde speziell an einen gewickelten, anisotropen, Rotor angepasst. Dieser „platzt" beim Bersten auf, wobei der Vorgang mit einer enormen Volumenzunahme verbunden ist.

Die Lamellen, welche am Gehäuseinnenring angeschweißt sind, erlauben einerseits eine Aufweitung des Rotors, andererseits wird dieser mit zunehmendem Durchmesser durch die auftretenden Kontaktkräfte immer stärker gebremst. Ein isotroper Stahlrotor wurde in diesem Gehäusetyp bisher nicht getestet, erscheint jedoch aufgrund der spezifischen Bruchkinematik (2 bis 3 scharfkantige Bruchstücke) wenig sinnvoll, da die Lamellen die Winkelgeschwindigkeit des Verbundrotors „schonend" senken sollen und keine optimierte Struktur für massive Bruchstücke mit ballistischer Flugbahn darstellen.

Abb. 8.6 zeigt das Konzept „Lamellengehäuse" der Firma *Boeing*. Im Inneren ist der gewickelte Composite-Rotor (Kohlefaser) gut zu sehen. Vergleicht man die geometrischen Dimensionen von Rotor und Gehäuse, bzw. berücksichtigt man, dass CFK eine wesentlich geringere Dichte[1] hat als Stahl, so erkennt man, dass das Gehäuse den Hauptanteil des FESS Gesamtgewichts für sich beansprucht.

▶   **Wichtig**

- Das oben beschriebene Beispiel lässt bereits erkennen, wie sehr das Gehäuse die volumetrische und gravimetrische Energiedichte des gesamten Schwungradspeichers beeinflusst!
- Für mobile FESS müssen sichere Leichtbaukonzepte entwickelt und empirisch verifiziert werden.

---

[1] In [4] wird eine Dichte von 1608 kg/m^3 für einen Faserverbundrotor angegeben.

Abb. 8.6 Das von der Firma *Boeing* speziell für Verbundrotoren entwickelte Lamellengehäuse [16]. (Bildrechte: U.S. Department of Energy)

8.4 Relevante Erkenntnisse aus vorhergehenden Forschungsprojekten

In den Jahren zwischen 1960 und 1990 wurden etliche langsam-laufende Schwungräder aus Stahl in Fahrzeugen getestet. Teilweise verfügten die Rotoren über kein oder nur ein sehr spärliches Gehäuse. Im Kontrast hierzu ist das Bruchverhalten von Faserverbundrotoren aufgrund ihrer Anisotropie und größerer Anzahl an Freiheitsgraden bei der Gestaltung weit komplexer. Der Komplexität bei der Vorhersage des Bruchverhaltens stehen die geringere kinetische Energie der kleineren Bruchstücke und das generell „gutmütigere" Bruchverhalten gegenüber. Im Wesentlichen treten 3 Versagensfälle bei Verbundrotoren auf, welche in Tab. 8.1 dargestellt sind.

In seltenen Fällen kann die Unwucht bei der Delamination jedoch so groß werden, dass siedie Festigkeit der Lager und Welle übersteigt und der Rotor somit nicht mehr geführt ist und frei im Gehäuse dreht. Dieser Fall und der spontane Rotorbruch (englisch „Burst") stellen somit die Grundlage für die Gehäuseauslegung dar. Es muss des Weiteren noch beachtet werden, dass auch ein Verbundrotor meist über eine innere, metallische Nabe verfügt, die üblicherweise in drei Segmente mit signifikant hoher kinetischer Energie zerbricht. Ein Impakt-Modell kleiner Verbundwerkstofffragmente für die Gehäuseauslegung wurde an der *University of Austin, Texas* entwickelt [17] und wird im Folgenden beschrieben.

Tab. 8.1 Überblick über Delamination und transversale Matrixrisse [17]. Mit freundlicher Genehmigung von Joseph Beno, *Center for Electromechanics*, University of Texas

Versagensszenario	Ursache	Auswirkung des Versagens
In der Radialebene (R)		
Delamination: Radiales Abheben ringförmiger Schichten	Over-Speed Altern der Epoxy-Matrix Kriechen innerer Fasern Überschreiten der Betriebstemperatur	Gutmütig bei manchen Topologien: Verursacht starke Unwuchtkräfte → Abschalten des Systems erforderlich
In der Thea-Ebene (θ)		
Bruch (Burst): Bruch/Riss der tangentialen Faserwicklung	Over-Speed Ermüdungsbruch (Zeitfestigkeit)	Kann katastrophale Ausmaße annehmen → Setzt gesamte kinetische Energie in kurzer Zeit frei.
In der Axialebene (Z)		
Riss der Matrix: transversal zu tangential gewickelten Fasern	Induziert hohe axiale Zugspannungen aufgrund von Poisson-Effekt	In seltenen Fällen gutmütig: Verursacht meist Unwuchtkräfte → System kann rechtzeitig abgeschaltet werden.

Ausgehend von Abb. 8.7 bezeichnen die Buchstaben *a* und *b* den inneren bzw. äußeren *Radius* des Rotors. Der Innenradius des Gehäuses mit der *Dicke h* ist mit *c* bezeichnet. Zum *Zeitpunkt t* = *0* dreht der Rotor mit der *Winkelgeschwindigkeit ω* und es wird angenommen, dass dieser plötzlich in eine große Anzahl von Fragmenten mit der *charakteristischen Größe Δm* zerbricht. Jedes Fragment bewegt sich ungehindert entlang der Bahn *s* bis an die Gehäusewand. Die Belastung des Gehäuses wurde durch die Modellierung eines Kontinuums angenähert und rechnet nicht mit diskreten Fragmenten. Mit der Identität *Δm* = *l r ρ ΔΘ* Δr und der *Länge l* des Rotors und der *Materialdichte ρ* kann eine Gleichung für die Druckbelastung auf das Gehäuse aufgestellt werden [17]:

$$p = \frac{\rho * c^2 * \omega^4 * t^2}{\left(1 + \omega^2 * t^2\right)^3} * \left[1 - \frac{d\omega}{dt}\frac{1 + \omega^2 * t^2}{c * \omega^2 * t}\right]^2 \qquad \text{(Gl. 8.3)}$$

Die *Zeit t* beschreibt die *Impaktdauer*, basierend auf der Winkelgeschwindigkeit der Partikel und der *Bahnlänge s*. Aufgrund der hohen Umfangsgeschwindigkeiten bewegt sich diese Zeitdauer üblicherweise im μs-Bereich, wie aus Abb. 8.8 exemplarisch hervorgeht.

8.4.1 Partikelkinematik

Praktische Experimente haben gezeigt, dass das Gehäuse auch über eine hohe axiale Steifigkeit verfügen muss, da Partikel von den radialen Gehäusewänden abgelenkt werden. Über die mechanische Partikelkinematik im Vakuum eines Schwungrades liegen nur wenige Ergebnisse vor, aber folgende Möglichkeiten erscheinen plausibel:

- Es bildet sich ein axialer Druckgradient aufgrund der Anhäufung von Partikeln.
- „Neue" Fragmente treffen auf bereits eingeschlagene Fragmente an der Außenwand und verteilen diese stochastisch.
- Es bildet sich eine Art „Keil" am inneren Gehäuseumfang, welcher die Partikel an die obere oder untere Gehäusedeckplatte treibt.

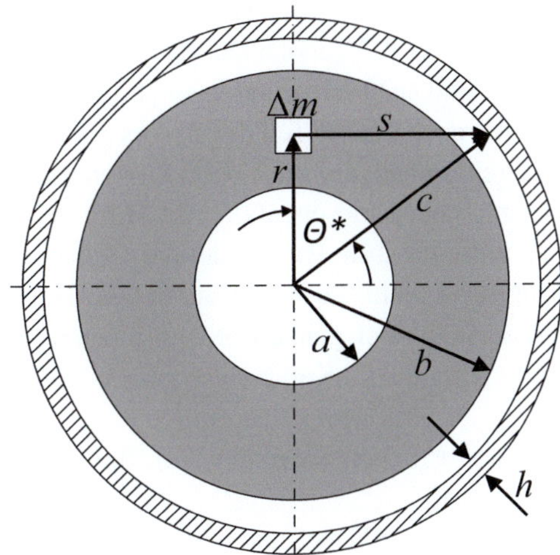

Abb. 8.7 Geometrische Definitionen für die Modellberechnung des Berstens nach [17]. (Bildrechte: Center for Electromechanics, University of Texas)

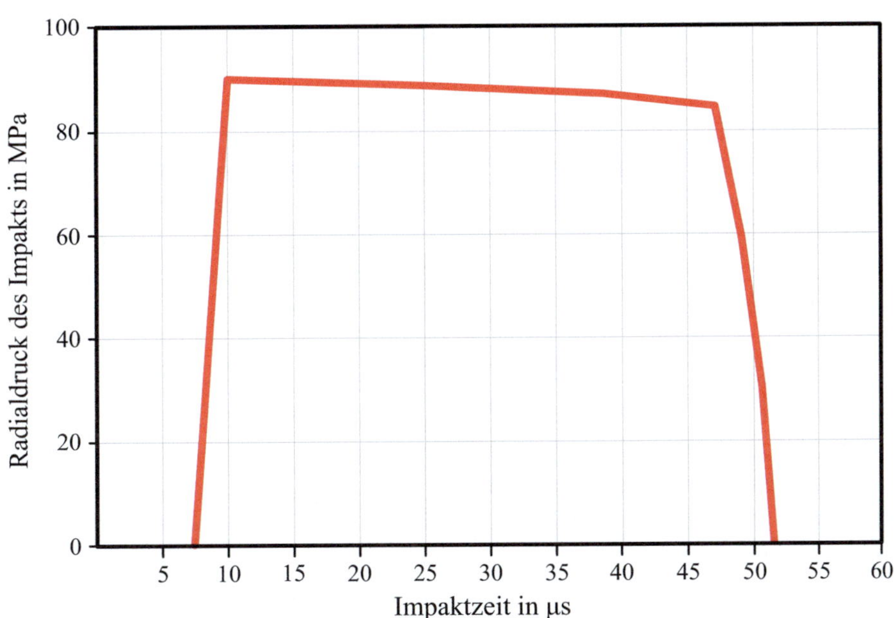

Abb. 8.8 Druckbelastung auf das Gehäuse als Funktion der Zeit bei Einschlag eines Fragments [15]. (Bildrechte: Center for Electromechanics, University of Texas)

Ungeachtet der Ursache kann angenommen werden, dass zwei gleich große Anteile des Drucks auf die Gehäusedeckplatten wirken. Neben den durch die Fliehkräfte hervorgerufenen Impakt-Kräften der Partikel auf die Gehäusewände ist aber auch noch mit einem freien Drehmoment aufgrund des Massenträgheitsmomentes zu rechnen. Die Annahme, dass die kinetische Energie im Falle einer vollständigen, feinen Zerstäubung des Rotors intern verwirbelt wird, ohne dass tangentiale Kräfte auf das Gehäuse wirken gilt nur, wenn der Rotor in einem großen Gehäuse läuft. Bei mobilen Anwendungen sollte die *Spaltdicke* (*c − b* in Abb. 8.7) jedoch lediglich aufgrund strömungstechnischer Überlegungen gewählt werden und aus Platzgründen so gering wie möglich sein. Es ist daher davon auszugehen, dass der noch intakte Teil des Rotors über die freien Bruchstücke (Fragmente und Partikel) ein Drehmoment auf die Gehäuseinnenwand übertragen kann. Das resultierende freie Torsionsmoment kann ebenfalls mit Hilfe des Modells berechnet werden, wobei angenommen wird, dass die Partikel an der Gehäuseinnenwand verweilen und sich eine Art „Ablagerungsschicht" ausbildet, auf der die nachfolgenden Partikel auftreffen. Im schlimmsten Fall zerstäubt der ganze Rotor und lagert sich am inneren Umfang des Gehäuses an. Es tragen jedenfalls 2 Komponenten zum Drehmoment auf das Gehäuse bei:

- Das Abstoppen jener Partikel, die nach der *Bahn s* an der Gehäusewand verzögert werden.
- Der Impuls nachkommender Partikel, welche noch einen Teil der kinetischen Energie des Rotors transportieren.

Der Druck an der Gehäusewand N_p errechnet nach [17] sich zu

$$N_p(t) = \rho\,(1-\gamma)\,\omega_d^2\,\frac{c^3 - r_2^3}{3c} \qquad\text{(Gl. 8.4)}$$

mit der *Porosität* γ, dem *inneren Radius* r_2 der Ablagerungsschicht und dem *Innenradius* *c*.Dieser kann über die Massenerhaltung ermittelt werden. Mit dem *Reibungskoeffizienten* μ (dieser muss experimentell ermittelt werden und liegt üblicherweise für Faserverbundrotoren im Bereich von 0,3 bis 0,4) und der *Länge l* lässt sich aus obiger Gleichung für den *Druck N_p* das *Drehmoment $T_p(t)$ auf die Gehäusewand* berechnen:

$$T_p(t) = 2\pi c^2 l \mu N_p(t) \qquad\text{(Gl. 8.5)}$$

Wünschenswert wäre, dass sich der Rotor beim Versagen in möglichst kleine, jedoch annähernd gleich große Teile zerlegt, da sich dabei ein Maximum der kinetischen Energie des Rotors in Brucharbeit umwandeln würde. Viele davonfliegende, kleine Bruchstücke mit geringer kinetischer Energie beanspruchen das Schutzgehäuse auch wesentlich gleichmäßiger und damit kontrollierbarer als einzelne große Fragmente mit hoher Bewegungsenergie. Aus ballistischen Untersuchungen verschiedener Schutzmaterialien sind neben der kinetischen Energie als wesentliche Einflussfaktoren die Aufprallfläche, Härte und Scharfkantigkeit des Projektils bekannt. Zudem ist die Ausdehnung der Bruchstücke ebenfalls sehr entscheidend. Im Folgenden wird am Beispiel einfacher Modellüberlegungen die optimale Bruchstückform hergeleitet:

Die kinetische Energie eines ringförmigen Rotors beträgt

$$E_{kin} = \frac{1}{2} I \omega^2 = \frac{1}{4} m \left(r_a^2 + r_i^2 \right) \omega^2 \qquad \text{(Gl. 8.6)}$$

Wenn man die eigentliche Brucharbeit vernachlässigt, kann man mit Hilfe des Energieerhaltungssatzes die Aufteilung der Rotorenergie in reine Translations- und Rotationsenergie der Bruchstücke mit der *Ausdehnung a* herleiten (Abb. 8.9).

Die Translationsenergie wird dabei durch die Momentangeschwindigkeit des Schwerpunktes des neu entstandenen Bruchstückes errechnet. Der *Schwerpunktradius r_s* eines solchen Bruchstückes beträgt dabei

$$r_s = \frac{4}{3} \frac{\sin\left(\alpha/2\right)}{\alpha} \frac{r_a^3 - r_i^3}{r_a^2 - r_i^2} \qquad \text{(Gl. 8.7)}$$

Die *Translationsenergie E_{kin_transB}* eines Bruchstückes beträgt damit anteilsmäßig an der gespeicherten *Energie E_{kin}*

$$\frac{E_{kin_{transB}}}{E_{kin}} = 2 \frac{m_B\, r_{s_B}{}^2}{m\left(r_a^2 + r_i^2 \right)} = \frac{8}{9} \frac{\left(\sin\left(\alpha/2\right)\right)^2}{\pi\,\alpha} \frac{\left(r_a^2 + r_a r_i + r_i^2 \right)}{\left(r_a + r_i \right)^2 \left(r_a^2 + r_i^2 \right)} \qquad \text{(Gl. 8.8)}$$

Den Anteil der Translations- zur Rotationsenergie eines zerteilten dünnen Ringes bzw. einer Scheibe in Funktion der Zahl der Bruchstücke ist in Abb. 8.10 dargestellt. So zeigt die x-Achse „Größe der Bruchstücke in Umfangsrichtung" nicht nur deren Größe, sondern indirekt auch die Anzahl. Bei einer Bruchstückgröße von z. B. 36° werden 10 Bruchstücke berücksichtigt.

Ideal sind also Bruchstücke, die sich möglichst dünnwandig um den ganzen Rotorumfang hinausdehnen, da in einem solchen Fall der translatorische Energieanteil sowohl der Bruchstücke insgesamt als auch der einzelnen Fragmente minimiert werden kann.

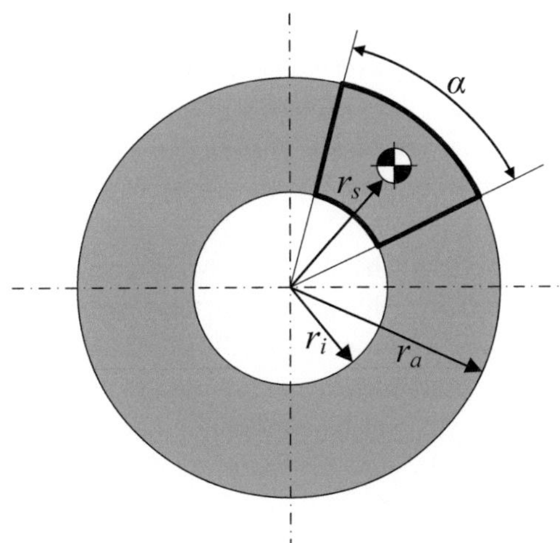

Abb. 8.9 Geometrische Aufteilung des Rotors in einzelne Bruchstücke nach [26]. (Bildrechte: Peter von Burg, ETH Zürich)

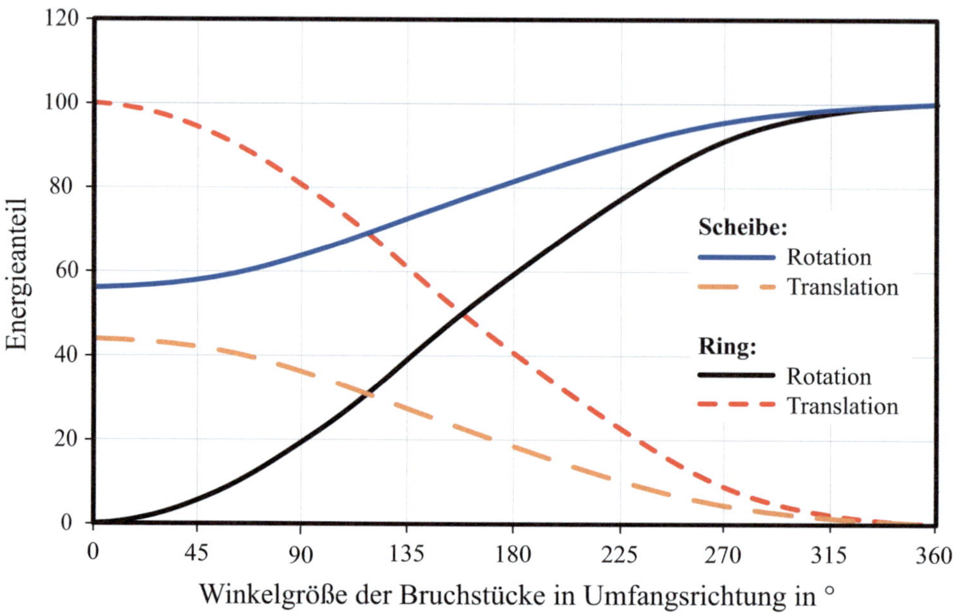

Abb. 8.10 Verteilung der Energie der Rotorbruchstücke, auf Basis von [26]. (Bildrechte: Peter von Burg, ETH Zürich)

8.5 Konstruktive Ausführungen von Gehäusen

Etliche theoretische Gehäusekonzepte wurden in [17] vorgestellt, jedoch ohne quantifizierbare Konstruktionsrichtlinien zu nennen. Die einfachste Ausführung, die meist bei stationären Schwungradanwendungen verwendet wird, scheidet bei mobilen und vor allem Rennsportanwendungen aus – ein Gehäuse, welches so dickwandig und schwer ist, dass es einem Rotorbruch auf in jedem erdenklichen Schadensfall standhält und auch plastische Verformungen zulässt. Wegen platz- und gewichtsmäßiger Einschränkungen muss zu alternativen Ansätzen gegriffen werden. Aufgrund des relativ hohen Drehmoments, welches im Versagensfall auf das Gehäuse wirkt, ist es ratsam, konstruktive Maßnahmen zu treffen, um das freie Moment gezielt abzufangen und die Gehäusebefestigung somit zu entlasten. Eine mögliche Lösung bilden „rotierende Berstringe" aus Kevlar („Rotatable Liner" in Abb. 8.11), welche im Gehäuse beim Auftreffen der Fragmente in Rotation versetzt werden. Ein ähnliches Konzept wurde von *Lockheed* bereits 1972 getestet. Das in Abb. 8.12 dargestellte Gehäuse enthält Glasfaserringe, welche durch den Bruch (*Tri-Burst*) eines Stahlrotors in Rotation relativ zur äußeren Gehäusewand aus Stahl versetzt wurden. Das Schwungrad mit einem Durchmesser von etwa 500 mm versagte bei einer Drehzahl von 16750 Upm, was einem Energieinhalt von etwa 343 Wh entsprach [6]. Laut Angaben der *Lockheed Missiles Company* sei jedoch ein massiver Stahlring die leichtere und sicherere Gehäusevariante.

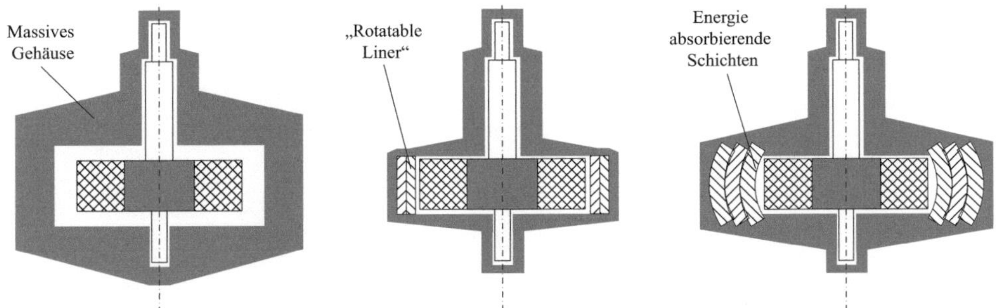

Abb. 8.11 Nicht validierte, theoretische Berstschutzkonzepte des *Center for Elektromechanics* der University of Texas, Austin, USA [17]. (Bildrechte: Center for Elektromechanics, University of Texas)

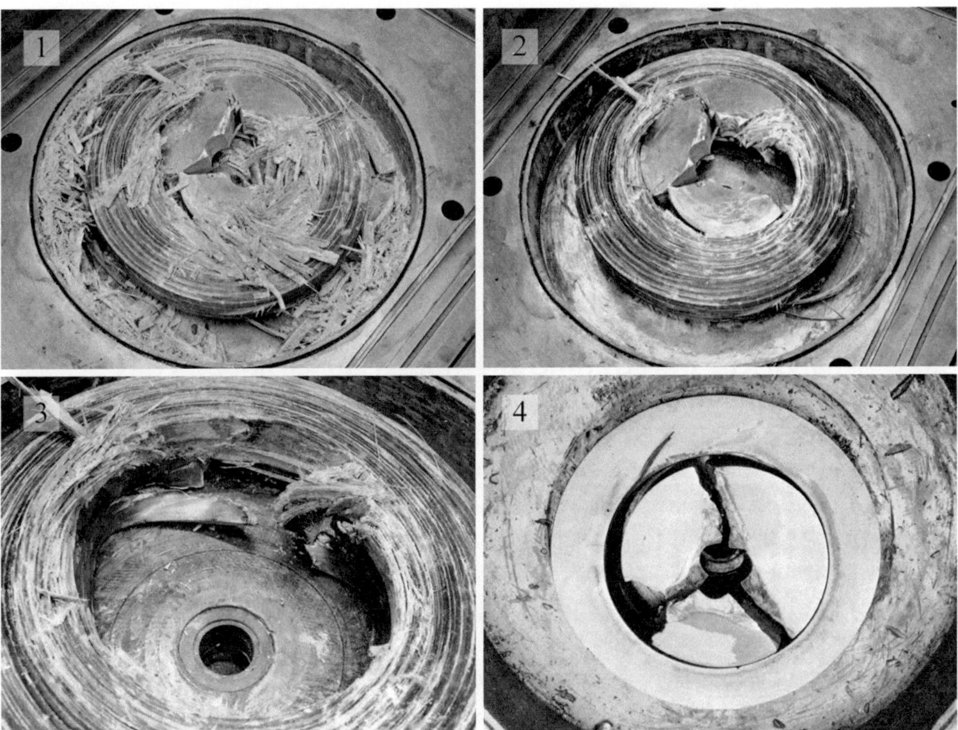

Abb. 8.12 Gehäuse mit „Rotatable Liners" aus Glasfaserepoxy (Bilder 1 bis 3) und massiver Stahlring (Bild 4) [6]. (Bildrechte: Lockheed Martin)

Eine weitere Möglichkeit bietet der Einsatz von „Energieabsorberschichten" am inneren Gehäuseumfang, wie in Abb. 8.13 dargestellt. Die Absorberschicht ist ein weiches Material, welches innen an einer steifen „Backup-Struktur" befestigt wird. Auch in [18] wird zwar ein *„Energy Absorbing Containment Liner"* erwähnt, Richtlinien oder Publikationen zu dessen Auslegung sind allerdings nicht zu finden.

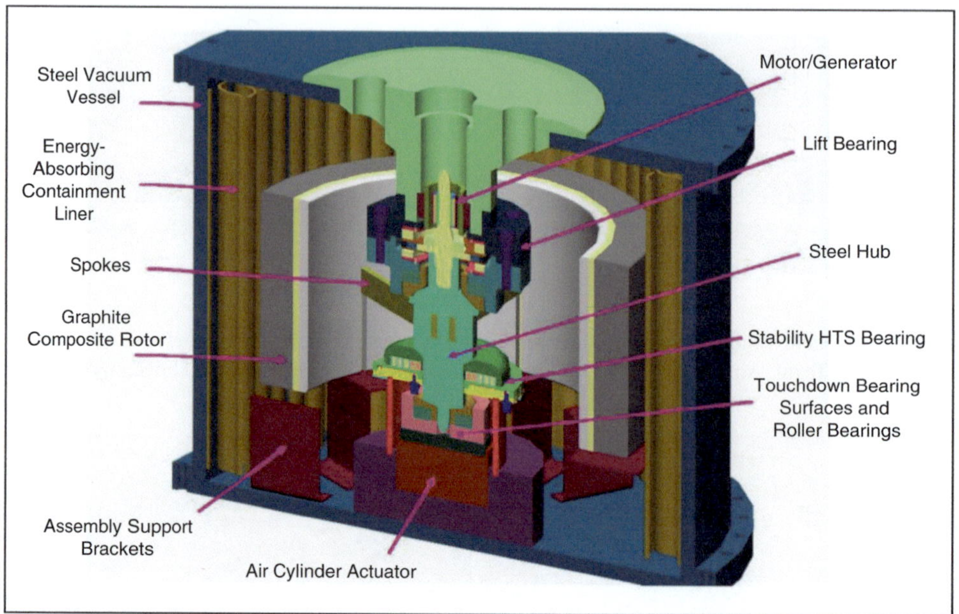

Abb. 8.13 Schematische Darstellung eines 10 kWh *High Temperature Superconducting* (HTS) Flywheels [18]. (Bildrechte: U.S. Department of Energy)

8.6   Analytische Berechnungsmethoden zur Auslegung des Berstschutzes

Für den in Abschn. 8.9.2 beschriebenen Prüfstand zur Untersuchung von Berstgehäusen wurde ein Berstschutzring basierend auf den in der Literatur verfügbaren Berechnungsmethoden ausgelegt. In diesem Fall kommen Testschwungräder mit definierter Berstdrehzahl und Bruchstückgeometrie zum Einsatz. Die Analyse der Berechnungsmethoden wurde zum Teil durch studentische Abschlussarbeiten an der TU Graz unterstützt [19].

Die drei verfügbaren Berechnungsmethoden, deren Annahmen und wesentlichen Ergebnisse sind im Folgenden zusammengefasst.

8.6.1   Berechnung nach Lockheed Missiles Company [6]

Die Firma *Lockheed* hat im Jahre 1972 ein Forschungsprojekt mit dem Ziel der Realisierung eines Schwungrad-Hybridfahrzeuges durchgeführt. Im Zuge dessen wurden erste Überlegungen zur Crash- und Berstsicherheit des FESS angestellt. Für die Auslegung des Berstschutzrings kamen 2 Methoden zum Einsatz.

Methode 1

Diese Methode ist grundsätzlich für die Berechnung eines Gehäuses für stählerne Flywheels geeignet, da davon ausgegangen wird, dass der Rotor in eine geringe Anzahl von n (üblicherweise 3) Bruchstücken zerfällt. Die gesamte im System befindliche Energie setzt sich zusammen aus den Rotations- und Translationsanteilen der Bruchstücke. Der Rotationsanteil nimmt mit zunehmender Anzahl der Bruchstücke ab, der Translatorische jedoch zu, wie in Abb. 8.14 zu erkennen ist.

Die Spannungsverteilung im Berstschutzring wird jedoch in weiterer Folge (stark vereinfacht) als homogen angenommen. Es wird davon ausgegangen, dass jene Fliehkraft, die zum Zeitpunkt des Berstens auf die einzelnen Bruchstücke wirkt, nun direkt in die Gehäusewand eingeleitet wird. Für 3 Bruchstücke gilt:

$$F = \frac{\rho * h * w}{3} * \left(r_a^{\,3} - r_i^{\,3} \right) \qquad \text{(Gl. 8.9)}$$

Wobei:

F...   Zentrifugalkraft des Flywheels über einen radialen Querschnitt
ρ...   Dichte des verwendeten Materials in kg/m³
h...   Höhe Flywheel in m
ω...   Winkelgeschwindigkeit des Flywheels beim Bersten in 1/s

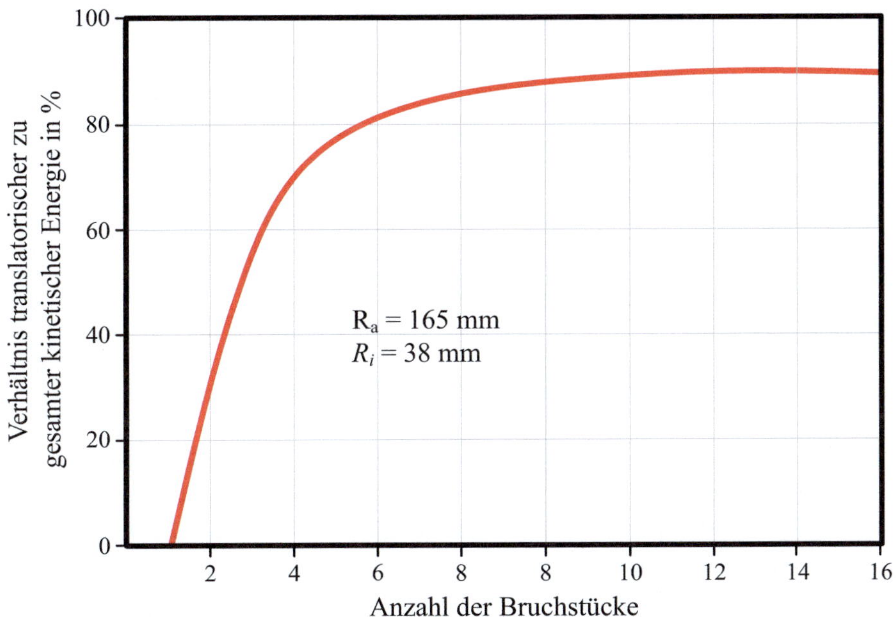

Abb. 8.14 Anzahl der Bruchstücke und kinetische Energie nach [6]. (Bildrechte: Lockheed Martin)

r_a...   Außenradius des Flywheels in m
r_i...   Innenradius des Flywheels in m

Energieaufnahme durch plastische Verformung sowie das Schaffen neuer Oberflächen durch Rissbildung in den Rotorfragmenten bzw. Dissipation durch Reibung zwischen den Bruchstücken bleiben bei dieser Methode unberücksichtigt!

Methode 2

In der zweiten Methode wird aus der im Rotor gespeicherten Energie ein Innendruck für den Schutzring berechnet. Es wird zwar angenommen, dass dieser Druck über die gesamte Fläche konstant verteilt ist, aber die üblicherweise kurze Zeitdauer des Impakts wird ignoriert. Diese wesentliche Abweichung von der Realität, die Annahme dass der Innendruck zeitlich konstant wirkt resultiert darin, dass äußerst massive Wandstärken aus der Berechnung hervorgehen. Der theoretische Innendruck errechnet sich zu:

$$p = \frac{\rho * \omega^2}{3} * \left(\frac{r_a^{\,3} - r_i^{\,3}}{r_a} \right) \qquad \text{(Gl. 8.10)}$$

p...   theoretischer Innendruck in Pa

und ruft folgende Spannungen im Schutzring hervor:

$$\sigma_t = \frac{R_{ci} * p}{R_{ca}^{\,2} - R_{ci}^{\,2}} * \left(1 + \frac{R_{ca}^{\,2}}{R_{ci}^{\,2}} \right) \qquad \text{(Gl. 8.11)}$$

$$\sigma_r = \frac{R_{ci} * p}{R_{ca}^{\,2} - R_{ci}^{\,2}} * \left(1 - \frac{R_{ca}^{\,2}}{R_{ci}^{\,2}} \right) \qquad \text{(Gl. 8.12)}$$

σ_t...   tangentiale Spannungen im Berstschutzgehäuse in N/mm²
σ_r...   radiale Spannungen im Berstschutzgehäuse in N/mm²
R_{ci}...   Innenradius des Berstschutzringes in m
R_{ca}...   Außenradius des Bertschutzringes in m

8.6.2 Berechnung nach *Giancarlo Genta* [7]

Der Italiener *Giancarlo Genta* verfasste im Jahre 1985 ein in „Flywheel-Kreisen" vielzitiertes Standardwerk mit dem Titel „*Kinetic Energy Storage*". Das umfassende Werk, welches die Geschichte des Schwungradspeichers bis hin zu neuzeitlichen Entwicklungen wie *High Temperature Superconducting Bearings* detailliert und wissenschaftlich beleuchtet, beinhaltet unter anderem Berechnungsvorschriften für die Auslegung eines Schutzgehäuses. Das Berechnungsverfahren ist ein zweistufiges:

Im ersten Teil wird angenommen, dass die Bruchstücke auf das Berstschutzgehäuse auftreffen und an der Innenseite entlang gleiten, bis sie abgebremst durch die entstehende Reibung schließlich zum Stillstand kommen. Weitere Annahmen sind: ein *unelastischer Stoß*, *unendlich steife Bruchstücke* sowie *keine wesentliche Geometrieveränderung* des Berstschutzgehäuses. Es wird davon ausgegangen, dass der Rotor in 3 gleich große Bruchstücke zerfällt.

$$p_c = \frac{m * v^2 * \cos(\varphi)^2}{2 * \pi * R_{ci} * (R_{ci} - dg) * h} \qquad \text{(Gl. 8.13)}$$

p_c...   während des Einschlages wirkender Zentrifugaldruck in Pa

m...   Masse eines Bruchstückes in kg

v...   Geschwindigkeit der Bruchstücke nach dem Bersten in m/s

φ...   Winkel zwischen der resultierenden Geschwindigkeit und der tangentialen Geschwindigkeit eines Bruchstückes in rad

R_{ci}...   Innenradius des Schutzringes in m

d_g...   Schwerpunktabstand eines Bruchstückes von dessen Außenradius in m

h...   Höhe des Flywheels in m

Im zweiten Teil wird das Energieaufnahmevermögen des Berstschutzringes berechnet und mit dem gesamten Energieinhalt eines Bruchstückes verglichen.

$$E = 2 * \pi * R_{cm} * h * t_c * \left(\sigma * \left(\epsilon - \frac{\sigma}{2 * E}\right) - p_c * \epsilon * \left(\frac{R_{cm}}{t_c}\right)\right) \qquad \text{(Gl. 8.14)}$$

E...   Energieaufnahmevermögen des ersten Berstschutzringes in J

R_{cm}...   mittlerer Radius des ersten Berstschutzringes in m

t_c...   Wandstärke des ersten Berstschutzringes in m

σ...   Streckgrenze in N/mm²

ϵ...   Bruchdehnung in %

E...   E-Modul des verwendeten Materials in N/mm²

8.6.3 Berechnung nach *NASA* [5]

Im Jahr 2000 Veröffentlichte die *National Aeronautics and Space Administration, NASA* einen Bericht mit dem Titel „*High Energy Flywheel Containment Evaluation*". In diesem befinden sich – wenn auch starken Vereinfachungen unterliegende – Berechnungsmethoden für die Auslegung von Flywheel-Schutzgehäusen. Dabei wird von einem fiktiven Worst-Case-Szenario ausgegangen:

Der Rotor bricht in drei gleich große Bruchstücke. Die gesamte Energie des Flywheels wird zu gleichen Teilen in rein translatorische Energie der Bruchstücke umgewandelt, somit werden Energieabsorptionen durch *Risswachstum, Deformation, Erwärmung* usw. vernachlässigt. Es wird nur der Aufschlag eines Bruchstückes untersucht, weil angenommen wird, dass alle 3 Einschläge vollkommen ident ablaufen. Die maximale Spannung entsteht in der Kontaktfläche zwischen Bruchstück und Schutzgehäuse. Eine wichtige Einflussgröße für diese Berechnung ist die *Einschlagzeit*. In der vorhandenen Literatur wird diese mit 75 µs angenommen [17]. Aus der Einschlagskraft wird der Innendruck am Gehäuse wie folgt berechnet:

$$F = \frac{m * v}{t_i}$$
(Gl. 8.15)

F...   Einschlagkraft eines Bruchstückes auf des Gehäuse in N

m...   Masse eines Bruchstückes in kg

v...   Geschwindigkeit eines Bruchstückes vor dem Einschlag in m/s

t_i...   Einschlagzeit in s

$$P = \frac{F}{A_i}$$
(Gl. 8.16)

A_i...   Einschlagsfläche (Area of Impact) in m²

$$\sigma = \frac{h^2 * \left(\dfrac{U}{3}\right)^3 * P}{2 * \left(h^2 + \left(\dfrac{U}{3}\right)^3\right) * d^2}$$
(Gl. 8.17)

σ...   maximale Spannung im Schutzgehäuse in N/mm²

h...   Höhe des Flywheels in mm

U...   Umfang des Flywheels in mm

P...   Druck eines Bruchstückes auf das Schutzgehäuse in MPa

d...   Wandstärke des Schutzgehäuses in mm

8.7   Anwendung der Berechnungsvorschriften und Gegenüberstellung der Ergebnisse

Um die Konvergenz der Berechnungsmethoden darzustellen, sind nun exemplarisch die Ergebnisse der analytischen Vorauslegung der Testgehäuse eines Berstprüfstandes der *Energy Aware Systems* Gruppe der TU Graz (vergleiche Abschn. 8.9.2) angeführt. Ausgegangen wurde von einem Testschwungrad, dessen Berstdrehzahl und Bruchverhalten („Tri-burst") über wasserstrahlgeschnittene Kerben eingestellt wurde. (Siehe Abb. 8.15, Tab. 8.2.)

Die Energie der drei Bruchstücke soll nun von einem Bertschutzring aus Baustahl (Werktsoffnummer 1.0038*S235*) mit einem **Innendurchmesser von 170 mm und einer Wandstärke von 5 mm** aufgenommen werden. Auf Basis dieser Eingangsdaten wurden die Spannungen im Gehäuse mit Hilfe der unter Abschn. 8.6 beschriebenen Berechnungsmethoden ermittelt und sind in Tab. 8.3 dargestellt.

Man kann sofort erkennen, dass die Ergebnisse stark voneinander abweichen. Ein Vergleich mit einer Finite-Elemente-Berechnung ist trügerisch, da meist linearelastisches Verhalten vorausgesetzt wird. Über einen „Umweg" jedoch kann man sich dieser numerischen Methode bedienen. Abb. 8.16 zeigt die laut FEM-Rechnung ermittelte, maximale Verformung im linearelastischen Bereich, d. h. bei lokalen Spannungsmaxima unter

Abb. 8.15   Erste Version des für den Berstprüfstand konzipierten Testschwungrades

Tab. 8.2 Kennwerte des ursprünglich konzipierten Testschwungrades für Berstuntersuchungen

Daten des Testschwungrades	
Werkstoff	C45
Durchmesser	130 mm
Höhe	30 mm
Bohrung	30 mm
Masse	3 kg
Berstdrehzahl	35.000 UpM
Bruchstückenergie	3 × 14,8 kJ
Umfangsgeschwindigkeit	238 m/s

Tab. 8.3 Vorauslegung der Schutzgehäuse für den Berstprüfstand nach analytischen Methoden [19]

Berechnungsmethode	Ergebnis		
	Spannungen	Energieaufnahme	Qualitative Aussage
Lockheed Methode 1	413 N/mm²	–	Gehäuse hält eventuell[a]
Lockheed Methode 2	2067 N/mm²	–	Gehäuse hält nicht
Genta Zentrifugaldruck	10 N/mm²	–	Gehäuse hält
Genta Energieaufnahme	–	1265 J	Gehäuse hält beinahe
NASA	325 N/mm²	–	Gehäuse hält

[a]… Die Zugfestigkeit des Werkstoffs S235 schwankt in Abhängigkeit der Güte von 360–510 MPa

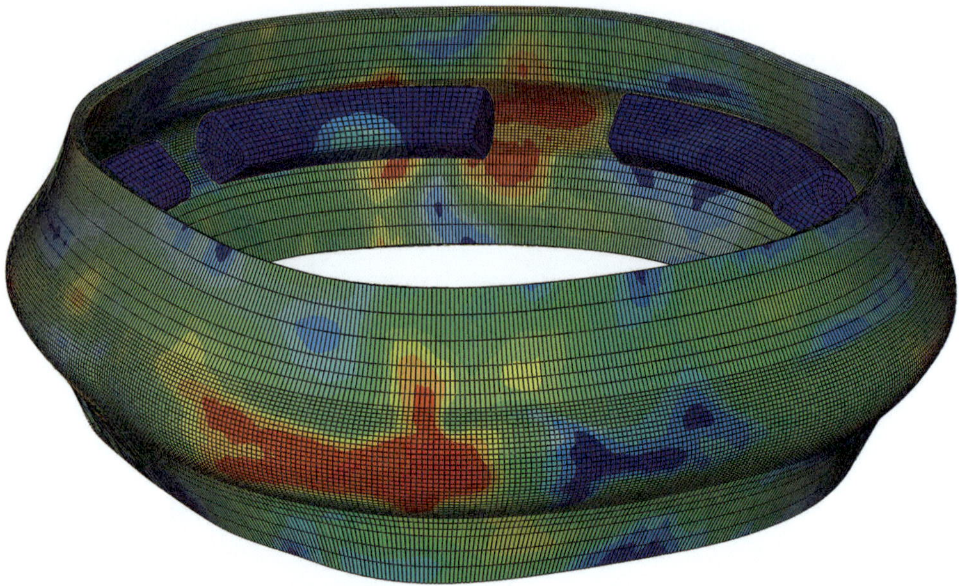

Abb. 8.16 Visualisierung der Verformungen und Von Mises-Spannungen in einem Berstschutzring. Das Maximum liegt bei 233 N/mm² [19]

300 N/m². Hieraus wurde die Verformungsenergie errechnet, welche nur einen Bruchteil der gesamten Rotorenergie ergibt.

▶ **Grund für diese signifikante Diskrepanz ist das Vernachlässigen des lokalen Plastifizierens des Schutzrings bei Kontakt mit den Rotorbruchstücken.**

8.7.1 Zusammenfassung und Plädoyer für empirische Gehäuseuntersuchungen

Die Ausführungen von Abschn. 8.3 bis Abschn. 8.6 haben gezeigt, dass es in den vergangenen Jahrzehnten einige empirische und theoretische Untersuchungen von Berstschutzgehäusen für FESS gegeben hat. Der Fokus jedoch war auf die Erforschung des Bruchverhaltens von Faserverbundrotoren gelegt. Hierbei konnten einige Erkenntnisse bezüglich Partikelkinematik gewonnen werden, die daraus abgeleiteten Vorschriften für die Dimensionierung des Gehäuses sind aber nur grobe und äußerst konservative Näherungsrechnungen. Die verfügbaren Informationen zur Schutzgehäuseauslegung beziehen sich darüber hinaus meist auf das Zusammenspiel von *einer spezifischen Rotor- und Gehäusebauart* und erlauben keine Ableitung allgemeingültiger Design-Richtlinien! Zusammenfassend kann festgehalten werden:

- Berstversuche wurden durchgeführt, um in erster Linie das Berstverhalten der Rotoren, weniger jedoch das Energieaufnahmevermögen der Gehäusestrukturen zu erforschen.
- Das Wissen über das Bruchverhalten *stählerner* Flywheels kann im Wesentlichen mit der historischen Erkenntnis, dass isotrope Rotoren in wenige große Bruchstücke zerbrechen, zusammengefasst werden.
- Beim Bersten von Faserverbundrotoren wird meist von einer homogenen Druckbelastung an der Gehäuseinnenwand ausgegangen.
- Vorauslegungsformeln betrachten meist fiktive „Worst-Case-Szenarien" und erlauben somit keine Gehäuseoptimierung im Sinne von Leichtbau.
- In der Fachliteratur liegen grobe Vorschläge für Gehäusearchitekturen vor, quantifizierbare und nachvollziehbare Auslegungsvorschriften für diese fehlen jedoch.
- Optimierte Leichtbaugehäuse, in welchen innovative Werkstoffe wie Metallschäume, Wabenstrukturen oder Verbundwerkstoffe zum Einsatz kommen, sind kaum bekannt oder nicht hinreichend beschrieben.
- Finite Elemente-Simulationen liefern hauptsächlich dann zufriedenstellende Ergebnisse wenn entweder von homogener Druckbelastung ausgegangen wird, oder die Geometrie, Position und Einschlagsdauer des Bruchstückes exakt definiert sind.
- Informationen über das Verhalten von Berstgehäusen in technischen Berichten wie z. B. [6] beziehen sich oftmals auf eine sehr geringe Anzahl von Versuchen und entbehren daher jeder statistischen Signifikanz.
- Ein unmissverständlicher Zusammenhang zwischen Bruchstückenergie und
- Energieaufnahmevermögen des Gehäuses sowie Bruchstückgeometrie und Durchschlagssicherheit für stählerne Rotoren wurde bislang nicht ermittelt.

Die soeben gebrachten Argumente sowie die Tatsache, dass sicherheitsrelevante Bauteile wie das Schutzgehäuse ohnehin durch praktische Versuche getestet werden müssen, sprechen für eine tief gehende, empirische Untersuchung der Materie.

8.8   Qualitative Analyse und Übersicht bisheriger Berstversuche

Im Allgemeinen wird das Bertverhalten von Faserverbundrotoren als „gutmütiger" bezeichnet, da sich ein Bruch meist durch Delaminieren der tangential gewickelten Faserschichten durch detektierbare Unwucht abzeichnet und auch der Energieinhalt der einzelnen Bruchstücke (Partikel) geringer ist als beim Stahlrotor. (Dieser Umstand darf nicht mit der Tatsache verwechselt werden, dass die kinetische Energie von Faserverbundrotoren im Allgemeinen viel höher ist als bei Stahlrotoren.) Somit erfährt das Gehäuse – im Idealfall – eine homogene Druckbelastung und wird nicht durch scharfkantige, hochenergetische und harte Bruchstücke lokal über der Festigkeitsgrenze belastet [16].

> ▶ Dennoch haben Untersuchungen gezeigt, dass auch Faserverbundrotoren unter gewissen Voraussetzungen, bzw. aufgrund bestimmter Fertigungsverfahren ebenfalls zu spontanem Versagen neigen können [20]. Auch die in Abschn. 7.2.1 behandelte Staubentwicklung bei Rotorversagen stellt ein bis Dato nicht vollständig gelöstes Problem dar.

Eine detaillierte Erhebung von in der Fachliteratur publizierten Erkenntnissen zum Thema Gehäuseauslegung für Schwungradspeicher und eine darauf basierende qualitative Analyse haben folgende Erkenntnisse gebracht:

1. Die Anzahl an veröffentlichten Ergebnissen von Berstversuchen mit Schwungrädern reicht nicht aus, um eine *statistisch signifikante* qualitative Analyse durchzuführen und eindeutige Konstruktionsrichtlinien (oder wenigstens Empfehlungen) abzuleiten.
2. Die sogenannten *Spin Tests* (oder *Over-Speed Tests*) wurden meist in überdimensionierten, bunkerähnlichen Gehäusen durchgeführt. Untersuchungen von expliziten Leichtbaugehäusen für mobile Anwendungen wurden nur in [15] realisiert, wobei der Rotor des FESS bei diesem Crashtest nicht zu Bruch ging. (Vergleiche Abb. 8.5.)
3. Erst 2015 wurde ein Forschungsprojekt mit dem Namen „*FlySafe*" vom *UK Research Council* genehmigt und in der Höhe von £ 764.854 gefördert [22]. Das Projekt hat zum Ziel potenzielle Versagensmechanismen von modernen High-Speed Schwungrädern zu untersuchen [23]. Die Ergebnisse, welche *Ricardo Energy, PUNCH Flybrid, GKN Hybrid Power,* das *Imperial College London* und die *University of Brighton* erarbeiten werden wohl aufgrund von Geheimhaltungsvereinbarungen nicht in hohem Detailgrad publiziert werden. Design Guidelines liegen defacto bis dato noch keine vor.

Tab. 8.4 und 8.5 geben eine Übersicht über die in der Literatur beschriebenen Berstversuche und relevante technische Daten. Es wurde eine Unterscheidung zwischen isotropen (stählernen) und Faserverbundschwungrädern vorgenommen. Es muss angemerkt werden, dass die Anzahl an veröffentlichten Ergebnissen zu diesem Thema gering ist und daher keine statistisch signifikante Aussage zulässt.

Schadensbilder zweier Berstversuche, welche von der TU Graz durchgeführt wurden, sind in Abb. 8.17 und 8.18 dargestellt.

Tab. 8.4 Schadensbilder von *Stahlschwungrädern* nach Over-Speed Tests

Organisation	Jahr	Beschreibung	Drehzahl	Spez. Energie	Ref.
Lockheed Martin Missiles Company	1972	Stahlring mit 515 mm Durchmesser und 75 mm Wandstärke	22820 UpM	640 Wh	[6]
Lockheed Martin Missiles Company	1972	Stahlring mit 12,7 mm Wandstärke und *Rotating Liner* aus GFK (178 mm stark)	16750 UpM	340 Wh	[6]
ETH Zürich	1996	Stahlrohr in Beton	k. A.	k. A.	[26]
IME, TU Graz	2008	Rechteckiges Stahlgehäuse mit 10 mm Wandstärke und Sperrholzauskleidung; Flywheel aus Keramik	8000 UpM	2,5 Wh	–
Schenck Rotec/TU Graz	2014	Mehrscheibenrotor (siehe Abschn. 7.5) und Stahlgehäuse aus 2 konzentrischen Ringen mit je 8 mm Wandstärke	45000 UpM	280 Wh	–

Tab. 8.5 Schadensbilder von Schwungrädern aus *Faserverbundstoffen* nach Over-Speed Tests

Organisation	Jahr	Beschreibung	Drehzahl	Spez. Energie	Ref.
Lockheed Martin Missiles Company	1972	Stahlring mit 515 mm Durchmesser und 75 mm Wandstärke	25000 UpM	k. A.	[27]
RicardoUK Ltd.	2016	Gewobenes Berst-Flywheel für wiederholbare Berstversuche	90000 UpM	k. A.	[28]
ETH Zürich	1996	Gewickelter Rotor aus Glasfaser-Rowings	k. A.	k. A.	[26]
Oak Ridge National Laboratory	1980	Faserflywheel in Stahlgehäuse	k. A.	k. A.	[24]
Center for Electromechanics, University of Texas		Kohlefaserflywheel in Berstring aus Aramidfaser	35200 UpM	280 Wh	[16]

8.9 Empirische Untersuchungen von Schutzgehäusen

Die Ergebnisse der Erhebung des Standes der Technik im Bereich Berstschutzgehäuse (vergleiche Abschn. 8.3) und die Konflikte zwischen den oben beschriebenen Auslegungsformeln verdeutlichen die Notwendigkeit eines empirischen, durch methodische Prüfstandsversuche untermauerten Ansatzes. Diese Notwendigkeit wurde bereits im Jahr 2011 erkannt und mit dem Entwurf eines Prüfstandes im Zuge akademischer Abschlussarbeiten an der Technischen Universität Graz begonnen. Ziel ist die Untersuchung von Berstgehäusen und die Ermittlung eines Zusammenhangs zwischen kinetischer Energie der Bruchstücke und Energieaufnahmevermögen des Gehäuses. Aus [17] geht hervor, dass der Berstschutzring, welcher den Umfang eines Stahlschwungrades umschließt, beinahe die

Abb. 8.17 Berstversuch des VIMS-Rotors. Die Überreste des Elektroblechs der E-Maschine sind gut zu erkennen

Abb. 8.18 Berstversuch einer Scheibe aus Keramik (C-Sic), durchgeführt von Assoc. Prof. Michael Bader der TU Graz im Jahr 2008. Rechts sind die wieder zusammengesetzten Rotorfragmente zu sehen. (Bildrechte: Michael Bader)

ganze Energie im Falle eines Bruchs aufnimmt. Die Deckplatten des Gehäuses spielen daher in diesem konkreten Fall eine untergeordnete Rolle. Dies trifft insbesondere im Falle isotroper (stählerner) Rotoren zu, da hier auch die Dichtheit des Gehäuses aufgrund des Fehlens der Gefahr von Staubbildung irrelevant ist. (Ein Beispiel für das Versagen eines Faserverbundrotors, bei dem Staubbildung auftritt ist in Abb. 8.19. zu sehen.) Die Hauptaufgabe des Prüfstandes bzw. das langfristige Ziel der empirischen Gehäuseuntersuchungen lässt sich also wie folgt zusammenfassen:

Abb. 8.19   Reste eines Glasfaser-Schwungrades welches in den 1990ern einem Bersttest der ETH Zürich unterzogen wurde. (Bildrechte: Peter von Burg, ETH Zürich)

- Durch systematische Versuchsreihen, welche eine statistisch signifikante Anzahl an Bersttests beinhalten, soll ein analytischer Zusammenhang zwischen Bruchstückenergie und Energieaufnahmevermögen des Gehäuserings bestimmt werden. Beeinflussende Faktoren wie Bruchstückkinematik und Geometrie sowie maximale (plastische) Verformung sollen dabei ebenfalls erfasst und analysiert werden.

8.9.1   Kommerziell verfügbare Schleuderstände und Services

Einige Firmen bieten kommerzielle Schleuderstände (Berstprüfstände) zum Kauf oder als Dienstleistung an. Tab. 8.6 gibt einen Überblick über die wichtigsten Firmen in diesem Segment. Abgesehen von den in Tab. 8.6 gelisteten Betrieben besitzen einige Turbomaschinenhersteller (wie z. B. *MAN Turbo, Rolls-Royce, MTU*) und einige Forschungseinrichtungen (z. B. *Ohio State University [29]*, *Naval Postgraduate School [30]* oder *NASA [31]*) eigene Berstprüfstände um R&D Aktivitäten durchzuführen. Aber trotz des vermeintlich großen Angebots eignen sich diese Einrichtungen nur bedingt, um als *strategisches Entwicklungstool* für die Steigerung der Sicherheit von Schwungradspeichern eingesetzt zu werden. Dies hat folgende Gründe:

Verfügbarkeit: Zeitfenster für Berstversuche müssen mit Vorlaufzeit gebucht werden, die Verfügbarkeit hängt von der Momentanen Auftragssituation ab und kann daher nicht garantiert werden.

Tab. 8.6 Kommerziell verfügbare Schleuderstände (englisch *spin rigs*) und Dienstleistungen (englisch *spin testing services*)

Firma/Model	Portfolio	Spezifikationen	Ref.
Schuster-Engineering GmbH	Verkauf individueller Berstprüfstände	(Spezifikationen hängen vom Kundenwunsch ab. Schleuderstände für Kfz-Lichtmaschinen wurden realisiert.)	[32]
Schenck ROTEC GmbH/„Centrio 100"	Schleuderprüfungen als Service und Verkauf von Berstprüfständen	Max. Rotordurchmesser/Länge: 900/900 mm Max. Rotorgewicht: 400 kg[a] Max. Drehzahl: 250,000 UpM[a]	[33]
Schenck ROTEC GmbH/„BI 1–7"	Verkauf von Berstprüfständen	Max. Rotordurchmesser: 200–2700 mm Max. Rotorgewicht 10–6300 kg[a] Max. Drehzahl: 3000–250,000 UpM[a]	[33]
Test Devices Inc.	Verkauf von Berstprüfständen	(Keine Angaben verfügbar)	[34]
BSI-Barbour Stockwell Incorporated Inc.	Schleuderprüfungen als Service	Max. Rotordurchmesser/Länge: 2,000/1,500 mm Max. Rotorgewicht 2.7–1800 kg Max. Drehzahl: 18,000–200,000 UpM	[35]
Aerovent	Schleuderprüfungen als Service (Sog. Over-Speed Tests von Lüfterrädern)	Max. Rotordurchmesser: 1397/2997 mm	[36]
Oceanfront Engineers	Schleuderprüfungen als Service (Kompressor-Laufräder)	(Keine Angaben verfügbar)	[37]
Lingling Balancing Machinery Co Ltd/ „OTS 10–1500"	Verkauf von Berstprüfständen	Max. Rotordurchmesser: 300–1,500 mm Max. Rotorgewicht 10–1,500 kg [a] Max. Drehzahl: 9000–65,000 UpM	[38]
Piller TSC Blower Corp.	Schleuderprüfungen als Service (Bersttests)	Max. Rotordurchmesser/Länge: 1,066/889 mm Max. Rotorgewicht: 454 kg Max. Drehzahl: 60.000 UpM	[39]
Element Materials Technology GmbH	Schleuderprüfungen als Service (Zeitfestigkeits-Prüfung und Bersttest)	Max. Rotordurchmesser/Länge: 1,600/1,000 mm Max. Rotorgewicht: 2500 kg Max. Drehzahl: 65.000 UpM	[40]

[a]… Max. Rotorgewicht und Drehzahl hängen vom gewählten (modularen) Getriebe ab. Bei einer Maximaldrehzahl von 250.000 UpM reduziert sich die maximale Rotormasse auf 10 kg

Kosten: Abhängig von der Rotorgröße/Masse und den erforderlichen Messdaten kostet ein einzelner Bertsversuch von ca. 1000 bis 5000 Euro.[2] Der Anschaffungspreis eines Schleuderstandes von *Schenck-ROTEC*, Modell *Centrio 100* liegt bei rund 550.000 Euro.

---

[2] Der tatsächliche Preis hängt von einer Vielzahl an Parametern ab, welche von Rotorwerkstoff, über Messtechnik, bis hin zur Vorkonditionierung (Temperieren, Feinwuchten) reichen und kann in einigen Fällen 5000 Euro signifikant übersteigen. Werte basieren auf eigener Erfahrung des Autors.

Flexibilität: Um tiefe wissenschaftliche Einblicke in das Komplexe Rotor-Gehäuse-System zu erlangen ist eine flexible und anhängig von der Situation adaptierbare Hardware notwendig. Dies betrifft u. a. Messtechnik, Vakuumkomponenten etc.

Wuchtgüte: Die meisten kommerziellen Schleuderstände erfordern eine sehr hohe Wuchtgüte des zu Prüfenden Rotors, was hohe Kosten und einen erheblichen Zeitaufwand verursacht.

Konsequenterweise werden die in Tab. 8.6 gelisteten Einrichtungen üblicherweise nur für einen einzigen Validierungsversuch herangezogen und nicht als strategisches Entwicklungstool während des gesamten Entwicklungsprozesses des FESS:

Um die Eignung von Berstgehäusen speziell für stählerne Low-Cost-Rotoren zu untersuchen und Auslegungsvorschriften abzuleiten bzw. Simulationsmodelle zu verifizieren, wurde der in Abb. 8.20 dargestellte Prüfstand an der *TU Graz* entwickelt. Der Prozess umfasste mehrere Iterationsstufen und wurde von Studenten durch Bachelor- und Masterarbeiten unterstützt.

▶ Das Ziel dieser empirischen Untersuchungen liegt in der Ermittlung eines *analytischen Zusammenhangs zwischen kinetischer Energie der Rotorbruchstücke und dem Energie-aufnahmevermögen* einer duktilen Gehäusestruktur. Mit Hilfe des resultierenden Formelwerks sowie optimierten Simulationsverfahren werden Schwungradgehäuse sicher – jedoch gewichtsoptimiert – ausgelegt werden können.

8.9.2 Aufbau des Berstprüfstands

Der Prüfstand wurde aus Kosten- und Platzgründen skaliert und kann wie, in Abb. 8.21 gezeigt, in 4 wesentliche Einheiten unterteilt werden:

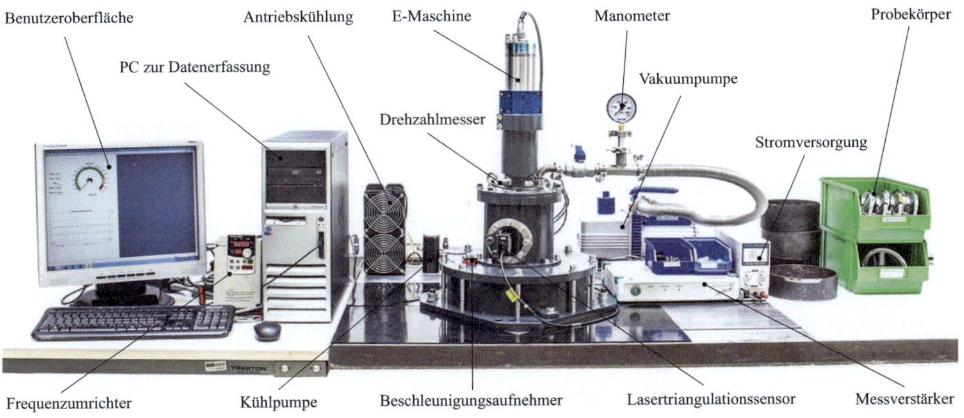

Abb. 8.20 Sonderprüfstand zur Untersuchung von Berstgehäusen, *TU Graz*

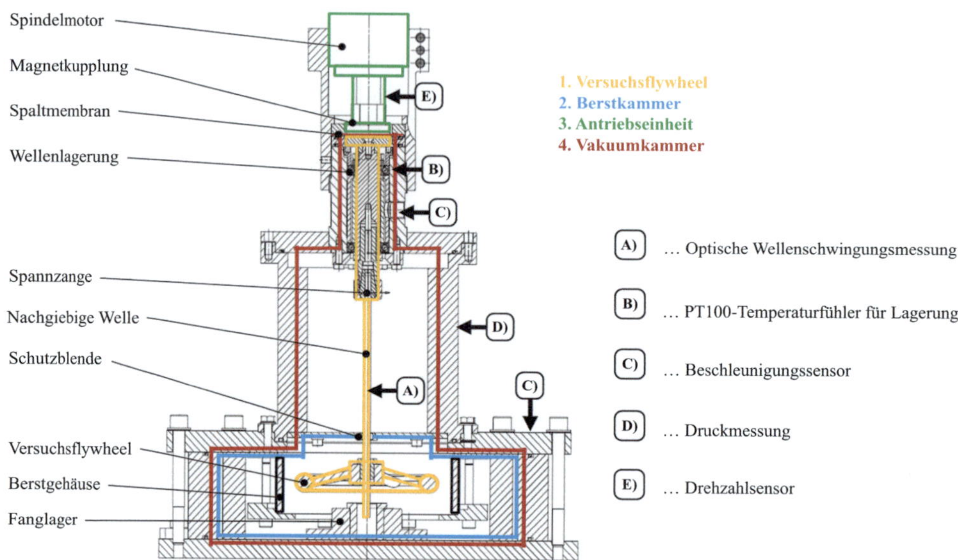

Abb. 8.21 Schematischer Aufbau des Berstprüfstands inklusive Messtechnik

1. **Versuchsflywheel (orange):** Das Versuchsschwungrad, welches im Zuge des Tests zerstört werden soll, ist mittels eines Spannsatzes auf einer auskragend gelagerten, nachgiebigen Welle montiert. Einerseits können somit Resonanzfrequenzen und Unwuchteinflüsse geringgehalten werden, andererseits kann die Übertragung hoher Kraftspitzen während des Berstvorgangs auf die Spindellagerung vermieden werden. Die nachgiebige, 6 mm starke Welle wird durch eine Schutzblende in die Berstkammer geführt, um das Eintreten von Fragmenten hin zur Lagerung bzw. Messtechnik zu unterbinden.

2. **Berstkammer (blau):** in ihr befindet sich das zu prüfende Berstgehäuse. Die äußeren Wände der Berstkammer sind aus 25 mm starkem, massivem Stahl ausgeführt. Am Boden der Berstkammer ist ein Fang- bzw. Gleitlager befestigt, welches die nachgiebige Welle beim Durchfahren der Resonanz vor zu großen Auslenkungen und plastischer Verformung schützt.

3. **Antriebseinheit (grün):** Der Spindelmotor (Asynchronmaschine mit Frequenzumrichter der Firma *Mechatron*) liefert maximal 2,2 kW und 42.000 UpM. Das Drehmoment wird dabei mittels Magnetkupplung auf die nachgiebige Welle übertragen, wodurch es möglich ist, die Berstkammer hermetisch von der Umgebung zu trennen.

4. **Vakuumkammer (rot):** Das Evakuieren der Berstkammer ist aus zwei Gründen von Bedeutung: Erstens würden die aerodynamischen Strömungsverluste hohe Antriebsmomente bedingen, zweitens beeinflusst die viskose Dämpfung und Gasreibung die Ergebnisse der Berstversuche. Das Druckniveau kann mittels zweistufiger Drehschieberpumpe auf rund 0,5 mbar abgesenkt werden.

▶   Es muss an dieser Stelle erinnert werden, dass die Versuchsflywheels lediglich
    als „Projektil" für die Untersuchung der Berstgehäuse dienen! Zu untersuchen
    ist in diesem Fall die Festigkeit des Gehäuses, nicht des Rotors.

Als Versuchsflywheels wurden ursprünglich Drehfrästeile vorgesehen, bei welchen durch
spezielle Formgebung Berstdrehzahl sowie Geometrie der Bruchstücke relativ genau ein-
stellbar war. Da die Fertigung jedoch nicht in einer Aufspannung erfolgen konnte, mussten
hohe Kosten (~150 €/Stück) in Kauf genommen werden. Eine günstige Alternative bieten
geeignete Großserienteile wie zum Beispiel Laufrollen oder Handräder aus Grauguss. Das
spröde Bruchverhalten von Grauguss muss als weiterer Vorteil angesehen werden, da duktile Rotoren durch Plastifizieren bereits vor dem Bersten große Unwuchtkräfte hervorrufen oder sich gar von der Verdingung mit der nachgiebigen Welle lösen können bevor es
zu einem fliehkraftbedingten Bruch kommt.

8.9.3   Methode und Versuchsablauf

Der eigentliche Berstversuch, das heißt das Hochbeschleunigen des Versuchsschwungra-
des bis zum Bersten aufgrund von Fliehkraftspannungen dauert für das in Abb. 8.22 gezeigte Testschwungrad nur etwa 15 Sekunden, abhängig von Fanglagerkontakt bei Resonanzdurchfahrt und Trägheitsmoment des Flywheels. Während des Hochfahrvorganges
werden Drehzahl, Lagerbeschleunigungen und Wellenschwingung überwacht und aufgezeichnet. Weitgehend zeitaufwändiger gestaltet sich die Versuchsauswertung, welche sich
aus folgenden Schritten zusammensetzt:

1. Dokumentation und Rekonstruktion

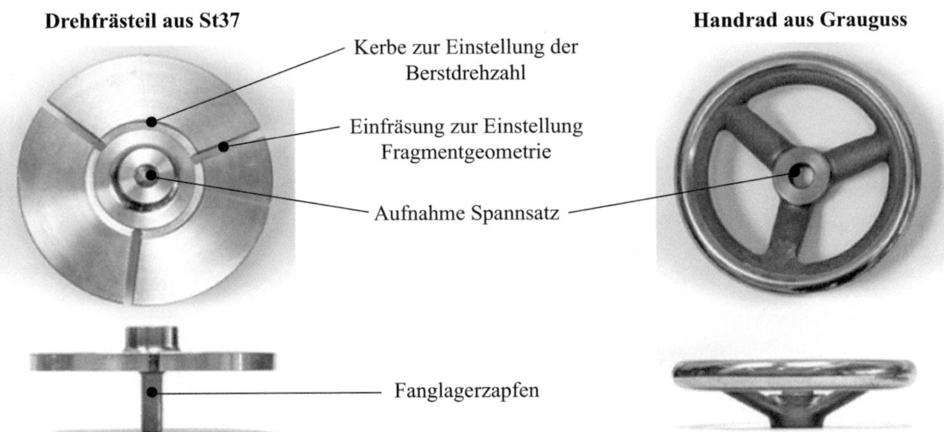

Abb. 8.22   Für die Gehäuseuntersuchungen herangezogene Versuchsflywheels mit 160 mm Durchmesser

Nach der Insitu-Fotodokumentation wurden die Rotorfragmente zusammengesetzt und die Einschlagstellen am Ber stgehäuse den einzelnen Bruchstücken zugewiesen. Durch genaue Analyse der Schleifspuren an Rotor und Gehäuse sowie durch Zuhilfenahme von Farbmarkierungen kann nicht nur der Erstbruch festgestellt werden, sondern in den meisten Fällen auch bestimmt werden, ob der Rotor durch Fliehkraftspannungen oder beim Einschlag weiter zerbrach (Abb. 8.23).

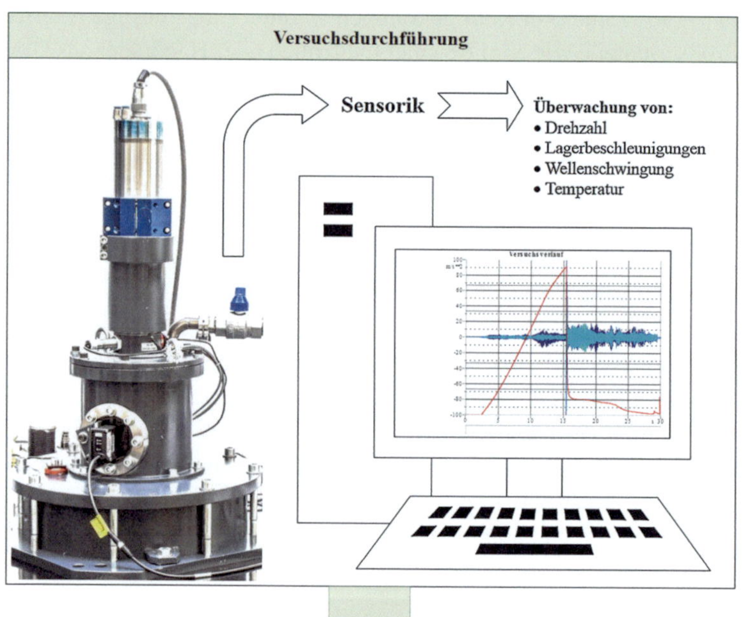

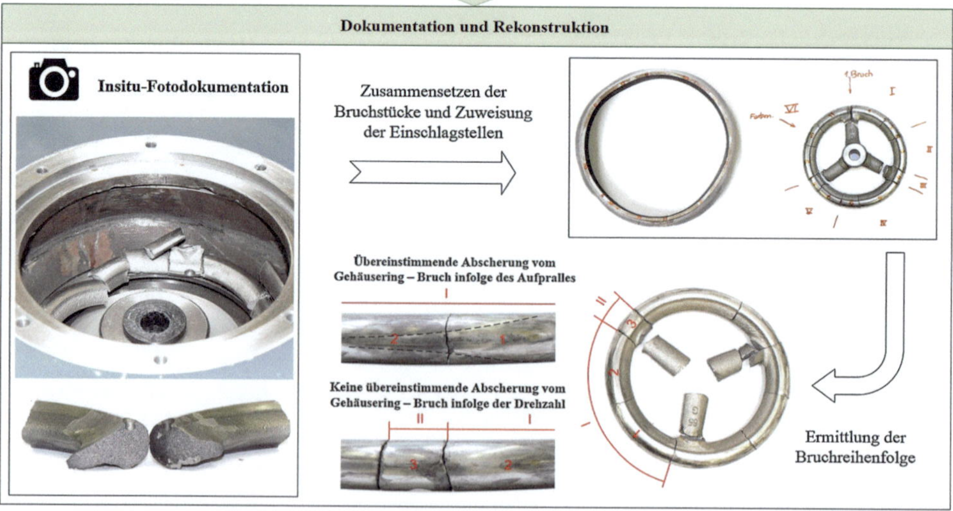

Abb. 8.23   Schritt 1 im Berstversuch – Dokumentation und Rekonstruktion

Die plastische Formänderungsarbeit, welche in das Berstgehäuse eingebracht wurde, ist ein Maß für das Energieaufnahmevermögen. Wurde der Gehäusering durchschlagen, so kann nicht mehr auf die Energie-aufnahme rückgeschlossen werden, da ein Teil der kinetischen Energie der Rotorfragmente durch Aufprall in der Berstkammer vernichtet wurde. Die plastische Formänderungsarbeit wird näherungsweise durch Gegenüberstellung der Berstgehäusegeometrie *vor* und *nach* dem Einschlag bestimmt. Hierfür wird der Umfang des Berstringes an mehreren Höhen gemessen und durch ein Polynom 4. Ordnung beschrieben (Abb. 8.24).

In einem weiteren Schritt wurde eine genauere Methode durch Verwendung eines 3D-Scanners implementiert. Die Berstgehäuse werden vor und nach dem Bersttest vermessen und ein hochgenaues 3D-Modell erstellt. Durch Vergleich der beiden digitalen Modelle lässt sich die Oberfächendehnung numerisch ermitteln und somit auf die Verformungsarbeit rückschließen (Abb. 8.25).

2. Rechnerische Auswertung

Ziel ist die Ermittlung eines *Zusammenhangs zwischen kinetischer Energie der Rotorbruchstücke und Energieaufnahmevermögen der Berstgehäuse.* In diesem Zusammenhang ist es essenziell, die rotatorischen und translatorischen Anteile der Bruchstückkinematik zu bestimmen (vergleiche Abschn. 8.6, Abb. 8.26).

Die Vergrößerung der Gehäuseoberfläche durch plastische Deformation wird in erster Instanz entweder durch Aufsummieren mehrerer Kegelstumpfmantelflächen angenähert oder mittels 3D-Scan numerisch ermittelt. Durch Gegenüberstellen mit der ursprünglichen Zylinderoberfläche kann die Dehnung (ε) bestimmt werden. Liegt ein Spannungs-Dehnungs-Diagramm des Gehäusewerkstoffes vor, so kann die Formänderungsarbeit als Fläche unter der $\sigma\varepsilon$-Kurve ermittelt werden. Es muss jedoch angemerkt werden, dass Spannungs-Dehnungs-Diagramme normalerweise durch einen quasistatischen Zugversuch ermittelt werden und dynamische Effekte des ballistischen Impacts vernachlässig werden (Abb. 8.27).

Es muss jedoch angemerkt werden, dass die dynamischen Effekte des ballist*ischen Impakts,*[3] welcher normalerweise nur ein paar Millisekunden dauert, eine wichtige Rolle spielen. Ein von der Dehnrate abhängiges, unelastisches Verhalten des Materials wird als *Viskoplastizität* [41] bezeichnet. Eine Vernachlässigung dieser Effekte (z. B. *Kaltverfestigung* aufgrund der hohen Verformungsgeschwindigkeit, englisch *strain hardening* [42]) bei der rechnerischen Auswertung kann zu hohen Ungenauigkeiten in der Energiebilanz des Berstversuchs führen. Dieser Fehler kann jedoch durch Verwendung eines *Johnson-Cook Materialmodells* [43] verringert werden, aber diese Materialmodelle sind nicht für jeden beliebigen Werkstoff verfügbar.

---

[3] Das Test-Schwungrad mit einem Durchmesser von 140 mm weist eine Oberflächengeschwindigkeit von rund 220 m/s bei 30.000 UpM auf. Die Rotorfragmente werden beim Impakt von dieser Geschwindigkeit innerhalb weniger Millimeter, oder maximal Zentimeter auf Null abgebremst.

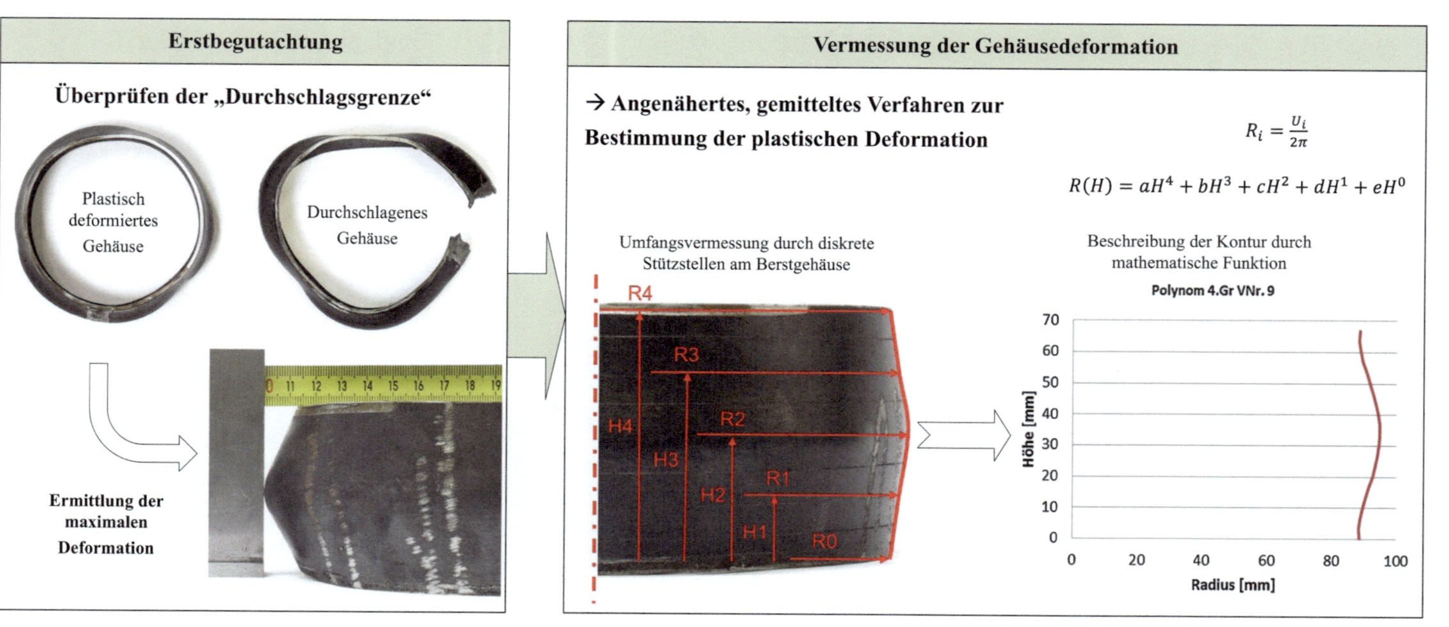

$$R_i = \frac{U_i}{2\pi}$$

$$R(H) = aH^4 + bH^3 + cH^2 + dH^1 + eH^0$$

Abb. 8.24   Schritt 2 im Berstversuch – Begutachtung und Vermessung der Gehäusedeformation

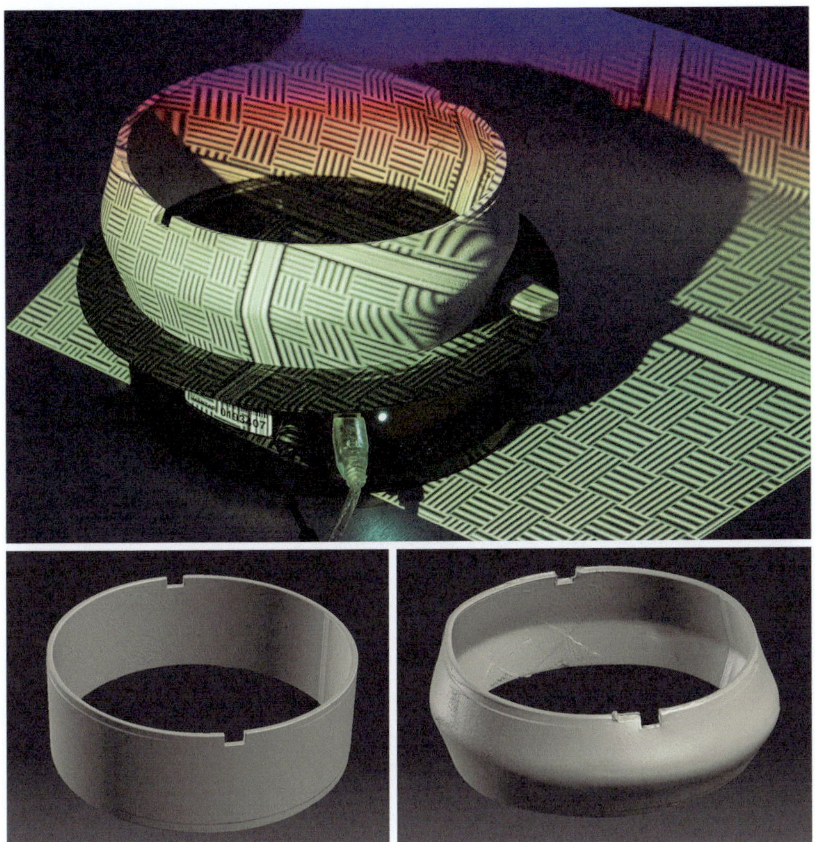

Abb. 8.25 3D-Scannen der Berstringe (oben) und resultierende CAD-Modelle vor (links unten) und nach (rechts unten) dem Berstversuch

8.9.4   Energiebilanz

Nachdem die Deformationsarbeit des Berstgehäuses ermittelt wurde, gilt es nun andere Terme der Energiebilanz zu bestimmen. Diese sind u. a. Erwärmung durch Dissipation oder Formänderungsarbeit durch Rissbildung im Schwungrad vor und während des Einschlags. Der Energetische Anteil der Rissbildung im Schwungrad kann z. B. durch einen klassischen Kerbschlag-Biegeversuch ermittelt werden, welcher Samples aus dem Rotormaterial untersucht.

Der Wärmeeintrag in das Berstgehäuse wurde in diesem konkreten Fall mit Hilfe eines Arrays aus Temperatursensoren ermittelt, deren Applikation in Abb. 8.28. zu sehen ist.

Abb. 8.29 zeigt, dass der Temperaturanstieg unmittelbar nach dem Impakt der Rotorfragmente rund 10 °C beträgt, und danach Aufgrund der Wärmeleitung der angrenzenden Bauteile langsam wieder abfällt. Da die Berstkammer evakuiert ist und das Temperaturniveau sehr gering ist, können Wärmeleitung durch Konvektion und Strahlung in erster Näherung vernachlässigt werden.

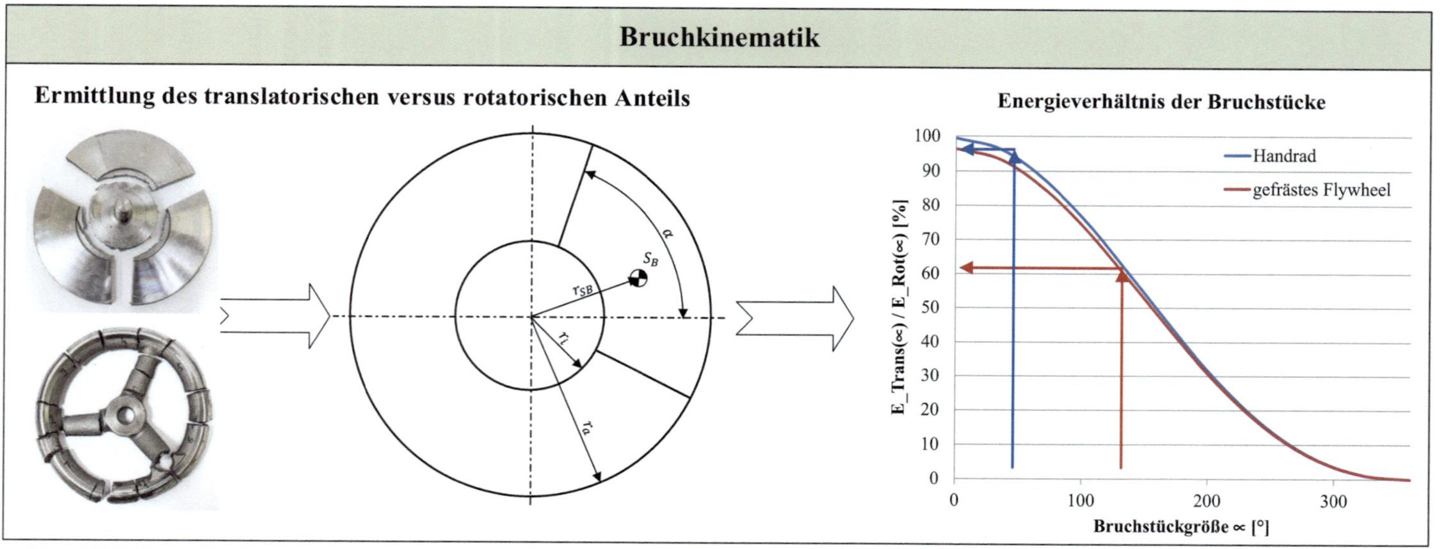

Abb. 8.26 Schritt 3a im Berstversuch – Ermittlung der Bruchstück-Geometrie und Energie

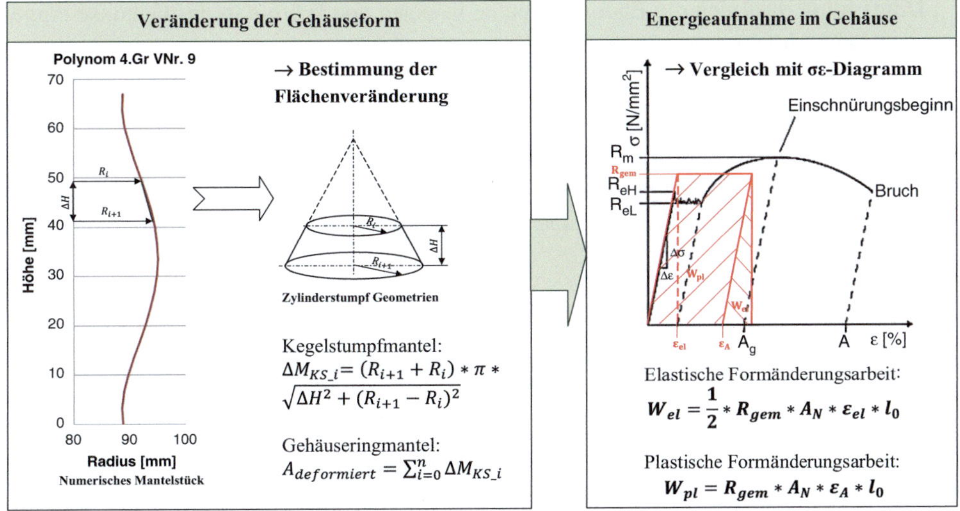

In der Abbildung werden folgende Gleichungen dargestellt:

$$\Delta M_{KS\_i} = (R_{i+1} + R_i) * \pi * \sqrt{\Delta H^2 + (R_{i+1} - R_i)^2}$$

$$A_{deformiert} = \sum_{i=0}^{n} \Delta M_{KS\_i}$$

$$W_{el} = \frac{1}{2} * R_{gem} * A_N * \varepsilon_{el} * l_0$$

$$W_{pl} = R_{gem} * A_N * \varepsilon_A * l_0$$

Abb. 8.27 Schritt 3b im Berstversuch – Ermittlung der Formänderungsarbeit im Gehäuse durch Approximation

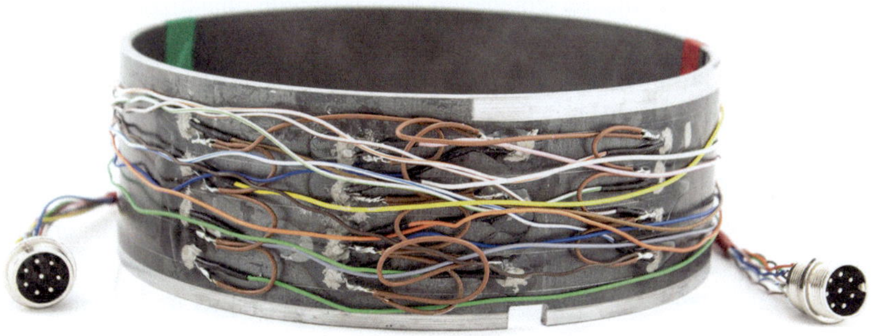

Abb. 8.28 Berstgehäuse mit 15 Temperatursensore am äußeren Umfang

Abb. 8.29 Temperaturanstieg der Temperatursensoren 2.1 bis 2.4 (mittlere Reihe) in Abb. 8.28 unmittelbar nach dem Berstversuch

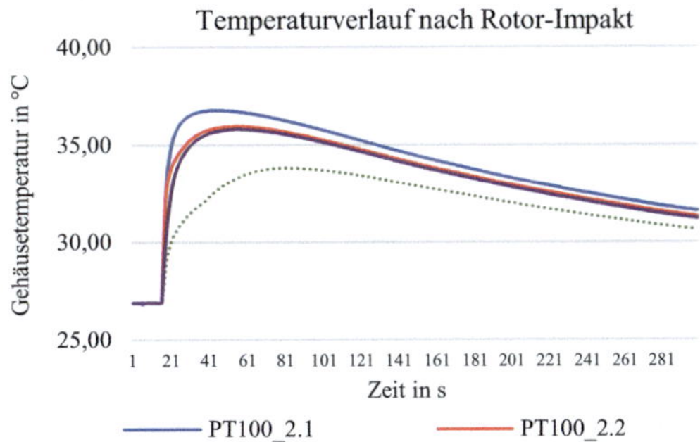

Draus folgt, dass sich die Energie, welche in Form von Wärme in das Gehäuse einge-
prägt wird (E_t) folgendermaßen berechnen lässt:

$$E_t = m_h * c_p * \Delta t$$

(Gl. 8.18)

In diesem Fall ist m_h die Masse des Berstgehäuses, c_p die spezifische Wärmekapazität des
Gehäusewerkstoffs und Δt die maximale gemessene Temperaturdifferenz. Eine genauere
Beschreibung des Berstprüfstands und der entwicklungsmethodischen Vorgehensweise
wurde in publiziert.

8.9.5 Zusammenfassung bisheriger Ergebnisse

Der in Abschn. 8.9.2 beschriebene Berstprüfstand ermöglicht es Dank geringer Herstellungs-
und Betriebskosten eine statistisch signifikante Anzahl an Berstversuchen von Fywheels und
dazugehörigen Gehäusen durchzuführen. Es handelt sich somit um ein strategisches Entwicklungstool, um die Sicherheit von Schwungradspeichern im Speziellen und von Schnelldre-
henden Maschinen im Allgemeinen, mit hoher Zuverlässigkeit zu untersuchen und validieren.
Abb. 8.30 zeigt ein Berstgehäuse nach dem Versuch und ein Diagramm der dazugehörigen Energiebilanz, welche die verschiedenen Energieanteile quantifiziert. Dabei ist anzumerken, dass die *plastische Deformationsarbeit* zu einem großen Teil aus *thermischer
Energie* und einem vermutliche kleinerem Restanteil an *elastischer Verspannung* besteht.
Der relativ große unbekannte Anteil, kann durch folgende mögliche Effekte erklärt werden:

- Verdrehung des Berstgehäuses im Prüfstand
- Reibung zwischen Rotorfragmenten und Deckplatten des Prüfstands oder anderen Bauteilen
- Elastische Deformation des Berstrings, welche ein Abprallen und Zurückschleudern
  der Fragmente bewirkt

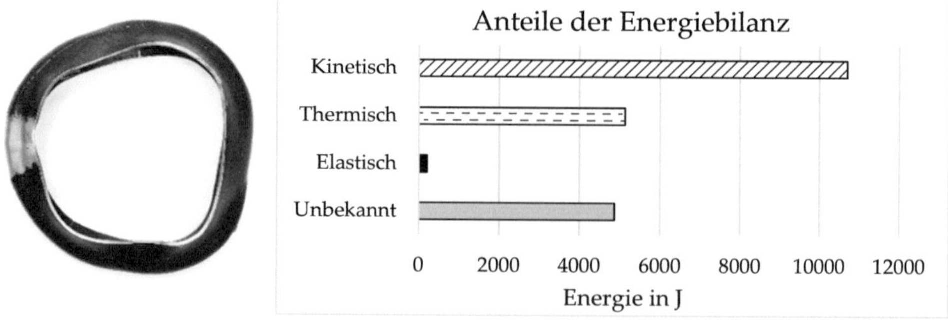

Abb. 8.30 Berstgehäuse mit applizierten Temperatursensoren und dazugehöriges Diagramm, welches den Temperaturanstieg nach dem Berstversuch zeigt

- Elastische Deformation des Prüfstandes
- Akustische Emission der ganzen Anlage

Ansätze zur Quantifizierung dieser Anteile sind Gegenstand aktueller Forschungsarbeiten.

▶ Nichts desto trotz ist es durch diesen einfachen Versuchsaufbau bereits möglich, eine Plausibilitätsprüfung der Energiebilanz von Rotorfragmenten und Energieaufnahme des Gehäuses durchzuführen und eine gute Wiederholgenauigkeit zu erreichen. Dies ist besonders wichtig für die Validierung der Simulation sicherheitskritischer Bauteile.

Tab. 8.7 fasst einige ausgewählte Berstversuche von Gehäuseringen mit 3 bis 6 mm Wandstärke zusammen. Die aktuellen Energiebilanzen ergeben, dass rund 20 bis 30 % der translatorischen Rotorfragmentenergie in Formänderungsarbeit des Gehäuses umgesetzt werden.

Ergebnisse der Simulation zweier Berstversuche in ABAQUS sind in Abb. 8.31 und 8.32 zu sehen.

Tab. 8.7 Zusammenfassung einiger Berstversuche von 6 bis 3 mm Wandstärke

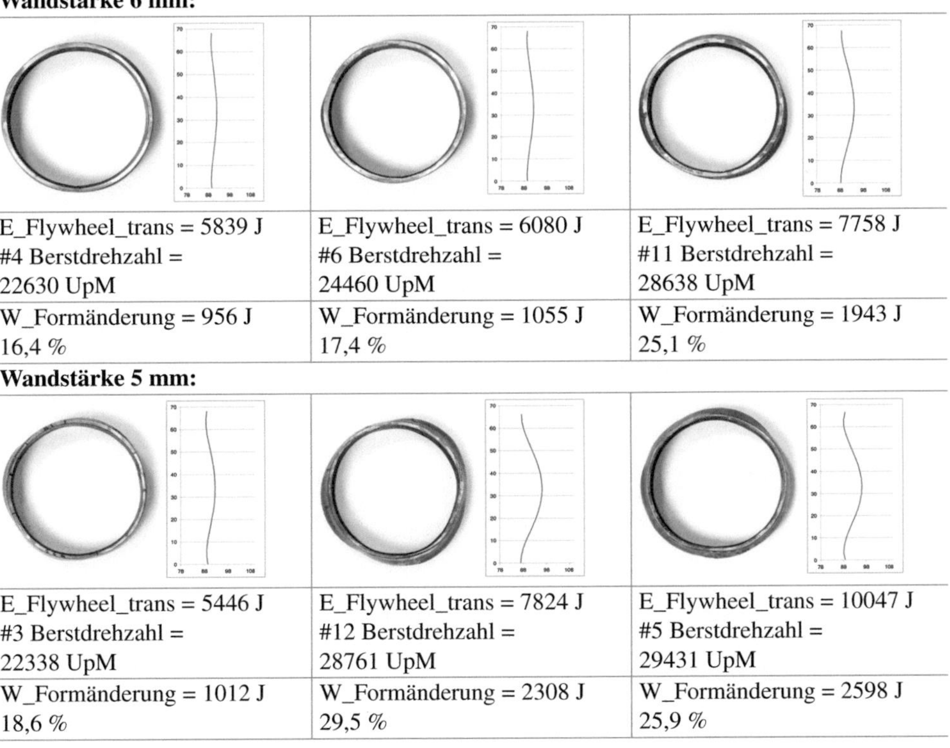

Wandstärke 6 mm:

E_Flywheel_trans = 5839 J #4 Berstdrehzahl = 22630 UpM	E_Flywheel_trans = 6080 J #6 Berstdrehzahl = 24460 UpM	E_Flywheel_trans = 7758 J #11 Berstdrehzahl = 28638 UpM
W_Formänderung = 956 J 16,4 %	W_Formänderung = 1055 J 17,4 %	W_Formänderung = 1943 J 25,1 %

Wandstärke 5 mm:

E_Flywheel_trans = 5446 J #3 Berstdrehzahl = 22338 UpM	E_Flywheel_trans = 7824 J #12 Berstdrehzahl = 28761 UpM	E_Flywheel_trans = 10047 J #5 Berstdrehzahl = 29431 UpM
W_Formänderung = 1012 J 18,6 %	W_Formänderung = 2308 J 29,5 %	W_Formänderung = 2598 J 25,9 %

(Fortsetzung)

Tab. 8.7 (Fortsetzung)

Wandstärke 4 mm:

E_Flywheel_trans = 6946 J #7 Berstdrehzahl = 24811 UpM	E_Flywheel_trans = 7763 J #13 Berstdrehzahl = 28615 UpM	E_Flywheel_trans = 9799 J #8 Berstdrehzahl = 28210 UpM
W_Formänderung = 2069 J 29,8 %	W_Formänderung = 2432 J 31,3 %	W_Formänderung = 2699 J 27,5 %

Wandstärke 3 mm:

E_Flywheel_trans = 9104 J #14 Berstdrehzahl = 26479 UpM	E_Flywheel_trans = 10554 J #16 Berstdrehzahl = 28644 UpM	E_Flywheel_trans = 11944 J #15 Berstdrehzahl = 30739 UpM
W_Formänderung = 2229 J 24,5 %	W_Formänderung = 148 J 31,4 %	W_Formänderung = 532 J 34,5 %

Abb. 8.31 ABAQUS-Simulation eines Berstversuchs mit einem Aluminiumgehäuse (AlMgSi0.5), welches der Belastung des Impakts nicht standhielt

Abb. 8.32 Simulation eines Berstgehäuses aus Vergütungsstahl 34CrNiMo6, ebenfalls mittels AB-AQUS und Johnson-Cook-Materialmodell. Trotz starker plastischer Verformung hält das Gehäuse der Belastung stand

Literatur

1. http://www.Wikinvest.com (2012) Safety failures by the company's flywheel products or those of its competitors could reduce market demand or acceptance for flywheel services or products in general. http://www.wikinvest.com/stock/Beacon_Power_%28BCON%29/Safety_Failures_Flywheel_Products_Those_Competitors_Reduce_Market. [Zugriff am 14. Mai 2016].
2. D. A. Flint (2011) Mishap at the Beacon Power Frequency Flywheel Plant.The Eastwick Press. Petersburg, NY, USA. https://eastwickpress.com/news/2011/07/a-mishap-at-the-beacon-power-frequency-flywheel-plant/.
3. T. Mento und B. Ruth (2015) Injuries Reported in Explosion at Poway Business. KPBS Public Broadcasting, Ausgabe Donnerstag 11. Juni 2015.
4. A. Buchroithner und G. Jürgens (2017) Schwungradenergiespeicher – Eine Chance für die Automobilindustrie und darüber hinaus. VDI Fortschritt-Berichte 38. Internationales Wiener Motorensymposium, Reihe 12, Nr. 802, Bd. 2, Wien, VDI Verlag, 2017, pp. 432–451.
5. A. J. Colozza (2000) High Energy Flywheel Containment Evaluation. NASA, Brook Park, Ohio, USA.
6. R. R. Gilbert, G. E. Heuer, E. H. Jacobsen, E. B. Kuhns, L. J. Lawson und W. T. Wada (1972) Flywheel Drive Systems Study – Final Report. Environmental Protection Agency, USA.
7. G. Genta (1985) Kinetic Energy Storage: Theroy and Practice of Advanced Flywheel Systems, Butterworths, London.
8. J. Hansen und D. O'Kain (2011) An Assessment of Flywheel High Power Energy Storage Technology for Hybrid Vehicles. Oak Ridge National Laboratory – Managed by UT-Battelle for the Department of Energy, Oak Ridge, TN 37831, USA.

9. Jerzy T. Sawicki, Xi Wu, George Y. Baaklini und Andrew L. Gyekenyesi (2003) Vibration-Based Crack Diagnosis in Rotating Shafts During Acceleration Through Resonance Proceedings of the 10th Annual International Symposium on Smart Structures and Materials.

10. G. Litak und J. T. Sawicki (2009) Interermittent behaviour of a Cracked Rotor in the resonance region. Chaos, Solitons & Fractals. Volume 42, Ausgabe 3, 15 November 2009, pp. 1495–1501.

11. A. L. Gyekenyesi, J. T. Sawicki, R.E. Martin, W.C. Haase und G. Baaklini (2005) Vibration Based Crack Detection in a Rotating Disk – Part 2-Experimental Results. NASA/Glenn Research Center, USA.

12. D. Newland (1996) An Introduction to Random Vibrations, Spectral & Wavelet Analysis, 3. Ausgabe 1996.

13. J. Kim et al (2003) Crack Detection in Operating Rotors using Direct Harmonic Wavelet Transformation. Mechanical Engineering Department, Imperial College of Science, London, UK.

14. H. Steffan (2010) Skriptum Vehicle Safety II, Graz: VSI – Vehicle Safety Institute, TU Graz, Österreich.

15. Green Car Congress (2007) Flybrid Flywheel Hybrid System Passes First Crash Test. 2007. http://www.greencarcongress.com/2007/10/flybrid-flywhee.html. [Zugriff am 19. September 2010].

16. M. Strasik (2003) Flywheel Electricity Systems with Superconducting Bearings for Utility Applications. Boeing Technology/Phantom Works, Seattle, USA.

17. M. A. Pichot, J. M. Kramer, R. C. Thompson, R. J. Hayes und J. H. Beno (1997) The Flywheel Battery Containment Problem. 1997 SAE International Congress and Exposition, Detroit, Michigan, USA.

18. M. Strasik und I. Gyuk (2002) Flywheel Electricity System – Project Fact Sheet: Superconductivity for Electric Systems Program and Industry Partners. United States Department of Energy, USA.

19. R. Rieger (2014) Erstellung eines Prüfstandes für Sicherheitstests an Berstschutzgehäusen schnell drehender, isotroper Schwungscheiben und Definition des Prüfumfangs. Institut für Maschinenelemente und Entwicklungsmethodik, TU Graz, Österreich.

20. G. Portnov, A.-N. Uthe, I. Cruz, R. P. Fiffe und F. Arias (2005) Design of Steel-Composite Multirim Cylindrical Flywheels Manufactured by Winding with High Tensioning and in situ Curing – 2. Numerical Analysis. Mechanics of Composite Materials, pp. 241–254, Ausgabe Mai 2005.

21. Green Car Congress (2007) Flybrid Flywheel Hybrid System Passes First Crash. http://www.greencarcongress.com/2007/10/flybrid-flywhee.html. [Zugriff am 19. September 2010].

22. Research Councils UK/Innovate UK (2014) FlySafe – Flywheel-hybrid safety engineering. UK Research and Innovation, Polaris House, Swindon, UK. https://gtr.ukri.org/projects?ref=101306.

23. R. Nicolas (2015) A new flywheel test rig developed by Ricardo. http://www.car-engineer.com/a-new-flywheel-test-rig-developed-by-ricardo/. [Zugriff am 22. Juli 2016].

24. Oak Ridge National Laboratory (2013) Oak Ridge National Laboratory Review. Oak Ridge National Laboratory's Communications and Community Outreach. http://web.ornl.gov/info/ornlreview/rev25-34/chapter8.shtml. [Zugriff am 25. August 2016].

25. P. von Burg (1996) Schnelldrehendes Schwungrad aus Faserkunststoff. ETH Zürich, Schweiz.

26. S. Renner-Smith (1980) Battery-saving flywheel gives electric car freeway zip. Popular Science, Ausgabe Oktober 1980.

27. J. Wheals, J. Taylor und W. Lanoe (2016) Rail Hybrid using Flywheel. Den Danske Banekonferience, Tivoli Congress Centre, Kopenhagen, Dänemark.

28. A. C. Hagg und G. O. Sankey (1974) The Containment of Disk Burst Fragments by Cylindrical Shells. Journal of Engineering for Power, no. 96, pp. 114–123.

29. Naval Postgraduate School (1999) Mechanical and Aerospace Engineering – Turbopropulsion Laboratory and Gas Dynamics Laboratory. https://my.nps.edu/web/mae/turbo. [Zugriff am 24. Oktober 2018].

30. NASA Glenn Research Center (2018) Special Projects Laboratory – Facility Description. National Aeronautics and Space Administration. https://www1.grc.nasa.gov/historic-facilities/special-projects-laboratory/facility-description/. [Zugriff am 31. August 2018].

31. Schuster-Engineering GmbH (2009) Schuster-Engineering GmbH, Am Söterberg 2, D-66620 Nonnweiler/Otzenhausen. http://schuster-sondermaschinen.de/6.html. [Zugriff am 25. Oktober 2018].

32. Schenck RoTec (2005) Spinning Service. SCHENCK RoTec GmbH, Landwehrstraße 55, D-64293 Darmstadt. https://schenck-rotec.com/services/balancing-and-spinning-service/spinning-service.html. [Zugriff am 25. Oktober 2018].

33. Test Devices Inc. (2015) Test Devices Inc., 571 Main Street, Hudson, MA, USA. https://www.testdevices.com/equipment/productionproof-burst-rigs/. [Zugriff am 25. Oktober 2018].

34. BSI – Barbour Stockwell Incorporated (2018) Barbour Stockwell, Inc. 45 Sixth Road, Woburn, Massachusetts 01801, USA. http://www.barbourstockwell.com/spin-test-services.html. [Zugriff am 25. Oktober 2018].

35. Aerovent Industrial Ventilation Systems (2018) Aerovent, 5959 Trenton Lane North, Minneapolis, Minnesota 55442-3237, USA. https://www.aerovent.com/fan-testing-services/overspeed-testing/. [Zugriff am 25. Oktober 2018].

36. Oceanfront Engineering (2018) Oceanfront Engineering, Fallbrook, CA 92028, USA. http://oceanfrontengineering.com/gallery/rotating-equipment/. [Zugriff am 25. Oktober 2018].

37. Shanghai Lingling Balancing Machinery Co. (2015) Shanghai Lingling Balancing Machinery Co. Ltd., Build 2, Yong Lian Industrial Park, No168 HuaJi Road201108 Shanghai, Cina. http://www.linglingbalance.com/english-web/cp/cssyjj.html#OTS-300%E3%80%80%3E%3E. [Zugriff am 25. Oktober 2018].

38. Piller TSC Blower Corporation (2015) Environmental XPRT. https://www.environmental-expert.com/services/overspeed-spin-test-214127. [Zugriff am 25. Oktober 2018].

39. Element Materials Technology (2018). https://www.element.com/aerospace/aero-structures. [Zugriff am 25. Oktober 2018].

40. P. Perzyna (1966) Fundamental Problems in Viscoplasticity. Advances in Applied Mechanics, Volume 9, p. 244–368.

41. J. F. Young, S. Mindess, A. Bentur und R. J. Gray (1998) The Science and Technology of Civil Engineering Materials, 1st Edition. Prentice Hall.

42. G.R. Johnson und W.H Cook (1983) A Constitutive Model and Data for Metals Subjected to Large Strains, High Strain Rates, and High Temperature. Proceedings of the 7th International Symposium on Ballistics, pp. 541-547, 19–21 April 1983.

43. A. Buchroithner, P. Haidl, C. Birgel, T. Zarl und H. Wegleiter (2018) Design and Experimental Evaluation of a Low-Cost Test Rig for Flywheel Energy Storage Burst Containment Investigation. Appl. Sci. 2018, 8, 2622. https://doi.org/10.3390/app8122622.

Lagerung 9

9.1 Analyse bestehender Systeme und Stand der Technik

Im Bereich der Schwungradspeicher haben sich bis jetzt lediglich zwei Lagerkonzepte durchgesetzt:

1. **Wälzlager**, wobei hier üblicherweise Spindellager der „High Precision Serie" zum Einsatz kommen.
2. **Aktive Magnetlager**, meist sogenannte HTS (*High Temperature Superconducting*) *Magnetic Bearings*.

Ein typischer Aufbau bestehend aus Wälzlagern und einem axialen Magnetlager ist Abb. 9.1 zu sehen. Alternative Konzepte wie Gleitlager oder aerostatische Lager werden aufgrund der noch in Abschn. 9.2 genannten Anforderungen nicht eingesetzt. Eine der wenigen Ausnahmen stellt das Flywheel von *Kinetic Traction Systems* dar, welches eine Spitzen-Pfannen-Lager (englisch *hydrodynamic pin bearing*) als Axiallager einsetzt.

Viele der stationären Schwungradspeicher verwenden aktive Magnetlager, nicht nur wegen des geringen Verlustmoments, sondern in erster Linie wegen der Verschleiß- und Wartungsfreiheit des Systems; eine Eigenschaft, die besonders bei Dauerbetrieb eine zentrale Rolle spielt. Nichts desto trotz benötigen magnetgelagerte Rotoren ein zusätzliches Paar konventioneller Lager, die als *Fanglager* fungieren. Drei Szenarien können ein Eingreifen der Fanglager erforderlich machen:

a. Ein beabsichtigtes Abschalten des Systems
b. Ausfall der Stromversorgung der Magnetlager oder Störung der Steuerung
c. Überschreiten der maximal zulässigen Magnetlagerkraft.

In Fall b. und c. besteht die Möglichkeit, dass der Rotor bei maximaler Drehzahl in das Fanglager gerät, wodurch es zu *forward* und *backward whirl* (einem hochenergetischen Umherwirbeln

© Springer Fachmedien Wiesbaden GmbH, ein Teil von Springer Nature 2019
A. Buchroithner, *Schwungradspeicher in der Fahrzeugtechnik*,
https://doi.org/10.1007/978-3-658-25571-8_9

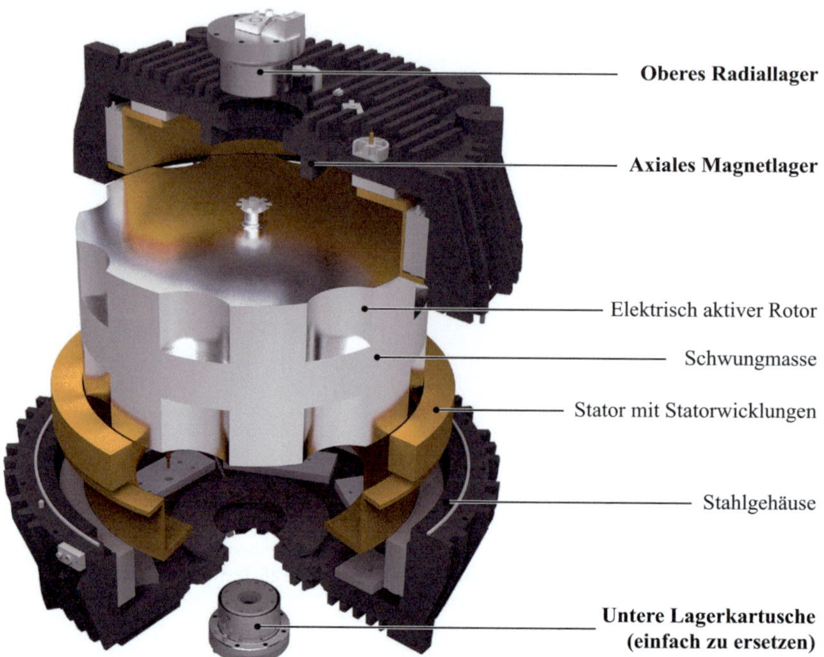

Abb. 9.1 Aufbau und Lagerung eines stationären Schwungradspeichers (*Active Power HD625 UPS*). (Bildrechte: Piller Group GmbH)

des Rotors im Fanglager) kommen kann [1]. Aufgrund der gespeicherten Energie können Rotor und Fanglager in diesem Fall erheblichen Schaden nehmen. Um dies zu vermeiden, müssen Magnetlager eingesetzt werden, welche sämtliche zu erwartende Lagerlasten abdecken, was besonders bei mobilen Anwendungen in eine Erhöhung von Bauraum und Kosten mündet.

> Aufgrund dieser Argumente werden im Folgenden ausschließlich Wälzlager (auch zum Teil in Kombination mit permanentmagnetischen Axiallagern) für FESS-Anwendungen genauer besprochen!

9.2 Anforderungen abgeleitet aus der *Supersystem-Analyse*

Kaum ein Maschinenelement vereint so viele Funktionen und beeinflusst die Eigenschaften des Gesamtsystems „Schwungradspeicher" so vehement wie die Lagerung. Drei Eigenschaften müssen an dieser Stelle besonders hervorgehoben werden:

1. **Lebensdauer:** Der theoretische Vorteil, dass FESS grundsätzlich wesentlich höhere Zyklenzahlen als chemische Speicher erreichen können, steht und fällt mit der Wahl und Auslegung der Lagerung.
2. **Reibung:** Die „Achillesferse" der FESS, die hohe Selbstentladung, ist primär auf die Verlustreibung in den Lagerstellen zurückzuführen.

3. **Kosten:** Um die beiden oben genannten Eigenschaften, die Zyklenzahlen und die Selbstentladung signifikant zu verbessern, bieten sich auf den ersten Blick aktive Magnetlager an. Aber auch diese sind keinesfalls verlustfrei und bringen einen erheblichen konstruktiven und finanziellen Aufwand mit sich, der als kritisches Hemmnis für die serienreife Markteinführung von FESS angesehen werden muss.

Selbstverständlich gibt es etliche weitere Aspekte, welche bei der Konstruktion der Lagerung eines Schwungradspeichers beachtet werden müssen. Die 8 wichtigsten davon sind als Piktogramme in Abb. 9.2 dargestellt.

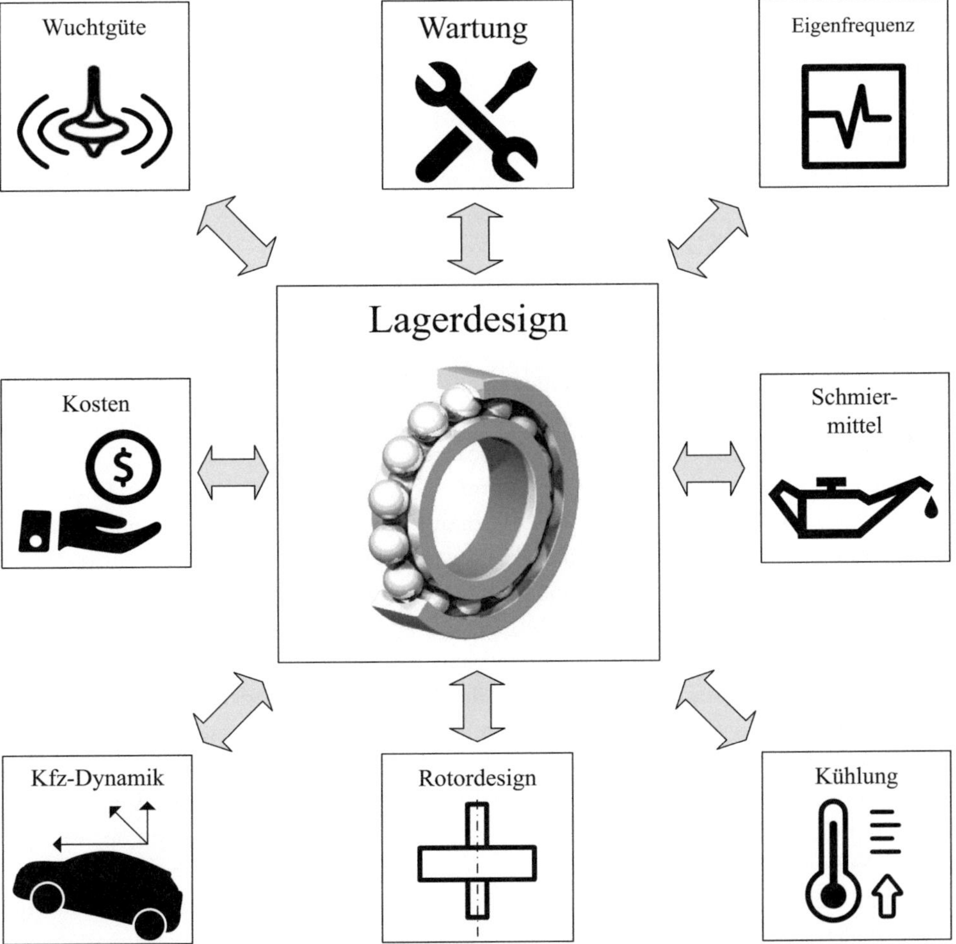

Abb. 9.2 Die 8 Paradigmen des Lagerdesigns bei Schwungradspeichern

9.2.1 Ermittlung der Lagerlasten

Unabhängig davon, ob es sich um Magnet- oder Wälzlager handelt, stellt die Berechnung der Lagerreaktionen bei Schwungradspeichern eine besondere Herausforderung dar. Es ist offensichtlich, dass es keine Wälzlagerauslegung ohne durchdachte Analyse oder zumindest Betrachtung des *Supersystems* geben kann, da Drehzahlkollektiv und äußere Belastungen die Berechnung und in weiterer Folge die Lebensdauer erheblich beeinflussen.

▶ Das Drehzahlkollektiv (proportional zum *State of Charge* des Schwungradspeichers) hängt jedoch von der energetischen Betriebsstrategie bzw. vom Einsatz des Fahrzeuges und dem Fahrerwunsch ab. Die Vorhersagbarkeit des Lastkollektivs beim Pkw ist ein schwieriges Unterfangen und lässt sich deutlich besser bei Nutzfahrzeugen ermitteln.

Die auf das Lager wirkenden Kräfte können in zwei Gruppen unterteilt werden:

1. **Durch Fahrdynamik hervorgerufene Kräfte (*Supersystem*)**
   a. Linearbeschleunigungen durch Beschleunigen und Verzögern sowie Kurvenfahrt
   b. Winkelbeschleunigungen durch Nicken, Gieren, Wanken
   c. Gyroskopische Reaktionen durch Nicken, Gieren, Wanken
2. **Vom Flywheel ausgehende Kräfte (*Subsystem*)**
   a. Unwuchtkräfte aufgrund von Fertigungstoleranzen (siehe auch Tab. 9.9)

Die Quantifizierung oder größenordnungsmäßige Reihung dieser Kräfte lässt sich nicht allgemeingültig formulieren. Dies liegt besonders daran, dass die erreichbare Wuchtgüte von einer Vielzahl konstruktiver Parameter des Rotordesigns (vergleiche Kap. 7) abhängt. Für einen repräsentativen Fall (*CMO*-Rotor mit 11 kg Masse, Wuchtgüteklasse G=2,5 und max. 60.000 UpM) wurde jedoch eine Reihung vorgenommen, vorgenommen, die in Abb. 9.3 dargestellt ist. Die Fahrdynamik wurde durch reale Messungen im urbanen und ruralen Gebiet rund um die Universitätsstadt Graz in Österreich vorgenommen. Genauere Informationen diesbezüglich sind Abschn. 9.5.2.1 zu entnehmen.

Der Grund für die offensichtliche Dominanz der Unwuchtkräfte ist die Tatsache, dass diese den größten Zeitanteil während des Betriebs des FESS aufweisen; sie treten ständig auf, sobald sich das Schwungrad dreht, während alle anderen Lastkomponenten nur dann auftreten, wenn das Fahrzeug eine signifikante Auslenkung erfährt. Die höchsten *absoluten* Lagerlasten werden jedoch durch gyroskopische Reaktionen bzw. die Dynamik des Fahrzeuges hervorgerufen. Nach den aktuellen Theorien der Zeitfestigkeitsrechnung können diese kurzfristig auftretenden Lasten Vorschädigungen hervorrufen, welche die Lebensdauer signifikant reduzieren. Aus diesem Grund ist eine Vorabschätzung der gyroskopischen Lagerlasten unerlässlich und im folgenden Abschnitt genauer erläutert.

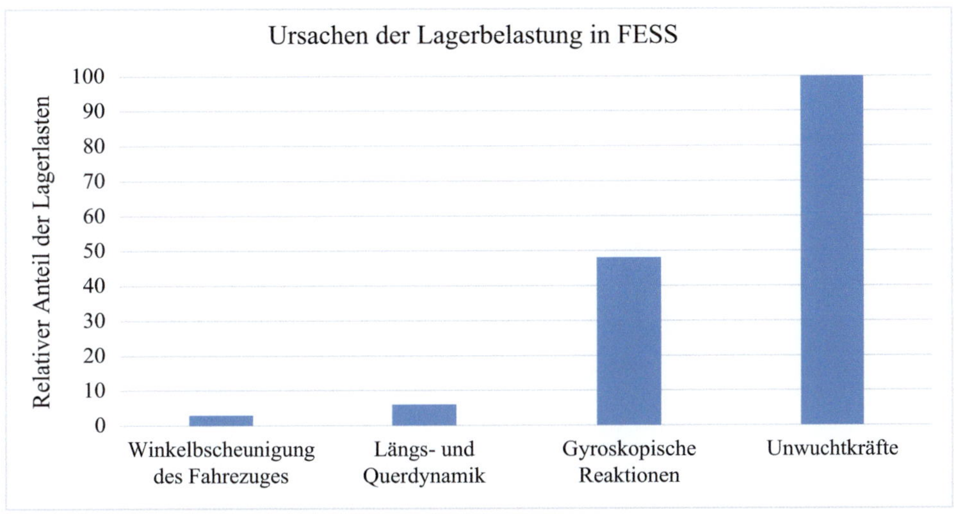

Abb. 9.3 Repräsentative, relative Anteile der Lagerlasten eines FESS im Fahrzeug

Es lässt sich zusammenfassen, dass folgende Belastungsarten die Lagerlebensdauer von Schwungradspeichern definieren und daher so gering wie möglich gehalten werden müssen:

1. Gyroskopische Reaktionskräfte
2. Unwuchtkräfte

Es folgt eine detaillierte Betrachtung dieser beiden Arten von Lagerlasten in Abschn. 9.3. bzw. 9.5.

9.3 Gyroskopische Reaktionskräfte in Schwungradspeichern

9.3.1 Das *Supersystem* der Lagerung – Analyse der Umgebungsparameter

Um eine Lagerung zu konstruieren, die allen bisher ermittelten Anforderungen gerecht wird, muss auf Basis der *Supersystem-Analyse* ein Lastenheft erstellt werden. Aber nicht nur die energetischen Eigenschaften des FESS, welche das Drehzahlspektrum und dessen Summenhäufigkeit definieren, sondern auch gyroskopische Reaktionen, welche aufgrund der Fahrdynamik auftreten, müssen beachtet werden. (Vergleiche Abschn. 9.5.2.1). Abb. 9.4 zeigt ein Hybridfahrzeug mit Schwungradspeicher und dessen Freiheitsgrade der Bewegung.

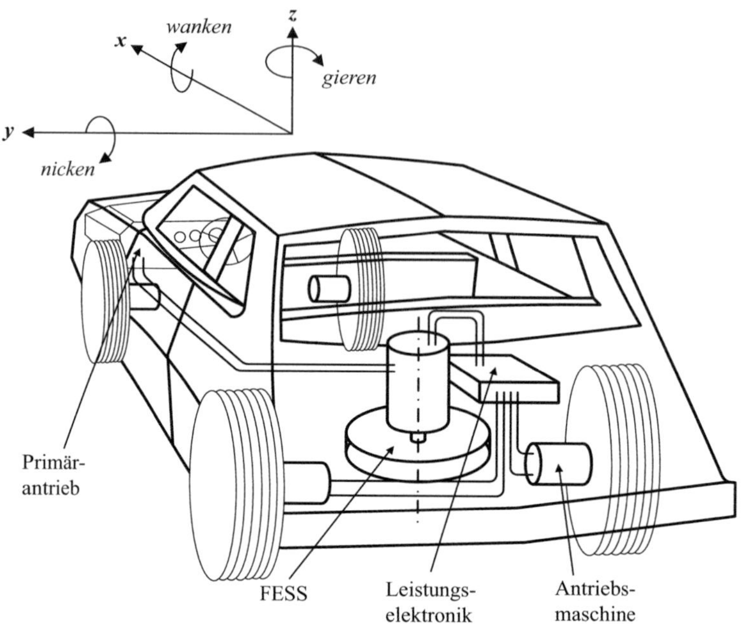

Abb. 9.4 Koordinatensystem und Bewegungsrichtungen eines Fahrzeuges mit Schwungradspeicher

9.3.2   Einfluss FESS-spezifischer Betriebsbedingungen auf die Lagerung

Die speziellen Betriebsbedingungen eines mobilen Schwungradspeichersystems haben einen entscheidenden Einfluss auf die Auslegung der Wälzlagerung. Die wichtigsten spezifischen Charakteristika und ihre Implikationen auf die Lagerauslegung sind:

- **Vakuum:** Die Lager müssen in einer hermetisch geschlossenen Vakuumkammer laufen, was den Wärmetransport sowie die Schmiermittelversorgung beeinflusst.
- **Fahrzeugdynamik:** Das ganze FESS ist Winkel- und Linearbeschleunigungen ausgesetzt, wodurch direkte Massenkräfte sowie gyroskopische Reaktionen auf die Lager wirken.
- **Extrem hohe Winkelgeschwindigkeiten:** Wie in Kap. 7 gezeigt wurde, führt der einzige Weg hohe spezifische Energien zu erreichen über eine Drehzahlerhöhung. (Drehzahlen von 20.000 bis 80.000 UpM, bzw. Umfangsgeschwindigkeiten jenseits der 500 m/s sind übliche Werte für FESS.)
- **Einschränkungen bezüglich Platzangebot und Maximalgewicht:** Im Sinne des generellen Leichtbautrends des Automobilsektors und um hohe (gravimetrische) Energiedichten zu erreichen, muss das Gewicht des FESS geringgehalten werden. Eine Anforderung, die gegen den Einsatz aktiver Magnetlager spricht.

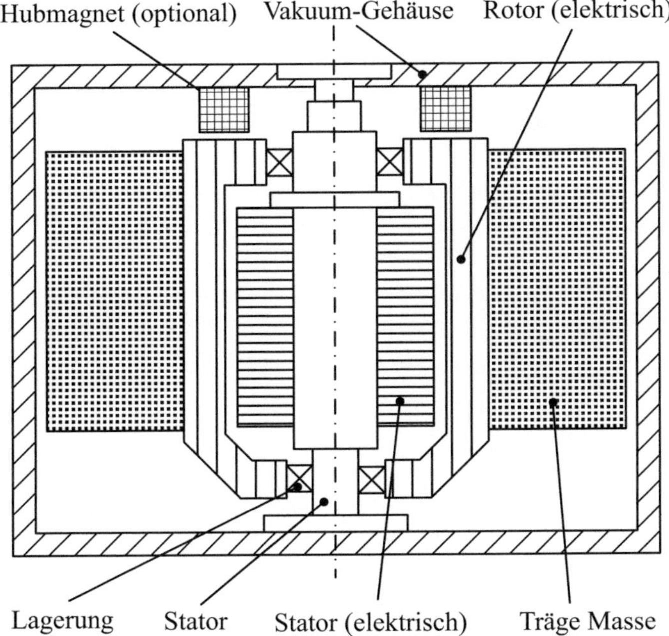

Abb. 9.5 Aufbau eines FESS für ein Nutzfahrzeug – Außenläufer, vollintegrierte Bauweise

Abb. 9.5 zeigt die Topologie eines Schwungradspeichers für ein Nutzfahrzeug, welche zu Beginn eines Forschungsprojektes an der TU Graz vorgeschlagen wurde. Der optionale Hubmagnet hat die Aufgabe die Gewichtskraft des Rotors und somit die Axiallast des Lagers zu reduzieren.

Bei der genaueren Untersuchung der vorgeschlagenen Topologie, welche auch eine Simulation des thermischen Verhaltens beinhaltete, wurden folgende Effekte betreffend die Lagerung festgestellt:

1. Aufgrund des Alterns des Matrixwerkstoffes der Kohlefaserrotors [3] ist es fraglich, ob eine entsprechend hohe Wuchtgüte über die geplante Lebensdauer eingehalten werden kann. (Vergleiche auch Abschn. 7.2.1). Die auftretenden Unwuchtkräfte müssen bei der Lagerauslegung beachtet werden.
2. Die Kohlefaserbandage verhält sich wie ein thermischer Isolator (Abschn. 7.2.1) und schränkt das Abstrahlen und Ableiten der Verlustwärme des elektrischen Rotors erheblich ein. Folglich spielt die Wärmeleitung der Wälzlager eine entscheidende Rolle, wodurch im konkreten Fall eine detaillierte, thermische Analyse vonnöten ist [4].

9.4   Komplexität und Bedeutung der FESS-Lagerauslegung

Wie Abb. 9.6 zeigt, können sogar kleine Veränderungen des Lastkollektivs erhebliche Auswirkungen auf die Wälzlagerlebensdauer haben. Das Diagramm beschreibt den berechneten Faktor der Lebensdauererhöhung bei Einsatz eines aktiven Magnetlagers parallel zum Wälzlager, um die Lagerkräfte zu reduzieren. Die theoretischen Vorteile dieser (in Abb. 9.7 dargestellten Anordnung) wurden zwar bereits in [4] veröffentlicht, aufgrund der hohen Kosten kam es bis jetzt jedoch zu keiner praktischen Umsetzung.

Die Lagerlebensdauerabschätzung beruht auf Fahrzeugmessdaten im normalen Fahrbetrieb (vergleiche Abschn. 9.5.2), außergewöhnliche Ereignisse wie Missbrauchstests wurden vorerst nicht betrachtet, da die Häufigkeit ihres Auftretens schwer abzuschätzen ist. Abb. 9.6 zeigt auch, dass ein langer Radstand die Lagerlasten des FESS reduziert. Längere Fahrzeuge haben aufgrund der Geometrie geringere Nickraten und werden generell weniger „sportlich" betrieben. Kürzere und leichtere Fahrzeuge, wie Sportwagen, würden also noch stärkere Entlastungsmagnetlager benötigen, um auf dieselbe Wälzlagerlebensdauer zu gelangen wie schwere Nutzfahrzeuge. Das bedeutet, dass die Lagerlasten *fahrzeugabhängig* ermittelt werden müssen, um eine hinreichend genaue Abschätzung der Lebensdauer und Serviceintervalle durchführen zu können. Die Berechnungen wurden entsprechend der *modifizierten Lagerlebensdauerrechnung nach FAG* durchgeführt, was einer Standardprozedur im Maschinenbau entspricht.

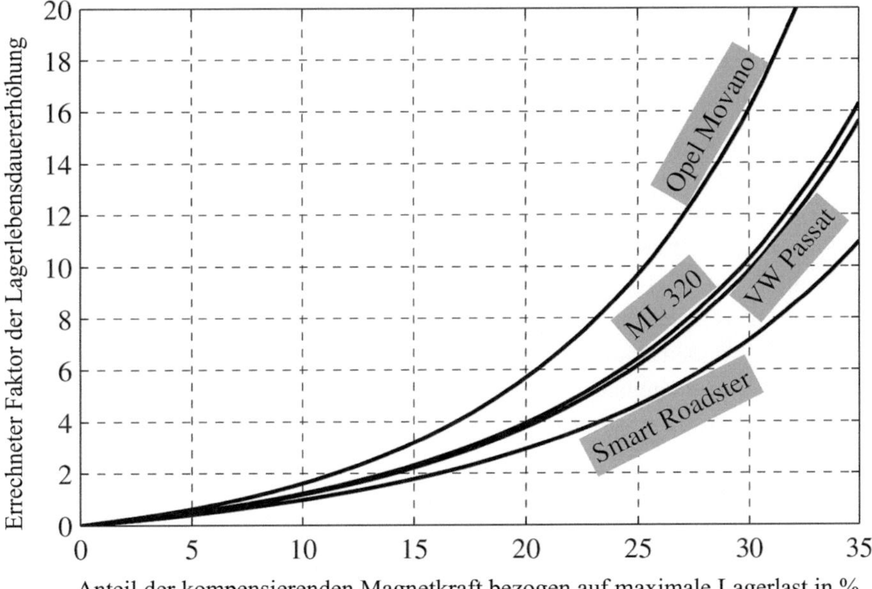

Abb. 9.6 Lebensdauererhöhung eines Wälzlagers durch Kraftreduktion mittels parallelem Magnetlager [4]. (Bildrechte: Manes Recheis)

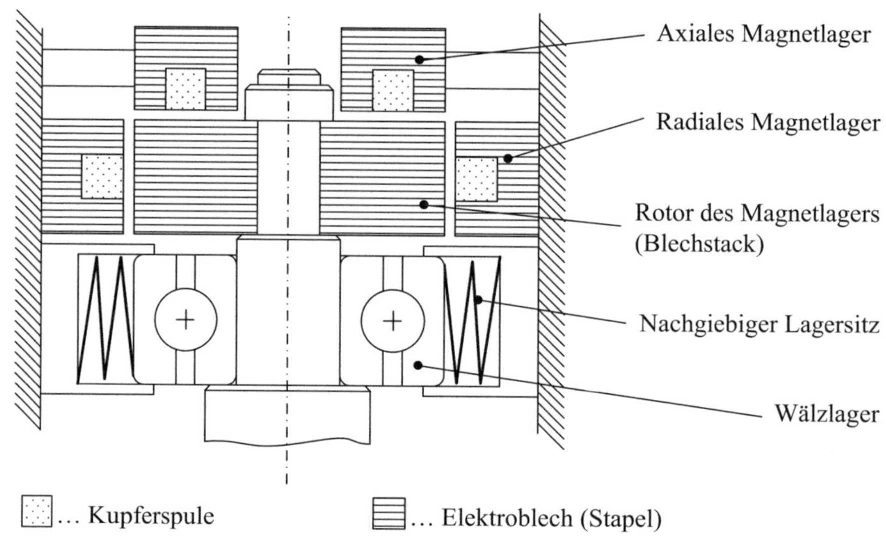

Abb. 9.7 Prinzipskizze eines Wälzlagers mit nachgiebigem Sitz und parallelem, aktivem Magnetlager

> Die Langlebigkeit der Lagerung bzw. das Erreichen ausgedehnter Serviceintervalle spielt besonders im wichtigen Segment der Nutzfahrzeuge eine entscheidende Rolle. Eine hohe Kundenzufriedenheit aufgrund hoher Zuverlässigkeit des FESS ist der Schlüssel zum Markterfolg und erfordert eine eingehende Analyse der hochgradig nichtintuitiven gyroskopischen Reaktionen der drehenden Schwungmasse in einem bewegten System.

9.5   Bestimmung gyroskopischer Lagerlasten

Die Hauptanteile der Lagerlasten in einem Schwungradspeicher für Automobilanwendungen stellen die *gyroskopischen Reaktionskräfte*, die *Massenkräfte aufgrund der Linear- bzw. Winkelbeschleunigung* und die *Unwuchtkräfte* des Rotors dar. Obwohl letztere die Lagerlebensdauer in manchen Fällen stark reduzieren, soll in diesem Abschnitt nicht darauf eingegangen werden, da Rotorbauart und Wuchtmöglichkeiten erst in Abschn. 9.6 diskutiert werden.

9.5.1   Schritt 1: Analytische Abschätzung

Die Kinematik eines gefesselten Kreisels (welcher ja nichts anderes ist als ein Flywheel) ist komplex und hochgradig nichtintuitiv. Ein tiefgehendes Verständnis der Kreiselkinematik ist erforderlich, um eine geeignete Anbindung des FESS an das Fahrzeug sowie eine passende Lagerung auszulegen. Die *Eulerschen Gleichungen der Kreisel-*

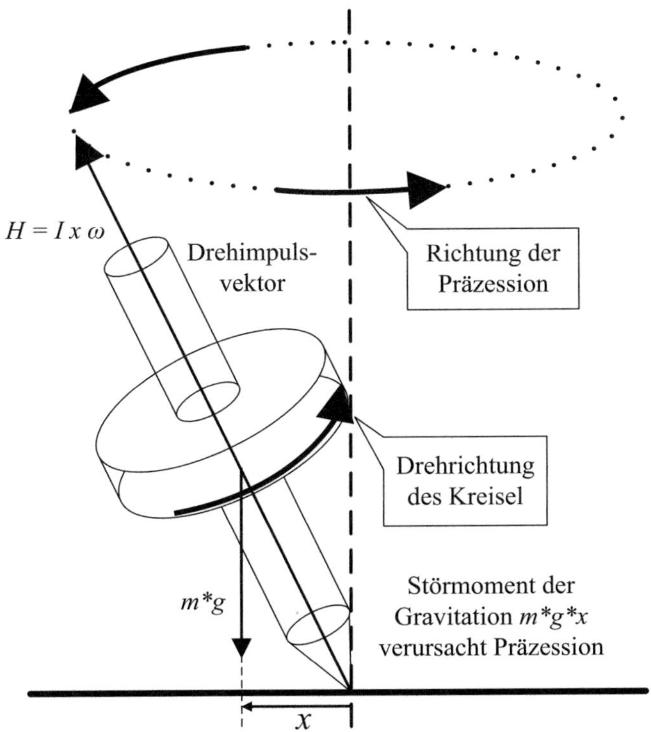

Abb. 9.8 Drehimpulsvektor, Präzession und Nutation in einem freien Kreisel

theorie beschreiben das Verhalten eines *freien Kreisels* (vergleiche Abb. 9.8) und können herangezogen werden, um einerseits eine erste Abschätzung der gyroskopischen Lagerlasten vorzunehmen und andererseits wesentliche physikalische Einflussgrößen zu identifizieren. Eine detaillierte Beschreibung der Physik des Kreisels im Allgemeinen und der *Eulerschen Gleichungen* im Speziellen ist in [5] zu finden. An dieser Stelle sollen nur die wesentlichen, für die FESS Lagerauslegung essentiellen Erkenntnisse zusammengefasst werden.

Tab. 9.1 beschreibt die relevanten Rotationsachsen, basierend auf der Definition von Abb. 9.4

▶   Obwohl ein Schwungrad die Orientierung seiner ursprünglichen Rotationsachse beibehalten möchte, veranlassen äußere Kräfte und Momente eine Veränderung derselben. Daraus folgt, dass die gyroskopischen Reaktionen sich in Form von Stützkräften, das heißt Lagerreaktionen manifestieren und konstruktiv berücksichtigt werden müssen.

Die für die Lagerauslegung relevante Größe ist das *gyroskopische Moment* $\overline{M}_k$, welches als die zeitliche Ableitung des *Drehimpulses* $\overline{H}$ angesehen werden kann (vergleiche Abb. 9.8):

Tab. 9.1 Beschreibung der Variablen der Fahrzeug- und Kreiselbewegung in Abb. 9.4

Bezeichnung	Beschreibung
α	Rotation um die X-Achse (Wanken)
β	Rotation um die Y-Achse (Nicken)
γ	Rotation um die Z-Achse (Gieren)
γ_k	Winkel um die Rotationsachse des FESS

$$\overrightarrow{M}_k = \frac{d}{dt}\overrightarrow{H} + \vec{\omega} \times \overrightarrow{H} \tag{9.1}$$

Der Drehimpuls ist das Produkt des *Trägheitsmoments I_i* des Kreisels bzw. Schwungrades und dessen *Winkelgeschwindigkeit $\vec{\omega}$*:

$$\overrightarrow{H} = \begin{pmatrix} I_1 * \omega_1 \\ I_2 * \omega_2 \\ I_3 * \omega_3 \end{pmatrix} \tag{9.2}$$

Die Winkelgeschwindigkeit kann – nach Transformation in ein ortsfestes Koordinatensystem – wiederum wie folgt beschrieben werden:

$$\vec{\omega} = \begin{pmatrix} \omega_1 \\ \omega_2 \\ \omega_2 \end{pmatrix} = \begin{pmatrix} \dot{\alpha} * \cos(\beta) * \cos(\gamma + \gamma_k) + \dot{\beta} * \sin(\gamma + \gamma_k) \\ -\dot{\alpha} * \cos(\beta) * \sin(\gamma + \gamma_k) + \dot{\beta} * \cos(\gamma + \gamma_k) \\ \dot{\gamma}_k + \dot{\gamma} + \dot{\alpha} * \sin(\beta) \end{pmatrix} \tag{9.3}$$

Die soeben angeführten Formeln liefern also die Basis für die analytische Berechnung der gyroskopischen Reaktionskräfte. Es zeigt sich jedoch, dass diese Differenzialgleichungen *signifikant vereinfacht* werden können, wenn folgende Voraussetzungen erfüllt sind:

- **Symmetrischer Kreisel:** Das Trägheitsmoment des Kreisels um zwei körperfeste Achsen muss ident sein.
- **Schneller Kreisel:** Die Winkelgeschwindigkeit des Schwungrades ($\dot{\gamma}_k$) muss viel größer sein als jede Komponente der Störgröße $\vec{\omega}$.
- **Konstante Winkelgeschwindigkeit:** Die Winkelbeschleunigung des FESS, $\ddot{\gamma}_k$, um seine eigene Drehachse muss Null sein.
- **Verallgemeinerung der Bewegungsrichtung:** Keine Vektoren, sondern nur Skalare werden betrachtet (da diese ohnehin die relevanten Größen für die Lagerauslegung darstellen.)
- **Kleine Winkelauslenkungen der Störgrößen:** *Nicken*, *Gieren* und *Wanken* spielen sich üblicherweise in Bereichen < 5° ab und erlauben daher eine weitere Vereinfachung.

9.5.1.1 Ergebnisse der analytischen Abschätzung

Werden die soeben genannten Vereinfachungen auf Gl. 9.1, 9.2 und 9.3 angewendet, so erhält man folgende skalare Näherungsformel:

$$M_{kf} = H * \omega_i \tag{9.4}$$

wobei gilt:

$$H = I * \dot{\gamma}_k \tag{9.5}$$

Wird der Kreisel um eine Drehachse, welche normal auf seine eigene Rotationsachse steht, ausgelenkt, so ändert sich die Richtung des *Drehimpulsvektors $\overline{H}$*. Das Schwungrad reagiert daher auf fahrdynamische Manöver mit einem gyroskopischen *Reaktionsmoment $\overline{M}_k$*, welches den Drehimpuls des Systems nach dem Impulserhaltungssatz verändert. Solange die *Störwinkelgeschwindigkeit ω_i* auf den Kreisel einwirkt, nimmt der gesamte Drehimpuls des Systems zu. Sind die Größen Trägheitsmoment und Winkelgeschwindigkeit des Schwungrades, sowie Nick- Gier- und Wankraten des Fahrzeuges bekannt, so lässt sich die Größenordnung des gyroskopischen Moments nach der Näherungsformel Gl. 9.4 recht einfach abschätzen. Ist der Abstand der Lagerstellen bereits definiert, dann kann eine erste Vorabschätzung der gyroskopischen Lagerlasten mit hinreichender Genauigkeit erfolgen (vergleiche Abschn. 9.5.4). Tab. 9.2 fasst die Möglichkeiten und Grenzen der Näherungsformel zusammen.

Aus Tab. 9.2 geht hervor, dass die vereinfachte, analytische Lösung der *Eulerschen Gleichungen* ein einfach zu handhabendes und effizientes Werkzeug darstellt. Es ist jedoch wichtig anzumerken, dass hiermit lediglich eine „best-case/worst-case" – Abschätzung durchgeführt werden kann und eine weitere, detaillierte Analyse des Lastkollektivs unerlässlich ist.

9.5.2 Schritt 2: Numerische Simulation

Der nächste und detailreichere Schritt ist der Vergleich der Ergebnisse der analytischen Vorauslegung mit Ergebnissen einer Mehrkörpersimulation (MKS). Hierfür wurde im Zuge einer Diplomarbeit [6] an der TU Graz die Simulationssoftware *ADAMS* (*Automatic*

Tab. 9.2 Vor- und Nachteile der vereinfachten, analytischen Vorabschätzung gyroskopischer FESS-Lagerlasten

Vorteile	Nachteile
• Schnelle und einfache Abschätzung	• Vernachlässigt Lastkollektiv
• Fahrzeugdynamik kann durch Literaturwerte angenähert werden	• Vernachlässigt nicht lineare Fahrdynamik
	• Vernachlässigt Steifigkeit der Anbindung
• Ergebnisse der analytischen Formel sind relativ genau (siehe Abschn. 9.5.4)	• Vernachlässigt Drehzahlkollektiv des FESS abhängig vom Ladezustand

Dynamic Analysis of Mechanical Systems) herangezogen. Der Aufbau des Modells ist in Abb. 9.9 gezeigt und setzt sich im Wesentlichen aus den folgenden Elementen zusammen:

- Ein *Schwungrad*, beschrieben durch das Trägheitsmoment, seine eigene Drehzahl und Masse.
- Ein *starrer Aufnahmerahmen*, welcher das FESS-gehäuse repräsentiert und durch Masse sowie Trägheitsmoment charakterisiert wird.
- Ein *masseloser Auslenkungsrahmen*, welcher das Fahrzeugchassis darstellt.

Der *starre Aufnahmerahmen* und der *Auslenkungsrahmen* wurden mit einem *visko-elastischen Verbindungselement* verbunden, welches durch Steifigkeit und Dämpfung aus realen Kraft-Weg-Messdaten definiert wurde. Die wichtigsten Eingangsdaten für die Simulation sind in Tab. 9.3 zusammengefasst.

In erster Instanz wurden einfache Lastfälle wie die Fahrt auf eine Rampe untersucht. Die Ergebnisse der Simulation in *ADAMS* wurden mit einer zeitabhängigen, numerischen Lösung der *Eulerschen Gleichungen* in *Matlab* verglichen und zeigten nur geringe Abweichungen.

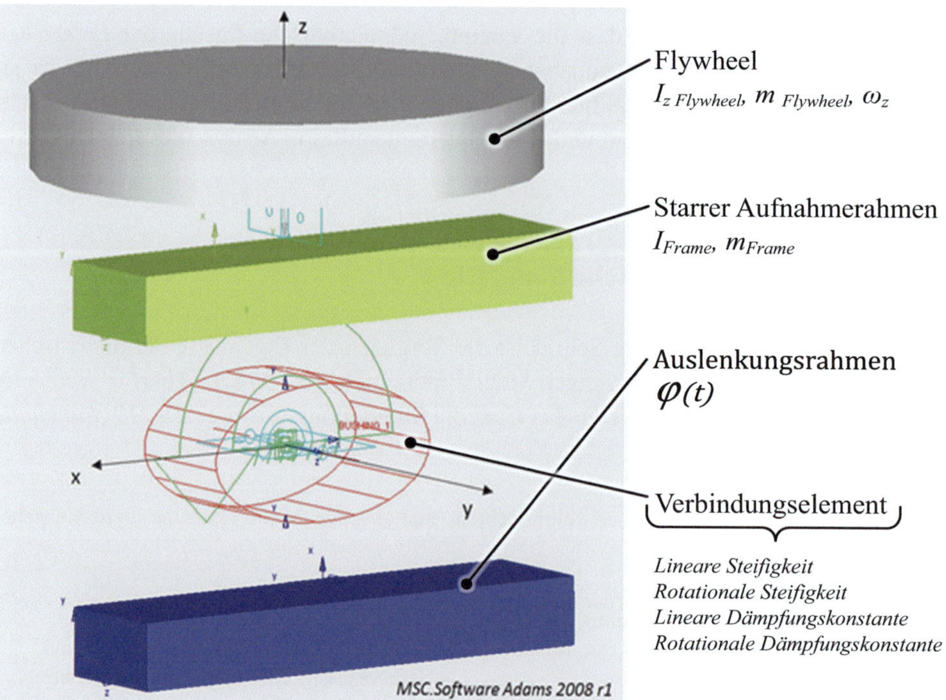

Abb. 9.9 Layout des Simulationsmodells in ADAMS [6]. (Bildrechte: Andreas Brandstätter)

Tab. 9.3 Tabelle 1: Eingangsdaten für numerische Simulation, inklusive gemessener Steifigkeiten der *visko-elastischen Verbindung*

Eigenschaften des *visko-elastischen Verbindungselements*								Eigenschaften der starren Körper			
Lineare Steifigkeit		*Rotationssteifigkeit*		*Lineare Dämpfungs-konstante*		*Rotations-dämpfungs-konstante*		*Bezeichnung*	Symbol	Wert	Einheit
								Hauptträgheitsmoment des Flywheels	I_z	1,18	Kg*m²
								Sekundärträgheitsmoment des Flywheels	I_{xy}	4,6	Kg*m²
N/mm		Nm/rad		N*s/mm		Nm*s/mm		Masse des Flywheels	$m_{Flywheel}$	58	Kg
c_x	140	c_{Rx}	20.2	d_x	4480	d_{Rx}	100	Winkelgeschwindigkeit	ω_z	523	Rad/s
c_y	140	c_{Ry}	20.2	d_y	4480	d_{Ry}	100	Trägheitsmoment des starren Aufnahmerahmens	I_{Frame}	2,5	Kg*m²
c_z	880	c_{Rz}	6727	d_z	4480	d_{Rz}	215	Masse des starren Aufnahmerahmens	m_{Frame}	65	Kg φ

9.5.2.1 Lastkollektiv und Maximalewerte

Wird die vollständige Lösung der klassischen *Eulerschen Gleichungen* mit Messdaten aus dem realen Fahrbetrieb bedatet, so können nicht nur Rückschlüsse auf die maximalen Lagerlasten gezogen werden, sondern auch eine Wahrscheinlichkeitsdichtefunktion – welche von nun an als *Lastkollektiv* zu bezeichnen ist – ermittelt werden. In diesem konkreten Fall wurde das Lastkollektiv angenähert, da die Datenaufzeichnungsrate nicht unendlich hoch war und die Ergebnisse stark von der gewählten Messstrecke abhängen. Die reale Fahrstrecke des Messfahrzeuges, welche für die Ermittlung der Fahrzeugbeschleunigungen herangezogen wurde, enthält Überlandfahrt sowie innerstädtische Abschnitte und wurde mit einem GPS-Tracker hinreichender Genauigkeit aufgezeichnet.

Die Linearbeschleunigungen wurden mit Hilfe von dreiachsigen Sensoren der Firmen *Disynet* und *PCB Piezotronics* und einem *Texys* Winkelsensor aufgezeichnet. Die reale Fahrgeschwindigkeit über Grund wurde via *Racelogic VBox GPS* Speed-Sensor ermittelt. Die Teststrecke, wie sie in Abb. 9.10 dargestellt ist, hat eine Länge von 58,7 km und enthält 11,6 km (also etwa 20 %) einspurige Fahrbahn auf innerstädtischen Straßen, 9,2 km (16 %) zwei oder mehrspurige Straßen, 16,4 km (28 %) Überlandstraßen und 21,5 km (37 %) Autobahn. Die Messungen wurden vom *Institut für Fahrzeugtechnik* der *FH Joanneum*, Graz unter der Leitung von Dr. Karl Reisinger durchgeführt (Tab. 9.4).

Selbst die mit V0 bis V6 stark vereinfachten *Eulerschen Gleichungen* sind ein probates Mittel, um Lagerlasten basierend auf realen Fahrstreckenmessungen vorzunehmen. Die Vereinfachungen sind gültig für die Ermittlung von Maximal- und Durchschnittslasten und weisen eine geringe Abweichung von etwa ±3 % verglichen zur vollständigen Lösung

Abb. 9.10 Teil der Messstrecke für die Ermittlung von Lagerlasten eines FESS im Fahrzeug (Region Graz, Österreich). (Bildrechte: OpenStreetMap)

Tab. 9.4 Überblick über die Vereinfachungen der *Eulerschen Gleichungen* und deren Implikationen bezüglich *Rechenzeit, Genauigkeit der Spitzenlasten* und *Genauigkeit der durchschnittlichen Lagerlasten* [7]

No.	Beschreibung der Vereinfachung	Rechenzeit	Genauigkeit der Spitzenlasten	Genauigkeit der Durchschnitts-lagerlasten
V0	Vollständige Lösung der *Eulerschen Gleichungen*	100 %	100 %	100 %
V1	Rotationssymmetrischer Rotor	69 %	100 %	100 %
V2	Winkelgeschwindigkeit $\dot{\gamma}_k$ des Schwungrades >> Störwinkelgeschwindigkeiten $\dot{\alpha}$, $\dot{\beta}$ und $\dot{\gamma}$ des Fahrzeuges	49 %	99 %	98 %
V3	Vernachlässigung des Ladezustandes des FESS	41 %	99 %	98 %
V4	Vernachlässigung der Winkelbeschleunigung des Fahrzeuges	36 %	98 %	97 %
V5	Reduktion der Fahrzeuggeschwindigkeiten auf eine Richtung	22 %	97 %	97,5 %
V6	Cosinus des Wankwinkels β wird mit 1 angenähert	19 %	97 %	97,4 %

auf, reduzieren die Rechenzeit jedoch um einen Faktor 5. Nichts desto trotz sollte diese Vorgehensweise nicht herangezogen werden, um eine *Lagerlebensdauerrechnung* vorzunehmen, wie Abschn. 9.5.3 noch zeigen wird. Um die exakten gyroskopischen Reaktionen auf Basis realer Beschleunigungsdaten zu ermitteln, wurden Messfahrzeuge von der *Grazer Fachhochschule Joanneum* mit den bereits beschriebenen Beschleunigungs- und Geschwindigkeitsaufnehmern sowie einem *Dewtron 3010* Datenerfassungssystem ausgestattet, wie Abb. 9.11 zeigt.

Die Messfahrzeuge wurden strategisch ausgewählt: Ein kompakter Sportwagen mit sportlichem Fahrwerk, d. h. harter Federung (*Smart Roadster*), eine klassische Limousine (*VW Passat*), ein größerer Oberklasse-SUV (*Mercedes-Benz ML*) und ein Kastenwagen mit langem Radstand (*Opel Movano*). Ein Überblick der maximalen, je Fahrzeugtyp auftretenden Beschleunigungen ist in Tab. 9.5 gegeben.

Ausgehend von den Rohdaten der Sensoren wurden Winkelraten und Auslenkungen des Fahrzeuges berechnet und in die *Eulerschen Gleichungen* eingesetzt. Durch den anschließenden Vergleich mit der Signalverarbeitung konnte gezeigt werden, dass die Vereinfachungen V0-V4 in Tab. 9.4 den größten Einfluss auf die abgeschätzte Verteilung der Lagerlasten haben. Speziell im Falle von hohen Sampleraten (> 1 kHz) und stundenlangen Messaufzeichnungen mehrerer Kanäle macht sich die Vereinfachung (V4) bezahlt, da die Rechenzeit bereits halbiert wird.

Abb. 9.11 *Smart Roadster* ausgestattet mit Messequipment. Rechts – Dazugehöriges mobiles Datenerfassungssystem. (Bildrechte: Fachhochschule Joanneum, Graz)

Tab. 9.5 Zusammenfassung der gemessenen Maximalwerte der Fahrzeugbeschleunigungen und Winkelgeschwindigkeiten im innerstädtischen und Überlandbetrieb

Fahrzeug	Horizontalbeschleunigung a_x, a_y m/s^2	Vertikalbeschleunigung a_x, a_y m/s^2	Wankrate – X ω_x °/s	Nickrate – Y ω_y °/s
Mercedes ML 320	12,2	22,2	16,7	18,1
VW Passat	11,5	25,4	12,7	19,5
Smart Roadster	12,6	21,9	28,2	25,4
Opel Movano	10,6	19,2	16,9	12,2

9.5.2.2 Abschätzung der Lagerlasten bei Missbrauchstests

Um auch selten auftretende Ereignisse wie Fahrzeugmissbrauch oder den klassischen „Parkschaden" abzubilden, wurden Daten von „Repair Crash Tests" analysiert bzw. eigens aufgenommen. Ein Missbrauchsszenario ist das Überfahren eines „Speed Bumps" (in Österreich als „schlafender Polizist" bezeichnet) bei Geschwindigkeiten jenseits 45 km/h und schiefem Winkel. Ein weiterer untersuchter Fall sind drei schnelle Runden in einem engen Kreisverkehr mit durchschnittlich 30 km/h, um geringe Kurvenradien zu untersuchen. An dieser Stelle sei angemerkt, dass der Einfluss des gyroskopischen Moments auf die Fahrdynamik vernachlässigt wurde. Um diesen Effekt abzubilden, hätte das Fahrzeug mit einer Schwungmasse gleichen Drehimpulses wie das reale FESS während der Messfahrten ausgestattet werden müssen. Eine Mehrkörpersimulation, welche vor den eigentlichen Messfahrten durchgeführt wurde, hat jedoch gezeigt, dass der fahrdynamische Einfluss von FESS, welche für Pkws dimensioniert wurden, vernachlässigbar ist. Das hierbei betrachtete Flywheel hat einen Energieinhalt von circa 100 Wh bei 60.000 UpM, was einem sehr geringen Drehimpuls relativ zur Fahrzeugmasse entspricht. Dennoch muss festgehalten werden, dass diese Annahme nicht für alle verfügbaren Flywheels gilt [8]. Schwere, langsam laufende Schwungmassen wie z. B. der im *Perry People Mover* [9] eingesetzte Stahlrotor mit 1 m Durchmesser und 500 kg Masse weisen einen signifikant höheren Drehimpuls auf.

Das Ergebnis der Abschätzung der Lagerlasten bei Missbrauchstest ist in Abb. 9.12 gezeigt. F_{total} beschreibt die Maximalkraft, bestehend aus F_{linear}, der Lagerlast aufgrund der linearen Fahrzeugbeschleunigung und dem gyroskopischen Reaktionsmoment aufgrund der Nick-, Gier- und Wankbewegung des Fahrzeuges.

9.5.2.3 Ergebnisse der numerischen Simulation

Die Maximalwerte der mittels numerischer Simulation ermittelten Reaktionskräfte stimmten beinahe exakt mit jenen der vereinfachten Näherungsformel überein, was die gute Eignung derselben für eine Abschätzung der Lagerlasten in frühen Entwicklungsstadien bestätigt. Die Abweichung betrug in den meisten Fällen weniger als 3 %. Es ist hierbei jedoch anzumerken, dass zwar die maximalen Lagerlasten relativ einfach abgeschätzt werden können, die eigentliche Lagerlebensdauer jedoch signifikant durch die Wahrscheinlichkeitsdichtefunktion, das heißt das eigentliche Lastkollektiv beeinflusst wird und durch die Vereinfachungen der *Eulergleichungen* zu ungenau abgebildet wird. Beim Vergleich der numerischen Ergebnisse mit den Prüfstandsmessungen aus Abschn. 9.5.3 hat sich gezeigt, dass das gyroskopische Moment um etwa 13 % zu gering berechnet wurde. Gründe hierfür liegen in möglichen Messungenauigkeiten sowie der Tatsache, dass die Geschwindigkeitsabhängigkeit der viskosen Dämpfung von Elastomerstrukturen in der Simulation nicht berücksichtigt wurde.

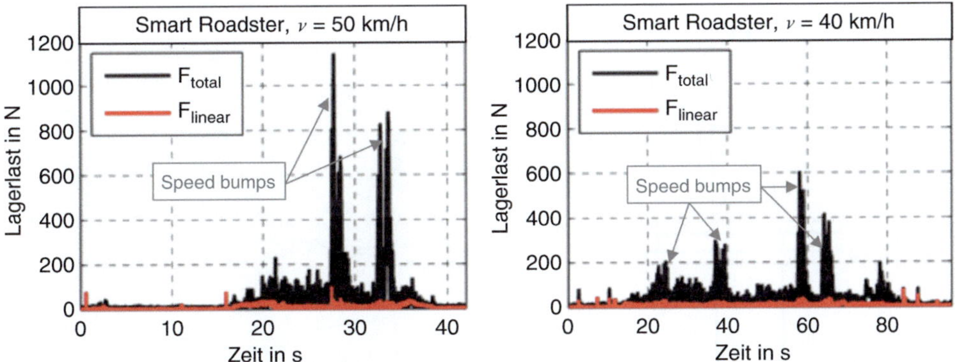

Abb. 9.12 Gesamte Lagerlasten eines 100-Wh-Flywheels in einem Smart Roadster bei Fahrt über zwei „Speed Bumps". Im linken Diagramm beträgt die Geschwindigkeit 50 km/h, im rechten 40 km/h [7]. (Bildrechte: Manes Recheis)

9.5.3　Schritt 3: Empirische Verifikation

Die Einschränkungen der numerischen Simulation, welche in Tab. 9.5 und 9.6 sowie in Abschn. 9.5.2.3 zusammengefasst sind, ist ein klares Indiz für die Notwendigkeit einer empirischen Untersuchung. Zweck des in Abb. 9.13 gezeigten Prüfstandes ist es nicht nur, die Auswirkungen einer nicht linearen Fahrzeuganbindung des Schwungradgehäuses zu untersuchen, sondern auch die analytischen und numerischen Ergebnisse zu validieren.

Das Prinzip hinter dem Prüfstand ist die direkte Messung gyroskopischer Reaktionskräfte durch erzwungene Auslenkung (Verkippen) eines Schwungrades. Der Rotor, welcher einen Durchmesser von 400 mm und ein Trägheitsmoment von 1,18 kgm² aufweist, kann bis auf 6000 UpM beschleunigt werden, wodurch sich ein Drehimpuls von maximal 741,4 kgm²/s ergibt. Somit können die meisten für mobile Anwendungen relevanten FESS abgebildet werden, auch kleine extrem hochdrehende Systeme, vorausgesetzt ihr Drehimpuls $\bar{H}$ übersteigt den Wert von 741,4 kgm²/s nicht. (Die physikalisch-mathematischen Hintergründe werden Abschn. 9.5.1.1 erklärt.) Die Rotationsauslenkung (Auslenkung um die X-Achse) wird von einer elektromechanischen Lineareinheit der Firma *Festo* vorgenommen. Die resultierenden Reaktionskräfte werden durch Kraftmesszellen zwischen Auslenkrahmen und Schwungradlagersitz gemessen und die Reaktionsmomente um die

Tab. 9.6 Vor- und Nachteile der Bestimmung von FESS-Lagerlasten durch numerische Simulation unterstützt von Messdaten aus dem realen Fahrbetrieb

Vorteile	Nachteile
Effekt des realen Lastkollektivs kann abgeschätzt werden	Plausibilität der Ergebnisse schwer abzuschätzen, da nichtintuitiv
Reale Fahrdynamik wird berücksichtigt	Gyroskopischer Einfluss des FESS auf das Fahrzeug wird vernachlässigt
„Proof-of-Concept" Simulationen sind einfach möglich	Nicht lineares Verhalten sowie viskose Dämpfung der FESS-zu-Fahrzeug-Anbindung wird vernachlässigt

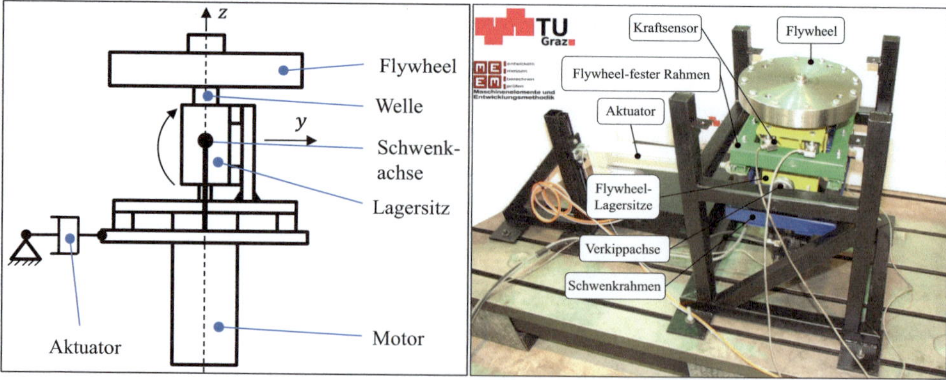

Abb. 9.13 Prüfstand für die Bestimmung von FESS-Lagerlasten [6]. (Bildrechte: Andreas Brandstätter)

Abb. 9.14 Fahrzeugbewegung (Winkelauslenkung) bei Fahrt auf eine Rampe. (Bildrechte: Andreas Brandstätter)

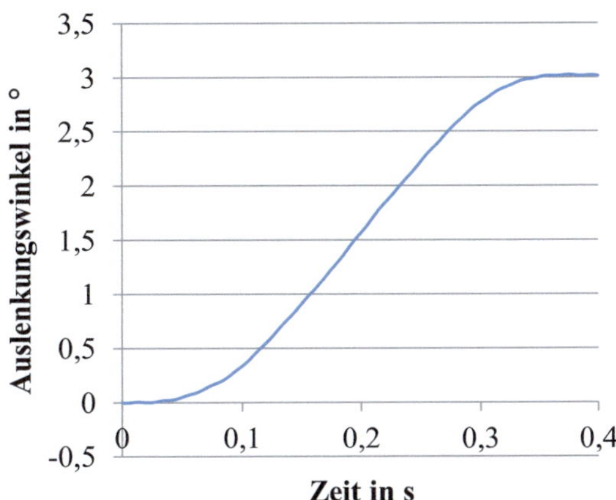

X- und Y-Achse auf Basis der bekannten Geometriedaten errechnet. Das Kollektiv der Winkelauslenkungen wurde durch reale Fahrzyklen bestimmt und nach abgeschlossener Signalverarbeitung zur Ansteuerung des Linearaktuators verwendet. (Siehe auch Abschn. 9.5.2.1.) Zu Beginn der Experimente wurden zwei einfach zu interpretierende Lastzyklen gewählt: die Fahrt über ein „Speed Bump" sowie das Auffahren auf eine einfache Rampe mit konstantem Winkel, wie in Abb. 9.14 gezeigt.

9.5.3.1 Beobachtungen der empirischen Analyse

Betrachtet man die gyroskopische Antwort des Kreisels (FESS) auf die Auslenkung in Abb. 9.15, so stellt man fest, dass diese dem mittels Näherungsformel vorhergesagten Verlauf zwar im Großen und Ganzen folgt, jedoch von zwei höherfrequenten Oszillationen überlagert scheint. Es zeigte sich, dass die zweite Schwingung von nicht unbedeutender Amplitude im Bereich 12 Hz ihren Ursprung in der elastischen Deformation der Schwungradaufhängung bzw. des gesamten Prüfstands findet. Ebenso muss das Moment um die X-Achse, welches von der Näherungsformel nicht erfasst wird, berücksichtigt werden. Die hochfrequenten Überlagerungsschwingungen im Bereich von 100 Hz und höher wurden durch Unwuchtkräfte des Schwungrades hervorgerufen. Aufgrund der auskragenden Lagerung der Schwungmasse ruft der umlaufende Kraftvektor ein Moment um die Achsen X und Y hervor. Auch wenn die Elemente und Baugruppen des Prüfstandes nicht als 100-prozentig steif angesehen werden können, so wurde die Gültigkeit von Gl. 9.4 ein weiteres Mal bestätigt [2] (Abb. 9.16).

Eine Fahrzeuganbindung zu konstruieren, welche Vibrationen filtert und die gesamten Lagerlasten herabsetzt, ist ein schwieriges Unterfangen. Eine sehr weiche Anbindung mit geringer Dämpfung reduziert zwar die mechanische Lagerlast aufgrund von Fahrzeugvibrationen, erlaubt jedoch gyroskopische Mikrobewegungen eines „freien Kreisels" wie *Präzession* und *Nutation* und erhöht somit die Summe der Lagerlasten. Dieses Phänomen wurde ebenfalls durch den Prüfstand validiert, wie Abb. 9.17 zeigt.

Der Grund der Verstärkung der Lagerlasten liegt in der Überlagerung der Geschwindigkeit der Auslenkung während des Lastzyklus (Fahrdynamik) und den gyroskopischen Reaktionen des Schwungrades. Aufhängungen verschiedener Steifigkeit wurden an das Versuchsflywheel angebracht und es zeigte sich, dass die weichste Anbindung mit 12 kNm/rad die höchsten Lagerlasten für diese spezifische Prüfstandskonfiguration hervorruft. Interessanterweise befinden sich die aus Sicht der gyroskopischen Reaktionen optimalen

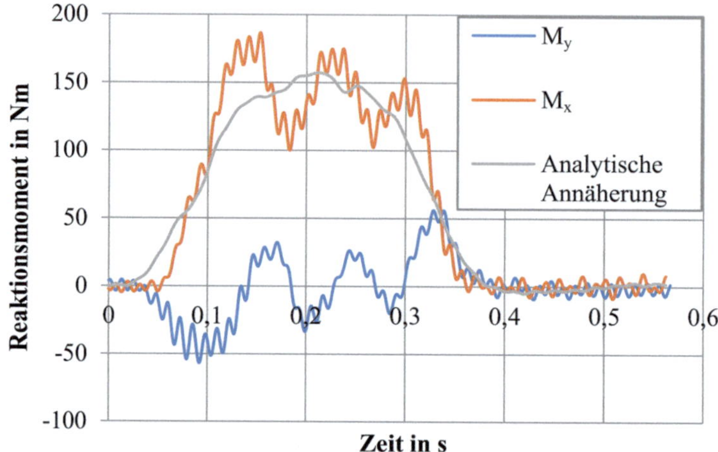

Abb. 9.15 Gyroskopische Antwort des FESS auf die Auslenkung in Abb. 9.14; Gemessenes Moment um X (blau) und Y (grün) sowie zusammengesetzter Absolutwert berechnet mit Näherungsformel Gl. 9.4. (Daten aus [6].). (Bildrechte: Andreas Brandstätter)

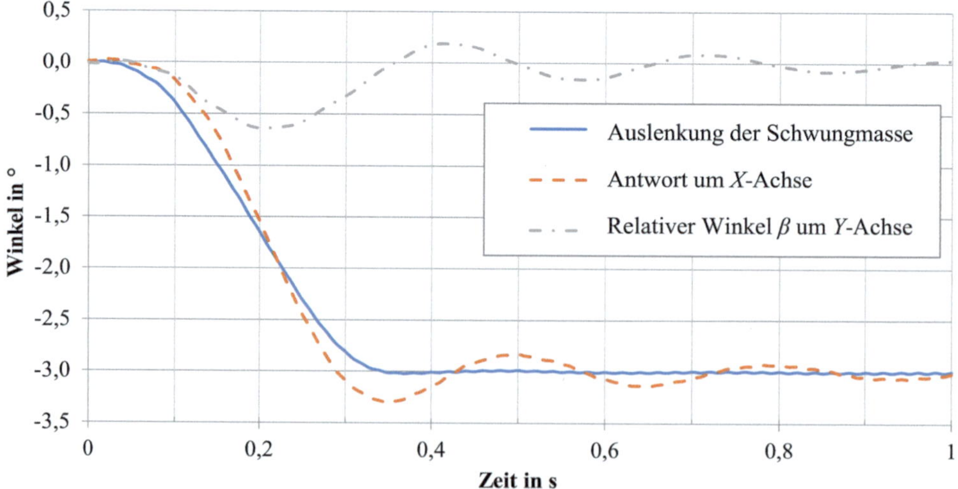

Abb. 9.16 Antwort des FESS auf erzwungene Auslenkung. Obwohl die Schwenkbewegung nur um eine Achse erfolgt, erlaubt die elastische Aufhängung dreidimensionale Reaktionsbewegungen aufgrund gyroskopischer Reaktionen [6]. (Bildrechte: Andreas Brandstätter)

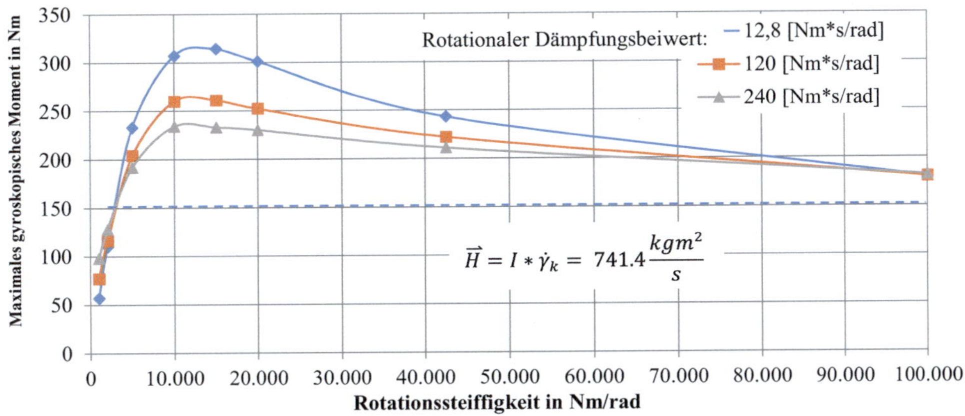

$$\vec{H} = I * \dot{\gamma}_k = 741.4 \frac{kgm^2}{s}$$

Abb. 9.17 Am Prüfstand gemessenes gyroskopisches Reaktionsmoment eines FESS mit einem äquivalenten Drehimpuls von 741,4 kgm²/s in Abhängigkeit von der Anbindungssteifigkeit [7]. (Bildrechte: Andreas Brandstätter)

FESS-Fahrzeug-Anbindungen auf dem unteren und oberen Ende der Steifigkeitsskala. Abb. 9.17 veranschaulicht, dass entweder eine extrem weiche (d. h. kardanische) oder eine extrem harte (d. h. völlig starre) Anbindung die geringsten Lagerlasten hervorruft.[1]

9.5.3.2 Ergebnisse der empirischen Verifikation

Die überraschenden Ergebnisse aus Abb. 9.17 rechtfertigen ganz offensichtlich den Aufwand für den Bau eines Prüfstandes. Die mit Hilfe der in Abb. 9.13 dargestellten Konfiguration durchgeführten Untersuchungen zeigen klare Tendenzen hinsichtlich Auslegung einer FESS-Fahrzeug-Anbindung und deren Einflussparameter.

Sobald Trägheitsmoment und Winkelgeschwindigkeit des zu planenden Schwungradsystems bekannt sind, können die Prüfstandsergebnisse herangezogen und um einen Faktor entsprechend dem Verhältnis der Drehimpulse skaliert werden. Mit dieser Methode kann auch im Vorfeld eine ideale Anbindung des zu konstruierenden FESS an das Fahrzeug ermittelt werden (Tab. 9.7).

9.5.4 Conclusio bezüglich gyroskopischer FESS-Lagerlasten

Da kaum Publikationen zu diesem Thema vorliegen, war es notwendig, eigene Untersuchungen am *Institut für Maschinenelemente und Entwicklungsmethodik* anzustellen. Da das Lager – besonders das Wälzlager – eines der Schlüsselelemente im FESS darstellt, ist

---

[1] Eine kardanische Aufhängung kann nur im Falle von elektromechanischen FESS eingesetzt werden, da rein mechanische Systeme aufgrund der Energieübertragung via Getriebe etc. eine starre Anbindung voraussetzen.

Tab. 9.7 Vor- und Nachteile der empirischen Ermittlung von FESS-Lagerlasten

Vorteile	Nachteile
• Einfluss der Fahrwerks-Anbindung wird abgebildet	• Plausibilität der Ergebnisse schwer abzuschätzen da, nichtintuitiv
• Einfluss der realen Fahrdynamik wird abgebildet	• Gyroskopischer Einfluss des FESS auf das Fahrzeug wird vernachlässigt.
• Nicht-lineares Verhalten von Elastomeren und viskoser Dämpfung etc. werden berücksichtigt	• Bau und Betrieb des Prüfstandes ist zeitaufwändig und kostenintensiv

Tab. 9.8 Vergleich der Ergebnisse der verschiedenen Methoden zur Ermittlung des gyroskopischen Moments von FESS in Automobilanwendungen

Methode	Analytisch	Numerisch	Empirisch
Tool/Umsetzung	Vereinfachte *Eulersche Gleichungen*	*ADAMS*-Modell in Kombination mit realen Fahrdynamikdaten	Prüfstand mit schwenkbarem Stahlschwungrad
Lastfall	Rampenfahrt nach Abb. 9.14	Rampenfahrt nach Abb. 9.14	Rampenfahrt nach Abb. 9.14
FESS-Anbindung	–	Elastomer 55 ShA	Elastomer 55 ShA
Max. gyroskopisches Moment	219,4 Nm	226,3 Nm	242 Nm
Relativer Fehler	−9,34 %	−6,5 %	–

eine detaillierte Bestimmung der Lasten von höchster Bedeutung. Der vorgestellte Prozess der Lastermittlung besteht aus einem *analytischen, numerischen* und *empirischen Schritt*, wobei ein Vergleich der Ergebnisse eine gute Übereinstimmung zeigte. Obwohl sich herausstellte, dass die stark vereinfachte Form der *Eulerschen Gleichungen* hinreichend genaue Ergebnisse für Maximallasten liefert, bestätigte auch die numerische Simulation, dass die Komplexität der Kreiselmechanik und die Nichtlinearitäten diverser Baugruppen eine empirische Untersuchung am Prüfstand notwendig machten. Auch wenn, wie erwähnt, die maximalen Lagerlasten mit sehr guter Genauigkeit (~3 %) einfach abgeschätzt werden können, so wird die Summenhäufigkeit, sprich der Einfluss des Lastkollektivs im Falle einer einfachen, analytischen Vorauslegung ignoriert und das Ergebnis der Lagerlebensdauerrechnung verfälscht. Tab. 9.8 fasst die wesentlichen Charakteristika der jeweiligen Methoden zusammen.

▶ Verschiedene Fahrzeug-FESS-Anbindungen mit unterschiedlichen Steifigkeits- und Dämpfungscharakteristika wurden auf einem Sonderprüfstand untersucht. Die nichtintuitiven Ergebnisse haben gezeigt, dass entweder eine unendlich weiche Anbindung (z. B. vollkardanisch) oder eine starre Befestigung die geringsten gyroskopischen Lagerlasten hervorrufen.

9.6   Unwuchtkräfte in Schwungradspeichern

Während die in Abschn. 9.3 beschriebenen gyroskopischen Reaktionen *prinzipbedingt* auftreten, da sie aufgrund des Drehimpulses der Schwungmasse und der Dynamik des Fahrzeuges zwangsläufig zustande kommen, handelt es sich bei der Unwucht um eine Lagerlast, welche *theoretisch* nicht auftreten müsste. Ursache ist eine *fertigungsbedingte Exzentrizität* zwischen der geometrischen Drehachse und der Schwerachse des FESS-Rotors. Die Unwucht kann dabei sowohl durch geometrische Fertigungsfehler als auch anisotrope Materialeigenschaften hervorgerufen werden. Tab. 9.9 gibt einen Überblick über die möglichen Unwuchtarten bei FESS-Rotoren.

Auf Hintergründe und Details der Auswuchttechnik wird in dieser Arbeit nicht eingegangen, sondern auf Standardwerke wie „Auswuchttechnik" von *Hatto Schneider* [11] verwiesen. Als wesentliche Zusammenhänge seien an dieser Stelle noch die Begriffe *Unwucht* und *Wuchtgüte* mathematisch beschrieben. Die *Unwucht U* ist definiert durch das Produkt der *Unwuchtmasse u* und deren Abstand von der *Rotationsachse r*:

$$U = u * r \tag{9.6}$$

Die Wuchtgüte *G* ergibt sich zu:

$$G = \omega * U * m_{rotor} \tag{9.7}$$

Wobei ω die Winkelgeschwindigkeit und m_{rotor} die Masse des Rotors darstellt.

Um die Unwuchtkräfte und Lagerlasten eines FESS zu reduzieren, hilft einzig und alleine (dynamisches) Wuchten des Rotors, das heißt Wegnehmen oder Hinzufügen von Rotormasse, sodass Hauptträgheitsachse und geometrische Drehachse kongruent werden. Da es sich bei den von der Unwucht hervorgerufenen Lagerlasten jedoch um die Abstützung eines mit der Drehfrequenz des Rotors umlaufenden Kraftvektors auf dem Wälzlager handelt, besteht die Möglichkeit diese Reaktionskräfte durch einen *nachgiebigen Lagersitz* zu reduzieren; es liegt dann ein *überkritischer Betrieb* vor. Da – wie die folgenden Beispiele aus der Praxis noch zeigen werden – eine gewisse Restunwucht nicht vollständig zu vermeiden ist, kann oftmals eine Kombination der zwei Methoden zielführend sein:

1. Dynamisches Feinwuchten des Rotors
2. Nachgiebige Lagersitze und überkritischer Betrieb

Man erkennt, dass die *Interdependenzen zwischen FESS-Komponente* – in diesem Fall Rotor und Lagerung – keine isolierte Betrachtung zulassen, sondern eine *holistische, transdisziplinäre Vorgehensweise* erfordern. Rotorfertigung, -design und -montage haben primären Einfluss auf die zu erwartenden Unwuchtkräfte und müssen bereits in den frühen Phasen der Rotorgestaltung berücksichtigt werden, wie das folgende Fallbeispiel zeigt.

Tab. 9.9 Arten der Unwucht von FESS-Rotoren und wesentliche Charakteristika erstellt auf Basis von [10]

	Statische Unwucht	Dynamische Unwucht	Momentenunwucht
Veranschaulichung			
Ursache	Zwei Unwuchten können die gleiche Richtung und Winkellage haben. Der gleiche Zustand ergibt sich bei einer einzelnen, doppelt so großen Unwucht, die im Schwerpunkt angreift.	Der reale Rotor besitzt theoretisch unendlich viele Unwuchten, die willkürlich verteilt sind. Sie haben weder den gleichen Betrag noch eine eindeutige Winkellage.	Zwei Unwuchten können zwar den gleichen Betrag haben, jedoch in ihrer Winkellage genau um 180° zueinander versetzt sein.
Wirkung	Sie bewirkt eine Verschiebung des Massenmittelpunktes aus der geometrischen Mitte heraus, wodurch der Rotor im Betrieb parallel zu seiner Rotationsachse schwingt	Dynamische Unwucht tritt bei allen Rotoren auf und enthält sowohl statische Unwucht als auch Momentenunwucht, wobei der eine oder andere Anteil überwiegen kann.	Der drehende Rotor führt eine Taumelbewegung um seine Hochachse (senkrecht zur Drehachse) aus, denn die beiden Unwuchten üben ein Moment aus.
Maßnahme	Eine statische Unwucht kann durch Maßnahmen in der Schwerpunktebene ausgeglichen werden. (Anbringen oder Wegnehmen von Rotormasse.)	Zur vollständigen Korrektur der dynamischen Unwucht sind wegen des Momentenanteils zwei Ausgleichsebenen erforderlich.	Zur Korrektur der Momentenunwucht ist ein Gegenmoment erforderlich, also zwei Korrekturunwuchten mit einem bestimmten (axialen) Abstand zueinander.

9.6.1   Wuchten und Wuchtmöglichkeiten am Fallbeispiel *VIMS*-Rotor

Da beim *VIMS*-Flywheel aufgrund des geringen Luftspalts der E-Maschine und der somit sehr geringen zulässigen Auslenkungen des Rotors der Versuch unternommen wurde, eine steife Lagerung für *unterkritischen Betrieb* zu realisieren, mussten die Unwuchtkräfte durch möglichst exaktes Wuchten des Rotors so gering wie möglich gehalten werden. Hierfür sind 3 Wuchtebenen vorgesehen, in denen Gewichte in Form von Madenschrauben oder frei verschiebbaren Nutsteinen angebracht werden können. (Siehe Abb. 9.18.)

Es ist vorgesehen, dass dieser Rotor in *zwei Schritten* gewuchtet wird:

1. **Externes Wuchten auf Wuchtmaschine**

Die Lagerzapfen des Rotors werden auf den Laufrollen einer Wuchtmaschine platziert und der Rotor mittels Umschlingungsantrieb auf Drehzahl gebracht. Die Auslenkung der nachgiebigen Aufhängung der Laufrollen wird ermittelt und auf eine Unwucht zurückgerechnet. (Vergleiche Abb. 9.19.)

2. **Wuchten des Rotors in eingebautem Zustand**

Durch das Aufziehen der Wälzlager bzw. den Zusammenbau des Gesamtsystems verändern sich die Wuchtgüte sowie das mehrkörperdynamische Schwingungsverhalten (veränderte Steifigkeiten und modale Massen) des Systems. Ursache hierfür sind plastische

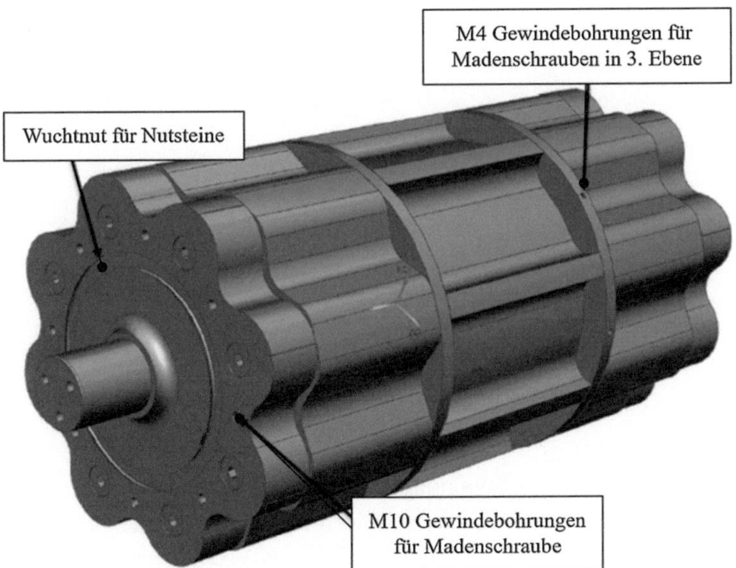

Abb. 9.18 Möglichkeiten zum Anbringen von Wuchtmassen am VIMS-Rotor

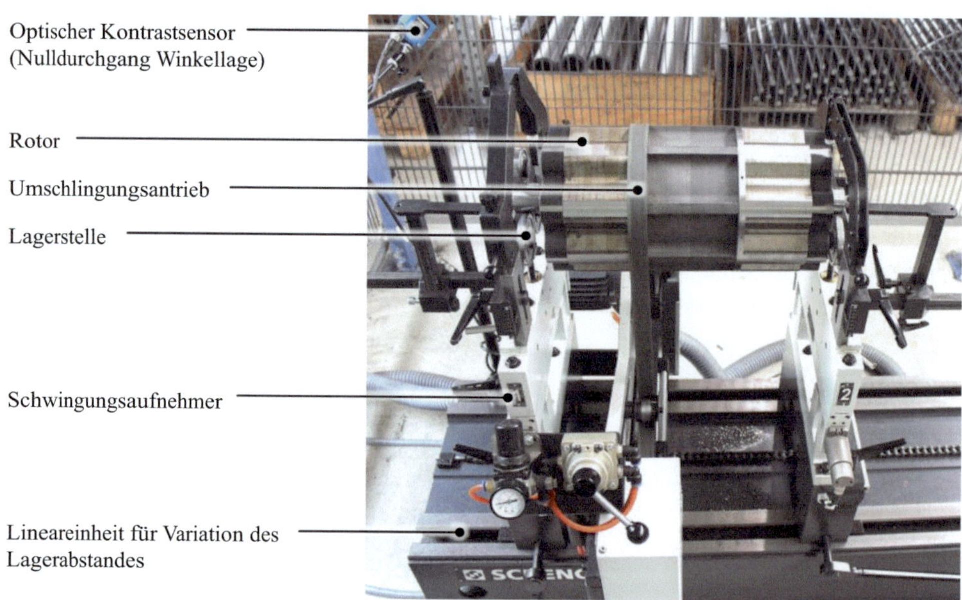

Abb. 9.19 Rotor auf der Wuchtmaschine (*Schenck Rotec HM 40*)

Abb. 9.20 Kapazitive
Abstandssensoren (Typ *CS 05*)
im Gehäuse

Mikroverformungen und Setzerscheinungen. Dadurch kann ein Wuchten im eingebauten
Zustand des Rotors im Gehäuse notwendig werden. Zwei 90° zueinander versetzte, im
Gehäuse verbaute, kapazitive Sensoren (*Dataphysics CS 05*) – siehe Abb. 9.20 – erfassen
die Kontur des kreisrunden „Messmasseblechs" (vergleiche Abschn. 7.5.1). Zuerst wird
bei hinreichend geringer Drehzahl die Unrundheit des Messmasseblechs ermittelt. Bei
höherer Drehzahl wird diese von der Unwucht-bedingten Schwerpunktverschiebung über-

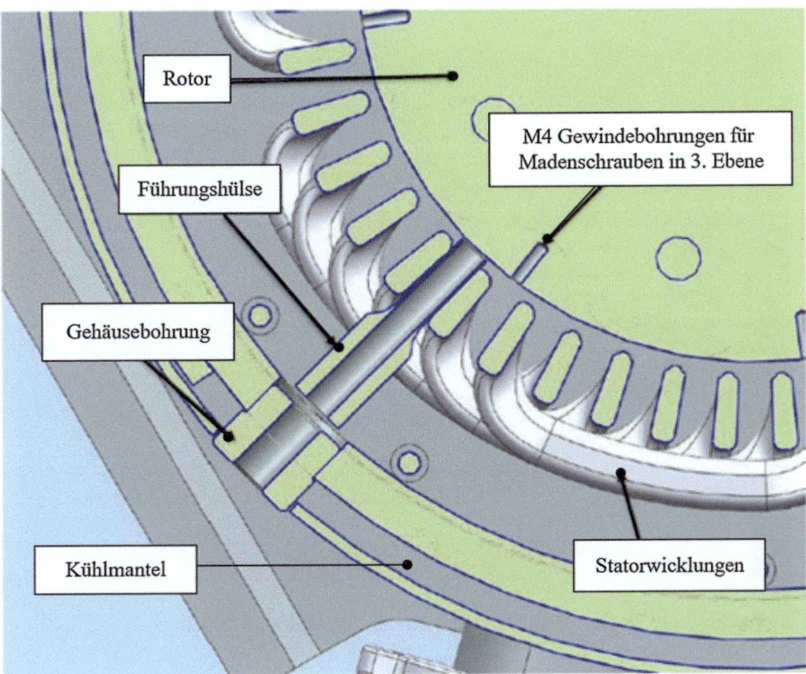

Abb. 9.21 Durchführung für Gewindestifte als Wuchtgewichte in der Mittleren Ebene

lagert. Der geometrische Konturfehler muss rechnerisch kompensiert werden (Subtraktion der Unrundheit von dem bei höherer Drehzahl erfassten Messsignal).

Softwarebasiert werden Winkelposition und Größe der Auslenkung bestimmt. Die dafür vorgesehene Software wurde in diesem Fall von der Firma *Dataphysics* bezogen.

Während Abb. 9.21 rechts den Zugang zur zentralen Wuchtebene des Rotors durch die Gehäusebohrung zeigt, ist die Möglichkeit des Anbringens/Entfernens von Massen an den Stirnflächen (durch den Lagerschild) in Abb. 9.22 zu erkennen.

9.6.1.1 Probleme unterkritischen Betriebs

Aufgrund des zu erwartenden, hochdynamischen Lastzyklus und der Anwendung in einem Automobil wurde der Fokus auf das Ertragen hoher Lagerlasten (gyroskopischer Reaktionen und Stöße, wie in Abschn. 9.5 erörtert) und nicht auf die Reduktion des Lagerverlustmoments (vergleiche Abschn. 10.2) gesetzt. Die Lageranordnung – in Abb. 9.23 dargestellt – sieht am oberen Wellenende ein „*7008 ACD Duplex Set*" und am unteren ein einzelnes Schrägkugellager derselben Lagertype „*7008 CD*" vor. Es handelt sich dabei um *SKF*-Hochgenauigkeitslager der Reihe „Super-Precision Bearings", also Schrägkugellager mit Keramikwälzkörpern (Siliziumnitrid) für höhere Trag- und Drehzahlen und besonders gute Lauftoleranzen.

Während das „Duplex Set" – in diesem Fall eine *Back-to-Back*, also O-Anordnung, wie in Abb. 9.24 rechts dargestellt – eine interne, axiale Vorspannung aufgrund der minimalen

Abb. 9.22 Zugänglichkeit der Ausgleichsmassen an den Rotorstirnflächen

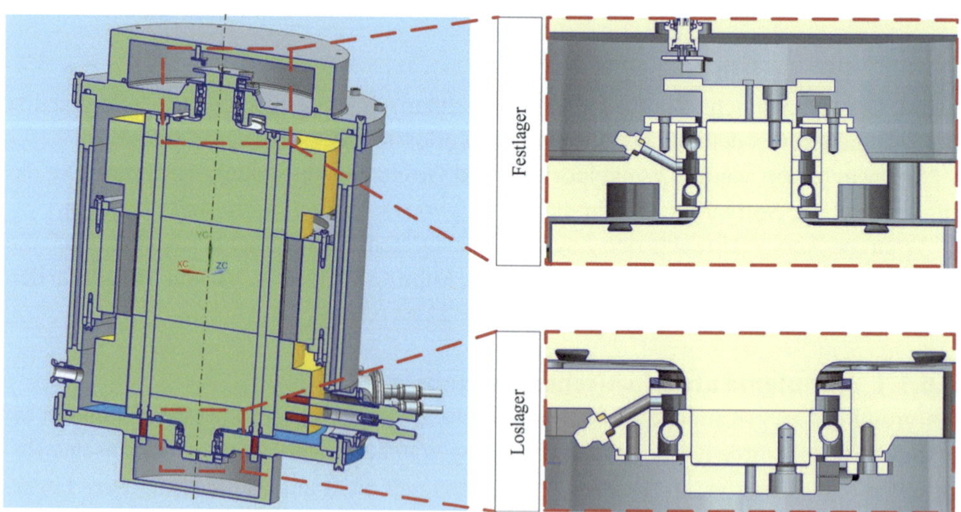

Abb. 9.23 Konzept der Lagerung des VIMS-Rotors

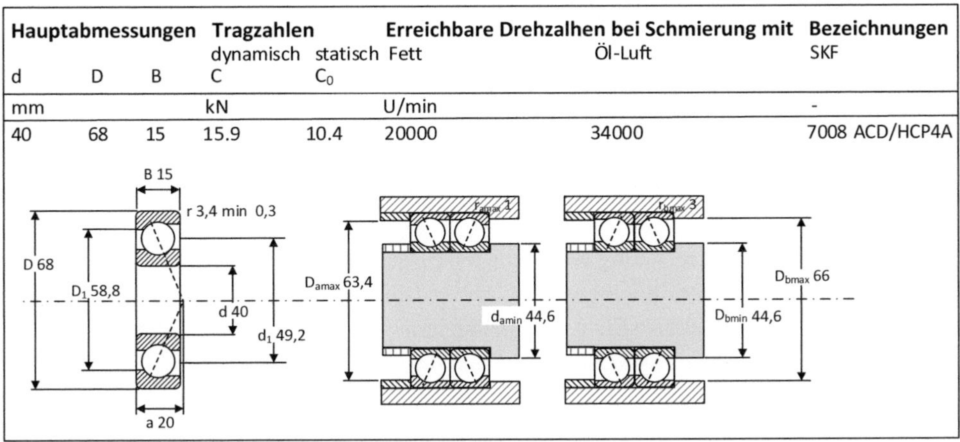

Hauptabmessungen			Tragzahlen		Erreichbare Drehzahlen bei Schmierung mit		Bezeichnungen
			dynamisch	statisch	Fett	Öl-Luft	SKF
d	D	B	C	C_0			
mm			kN		U/min		-
40	68	15	15.9	10.4	20000	34000	7008 ACD/HCP4A

Abb. 9.24 Eigenschaften der Wälzlager des VIMS-Rotors [12]. (Bildrechte: SKF)

geometrischen Höhenunterschiede der Lagerringe aufweist, muss das untere Lager mittels Federpaket axial vorgespannt werden. Hierfür wurde ein Tellerfedernpaket der Firma *Schnorr* gewählt, welches eine Vorspannkraft von ca. 150–400 N selbst bei Wärmeausdehnung des Rotors gewährleisten soll.

Wie ebenfalls aus Abb. 9.24 hervorgeht, ist der Lagerinnendurchmesser mit 40 mm für Hochdrehzahlanwendungen relativ groß und reduziert daher die Grenzdrehzahl auf nur etwa 20.000 UpM bei Fettschmierung. Aufgrund der leichten und hochfesten Siliziumnitrid-Wälzkörper kann das Lager nach Absprache mit dem Hersteller zwar Drehzahlen bis zu den geplanten 37.500 UpM ertragen, die Fettgebrauchsdauer und Gesamtlebensdauer wird dadurch jedoch drastisch reduziert. Da es sich bei diesem Projekt um einen Prototyp handelte, wurde diese Einschränkung in Kauf genommen.

Auf konstruktive Details wie Passungswahl, Schmierung etc. soll an dieser Stelle nicht eingegangen werden. Vielmehr sollen relevante Ergebnisse der Inbetriebnahme des Prototyps und Auswirkungen auf die Lagerung präsentiert werden.

9.6.1.2 Abschätzung der Eigenfrequenz des Systems *VIMS*-Rotor-Lagerung

Der komplizierte Aufbau des Mehrscheibenrotors (siehe auch Kapitel Abschn. 7.5) machte die Abschätzung der biegekritischen Drehzahl zu einem schwierigen Unterfangen. Große Unsicherheiten waren:

Gesamtsteifigkeit des Rotors aufgrund der Fügestellen

- Reibungsdämpfung in den Fügestellen
- Mechanische Eigenschaften des Backlacks zwischen den Elektroblechen
- Reale Steifigkeit der Lagerung (inklusive Lagersitze) aufgrund von Fertigungsungenauigkeiten

Es wurden daher *drei verschiedene Methoden* für die Berechnung herangezogen. Dennoch muss an dieser Stelle angemerkt werden, dass nur die FEM-Simulation auch die Lagerstellen berücksichtigte, während die analytische Berechnung sowie die Eigenfrequenzmessung nur das *System Rotor* betrachtet.

1. Analytische Berechnung:

Als Grundlage der Berechnung wurde die *freie Biegeschwingung* des Rotors (betrachtet als Kontinuumsschwinger) herangezogen. Diese Biegeeigenschwingung basiert auf der Betrachtung der kinetischen (E_k) und potenziellen (E_p) Energie eines Balkens mit der Länge L, der Massenbelegung $\mu(x) = \rho A(x)$ und der Biegesteifigkeit $EI(x)$ nach [13]:

$$E_k = \frac{1}{2}\int_0^L \mu(x)\dot{w}^2(x,t)\,dx \tag{9.8}$$

$$E_p = \frac{1}{2}\int_0^L EI(x)w''^2(x,t)\,dx \tag{9.9}$$

Wobei w die Auslenkung des Balkens nach Abb. 9.25 bezeichnet.

Die vollständige Herleitung von Gl. 9.8 und 9.9 zu 9.13 ist dem Standardwerk „*Schwingungen*" von *Magnus*, *Popp* und *Sextro* [13] zu entnehmen. Es folgt eine Differentialgleichung 4. Ordnung, welche die Bewegung des Balkens beschreibt:

$$\mu(x)\ddot{w}(x,t)+\left[EI(x)w(x,t)\right]=0 \tag{9.10}$$

Die Lösung der Differenzialgleichung für Balkenschwingungen setzt eine konstante Massenbelegung $\mu(x) = \rho A = $ const. und konstante Biegesteifigkeit $EI = $ const. voraus. Des Weiteren wird die Abkürzung

$$k^4 = \omega^2\,\frac{\mu}{EI} \tag{9.11}$$

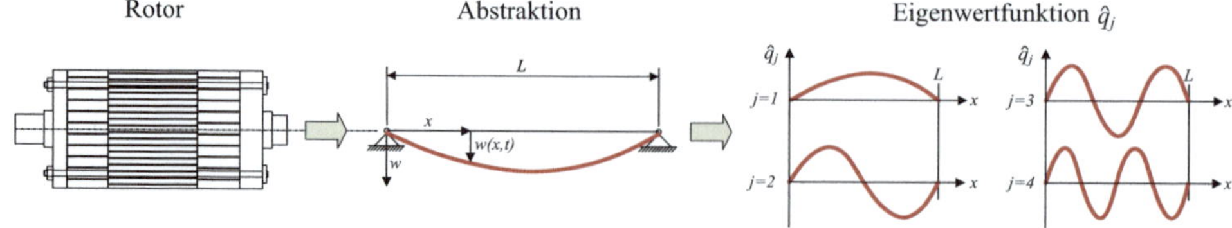

Abb. 9.25 Abstraktion des Rotors mit Geometriegrößen der Querschwingung und Eigenfunktionen eines eindimensionalen, beidseitig fest eingespannten Kontinuums

eingeführt. Die Eigenkreisfrequenzen ω_j ergeben sich für die unendlich vielen Eigenwerte λ_j der transzendenten Gleichung in Formel (13).

$$\lambda_j = k_j L = j\pi \tag{9.12}$$

$$\omega_j = \lambda_j^2 \sqrt{EI \Big/ \left(\rho A L^4\right)} \qquad \textit{für} \qquad j = 1, 2, 3, \ldots \tag{9.13}$$

Die Geometriegrößen A, I und L lassen sich genauso wie die Dichte ρ für den *VIMS*-Rotor einfach ermitteln. Problematischer ist die Bestimmung des E-Moduls (E) des *VIMS*-Rotors (bzw. dessen Mittelwerts), welcher durch die Vielzahl an Trennfugen bzw. den Anteil an Backlack zwischen den Schichten des Elektroblechs erwartungsgemäß von dem eines homogenen Stahlrotors abweicht. Der Wert wurde daher, wie in Abb. 9.26 dargestellt, experimentell ermittelt. Der gesamte Rotor wurde durch eine speziell angefertigte, mechanische Presse komprimiert und die Stauchung mittels Lasertriangulationssensoren gemessen (Abb. 9.27).

Die Druckkraft wurde zwischen 70 % und 100 % des Wertes der gesamten Montagevorspannkraft der 8 Spannschrauben variiert und Kraft- sowie Wegergebnisse aus mehreren Messreihen gemittelt. Die Ergebnisse sind in Tab. 9.10 dargestellt.

Daraus ließ sich eine Federsteifigkeit von etwa $9{*}10^5$ N/mm bzw. ein E-Modul von 178.515 N/mm^2 ermitteln. Eingesetzt in Gl. 9.3 ergibt sich eine Biegeeigenfrequenz des Rotors von etwa 1850 Hz.

Selbstverständlich handelte es sich um eine stark vereinfachte Näherungsrechnung! Der E-Modul konnte aufgrund konstruktiver Restriktionen nur in Längsrichtung erfasst werden, wobei davon auszugehen ist, dass eine starke Anisotropie herrscht, welche eine Abweichung des Wertes in Radialrichtung mit sich bringt!

2. Numerische Simulation:

Eine numerische Simulation wurde bei diesem Beispiel durch das Berechnungsbüro *Dr.-Ing. Ernst Braun GmbH* (Martin-Luther-Straße 1, D-88400 Biberach) durchgeführt und stützte sich ebenfalls auf einige signifikante Vereinfachungen. Der gesamte Rotor

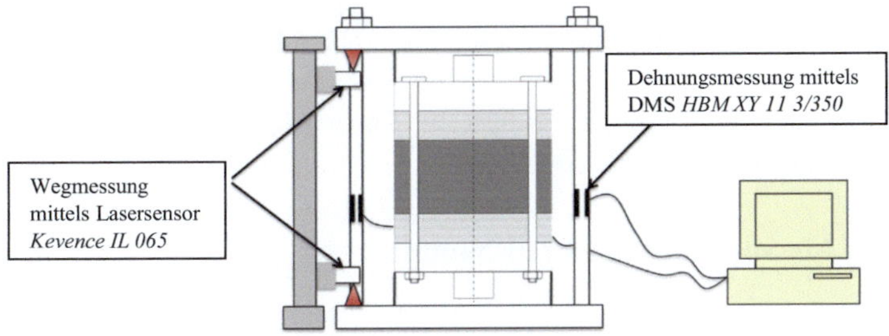

Abb. 9.26 Konzept der E-Modulmessung des VIMS-Rotors

Abb. 9.27 VIMS-Rotor
während der
Stauchungsmessung für die
E-Modul-Ermittlung

Tab. 9.10 Ergebnisse der Steifigkeitsmessung des gesamten *VIMS*-Rotors

Prozent der Montagevorspannkraft	Kraft	Längenänderung
70 %	42.000 N	0,016 mm
100 %	60.000 N	0,023 mm

wurde als homogener Körper betrachtet und als Lagersteifigkeiten wurden Herstellerangaben von 430 N/μm ohne Berücksichtigung einer Abmilderung durch Fertigungstoleranzen
im Lagersitz angenommen. Es wurde jedoch eine nachgiebige Einspannung der Rotoren-
den berücksichtigt. Das Simulationsmodell ist in Abb. 9.28 dargestellt.

▶　　　Es wurde eine Eigenfrequenz des Systems Rotor – Lagerung von etwa 265 Hz
　　　　(das entspricht 15.900 UpM) ermittelt.

3. Empirische Messung mittels Impulshammer:

Diese Messung wurde mit freundlicher Unterstützung von Dr. Andreas Marn, Mitarbeiter
des *Instituts für Thermische Turbomaschinen* der *TU Graz* durchgeführt. Der Rotor wurde

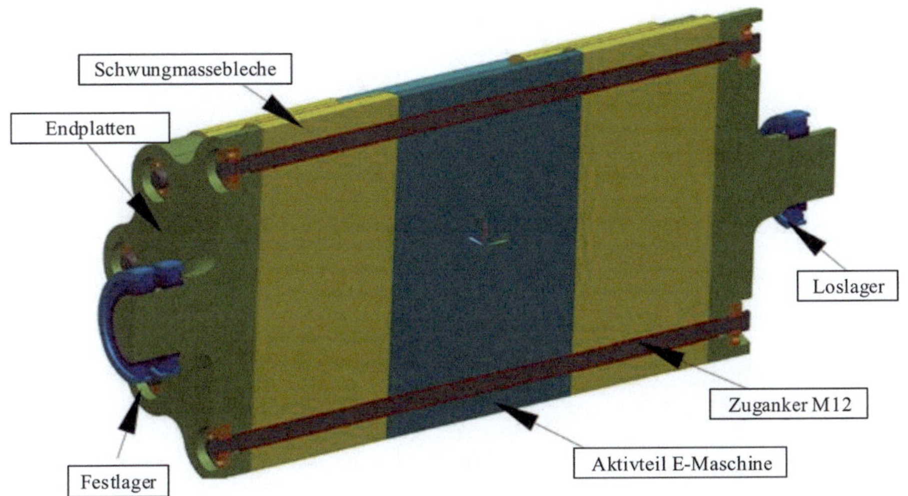

Abb. 9.28 Aufbau der FEM-Simulation der Eigenfrequenz. (Bildrechte: Dr.-Ing. Ernst Braun GmbH)

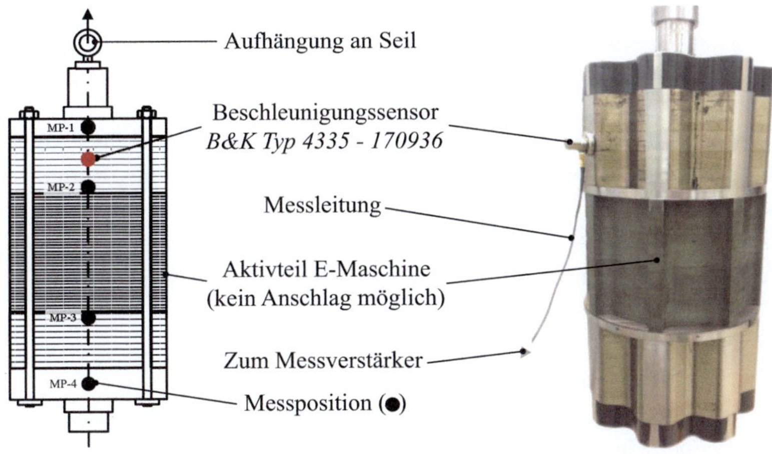

Abb. 9.29 Aufbau der Eigenfrequenzmessung des VIMS-Rotors

an einer Ringschraube frei aufgehängt und mit einem *Roving Hammer* (Impulshammer) angeregt, wobei ein Beschleunigungsaufnehmer *B&K Typ 4335 – 170936* sukzessive an verschiedenen Stellen angebracht wurde. Auch die Anregung durch den Impulshammer erfolgte an verschiedenen Positionen entlang der Länge des Rotors, wobei der Aktivteil der E-Maschine aufgrund des Risikos der Beschädigung (potenzielle Kurzschlüsse der Elektrobleche am äußeren Umfang) ausgespart werden musste. Der Messaufbau ist in Abb. 9.29 zu sehen.

Die Auswertung der Messdaten brachte folgende Erkenntnisse mit sich:

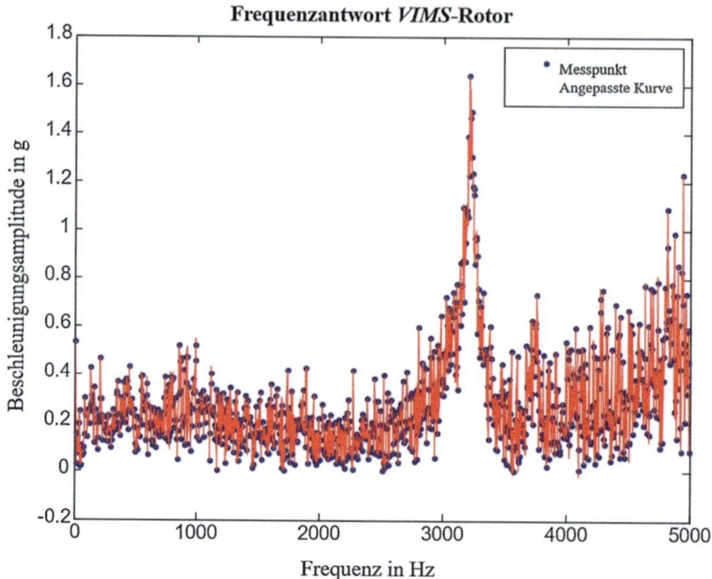

Abb. 9.30 Beschleunigungsantwort des VIMS-Rotors beim Impulshammertest am Messpunkt MP-2. (Messung mit Unterstützung von Dr. Andreas Marn, *Institut für Thermische Turbomaschinen der TU Graz.*). (Bildrechte: Andreas Marn, Institut für Thermische Turbomaschinen der TU Graz)

- Bei ~ 3200 Hz ist in allen Messpunkten (MP-1 bis MP-4) ein signifikanter Amplitudenausschlag zu erkennen, welche die erste freie Biegeeigenform des Rotors darstellt. (Vergleiche Abb. 9.30).
- Die große Anzahl an sub- und superharmonischen Schwingungen deutet auf nicht lineares Verhalten hin, vermutlich aufgrund von Reibung im Blechpaket.

Interpretation der Abweichungen der Eigenfrequenzergebnisse

Es lässt sich also eine starke Abweichung der Ergebnisse der drei Methoden zur Ermittlung der Eigenfrequenz feststellen. Diese Abweichung kann folgende Ursachen habe:

a. Sowohl die Messung als auch die analytische Berechnung zeigen, dass die Eigenfrequenzen des Rotors an sich (Biegemode) sehr hoch sind. Dies erscheint plausibel unter Berücksichtigung des Länge-Durchmesser-Verhältnisses des Rotors.
b. Es ist anzunehmen, dass die realen Lagersteifigkeiten um ein vielfaches geringer sind als vom Hersteller angegeben und daher für die Eigenfrequenzen des *Systems* im betriebsrelevanten Drehzahlspektrum des Flywheels entscheidend sind.
c. Die realen Gesamtsteifigkeiten (Lager plus Lagersitz, Lagerschild und relevante Gehäuseteile) können vom reinen Wert des Lagers um einen Faktor 10 abweichen. (Dies deckt sich mit qualitativen Aussagen der Firma *SKF* und eigenen Messungen.)

▶   Es zeigt sich daher, dass der Lagerung die entscheidende Rolle in Bezug auf das
    maschinendynamische Verhalten des gesamten FESS zugesprochen werden
    muss!

9.6.1.3   Einfluss der Lagersteifigkeit auf die Eigenfrequenz des *VIMS*-Rotorsystems

Die Steifigkeit der Wälzlager, welche in den meisten Fällen um ein Vielfaches geringer ist
als jene des Rotors selbst,[2] hängt von einer Vielzahl von Parametern ab. Diese sind unter
anderem:

- Betriebsbelastung
- Vorspannkraft
- Geometrische Anordnung
- Temperatur
- Drehzahl
- Einlaufzustand
- Schmierung
- Wälzkörperwerkstoff
- Formtoleranzen im Lagersitz
- Wälzkörpergeometrie

Selbstverständlich hat das umgebende Gehäuse einen ebenfalls nicht zu vernachlässigenden Einfluss auf die Eigenfrequenzen, dessen Abschätzung aber nur durch komplexe numerische Methoden erfolgen kann.

Des Weiteren gibt *SKF* an, dass die Steifigkeit eine Funktion des $n*d_m$-Wertes ist; ein Wert, welcher die mittlere Bahngeschwindigkeit der Wälzkörper beschreibt und somit eine Lagertyp-spezifische Größe ist. Diese Reduktion der Steifigkeit mit steigendem $n*d_m$-Wert ist in Abb. 9.31 zu sehen.

Um die Signifikanz des Einflusses der Lagersteifigkeit auf das Eigenfrequenzverhalten des gesamten Schwungradspeichers zu demonstrieren, wurden 3 repräsentative Szenarien analytisch, auf Basis des linearen Einmassenschwingers, nachgerechnet. Die Szenarien lauten wie folgt:

Fall 1: Annahme höchster Lagersteifigkeit

- Nachgiebigkeit der Lager beruht auf Herstellerangaben.
- Duplex-Set wird durch *eine* Gesamt-Federsteifigkeit als Summe der Einzelsteifigkeiten angenähert.
- Es ergibt sich eine Federsteifigkeit der Festlager von 640.000 N/mm.

---

[2] Es wurden zwar Untersuchungen mit nachgiebigen Rotoren (gewickelte Seile oder Faserbündel) durchgeführt, aber diese Konzepte konnten bislang nicht zur Serienreife gebracht werden.

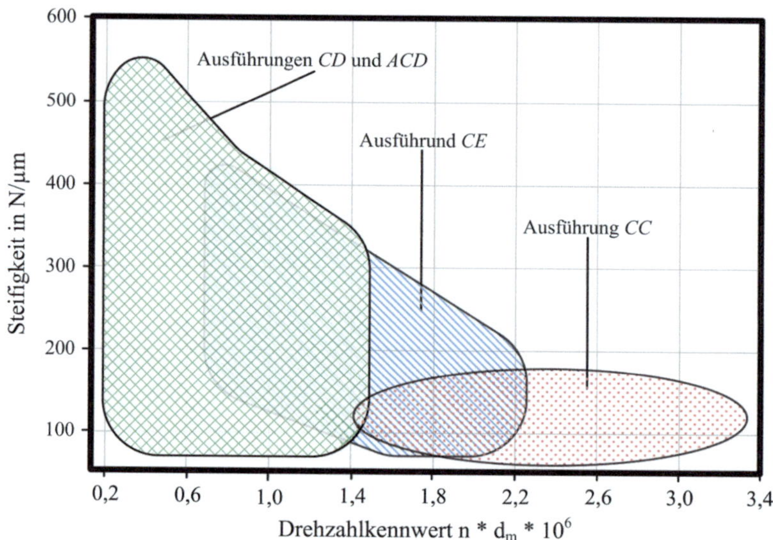

Abb. 9.31 Abhängigkeit zwischen Lagersteifigkeit und n∗dm-Faktor [12]. (Bildrechte: SKF)

Fall 2: Verminderung der Lagesteifigkeit unter Berücksichtigung des $n*d_m$-Wertes

- Verminderung der Federsteifigkeit auf etwa zwei Drittel durch Berücksichtigung des *ACD*-Bereiches in Abb. 9.31.
- Angenäherte Lagersteifigkeit ca. 430.000N/mm für das Duplex-Set.

Fall 3: Geringste Steifigkeit durch Abschätzung des Einflusses von Lagersitz und Peripherie

- Berücksichtigung der Einbausituation → Lager, Lagerschild, Deckel, Gehäuse und deren jeweilige Kontaktsteifigkeiten bilden eine Serienschaltung von Federn!
- Verringerung der Steifigkeit bis zu einem Faktor 10 basierend auf Erfahrungswerten.
- Dies führt zu einer „Worst-Case"-Steifigkeit der Lagerung von ~32.000 N/mm.

Die Ergebnisse dieser „Best Case/Worst-Case Abschätzung" sind in Tab. 9.11 anschaulich dargestellt.

Die Berechnung wurde ohne Beschleunigungseinfluss auf Basis des linearen Einmassenschwingers durchgeführt. Aufgrund der Symmetrie wurde angenommen, dass pro Lagerseite je die halbe Rotormasse (42 kg) wirkt. Die Ergebnisse dienen lediglich dazu, *Größenordnungen abzuschätzen* und um zu zeigen, dass die hervorgerufenen Eigenschwingungen aufgrund der Nachgiebigkeit der Lagerung um ein Vielfaches geringer sind als die Biegeeigenfrequenz des Rotors.

Tab. 9.11 Ergebnisse der analytischen *Best Case/Worst-Case* Abschätzung der Lagersteifigkeiten und resultierende Resonanzdrehzahlen der ersten Eirgenfrequenz

Abschätzung Festlager (*Duplex-Set*)		Radiale Steifigkeit in N/mm	Resonanzdrehzahl in UpM
Fall 1	Herstellerangabe	640.000	37.300
Fall 2	Verminderung durch $n*d_m$-Wert	430.000	30.600
Fall 3	Abschätzung Einbausituation	130.000	16.800

Abschätzung Loslager (*Einzellager*)		Radiale Steifigkeit in N/mm	Resonanzdrehzahl in UpM
Fall 1	Herstellerangabe	320.000	26.300
Fall 2	Verminderung durch $n*d_m$-Wert	210.000	21.300
Fall 3	Abschätzung Einbausituation	32.000	8300

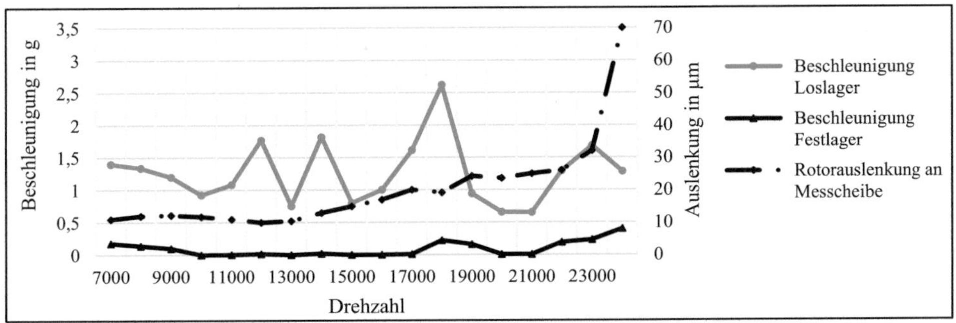

Abb. 9.32 Lagerbeschleunigungen und Rotorauslenkung bei Erstinbetriebnahme des VIMS-Flywheels

9.6.1.4 Inbetriebnahme und Probleme der *VIMS*-Rotorlagerung

Wie Abschn. 7.5 zeigt, besitzt das *VIMS*-Flywheel neben einer umfangreichen Temperaturüberwachung auch kapazitive Wegsensoren und Beschleunigungsaufnehmer am Lagerschild, welche beide der maschinendynamischen Überwachung dienen. Bei der ersten Inbetriebnahme des Prototyps und sukzessiver Steigerung der Drehzahl – wie im Diagramm in Abb. 9.32 gezeigt – konnten folgende Beobachtungen gemacht werden:

1. Bei niedrigen Drehzahlen (<100 UpM) weist das kapazitive Abstandssignal der kreisrunden Messscheibe des Rotors eine Amplitude von etwa 12 µm auf. Dieser Wert spiegelt die fertigungsbedingte Unrundheit und Exzentrizität des Rotors wider.
2. Bis etwa 15.000 UpM konnte keine nennenswerte Rotorschwingung detektiert werden. Zwischen 17.000 UpM und 23.000 UpM steigt die Auslenkungsamplitude des Rotors signifikant an und erreicht Werte bis 60 µm.

Abb. 9.33 Links – beschädigtes Loslager des VIMS-Flywheels nach erster Inbetriebnahme. Rechts – übriggebliebene Si3N4-Wälzkörper desselben Lagers

3. Ab 23.000 UpM deutete eine plötzliche mit der Drehzahl stark ansteigende akustische Emission des Systems auf Resonanz hin.
4. Nach Abschaltung des Systems und einer kurzen Pause wurde der Versuch unternommen, die vermutliche Resonanz bei 23.500 UpM mit hoher Leistung (50 kW) schnell zu durchfahren. Die Beschleunigungen am Loslager wurden jedoch zu hoch und es kam zu einem Lagerschaden. (Siehe Abb. 9.33)

9.6.1.5 Analyse der *VIMS*-Rotorlagerung

Die erste reale Eigenfrequenz des Systems tritt bei hoher Winkelgeschwindigkeit (um 25.000 UpM) auf, wodurch – speziell aufgrund der hohen Rotormasse von 84 kg – viel Energie beim Durchfahren der Resonanz aufgewendet werden muss. Bei unzureichender Antriebsleistung ist es nicht möglich, die Resonanzfrequenz zu überwinden, da die Leistung der E-Maschine beinahe zur Gänze in Schwingungsenergie umgewandelt wird.

Bei Betrachtung von Abb. 9.32 fällt auf, dass die Beschleunigungen am Loslager um ein Vielfaches größer sind als jene des *Back-to-Back Duplex Sets*. Da es sich um Schrägkugellager handelt, ist anzunehmen, dass die axiale Vorspannung des Loslagers aufgrund der Wärmeausdehnung des Rotors einen unzulässig niedrigen Wert erreichte, da das Federnpaket nicht mehr in der Lage war, die Längenänderung zu kompensieren. (Es wurden Lagertemperaturen von 100–150 °C gemessen.) Die starke Erwärmung der Wälzlager im Betrieb hat folgende mögliche Ursachen:

- Zu hohe interne Verspannung
- Unwuchtkräfte (hohe Radiallast)
- Schlechte Wärmabfuhr, da Fettschmierung
- Betrieb der Wälzlager nahe Grenzdrehzahl
- Viskose Verluste durch hohe Schmiermittelmenge

▶   Aus diesen Erfahrungen lässt sich ableiten, dass eine Reduktion der Resonanz-
    drehzahl sowie der radialen Lagerlast durch einen nachgiebigen Lagersitz und
    eine verbesserte Lagerkühlung eine mögliche Lösung darstellt.

9.7   Nachgiebige Lagersitze für Wälzlager in FESS

Durch nachgiebige Gestaltung der Lagersitze kann das unter Abschn. 9.6.1.4 beschriebene
Problem hoher, unwuchtinduzierter radialer Lagerlasten vermindert werden. Die Eigenfrequenz des Systems wird zu niedrigeren Drehzahlen verschoben, wodurch das Durchfahren der Resonanz niederenergetischer ausfällt. Die konstruktive Ausführung eines
nachgiebigen Lagersitzes kann auf verschiedenste Art und Weise erfolgen. Einige Optionen wurden werden in [4] beschrieben, mögliche Ausführungsbeispiele sind in Abb. 9.34
zu sehen.

9.7.1   Fallbeispiel *CMO*-Lagerung

Jene unter Abschn. 9.6.1.4 genannten Probleme sollten durch das im Falle des *CMO-
Flywheels* gewählte Design vermieden werden. Das Lagerkonzept und die wesentlichen
Auslegungskriterien sind an dieser Stelle kurz umrissen.

Aspekt der Lagerkühlung
Der Lagerschild, welcher das Wälzlager unmittelbar umgibt, wurde mit einer Wasserkühlung versehen. Darüber hinaus wurde eine von der Firma *Rosseta Technik GmbH* ausge-
legte Ölumlaufschmierung implementiert, welche optimalen Wärmeabtransport direkt
vom Wälzkörperkontakt garantiert.

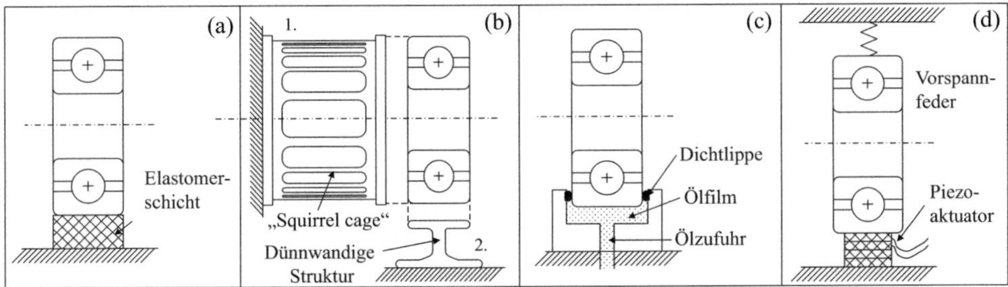

Abb. 9.34 Mögliche konstruktive Ausführungen nachgiebiger Lagersitze: **a**) Einfacher Elastomer-
dämpfer, **b**) Nachgiebige Metallstrukturen (1. „Squirrel cage" bzw. gefrästes Rohrstück oder 2.
Dünnwandige Struktur), **c**) Quetschöldämpfer, **d**) Aktive Piezo-Lagernachführung

Aspekt der hochfrequenten Resonanz

Der Lagerschild wurde geteilt, aus zwei konzentrischen Elementen aufgebaut. Zwischen dem *inneren Lagerschild*, welcher den Wälzlageraußenring umgibt, und dem *äußeren Lagerschild*, welcher starr mit dem Gehäuse verbunden ist, befindet sich eine Elastomerschicht. Dieses Elastomer gewährleistet eine gute Nachgiebigkeit, wodurch die Resonanzdrehzahl herabgesetzt und die Lagerreaktionskräfte reduziert werden.

Während sich die gyroskopischen Reaktionen nur durch eine geeignete Anbindung an das Fahrzeug (vergleiche Abschn. 9.5.4) eliminieren lassen, können fertigungsbedingte Unwuchtkräfte durch entsprechende Lagersitze und überkritischen Rotorbetrieb reduziert werden. Die Auslegung dieser nachgiebigen Anbindung muss derart erfolgen, dass die Resonanz unterhalb des Betriebsbereiches des Schwungrades liegt. Die niedrigste Betriebsdrehzahl, bei der die elektrischen Motor-Generatoren noch konstante Leistung liefern können, ohne zu hohe Ströme zu erfordern, liegt üblicherweise bei rund 20 % der Maximaldrehzahl. Je geringer die Resonanzdrehzahl, desto niederenergetischer und desto einfacher ist das Durchfahren derselben. Nach unten hin wird die Steifigkeit des Lagersitzes jedoch durch die maximal zulässige Auslenkung durch die Linearbeschleunigung sowie gyroskopische Reaktion beschränkt. Abb. 9.35 zeigt Rotor und Lagerschild des *CMO*-Flywheels nach Abnahme des Gehäusedeckels.

Ob nachgiebige metallische Strukturen oder Elastomere, wie der in Abb. 9.37 gezeigte Ring aus Gusssilikon zum Einsatz kommen, hängt vom gewünschten Dämpfungsmaß ab. Es muss erwähnt werden, dass stets ein *Kompromiss zwischen Schwingungsisolation und Schwingungsdämpfung* zu finden ist [14]. Regelbare bzw. aktive Maßnahmen wie der in Turbomaschinen gebräuchliche Quetschöldämpfer oder Piezoaktuatoren, welche eine elektrische Lagernachführung erlauben, wurden für Schwungradspeicher ebenfalls in

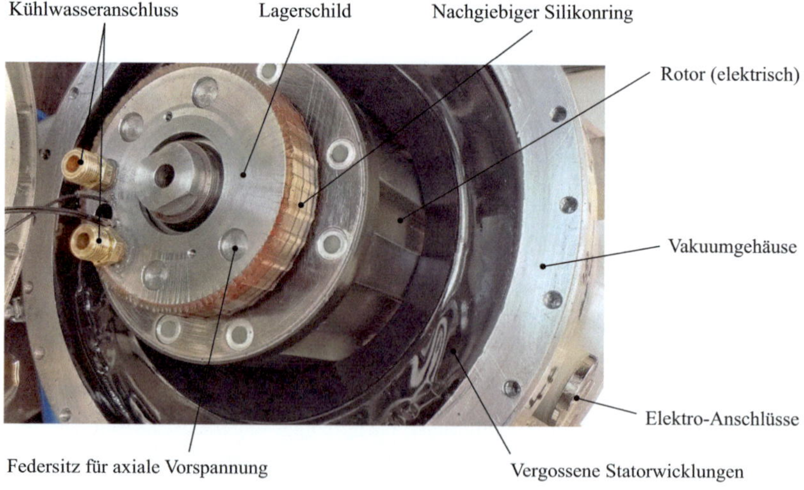

Abb. 9.35 Foto von Lagerschild und Rotor des CMO-Flywheels

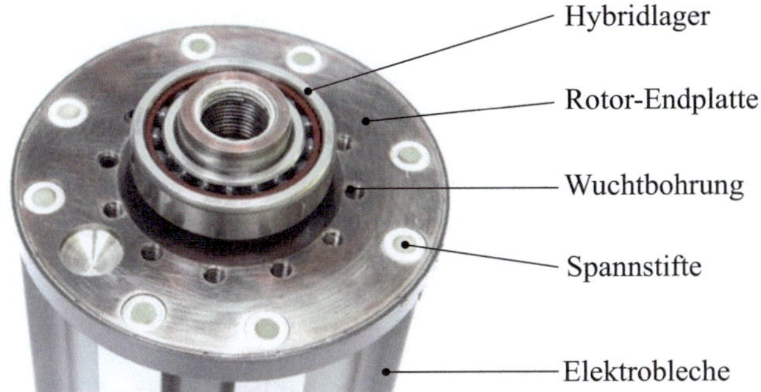

Abb. 9.36   CMO-Rotor mit Wälzlager

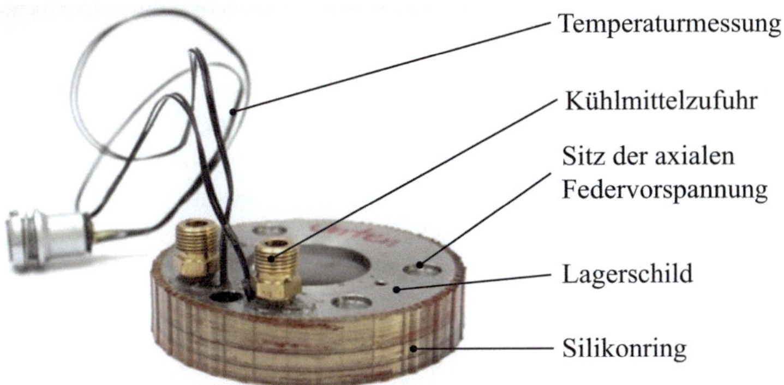

Abb. 9.37   Lagerschild des CMO-Flywheels mit nachgiebigem Silikonring

Betracht gezogen [15], jedoch bis dato aufgrund des großen finanziellen und konstruktiven Aufwandes als wenig zielführend eingestuft.

Eine Kostengünstige Lösung, welche im CMO Schwungradspeicher (vergleiche Abschn. 7.4) eingesetzt wurde ist in Abb. 9.35, 9.36 und 9.37 zu sehen.

Die erwähnte untere Drehzahlgrenze elektromechanischer Schwungräder erlaubt es, die erste Eigenfrequenz des Lager-Rotor-Systems außerhalb des Betriebsbereiches zu setzen. Das Herabsetzen der Resonanzdrehzahl in Kombination mit überkritischem Rotorbetrieb im elektromechanisch relevanten Drehzahlbereich verringert die Lagerlasten und erhöht somit die Lagerlebensdauer.

Um die Eignung und Eigenschaften nachgiebiger Lagersitze für FESS-Anwendungen zu charakterisieren, ist es aufgrund der starken Interdependenzen im Speicher (Magnetkräfte etc.) erforderlich, das System *Lager-Lagersitz* herausgelöst zu untersuchen.

9.7.2   Untersuchung alternativer Lagersitzkonzepte – Praxisbeispiel *LESS*

Die Praxisbeispiele des *VIMS-Rotors* (vergleiche Abschn. 9.6.1) und des *CMO-Flywheels* (vergleiche Abschn. 9.7.1) haben gezeigt, dass ein Versagen von mechanischen FESS-Lagern in erster Linie durch folgende zwei Überlastungsarten hervorgerufen wird:

1. Thermische Überlastung aufgrund hoher Drehzahlen und mangelnder Konvektions-kühlung
2. Mechanische Überlastung beim Durchfahren von Resonanzen

Während die thermische Problematik entweder durch Implementierung einer komplexen Ölschmierung, oder einfacher, durch wassergekühlte Lagerschilde, wie auch in Abb. 9.35 dargestellt, gelöst werden kann, bedarf das Resonanzproblem der Modifikation des gesamten maschinendynamischen Verhaltens des Schwungradspeichers.

Im von der österreichischen FFG geförderten Projekt *Lebensdauererhöhung von Schwungrad-Speichersystemen* (kurz *LESS*) wurden von der *Energy Aware Systems* Grupp der TU Graz spezifische Lösungsansätze für Wälzlager in Schwungradspeichern erarbeitet. Hauptaugenmerk lag dabei auf der Untersuchung von aktiven und passiven Maßnahmen für die Manipulation von Nachgiebigkeit und Dämpfung des Lagersitzes. Der Aufbau eines Sonderprüfstandes, der im Zuge des Projektes konzipiert wurde, ist in Abb. 9.38 dargestellt.

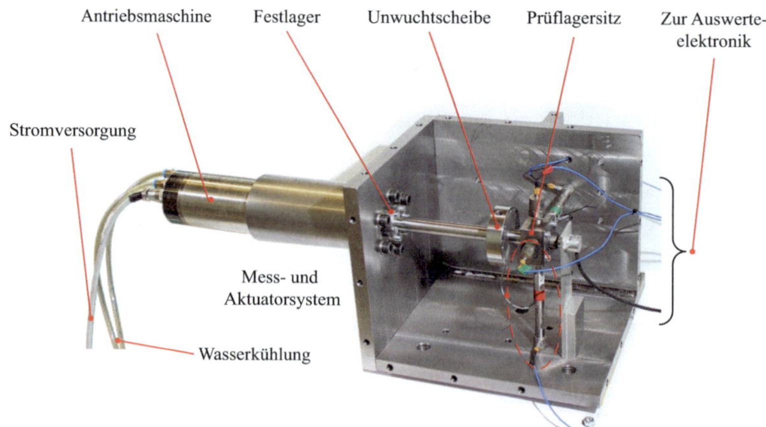

Abb. 9.38   Aufbau des LESS-Prüfstandes zur Untersuchung aktiver und passiver Lagerdämpfungselemente

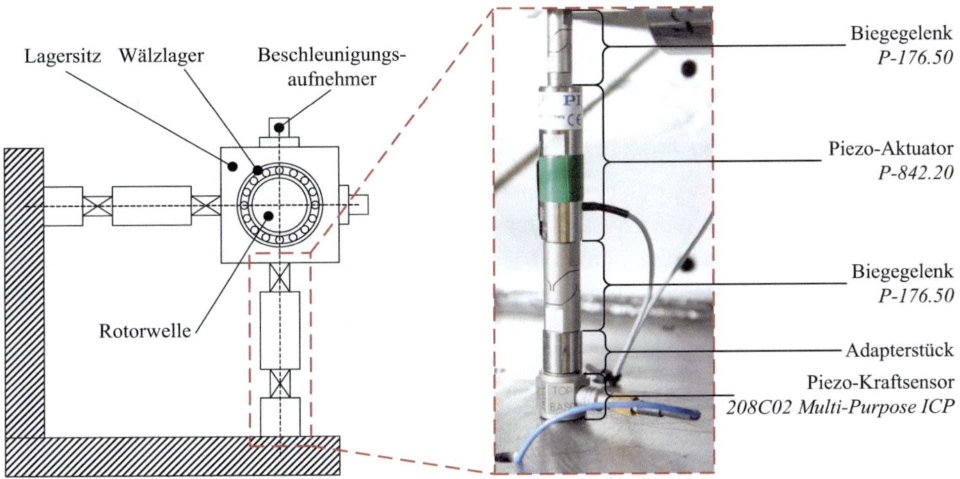

Abb. 9.39 Aufbau der Mess- und Aktuatoren-Einheit des LESS-Prüfstands

Die als Aktuator- und Messsystem bezeichnete Einheit setzt sich aus folgenden Komponenten zusammen:

- **Beschleunigungsaufnehmer:** Typ *353B34* der Firma *PCB Piezotronics*
- **Piezo-Kraftsensor:** *208C02 Multi-Purpose ICP* der Firma *Pi*
- Optional, nur im Falle einer *aktiven* Lagernachführung:
- **Piezoaktuatoren:** Typ *P-842.20* mit Biegegelenken *P-176.50* und *P-176.60* der Firma *Pi*

Wie in Abb. 9.39 ersichtlich, sind die Komponenten jeweils in horizontaler und vertikaler Richtung verbaut.

Die Untersuchung einer aktiven Lagernachführung, welche das „Umschalten der Resonanzfrequenz" im Betrieb erlaubt, wurde zu Beginn des Projektes durchgeführt und brachte – kurz zusammengefasst – folgende Erkenntnisse:

1. Die prinzipielle Eignung einer mittels Piezo-Aktuatoren und Force-Feedback-Regelung aktiv geführten Lagerung konnte nachgewiesen werden.
2. Die industriell verfügbaren Piezo-Aktuatoren eignen sich nur für:
   a. Kleine Kräfte, d. h. sie verlangen eine hohe Wuchtgüte des Schwungrades
   b. Geringe Wege, das heißt die Exzentrizität muss sehr kleine Werte aufweisen
3. Um entsprechend hohe, für Schwungräder in der Größenordnung von 0,1 bis 5 kWh relevante Lagerreaktionen aktiv zu dämpfen/beherrschen, sind entsprechend leistungsfähige Ladungs-verstärker vonnöten, welche hohe Kosten sowie elektrische Verluste verursachen.
4. Die Kosten eines Lagersitzes bestehend aus Piezo-Stack, Verstärker, Kraftmessung und Regelung belaufen sich (selbst bei geringen zulässigen Lagerkräften von weniger als 300 N) auf ~1500 Euro.

5. Da die Piezo-Stacks sehr empfindlich auf Zug- und Biegespannungen reagieren, sind eine Druckvorspannung mittels Federpaket und eine vorsichtige Handhabung unerlässlich.

Aufgrund dieser Tatsachen muss die Eignung der aktiven, Piezo-gestützten Lagerung für kommerzielle Schwungradspeicher in Fahrzeugen hinterfragt werden. Besonders die mechanische Empfindlichkeit des Systems muss als gravierender Nachteil, der maximal unter Laborbedingungen in Kauf genommen werden kann, angesehen werden. Detailliertere Informationen zur regelungstechnischen Umsetzung des Projektes wurden in [15] publiziert.

9.7.2.1 Lagerlebensdauererhöhung durch den Einsatz nachgiebiger Lagersitze

Der in Abb. 9.38 gezeigte Prüfstand erlaubt die Untersuchung von *zwei verschiedenen Lagersitzkonzepten*. Einerseits kann die Steifigkeit und Dämpfung des Lagersitzes mittels Piezoaktuatoren *aktiv* verändert werden, andererseits können verschiedene *nachgiebige Elemente* wie Elastomere oder Federn, also *passive* Lösungen evaluiert werden. Abb. 9.40 und 9.41 zeigen praktische Möglichkeiten nachgiebiger FESS-Lagersitze, welche am *EMT* der *TU Graz* im Zuge des *LESS*-Projektes untersucht wurden.

Neben einer den Piezo-Aktuatoren überlegenen Robustheit weisen diese passiven Schwingungs-isolationsmaßnahmen vor allem einen wesentlichen Vorteil hinsichtlich Kostenreduktion auf. Die unvermeidliche Notwendigkeit, eine spezifische Kostenreduktion von Schwungradspeichern (€/kWh) zu erreichen wurde in diesem Buch bisher mehrmals erwähnt und rechtfertigt die Untersuchung passiver low-cost Lagersitze, trotz der nicht im Betrieb beliebig einstellbaren Nachgiebigkeit.

Vor Überprüfung der dynamischen Eigenschaften der passiven Lagersitze im *LESS*-Prüfstand wurde eine quasistatische Charakterisierung vorgenommen, d. h. eine Kraft-Weg-Kennlinie aufgezeichnet. Der hierfür eingesetzte Prüfaufbau ist in Abb. 9.42 dargestellt, Messergebnisse in Abb. 9.43.

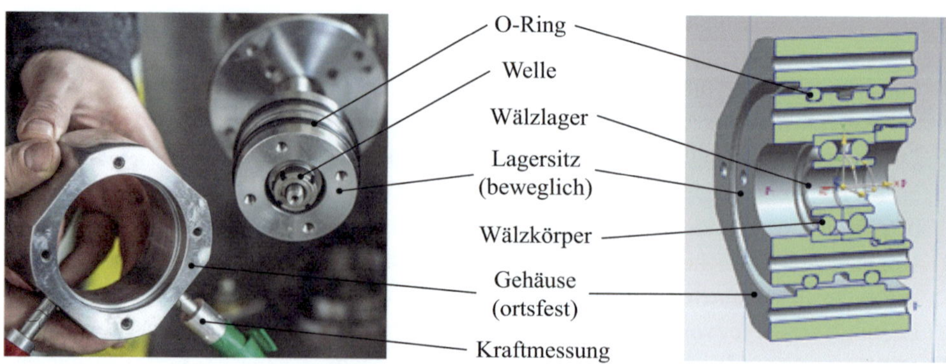

Abb. 9.40 Nachgiebiger Lagersitz mit Elastomerelementen (O-Ringen)

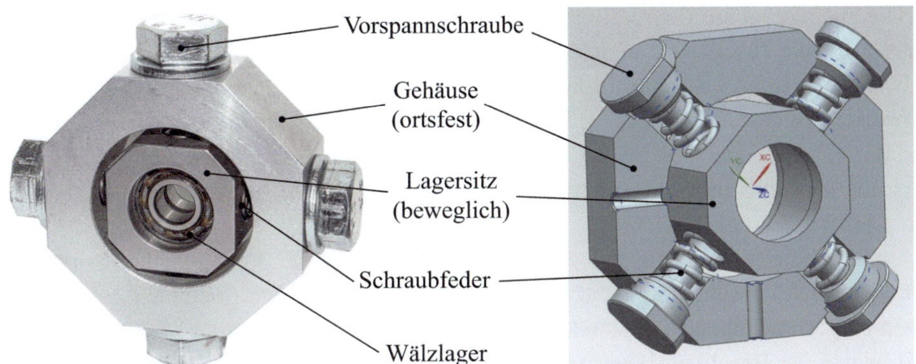

Abb. 9.41 Nachgiebiger Lagersitz mit einstellbaren Spiralfedern

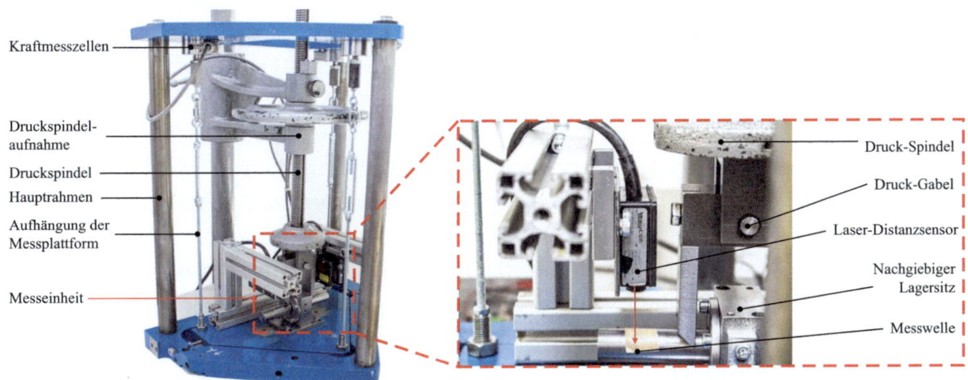

Abb. 9.42 Testaufbau zur Ermittlung der Nachgiebigkeit der passiven Lagersitze

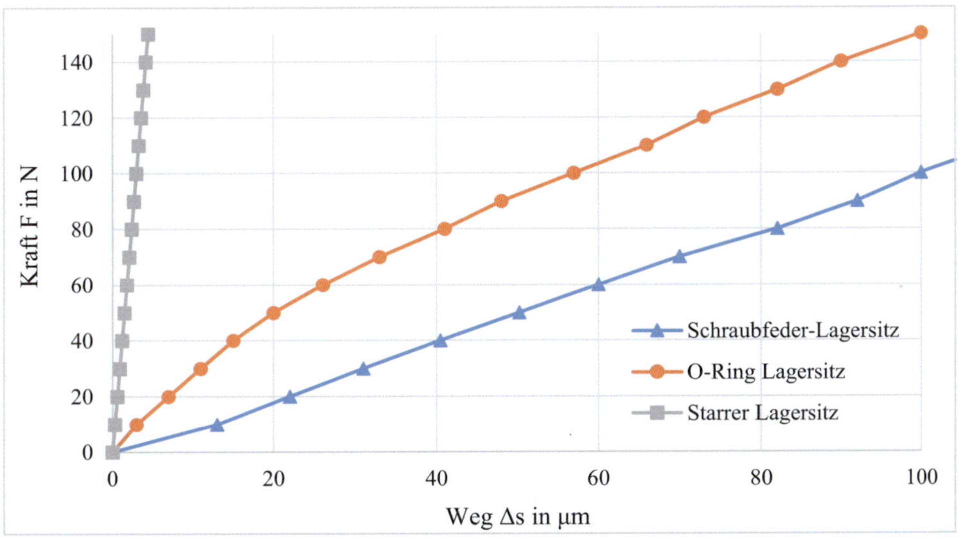

Abb. 9.43 Federkennlinien zweier nachgiebiger sowie eines starren Lagersitzes

Die gut erkennbare Degressivität der Federnkennlinie des Lagersitzes mit O-Ringen ist typisch für die *Pseudo-Elastizität von Elastomeren*, welche ein fluidähnliches Verhalten aufweisen. Während der starre Lagersitz eine gemessene Nachgiebigkeit von 18,9 N/µm aufweist, erreicht der „2-O-Ring-Lagersitz" 1,6 N/µm, „3-O-Ring-Lagersitz" 2,4 N/µm und der „Feder-Lagersitz" etwa 1,0 N/µm. (Zum Vergleich: Die Steifigkeit eines Wälzlagers mit für FESS relevanter Dimension liegt im Bereich mehrerer hundert *Kilo*newton pro µm.)

Beim dynamischen Prüfstandsversuch wurde die Welle mit der Unwuchtscheibe zuerst auf 3000 UpM beschleunigt und dieses Drehzahlniveau einige Sekunden gehalten, um einen eingeschwungenen Zustand zu erreichen. Danach wurde auf 11.500 UpM gesteigert, wobei der Beschleunigungsvorgang lediglich 5 Sekunden betrug, um nicht zu lange in der Resonanz zu verharren. Sobald die maximale Schwingungsamplitude wieder am Abklingen war, lief der Rotor überkritisch. Abb. 9.44 zeigt die Resonanzdurchfahrt der *2-* und *3-O-Ring-Konfigurationen*. Es ist deutlich zu erkennen, dass der nachgiebigere Lagersitz geringere maximale Lagerlasten (100 N versus 125 N) aufweist.

> ► Als wichtigste Erkenntnis ist festzuhalten, dass die Unwucht-induzierte Lagerlast im überkritischen Betrieb bei höheren Drehzahlen abnimmt, während sie bei einem völlig starren System mit dem Quadrat der Drehzahl ansteigt.

Abb. 9.45 zeigt Messergebnisse von Lagerlasten, welche mit Hilfe des in Abb. 9.38 dargestellten Prüfaufbaus ermittelt wurden. Schon bei 10.000 UpM tritt eine Radialkraftreduktion von 63 % verglichen zur starren Anbindung auf, was einer Lebensdauererhöhung um den Faktor 20 entspricht.

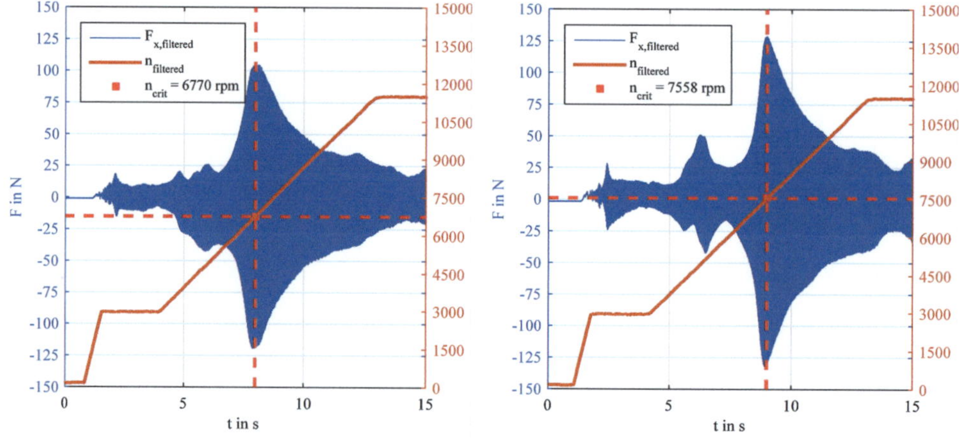

Abb. 9.44 Radiale Lagerlast über Drehzahl der nachgiebigen Lagersitze mit 1.6 N/µm (**a**) und 2.4 N/µm (**b**). (Bildrechte: Michael Zisser)

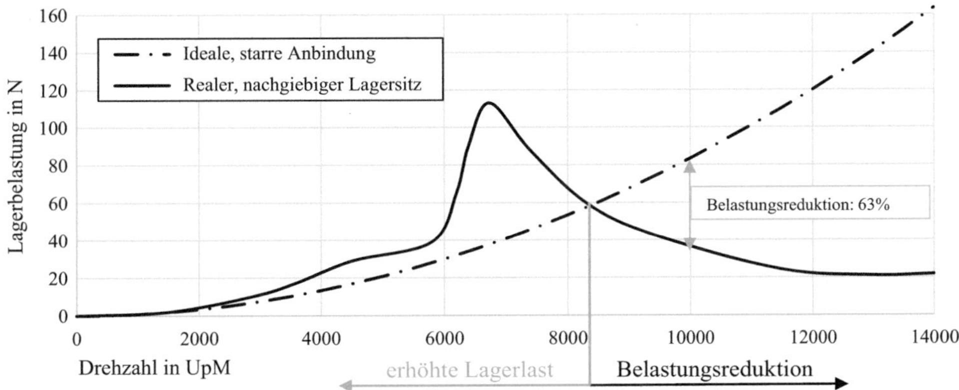

Abb. 9.45 Radiale Lagerlasten bei selber Rotorunwucht, jedoch starrer oder nachgiebiger Lager-anbindung

9.7.2.2 Zusammenfassung – Lagerlasten bei FESS

Abb. 9.46 fasst sämtliche bei Schwungradspeichern auftretenden Lagebelastungsarten zusammen und unterteilt diese in 4 Hauptkategorien, sowie deren Ursachen und mögliche Lösungen, die in den vergangenen Kapiteln detailliert erklärt wurden.

Die folgenden drei Aspekte der Lagerung von FESS wurden in dieser Arbeit herausgegriffen und im Detail analysiert:

1. **Gyroskopische Lagerreaktionen**
   a. Es wurde gezeigt, dass die Anbindung des FESS an das Fahrzeug einen erheblichen Einfluss auf die gyroskopischen Lagerlasten hat. Im Idealfall kommt eine vollkardanische Aufhängung zum Einsatz.
   b. Eine weitere Möglichkeit der Reduktion gyroskopischer Lagerlasten eines FESS bei gleichbleibendem Energieinhalt besteht in der Erhöhung der Drehzahl. Eine Drehzahlerhöhung bei konstanter Energie bewirkt eine Reduktion der Rotormasse und somit des Drehimpuls. An dieser Stelle muss in Erinnerung gerufen werden, dass die Drehzahl einen quadratischen Einfluss auf den Energieinhalt hat, jedoch nur linear in die Berechnung des gyroskopischen Moments eingeht.
2. **Unwuchtkräfte**
   a. Eine fertigungsbedingte Exzentrizität des Rotors ruft Unwuchtkräfte hervor, welche durch dynamisches Wuchten reduziert werden können. Aufgrund der begrenzten Genauigkeit der Wuchtmaschinen ist eine gewisse „Restunwucht" unvermeidbar und verlangt nach einer Lösung, wie zum Beispiel:
   b. Ein nachgiebiger Lagersitz vermag die unwuchtinduzierten radialen Lagerlasten bei hohen Drehzahlen zu reduzieren, indem er überkritischen Rotorbetrieb gewährleistet. Passive Maßnahmen (mittels nachgiebiger, dämpfender Strukturen) haben sich gegenüber den teuren und aufwändigen aktiven Maßnahmen (schnelle Aktuatoren zur Lagernachführung) als äußerst effektiv erwiesen.

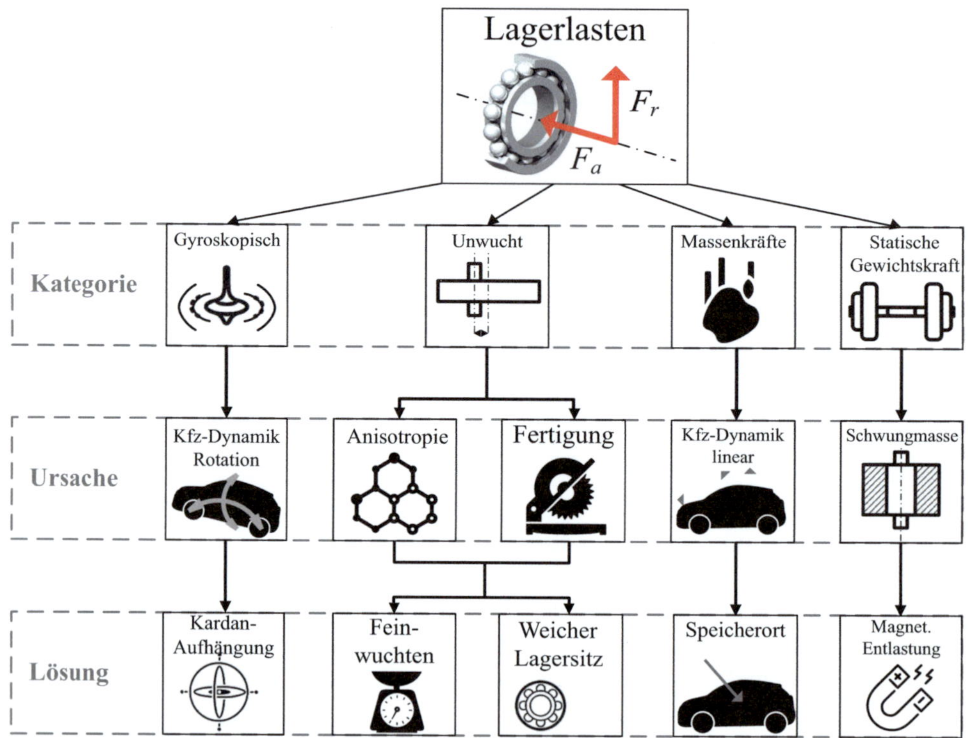

Abb. 9.46 Übersicht über Lagerlasten bei Schwungradspeichern

3. **Freie Massenkräfte**
   a. Die aufgrund der Linearbeschleunigungen des Fahrzeuges hervorgerufenen freien Massenkräfte des Rotors, welche sich auf der Lagerung abstützen, lassen sich nur durch Verringerung der Rotormassen (= Drehzahlsteigerung) bei gleichem Energieinhalt des FESS eliminieren.
4. **Statische Gewichtskraft**
   a. Im Falle einer vertikalen Drehachse – wie bei beinahe allen FESS-Anwendungen üblich – kann die Gewichtskraft durch magnetisches Heben reduziert werden, was eine Reduktion der axialen Lagerlast und somit des Verlustmoments ermöglicht. Diese Lösung wird im folgenden Abschn. 10.3.1 genauer beschrieben.

9.8 Thermische Eigenschaften der Lagerung

Neben den in Abschn. 9.5 und 9.6 beschriebenen mechanischen Lasten wirkt auf die Lagerung eines Schwungradspeichers auch eine *thermische Belastung*. Das Wälzlager erfährt dabei nicht nur eine Temperaturerhöhung durch interne Reibung (Rollreibung der Wälzkörper, Käfigreibung, Schmiermittelverdrängung etc.), sondern auch einen externen

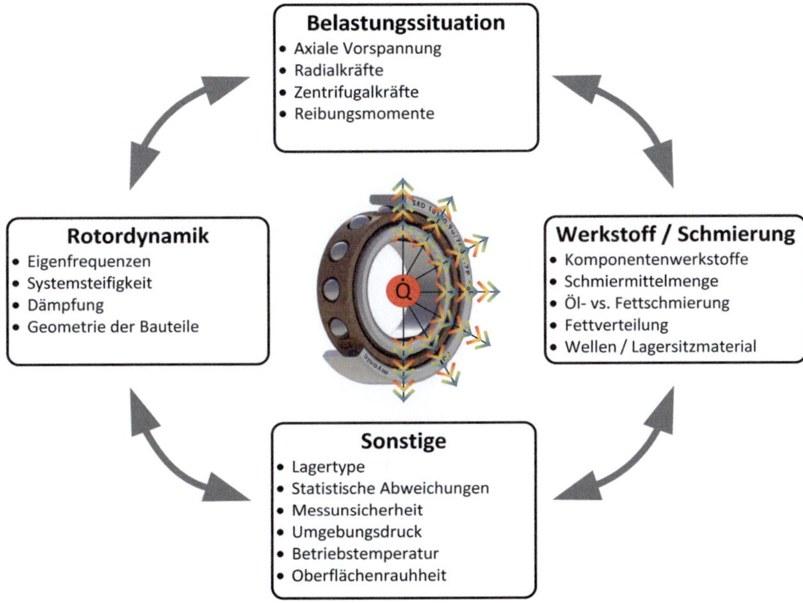

Abb. 9.47   Einflussparameter auf den Wärmeleitwert von Wälzlagern

Temperatureintrag, hervorgerufen durch den Rotor. Der Rotor des FESS kann durch elektrische Verluste (Wirbelströme, Ummagnetisierungsverluste), und/oder aerodynamische Reibung aufgrund der hohen Umfangsgeschwindigkeiten signifikant erwärmt werden. Um einer unzulässig hohen Betriebstemperatur der Lager entgegenzuwirken werden die Lagersitze üblicherweise wassergekühlt. Aufgrund der Vakuumatmosphäre besteht jedoch die einzige Möglichkeit den Rotor zu kühlen darin, die Wärme über die Wälzlager abzuleiten (Siehe auch Abschn. 7.2.1), wodurch dem *Wärmeleitwert* der Lager eine zentrale Bedeutung zukommt. Diese Eigenschaft hängt jedoch von einer Vielzahl von (Betriebs-)Parametern ab und ist auch keinen Herstellerangaben zu entnehmen. Abb. 9.47 zeigt die wesentlichen Einflussparameter auf die Wärmeleitung von Wälzlagern.

9.8.1   Prüfstand zur Ermittlung der Wärmeleitfähigkeit von Wälzlagern

Zwar gibt es einige analytische Modelle, welche den Wärmeleitwert von Wälzlagern auf Basis eines thermischen Widerstandsmodells berechnen (u. a. die Arbeiten von *Yovanovich* [16–18], *Bejan* [19] *und Baïri* [20]), aber einige wesentliche Parameter, wie der Einfluss des Schmiermittels, bleiben dabei unberücksichtigt. Die verlässlichste Methode ist daher die experimentelle Ermittlung des Wärmeleitwerts durch Messung von Temperaturgradienten. Abb. 9.48 zeigt ein Messprinzip, bei dem ein Wärmestrom ausgehend von einer beheizten Welle über das Wälzlager zu einem gekühlten Lagersitz geleitet wird. In

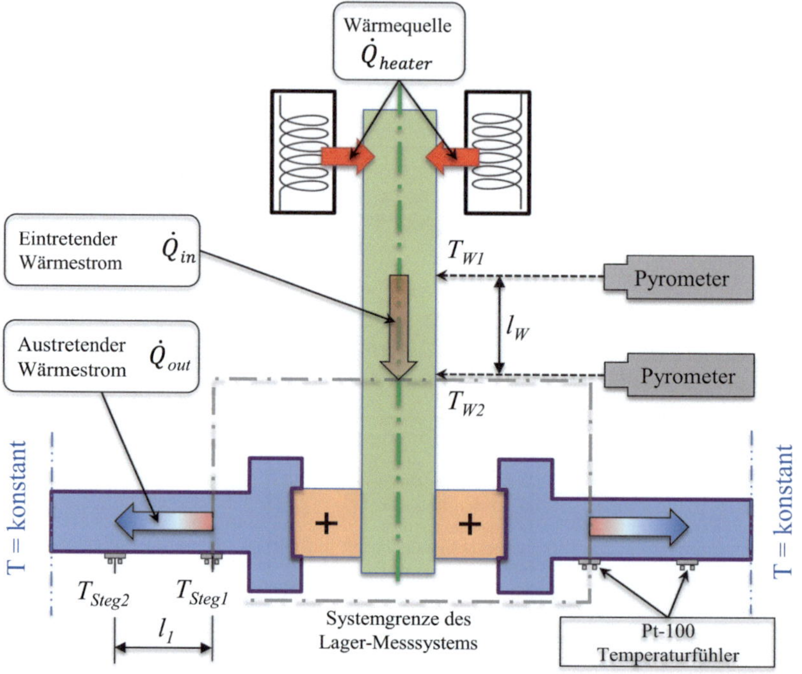

Abb. 9.48 Messprinzip zur indirekten Ermittlung des Wärmeleitwerts von Wälzlagern via Messung der Temperaturgradienten

diesem Fall besitzt der Lagersitz eine definierte Temperaturmessstrecke, welche als *Steg* bezeichnet wird.

Durch Messung der Temperaturdifferenz, unter Vernachlässigung von Konvektion und Strahlung (diese Annahmen sind Gültig für die meisten Schwungradspeicher) und unter der Annahme, dass am Innen- und Außenring des Lagers gleich viel Reibungswärme generiert wird kann der *Wärmeleitwert* G_b wie folgt bestimmt werden:

$$G_b = \frac{1}{2} * \frac{\dot{Q}_{in} + \dot{Q}_{out}}{T_{in} - T_{out}} \tag{9.14}$$

Wobei sich die zu- und abgeführten Wärmeströme, sofern die *Wärmeleitfähigkeiten* (λ_w, λ_{Steg}) und Materialquerschnitte (A_W, A_{Steg}) von Welle und Steg bekannt sind, wie folgt berechnen lassen:

$$\dot{Q}_{in} = \frac{\lambda_W * A_W}{l_w} * \left(T_{W1} - T_{W2}\right) \tag{9.15}$$

$$\dot{Q}_{Steg} = \frac{\lambda_{Steg} * A_{Steg}}{l_{Steg}} * \left(T_{Steg1} - T_{Steg2}\right) \tag{9.16}$$

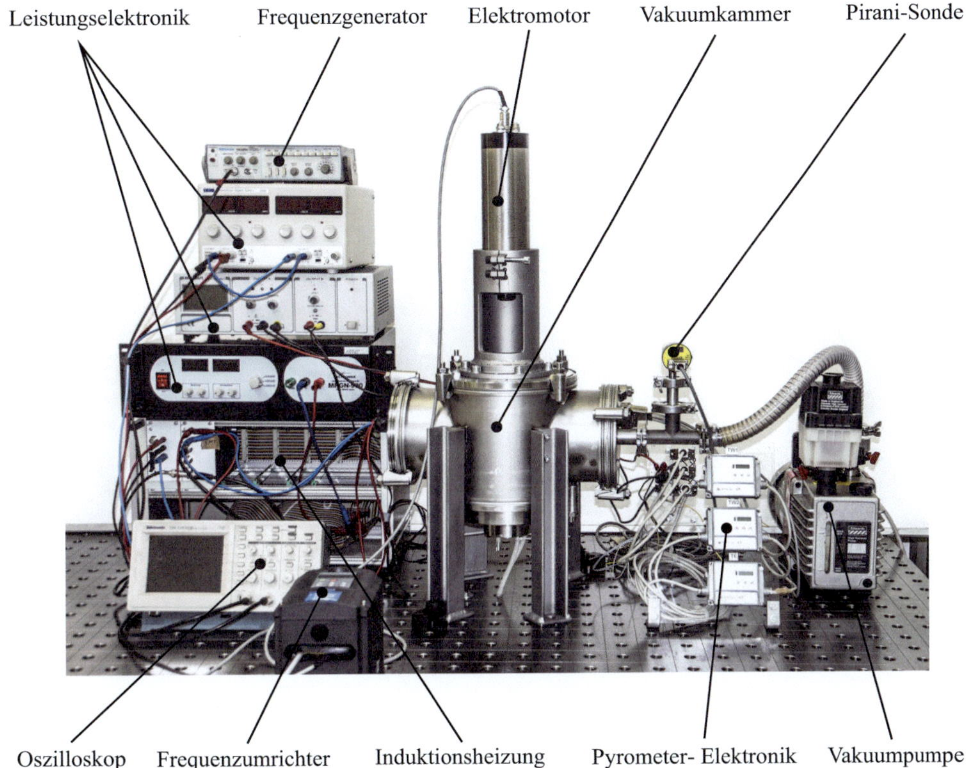

Abb. 9.49 Wärmeleitprüfstand mit Nebenaggregaten, *Energy Aware Systems* Gruppe, TU Graz

Abb. 9.49 zeigt den gesamten Aufbau eine Wälzlager-Wärmleitprüfstandes *der Energy Aware Systems* Arbeitsgruppe an der TU Graz, welcher nach dem oben beschriebenen Messprinzip arbeitet.

In Abb. 9.50 ist die Messreihe eines Wälzlagers Typ *71908 CEGA/HCP4A* verglichen mit analytischen Berechnungen in Anlehnung an [19] exemplarisch dargestellt. Man erkennt den eklatanten Einfluss der Drehzahl und Vorspannung auf den *Wärmeleitwert* G_b des Lagers. Es ist auch zu erkennen, dass die analytische Berechnung den realen Wärmeleitwert generell unterschätzt, was an der Vernachlässigung des Schmiermitteleinflusses liegen kann.

Eine detaillierte Beschreibung des Prüfstandes sowie der zugrunde liegenden Berechnungsmethoden ist in [21] zu finden.

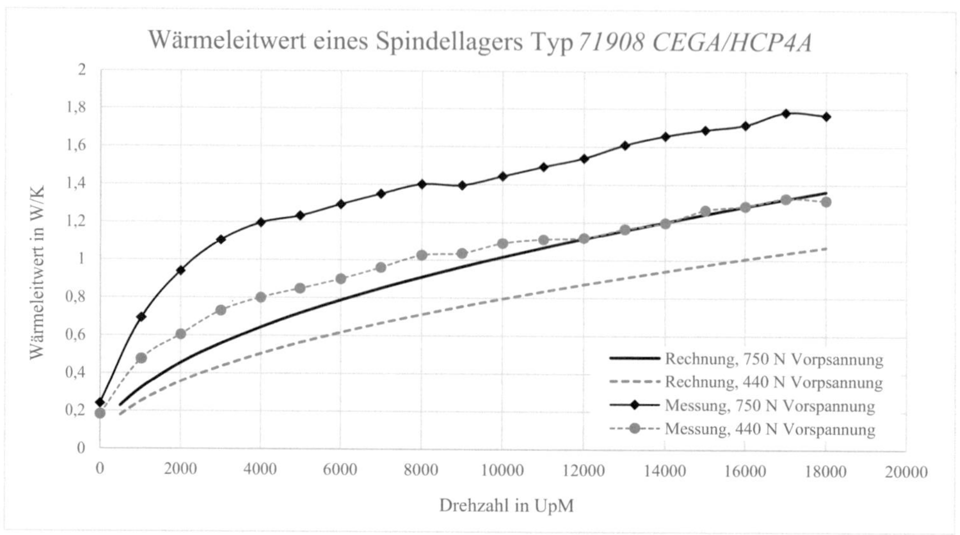

Abb. 9.50 Messergebnisse des Wärmeleitwerts eines Wälzlagers *71908 CEGA/HCP4A* bei verschiedenen Betriebsbedingungen und im Vergleich mit analytischer Berechnung. Fettfüllmenge 0,5 cm^3, Fetttype *SKF LGLT-2*

Literatur

1. F. Nelson (2007) Rotor Dynamics without Equations. International Journal of COMADEM, Nr. 10(3), pp. 2–10, Ausgabe July 2007.
2. A. Buchroithner, A. Brandstätter und M. Recheis (2017) Determining Loads of Rolling Element Bearings in Mobile Flywheel Energy Storage Systems. IEEE Vehicular Technology Magazine, Volume: 12 Issue: 3, pp. 83-94. DOI: 10.1109/MVT.2017.2657804
3. J. Koyanagi (2011) Durability of filament-wound composite flywheel rotors. Mechanics of Time-Dependent Materials, Bd. 16, Nr. 1, pp. 71–83.
4. M. Recheis, A. Buchroithner, I. Andrasec, T. Gallien, B. Schweighofer, M. Bader und H. Wegleiter (2014) Improving kinetic energy storage for vehicles through the combination of rolling element and active magnetic bearings. IECON 2013 - 39th Annual Conference of the IEEE Industrial Electronics Society, Wien, Österreich. DOI: 10.1109/IECON.2013.6699884
5. K. Magnus (1971) Kreisel – Theorie und Anwendung, Springer-Verlag Berlin Heidelberg. DOI: 10.1007/978-3-642-52162-1
6. A. Brandstätter (2012) Mechanische Auslegung von Schwungrädern und Entwicklung eines Prüfstands zur Verifizierung der Eigenschaften für mobile Anwendungen. Institut für Maschinenelemente und Entwicklungsmethodik, TU Graz, Österreich.
7. M. Recheis (2017) Lifespan prolonging measures for bearings of mobile storage systems. Institute of Electrical Measurement and Measurement Signal Processing, TU Graz, Österreich.
8. G. Bischof, K. Reisinger, T. Singraber und A. Summer (2014) Investigation of a passenger car's dynamic response due to a flywheel-based kinetic energy storage. International Journal of Vehicle Mechanics and Mobility: Vehicle System Dynamics, Bd. 52, Nr. 2, pp. 201–217. https://doi.org/10.1080/00423114.2013.869609

9. Parry People Movers Ltd. (2009) PPM Technology. Parry People Movers Ltd. Overend Road, Cradley Heath, West Midlands, B64 7DD, UK. http://www.parrypeoplemovers.com/technology.htm. [Zugriff am 20. August 2016].

10. Schenck-RoTec GmbH (2017) Warum ist Auswuchten so wichtig? The DÜRR Group, Bietigheim-Bissingen, Deutschland. http://www.schenck-rotec.de/unternehmen/bibliothek/index.php. [Zugriff am 25 04 2017].

11. H. Schneider (2013) Auswuchttechnik, VDI-Buch, Springer-Verlag Berlin Heidelberg. DOI: 10.1007/978-3-642-24914-3

12. SKF Gruppe (2014) SKF Hochgenauigkeitslager der Reihe „Super-precision bearings". SKF GmbH, Gunnar-Wester-Straße 12, 97421 Schweinfurt, Deutschland.

13. K. Magnus, K. Popp und W. Sextro (2008) Schwingungen – Eine Einführung in die physikalischen Grundlagen und die theoretische Behandlung von Schwingungsproblemen. 8., überarbeitete Auflage. Vieweg+Teubner Verlag |GWV Fachverlage GmbH, Wiesbaden Deutschland.

14. P. Haidl, A. Buchroithner, M. Zisser, M. Bader, B. Schweighofer und H. Wegleiter (2016) Improved test rig for vibration control of a rotor bearing system. 23rd International Congress on Sound & Vibration (ICSV23), Athen, Griechenland.

15. M. Zisser, B. Schweighofer, H. Wegleiter, P. Haidl und M. Bader (2015) Test rig for active vibration control with piezoactuators. 22nd International Congress on Sound & Vibration (ICSV22), Florenz, Italien.

16. M. Yovanovich (1970) Thermal Constriction Resistance Between Contacting Metallic Paraboloids: Application to Instrument Bearings. Proceedings of the 5th AIAA Thermodynamics Conference, pp. 337–358.

17. M. Yovanovich (1967) Thermal Contact Resistance across Elastically Deformed Spheres. Journal of Spacecraft and Rockets, vol. 1, pp. 119–122.

18. M. Yovanovich (1967) Analytical and Experimental Investigation on the Thermal Resistance of Angular Contact Instrument Bearings. Instrumentation Laboratory, pp. 1–85.

19. A. Bejan (1989) Theory of Rolling Contact Heat Transfer. Journal of Heat Transfer Vol. 111, pp. 257–263.

20. A. Baïri, N. Alilat, J. Bauzin, und N. Laraqi (2004) Three-dimensional stationary thermal behavior of a bearing ball. International Journal of Thermal Sciences Vol.43, pp. 561–568.

21. A. Buchroithner, P. Haidl, H. Wegleiter, M. Simonyi und T. Murauer (2019) Design, operation and results of a low-cost test rig for investigation of thermal properties of rolling element bearings in vacuum. 18th European Space Mechanisms and Tribology Symposium (ESMATS2019), München, 18.-20. September 2019.

Stationäre FESS für die moderne Mobilität 10

Schwungradenergiespeicher sind mit ihren hohen spezifischen Leistungen bei moderaten Energieinhalten bzw. ihren hohen Zyklenzahlen ideal für Bremsenergierekuperation in dynamischen Fahrprofilen. Einige spezifische Probleme bei Einsatz dieser Speicher in Automobilen, wie die soeben erörterten gyroskopischen Lagerreaktionen und die in Kap. 8 diskutierte Crash-Sicherheit, würden bei Stationäranwendungen komplett entfallen. Gelingt es, die bislang hohe Selbstentladung von FESS zu minimieren und gleichzeitig die Kosten zu senken, so könnte dieses Konzept eine gute Alternative zu chemischen Batteriespeichern für die Speicherung erneuerbarer Energie darstellen. Der vielzitierte Umstieg vom konventionellen Pkw mit Verbrennungskraftmaschine auf ein voraussichtlich primär elektrobasiertes Transportsystem macht nur dann Sinn, wenn sich der Strommix zu einem Großteil aus CO_2-neutralen Energiequellen zusammensetzt. Im Jahr 2013 wurden in der EU durchschnittlich immer noch 558g CO_2 pro kWh Elektrizität produziert [1], was – wenn man die Lade- und Entladewirkungsgrade der Elektrofahrzeuge berücksichtigt – nicht wesentlich Umweltfreundlicher ist als die Energieerzeugung mittels Benzinmotor, welche in etwa 690 g CO_2 pro kWh verursacht [2].

Um die Effektivität von privaten, dezentralen PV-Systemen sowie den Autarkiegrad zu steigern, wurde im Rahmen einer Machbarkeitsstudie am *Institut für Elektrische Messtechnik und Messsignalverarbeitung* der *TU Graz* ein Schwungradspeicher für Solarenergie entwickelt. Eine mögliche Anwendung, die das Laden von Elektrofahrzeugen mit Solarstrom selbst in den Nachtstunden ermöglich, ist in Abb. 10.1 dargestellt.

Eine wichtige Voraussetzung für dein Einsatz eines FESS als Speicher für erneuerbare Energie ist jedoch eine geringe Selbstentladung, sprich ein geringes Verlustmoment der Lagerung.

© Springer Fachmedien Wiesbaden GmbH, ein Teil von Springer Nature 2019
A. Buchroithner, *Schwungradspeicher in der Fahrzeugtechnik*,
https://doi.org/10.1007/978-3-658-25571-8_10

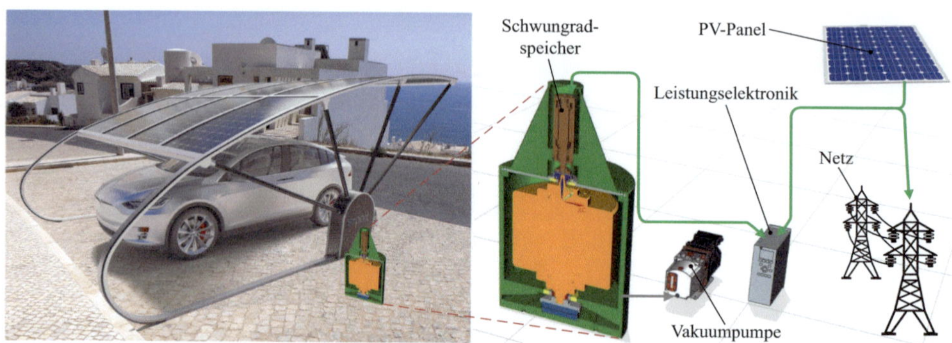

Abb. 10.1 Anwendung eines FESS als Pufferspeicher für EV-Schnellladung in Kombination mit einem Solar-Carport. (Foto: Secar Technologie GmbH)

10.1   Verringerung des Verlustmoments von FESS-Lagern

10.1.1 Lagerkonzepte für stationäre Schwungradspeicher

Neben der essenziellen Rolle betreffend Performance und energetische Spezifikationen des Systems beeinflusst die Lagerung die Kosten des FESS während des gesamten Lebenszyklus, wie die folgenden Beispiele zeigen:

a. Fertigungs- und Assemblierungskosten

Aktive Magnetlager bieten eine besonders gute Eignung für hohe Drehzahlen und die Möglichkeit Nachgiebigkeit und Dämpfung aktiv (während des Betriebs) zu verändern. Als schwerwiegender Nachteil müssen jedoch die hohen Kosten genannt werden [3].

Hochpräzise Wälzlager, welche für die relevanten Drehzahlbereiche von Schwungradspeichern geeignet sind, erfordern nicht nur enge Fertigungstoleranzen bei der Herstellung des Lagers per se, sondern setzen eine exakte Fertigung des Lagersitzes und in weiterer Folge gute Form-, Lage- und Lauftoleranzen der Peripherie voraus. Ein Aspekt, der die Systemkosten des Speichers ebenfalls beeinflusst. (Vergleiche Abb. 10.2.)

b. Servicekosten

Während bei aktiven Magnetlagern lediglich elektronische Komponenten thermischem Altern unterliegen, sind wälzgelagerte Schwungräder verschleißbehaftet. Die Erneuerung des Schmiermittels oder in manchen Fällen des gesamten Wälzlagers stellt üblicherweise den einzigen Posten bei der Ermittlung der Servicekosten dar.

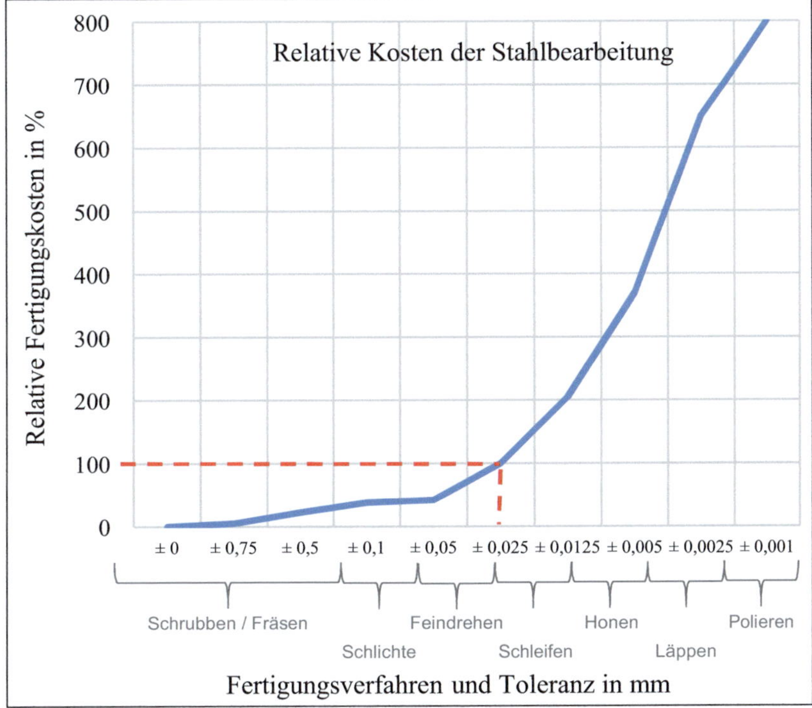

Abb. 10.2 Fertigungskosten über Toleranzklassen [4]. (Bildrechte: Springer Fachmedien Wiesbaden GmbH)

c. **Betriebskosten**

Bei *USV-Anlagen*, bei denen das Schwungrad permanent mitläuft, bis ein Stromausfall auftritt, sind die Lagerverluste den Betriebskosten gleichzusetzen. Wird das *FESS zur Speicherung von erneuerbaren Energien* eingesetzt, so wirkt sich die Lagerreibung auf die Selbstentladung sowie den Gesamtwirkungsgrad und in weiterer Folge die gesamte Systemrentabilität bzw. Amortisationsdauer aus. Da die Strömungsverluste durch Evakuieren des Schwungradgehäuses minimiert werden können, zählt die Lagerreibung zu den Hauptursachen von Selbstentladung und Betriebskosten. (Dem niedrigen mechanischen Verlustmoment aktiver Magnetlager stehen elektrische Verluste in der Leistungselektronik sowie Ohm'sche Verluste in den Spulen gegenüber.)

10.2   Lasten und Reibungsverluste in Wälzlagern für FESS-Anwendungen

Das Verlustmoment von Wälzlagern ist proportional ihrer Drehzahl und Last, wobei der lastunabhängige Anteil von konstruktiven Aspekten des Lagers (wie Käfig- oder ggf. Dichtungsreibung sowie Wälzkörperfliehkräften) und elasto-hydrodynamischen

Schmiermitteleffekten abhängt. Der überwiegende Teil des Verlustmoments ist jedoch lastabhängig, das heißt, dass der Rollwiderstand proportional zur axialen und radialen Lagerlast zunimmt.

10.2.1 Lagerlasten von stationären Schwungradspeichern

Axiale Lagerlasten

Anstelle der gyroskopischen Lasten bei mobilen FESS tritt im Falle von Stationärspeichern die statische Gewichtslast des Rotors in den Vordergrund. Der üblicherweise bei stationären FESS deutlich höhere geforderte Energieinhalt verlangt größere Rotormassen, wodurch das Fest-(oder Axial-)Lager eine signifikant höhere Belastung erfährt.

Radiale Lagerlasten

Der Ursprung aller radialen Lagerlasten in Schwungradspeichern (mit vertikaler Drehachse) findet sich in Unwuchtkräften (vergleiche Abschn. 9.6. Diese sind ein unvermeidliches Produkt des realen Fertigungsprozesses des Rotors. Und hier liegt wiederum ein Zielkonflikt vor: Wälzlager werden anstelle von Magnetlagern eingesetzt, um Kosten zu sparen. Wird jedoch ein konsequenter Low-Cost-Ansatz verfolgt, so dürfen auch die Fertigungstoleranzen nicht zu eng definiert werden. Abb. 10.2 zeigt die relativen Metallbearbeitungskosten in Abhängigkeit der Toleranzklassen und verschiedenen Fertigungsverfahren.

10.2.2 Analytische Bestimmung des Verlustmoments

Zur Abschätzung des Verlustmoments der Wälzlagerung wurden drei in der Literatur als Industriestandard festgelegte Methoden angewendet und verglichen. Tab. 10.1 liefert eine Übersicht.

Die Anwendung, egal welcher der drei Methoden, setzt in jedem Fall eine gute Kenntnis der Belastungssituation voraus. Im betrachteten konkreten Fall eines Schwungradspeichers mit 27 kg Rotormasse (siehe Tab. 10.2) bedeutet das, dass neben dem Rotorgewicht auch die Exzentrizität bzw. Unwucht bekannt sein muss. Das Verlustmoment in Abhängigkeit der Drehzahl wurde für die in Tab. 10.2 gelisteten Eingangswerte ermittelt und ist in Abb. 10.3 dargestellt.

> ▶ Abgesehen von einer starken Divergenz der Berechnungsmethoden des Verlustmoments lässt sich erkennen, dass eine Reduktion des Entlastungsgrades von 0 % auf 90 % rein rechnerisch gesehen keine signifikante Reduktion des berechneten Verlustmoments mit sich bringt, was – so viel sei vorweg genommen – in starkem Widerspruch zu den Prüfstandsergebnissen steht.

Tab. 10.1 Berechnungsmethoden zur Ermittlung des Lagerverlustmoments

Methode	Formel	Beschreibung
FAG nach Palmgren [5]	$M_r = M_0 + M_1$ M_0 … drehzahlabhängiges Moment M_1 … lastabhängiges Moment	Bei dieser Berechnung wird davon ausgegangen, dass sich das Reibungsmoment aus einem lastabhängigen und einem drehzahlabhängigen Moment zusammensetzt.
SKF vereinfacht [6]	$M_r = 0,5\,\mu\,P\,d$ μ … konstanter Reibbeiwert P …Lagerbelastung d … Lagerdurchmesser	Diese Berechnung gilt für: Lagerbelastung $P \approx 0,1\,C$ gute Schmierung normale Betriebsverhältnisse Das Reibmoment lässt sich über eine konstante Reibungszahl, die äquivalente Lagerbelastung und dem Bohrungsdurchmesser berechnen.
SKF erweitert [6]	$M_r = \Phi_{ish} \cdot \Phi_{rs} \cdot M_{rr} + M_{sl} + M_{seal} + M_{drag}$ Φ_{ish} … Faktor Schmierfilmdicke Φ_{rs} … Einfluss Schmiermittelverdrängung M_{rr} … Rollreibmoment M_{sl} … Gleitreibmoment M_{seal} … Dichtungsmoment M_{drag} … Planschverlust bei Ölschmierung	Es handelt sich um eine ursachenabhängige, physikalisch-analytische Berechnungsmethode. Gleitreibung (auch Käfigreibung) sowie Elasto-Hydrodynamik der Schmierung werden ebenfalls berücksichtigt.

Tab. 10.2 Eingangsdaten für die Verlustmomentrechnung, Rillenkugellager *Baureihe 626*

Bezeichnung	Kürzel	Wert	Einheit
Masse des Rotors	$m_{Schwungrad}$	27	kg
Radius des Rotors	$r_{Schwungrad}$	0,125	m
Exzentrizität des Rotors	$e_{Schwungrad}{}^{a}$	10^{-6}	m
Drehzahl des Rotors	$n_{Schwungrad}$	20.000	min^{-1}
Axialer Entlastungsgrad[b]	f_E	0,9	–
Resonanzdrehzahl	n_{krit}	4.500	min^{-1}
Radiallast im überkritischen Betrieb[c]	$F_{rad\ überkritisch}$	390	N

[a]… basierend auf einer angenommenen Wuchtgüte von $G = 6,3$
[b]… für magnetische Gewichtsentlastung siehe Kapitel Abschn. 10.3.1
[c]… bestimmt durch Exzentrizität des Rotors und Nachgiebigkeit des Lagersitzes

Einen eklatanten Einfluss hat die Reduktion der axialen Lagerlast jedoch auf die rechnerische Abschätzung der Lagerlebensdauer, welche basierend auf der klassischen Methode der *nominellen Lagerlebensdauer nach FAG* (L_{10}-*Methode*) vorgenommen wurde, wie Abb. 10.4 zeigt.

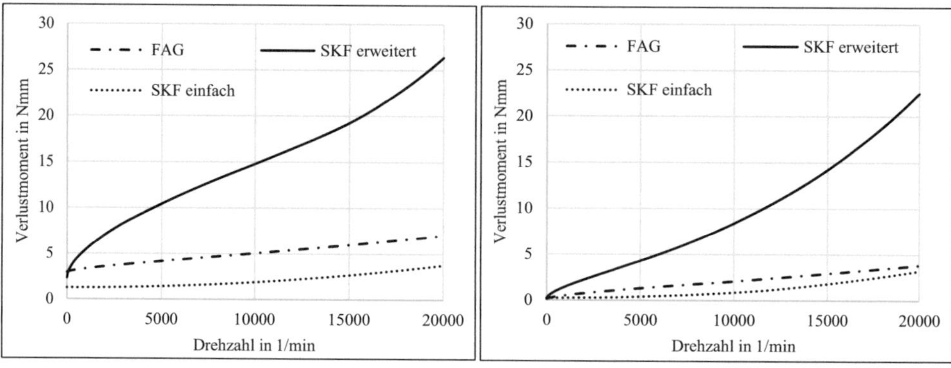

Abb. 10.3 Berechnetes Verlustmoment des 27-kg-Schwungrades mit 2 Stück Rillenkugellager Baureihe 626 bei 0 % (links) und 90 % Gewichtsentlastung (rechts) unter Berücksichtigung über-kritischen Rotorbetriebs. (Bildrechte: Clemens Voglhuber)

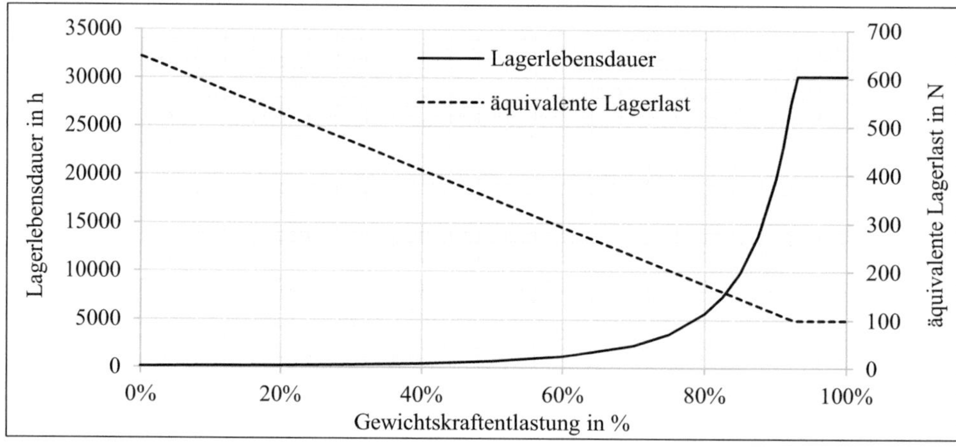

Abb. 10.4 Einfluss des Entlastungsgrades auf die Lebensdauer eines Rillenkugellagers BR 626 bei einer konstanten Drehzahl von n = 10.000 min-1. (Bildrechte: Clemens Voglhuber)

10.3   Lagerlastreduktion bei Schwungradspeichern mit Wälzlagern

10.3.1 Reduktion der Axiallasten

Als Methode zur Reduktion der axialen Lagerlast wurde eine *magnetische Gewichtsent-lastung* in Betracht gezogen. In erster Instanz wurde der einfachste Aufbau eines Schwung-radspeichers betrachtet, nämlich eine rotierende, zylindrische Scheibe aus Stahl ohne Motor-Generator zur Energiewandlung. Die Lösungen wurden unterstützend im Rahmen einer Diplomarbeit [7] evaluiert.

Hubmagnete wurden bereits mehrfach bei FESS eingesetzt [8], aber dennoch beliefen sich die Verlustleistungen auf mehrere Hundert Watt, was im Falle aktiver Hubmagnete auf die elektrischen Verluste zurückzuführen ist. Permanentmagnete hingegen wurden vorwiegend in segmentierter Bauweise eingesetzt, was zu einer Inhomogenität des Magnetfeldes führt und in weiterer Folge Wirbelstromverluste erzeugt. Diese Verluste treten zwangsläufig bei einer Veränderung des Magnetfeldes auf, wobei gilt, je größer die zeitbezogene Änderung des Feldes und je größer die Leitfähigkeit des sich im Feld befindlichen (Rotor-)Materials ist, umso größer werden die Wirbelströme. Diese sorgen einerseits über den Ohm'schen Widerstand für Verluste und andererseits erzeugen die Wirbelströme ihrerseits ein der Bewegung entgegen gerichtetes, und damit bremsendes magnetisches Feld. Damit kann unter gewissen Umständen der positive Effekt der Gewichtsentlastung zunichtegemacht werden. Mögliche Ursachen für ein sich änderndes Magnetfeld sind:

- Anisotropie des (ferromagnetischen) Rotormaterials
- Inhomogenität des Magnetfeldes des Permanentmagneten
- Unstetigkeit der Rotoroberfläche innerhalb des Magnetfeldes

10.3.1.1 Option 1 – Anziehende Anordnung mit Hartferritring

Diese Option bietet aus konstruktiver Sicht die einfachste Lösung einer Gewichtsentlastung. Ein Ringmagnet wird über dem Stahlrotor angeordnet und verringert durch seine anziehende (hebende) Kraft die Axiallast, wie in Abb. 10.5 dargestellt.

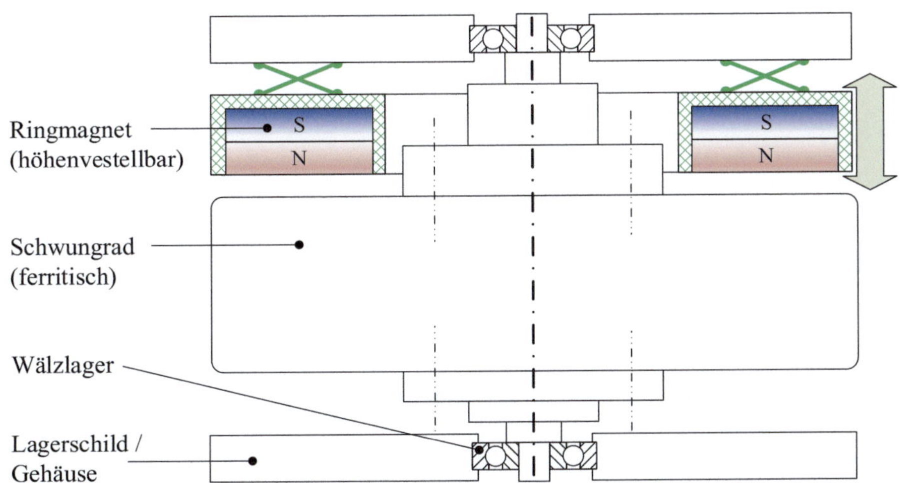

Abb. 10.5 Option 1 – Anziehende Anordnung mit Ferritring

Vorteile

- Aufgrund der beinahe bis zum äußeren Rotordurchmesser möglichen Ausdehnung des Magneten spielt die magnetische Flussdichte eine untergeordnete Rolle und es können kostengünstige Hartferritmagnete eingesetzt werden.
- Gute Verfügbarkeit von Ringmagneten mit einem für die Schwungradwelle adäquaten Bohrungsdurchmesser (>50 mm).
- Stahlrotoren benötigen aufgrund ihrer ferromagnetischen Eigenschaften keinen zweiten, mitdrehenden Magneten.

Nachteile

Sämtliche Nachteile dieser Anordnung haben mit Wirbelstromverlusten zu tun. Da das Ziel aber in der Entwicklung eines möglichst verlustarmen Lagerkonzeptes liegt, muss ihnen besondere Beachtung geschenkt werden.

- Die gute elektrische Leitfähigkeit eines (Stahl-)Rotors begünstigt die Ausbreitung von Wirbelströmen
- Unzureichende Lauftoleranzen des Rotors (Planlauf) verändern den Abstand zwischen Rotor und Magnet und bewirken somit eine Veränderung der Flussdichte.
- Die dem Magneten zugewandte Fläche des Rotors darf keinerlei Inhomogenität (Bohrungen. Wuchtnuten, Nutsteine, etc.) aufweisen.

Die Homogenität eines Hartferritmagnets mit 220 mm Außendurchmesser und 80 mm Bohrung wurde wie in Abb. 10.6 skizziert mit einem *Teslameter 904T* gemessen. Die Ergebnisse sind in Abb. 10.7 dargestellt und lassen Schwankungen bis zu 20 % erkennen. Deutlich besser als der Hartferritring schneidet der SmCo-Scheibenmagnet, links im Bild zu erkennen, ab.

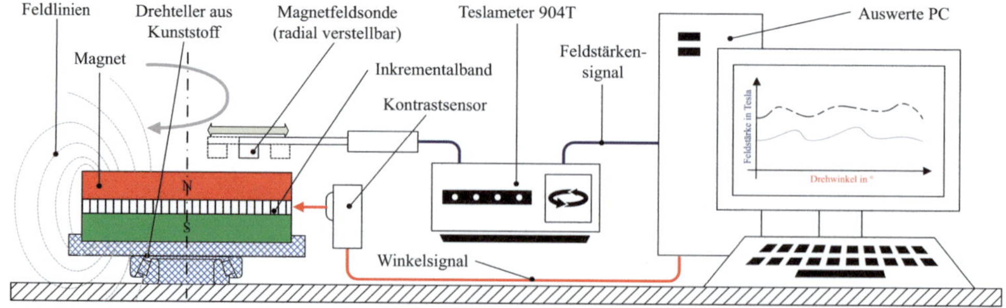

Abb. 10.6 Messaufbau zur Messung der Homogenität des Feldes des Hubmagnets

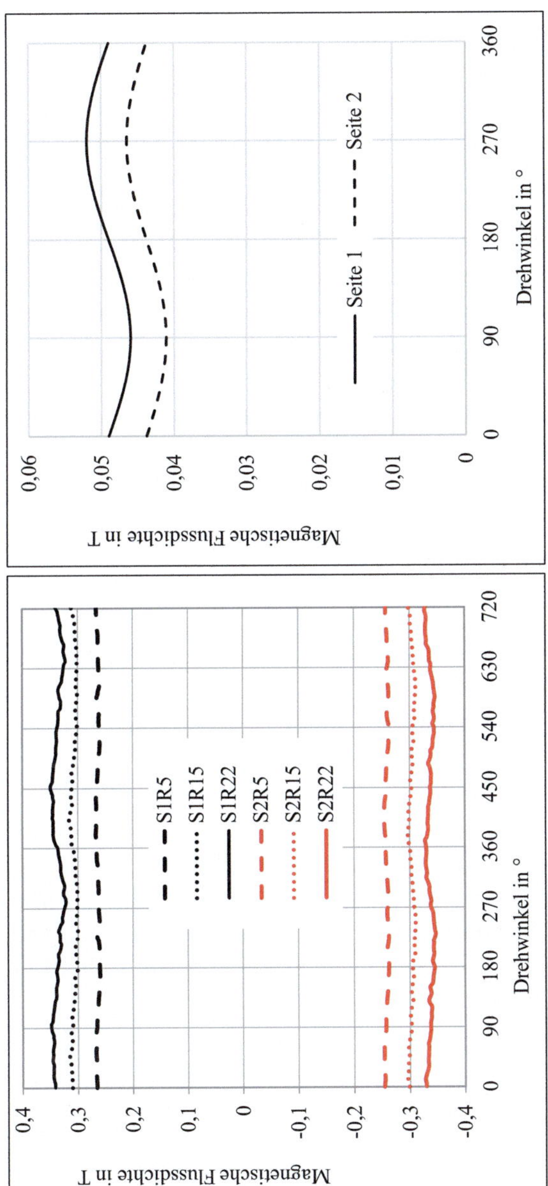

Abb. 10.7 Magnetische Flussdichte zweier Magnettypen. Links – SmCo-Scheibenmagnet mit 40 mm Durchmesser. Rechts – Hartferritmagnet mit 220 mm Durchmesser und 80 mm Bohrung

10.3.1.2   Option 2 – Zwei Magnete in abstoßender Anordnung

Die starken Schwankungen der magnetischen Flussdichte des Hubmagnetes von Option 1 würden – um das Verlustmoment aufgrund von Wirbelströmen gering zu halten – ein ferromagnetisches, jedoch elektrisch schlecht leitendes Rotormaterial erfordern. Da die kostengünstigen Rotoren aber aus Bau- oder Vergütungsstahl gefertigt sein müssten, besteht eine Möglichkeit zur Verlustreduktion nur im Anbringen eines zweiten, abstoßenden Ferritrings, da dieser eine schlechte elektrische Leitfähigkeit aufweist.

Die in Abb. 10.8 dargestellte Konfiguration weist jedoch folgende Probleme auf:

- Die für FESS üblichen hohen Winkelgeschwindigkeiten verursachen hohe Fliehkraftspannungen im Rotorwerkstoff. Die Zugfestigkeit von Hartferrit liegt aber bei nur rund 50 MPa, beinahe einen Faktor 20 niedriger als übliche Vergütungsstähle.
- Bei abstoßenden Magnetanordnungen besteht im Falle von Hartferrit bereits bei Raumtemperatur die Gefahr des Entmagnetisierens.

10.3.1.3   Option 2b – Abstoßende Anordnung zweier SmCo-Scheibenmagnete

Auf Basis der identifizierten Probleme von Option 2a wurde folgende Lösung entworfen:

- Die Fliehkraftspannungen wurden durch Reduktion des Magnetdurchmessers abgemindert.
- Magnete mit höherer Flussdichte (Neodym-Eisen oder Samarium-Kobalt) wurden gewählt.
- Der Magnet wurde ohne Bohrung ausgeführt, um die maximalen Fliehkraftspannungen weiter herabzusetzen (Abb. 10.9).

Da Schwungradspeicher meist im Vakuum laufen und keine konvektive Kühlung vorliegt, war es notwendig, bezogen auf die magnetischen Eigenschaften, temperaturbeständige Magnete – in diesem Fall Samarium-Kobalt – zu wählen. Dennoch verlangt die Temperaturabhängigkeit der Magnetkraft eine Einstellbarkeit des Luftspalts. Abb. 10.10 zeigt die Magnetisierungscharakteristik des gewählten SmCo-Magnets, Abb. 10.11 eine Simulation des Magnetfeldes in *COMSOL*.

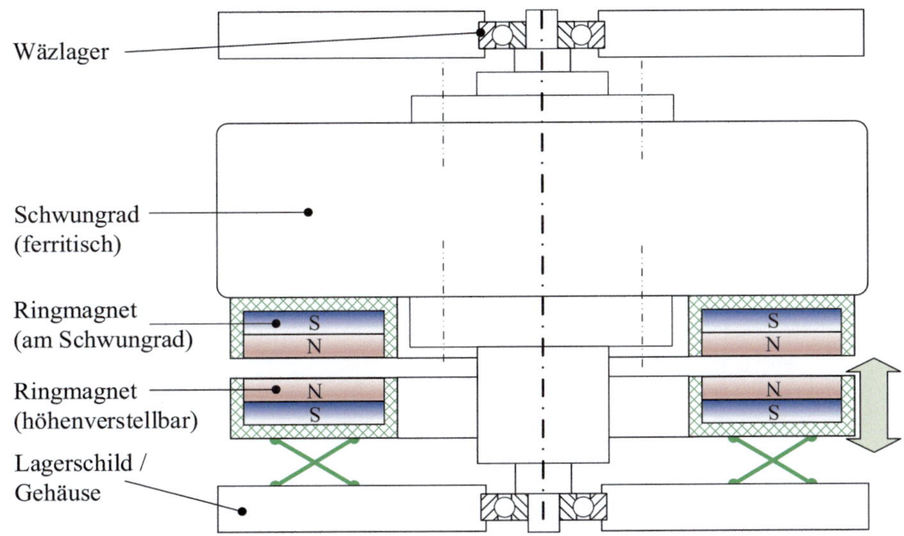

Abb. 10.8 Option 2a – Abstoßende Anordnung zweier Ferritringe

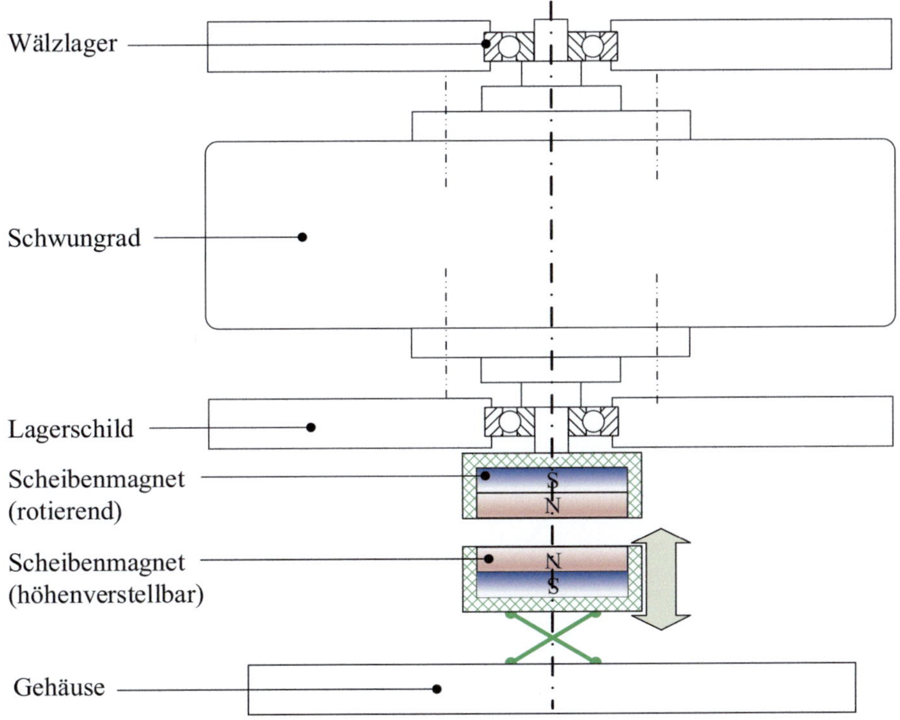

Abb. 10.9 Option 2b – Abstoßende Anordnung zweier SmCo-Scheiben

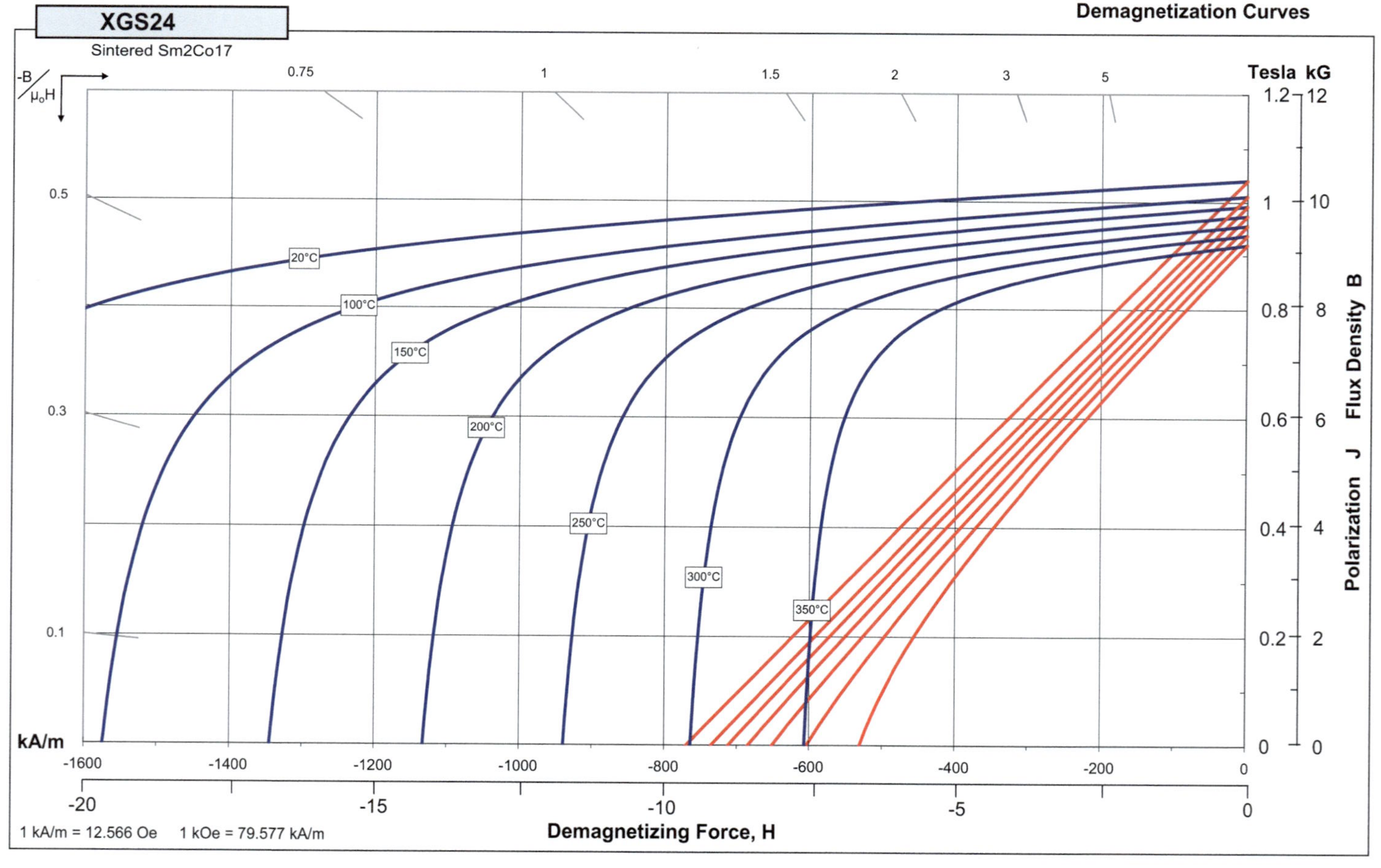

Abb. 10.10 Entmagentisierungskennlinien des Sm2Co17-Magnet (*XGS24*) [9]. (Bildrechte: BVI Magnet GmbH)

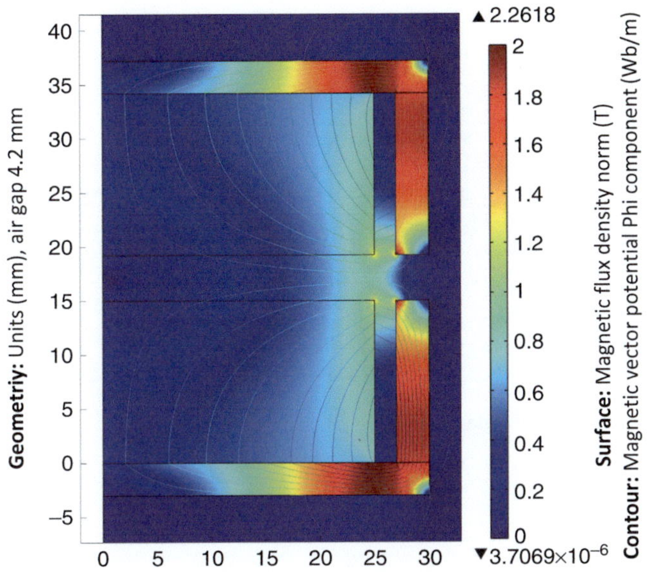

Abb. 10.11   Magnetfeldsimulation der abstoßenden Magnetscheiben von Option 2b in Abb. 10.9

10.4   Reduktion der Radiallasten

Um die Lebensdauer von Wälzlagern in Schwungradspeichern zu steigern wurden, wie in Abschn. 9.7.2 beschrieben, aktive und passive Maßnahmen zur Schwingungsisolation und -dämpfung untersucht [10]. Hierbei wurden vorwiegend Piezoaktuatoren zur aktiven Lagernachführung mit kostengünstigen, nachgiebigen Strukturen verglichen, wobei letztere zufriedenstellende Ergebnisse erzielten [11]. Eine Lagerung, welche ausschließlich auf Permanentmagneten basiert, ist aufgrund von *Earnshaw's Theorem* nicht stabil durchführbar [12], weshalb nach wie vor entweder aktive Magnetlager, oder wie in diesem Fall Wälzlager zur radialen Führung notwendig sind. Eine nachgiebige Anbindung dieser Wälzlager erlaubt überkritischen Rotorbetrieb.

10.4.1   Lagersitz aus Gusssilikon

Der in Abb. 10.12 dargestellte Lagersitz ist wie folgt aufgebaut: Das Wälzlager wurde in eine Lagerhülse aus Aluminium eingepresst, welche Strukturrillen am äußeren Umfang besitzt. Der Zwischenraum zum *äußeren* Lagerschild wurde mit Gusssilikon (SHa 30) ausgegossen. Die gut erkennbare Degressivität der Federnkennlinie des Lagersitzes (vergleiche Abb. 10.13) ist typisch für die Hyper-Elastizität von Elastomeren, welche ein fluidähnliches Verhalten aufweisen.

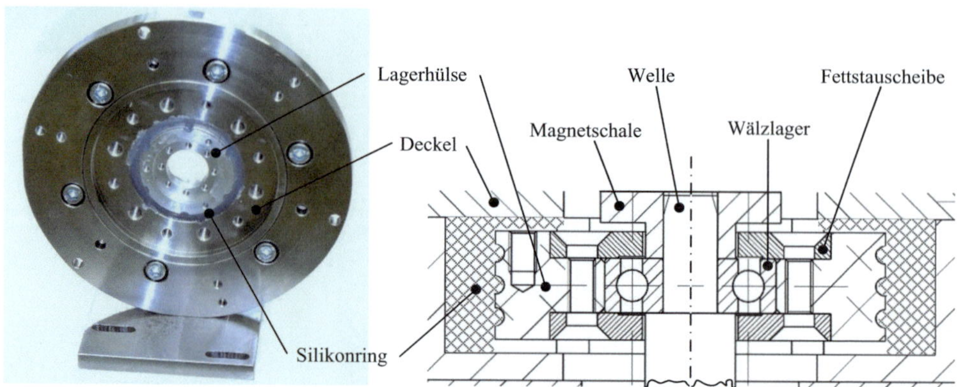

Abb. 10.12   Silikonlagerschild des Test-Schwungradspeichers

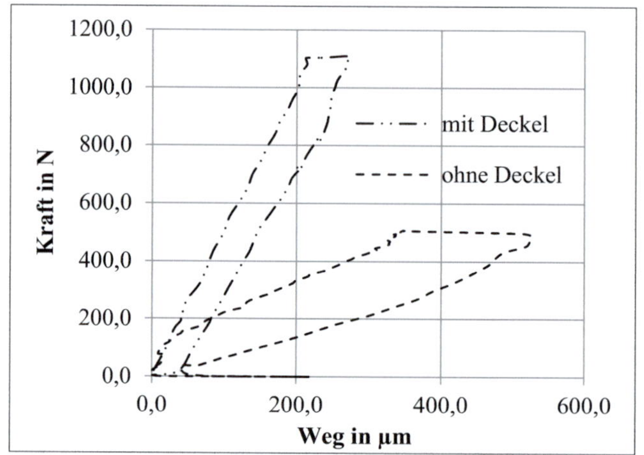

Abb. 10.13   Kraft-Weg-Diagramm des Silikonlagersitzes

Wie aus Abb. 10.13 hervorgeht, wird die Nachgiebigkeit des Lagersitzes durch Anbringen der Deckel deutlich herabgesetzt, da diese die Verdrängung des elastischen Materials unterbinden. Die Kombination der Maßnahmen zur Reduktion der Axial- und Radiallasten erlaubt ein signifikantes Wälzlager-Down-Sizing, was wiederum den Wirkdurchmesser der Reibkraft und somit das Verlustmoment weiter reduziert. (Siehe Abb. 10.14.)

▶   Die Kombination der Maßnahmen zur Reduktion der Axial- und Radiallasten bestehend aus Hubmagnet und nachgiebigem Lagersitz erlaubt ein signifikantes Wälzlager-Down-Sizing, was wiederum den Wirkdurchmesser der Reibkraft und somit das Verlustmoment weiter reduziert.

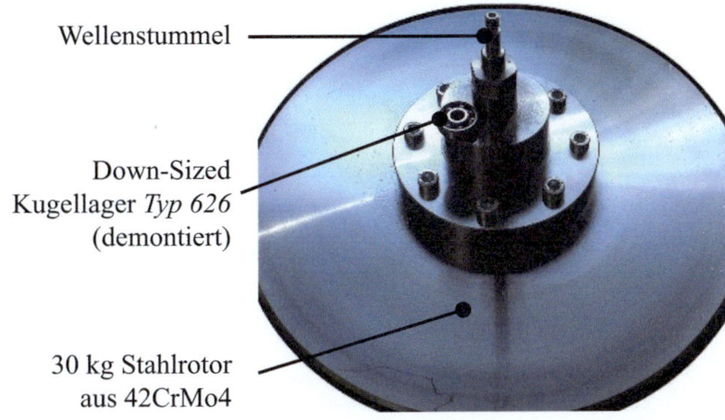

Abb. 10.14 Schwungrad-Wellen-Assembly und Rillenkugellager Baureihe 626 im Größenvergleich

Um das Verlustmoment der Lageranordnung quantifizieren zu können, wurde ein sogenannter *Spin-Down-Prüfstand* gebaut und in Betrieb genommen. Der Gradient der Auslaufkurve (Drehzahl über Zeit) ist ein Maß für die Reibungsverluste des Systems, welche mit Hilfe des Drehimpulserhaltungssatzes in Gl. 10.1 berechnet werden können:

$$M_{verlust} = J_{Rotor} \cdot \frac{\partial \omega}{\partial t} \tag{10.1}$$

Die Einstellung des Entlastungsgrades durch axiale Zustellung des SmCo-Magnets erfolgt durch eine elektromechanische Lineareinheit. Die tatsächliche axiale Lagerlast wird mittels des in Abb. 10.15 dargestellten Aufbaus gemessen. Der Prüfstand beinhaltet folgende Messtechnik:

- Messung der tatsächlichen axialen Lagerlast/Vorspannung (Lagerschild in Differentialbauweise mit DMS-Biegebalken, vergleiche Abb. 10.16)
- Messung der Drehzahl (Laser-Kontrastsensor)
- Messung des Atmosphärendrucks (Pirani-Sonde)
- Messung diverser Temperaturen (Pt-100-Temperaturfühler)
- Messung der Beschleunigung am Lagersitz (Piezo-Beschleunigungssensor)
- Messung der Schwingungsamplitude der Welle (Laser-Triangulationssensor)
- Messung des Planlaufs des Schwungrades (Laser-Triangulationssensor)

Um den Anteil des aerodynamischen Verlustmoments zu eliminieren, wurde der in Abb. 10.17 gezeigte Aufbau in eine Vakuumkammer integriert. Das Drehmoment zum Beschleunigen des Schwungrades wird mittels Asynchronmotor und Magnetkupplung durch eine Membran aus Glasfaserkunststoff eingebracht. Die Maximaldrehzahl beträgt 24.000 UpM.

10.4.1.1 Ergebnisse

Das Ziel der empirischen Untersuchungen lag im Nachweis der Funktionalität und Performance eines verlustarmen Low-Cost Lagerkonzeptes. Die Effektivität der magnetischen

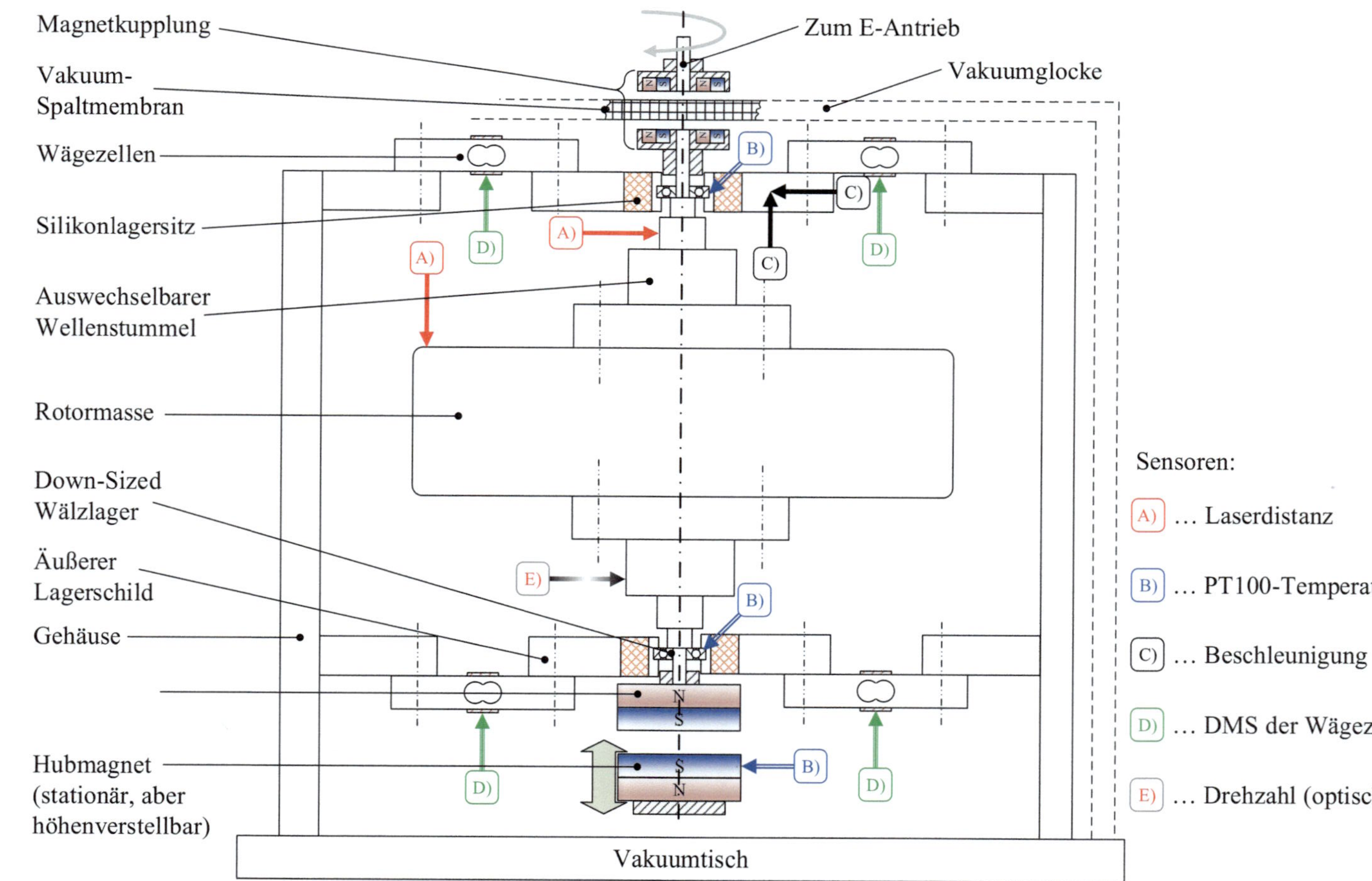

Abb. 10.15 Aufbau des Auslaufprüfstandes mit Kennzeichnung der Messstellen

Abb. 10.16 Lagerschildaufbau mit „Speichenrad" aus Wägezellen zur Bestimmung der axialen Lagerlast

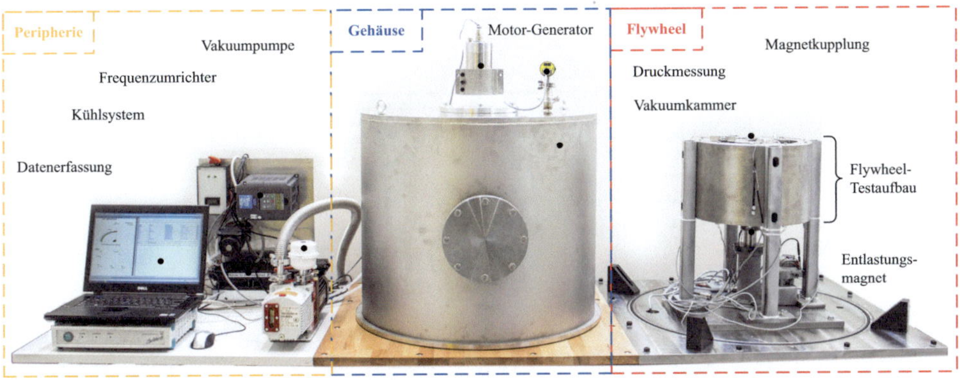

Abb. 10.17 Gesamter Prüfstandsaufbau für die Verlustmomentmessung

Gewichtsentlastung muss entgegen der unter Abschn. 10.2.2 durchgeführten Berechnungen als erstaunlich hoch bezeichnet werden, **da eine prinzipielle Reduktion des Verlustmoments von rund 80 % erreicht werden konnte.** Abb. 10.18 zeigt das absolute Verlustmoment des Schwungrades bei 1000 UpM und Umgebungsdruck, wobei der Anteil der Luftreibungsverluste durch eine blaue, semitransparente Fläche gekennzeichnet wurde.

> Für den Wirkungsgrad und die Selbstentladung des Schwungradspeichers sind jedoch niedrige Verlustmomente über den *gesamten Drehzahlbereich* entscheidend, wodurch die Maschinendynamik an Bedeutung gewinnt.

Abb. 10.19 zeigt eine Auslaufkurve des Schwungrades von 5000 UpM, wobei ein Knick bei etwa 2500 UpM ins Auge sticht. Die Ursache hierfür kann im Durchfahren der Resonanzfrequenz des Systems gefunden werden, was eine Messung der Schwingungsamplitude der Schwungradwelle (vergleiche Abb. 10.21) bestätigt.

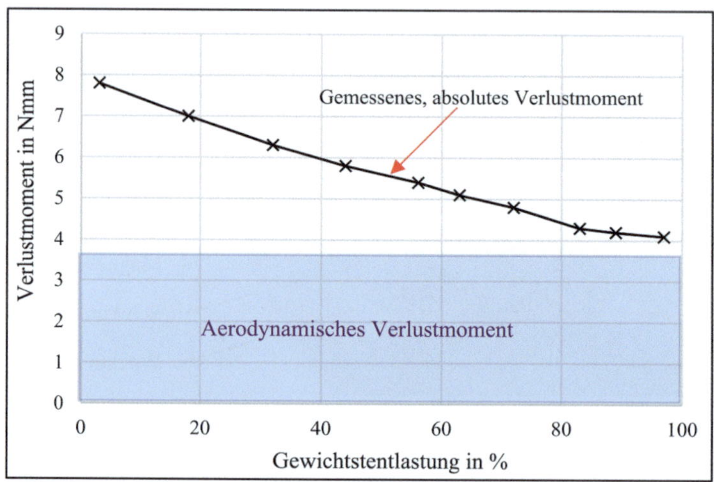

Abb. 10.18 Ermitteltes Verlustmoment der Lagerung über Entlastungsgrad bei 1000 UpM. (Bildrechte: Clemens Voglhuber)

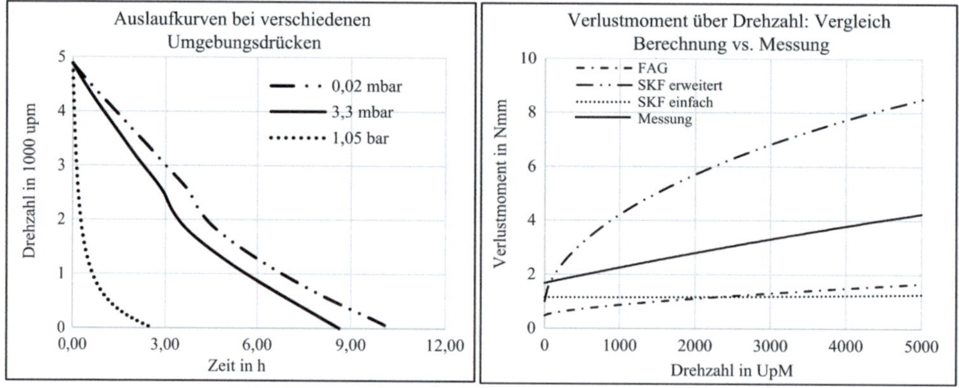

Abb. 10.19 Spin-Down Tests des Schwungrades bei verschiedenen Umgebungsdrücken. (Bildrechte: Clemens Voglhuber)

Ein Vergleich der Verlustmomentmessung und Berechnung in Abb. 10.20 zeigt, dass die einfachen Methoden von *SKF* und *FAG* die Reibverluste um etwa einen Faktor 2 bis 4 unterschätzen, während die *erweiterte SKF-Methode* den Strömungsanteilen höherer Potenz zu große Bedeutung einräumt.

Die Asymmetrie des Diagramms in Abb. 10.21 (links) kann durch gyroskopische Effekte sowie eine Anisotropie des Gusssilikons (Lufteinschlüsse) erklärt werden. Abb. 10.21 (rechts) zeigt den Einfluss einer am Schwungrad angebrachten Unwucht von 25g bei einem Radius von 100 mm (entspricht U = 4 g*mm). Der Unwuchteinfluss ist durch die deutlich höhere Wellenauslenkung gut erkennbar. Aufgrund der großen Auslenkungen des Schwungrades waren bei diesem Versuch keine höheren Drehzahlen als 1500 UpM möglich.

Abb. 10.20 Vergleich des gemessenen Verlustmoments der Schwungradlagerung mit analytischen Berechnungsmethoden. (Bildrechte: Clemens Voglhuber)

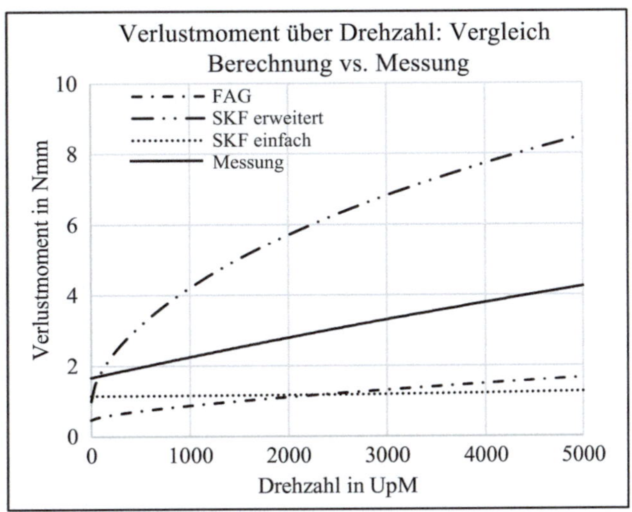

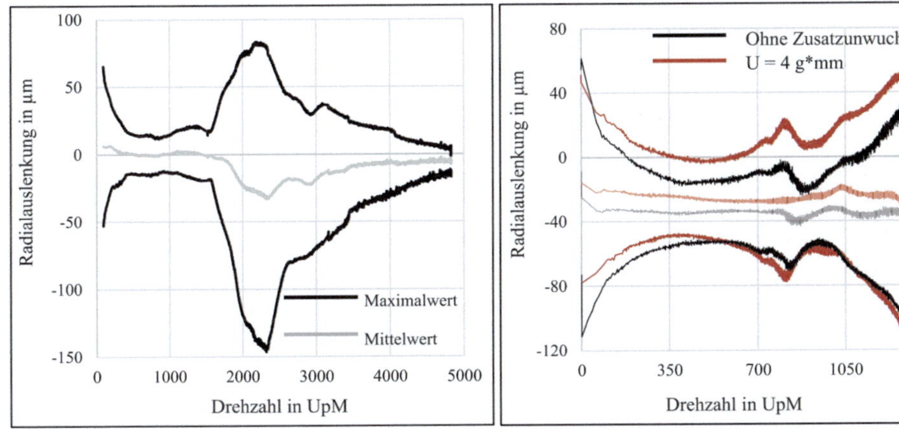

Abb. 10.21 Amplitude der Schwungradwelle des Spin-Down-Prüfstands über Drehzahl. (Bildrechte: Clemens Voglhuber)

10.5   *FlyGrid* – Schwungradspeicher für EV-Schnelladestationen und Netzintegration

Das theoretische Potenzial der Schwungradspeicher-Technologie, sowohl für mobile als auch stationäre Anwendungen ist für jeden Leser dieses Buchs nun klar ersichtlich. Diesem Potenzial muss speziell im Kontext der Energiewende noch mehr Bedeutung zugesprochen werden. Der Umstieg von Fahrzeugen mit Verbrennungsmotor zur reinen Elektromobilität gilt als einer der wichtigsten Schritte im Zuge der Dekarbonisierung. Dabei geht es in gleichem Maße um das Erreichen der Klimaschutzziele wie um politisch-ökonomische Unabhängigkeit. Während der starke prognostizierte Zuwachs an Elektrofahrzeugen als durchwegs positive Entwicklung zu bezeichnen ist, ergeben sich daraus eine Reihe neuer Herausforderungen für Energieversorger, Netzbetreiber, Fahrzeug- und Ladesäulenhersteller und im Endeffekt auch für den Kunden.

10.5.1 Entwicklungen in der Elektromobilität

Speziell die immer höheren Ladeleistungen, in Kombination mit einer steigenden Versorgung durch volatile Quellen, resultieren in einer enormen Netzbelastung, welche Instabilitäten und – im schlimmsten Falle – sogar Blackouts hervorrufen können. Nichtsdestotrotz ist eine Entwicklung in Richtung Schnellladung (100 kW und mehr) als absolut notwendig zu bezeichnen, um dem Kunden die Angst vor der zu geringen Reichweite eines EVs zu nehmen. Das Fehlen einer geeigneten Schnelladeinfrastruktur gilt in Expertenkreisen als die größte Bedrohung der E-Mobility. Um einen kostspieligen Netzausbau weitgehend zu vermeiden und dennoch ein hochleistungsfähiges, flächendeckendes Netz an Schnelladestationen zu Verfügung zu stellen, gilt es neue, innovative Lösungen zu finden, welche nicht nur hundertprozentige Kundenzufriedenheit garantieren, sondern auch die Einbindung erneuerbarer Energiequellen erleichtern.

10.5.2 Ziele des *FlyGrid* Projektes

Im Projekt *FlyGrid* wird ein hochleistungsfähiger Schwungrad-Energiespeicher in eine innovativen, vollautomatischen Ladestation integriert. Dadurch können selbst bei Anschluss in einem konventionellen Niederspannungs-Verteilernetz hohe Ladeleistungen bei gleichzeitiger Netzglättung erreicht werden. Das System sieht vor, lokale volatile Quellen – wie z. B. PV-Module auf einem Carport – zu integrieren und trägt somit zu einer Erhöhung des Anteils an erneuerbarer Energie bei.

Überlegene Zyklenlebensdauer des Energiespeichers, die Möglichkeit, hohe Leistungen in das Netz rückzuspeisen, sowie einfache Transportierbarkeit als mobile „Schnelladebox" (z. B. für elektrifizierte Baumaschinen) sind weitere Charakteristika des *FlyGrid*-Konzeptes. Daraus ergeben sich vielfältige Anwendungsmöglichkeiten, welche nicht nur für Fahrzeugflotten und den öffentlichen Nahverkehr, sondern auch für Netzbetreiber von hoher Relevanz sind, wie in Abb. 10.22 dargestellt. *FlyGrid* ist eine in Mitteleuropa herstellbare, disruptive Technologie, durch welche folgende übergeordnete Ziele mit hohem sozioökonomischem Impakt erreicht werden können:

- Reduktion der Ladedauer von EVs und höhere Marktdurchdringung
- Höhere Kundenzufriedenheit durch verbessertes Ladenetz
- Vermeidung eines kostenintensiven Netzausbaus
- Verbesserte Integration erneuerbarer Quellen für die Versorgung der Elektromobilität

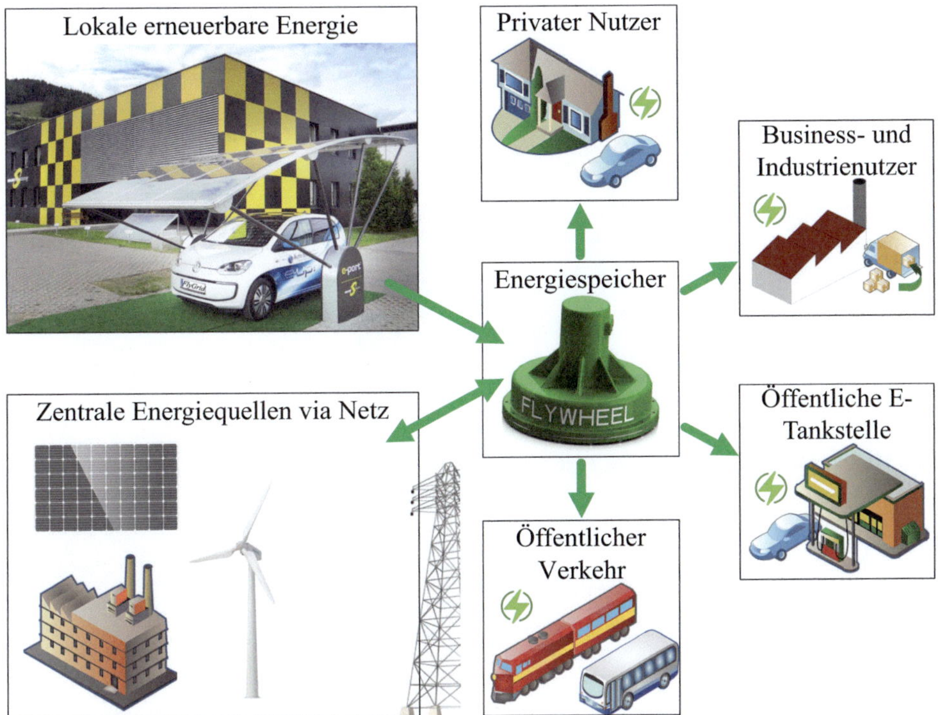

Abb. 10.22   Use-Cases des *FlyGrid* Energiespeichersystems

- Verbesserte Netzstabilität und Spannungsqualität
- Portable Schnelllade-Lösung für elektrische Baumaschinen oder Events

10.5.3 Kernelement Schwungradspeicher

Im Zentrum des Systems und der Forschungsfrage befindet sich der elektromechanische Schwungradspeicher. Ein mögliches Design des Speichers ist in Abb. 10.23 gezeigt. Eine Vakuumpumpe, ein Kühlsystem und der Frequenzumrichter stellen die üblichen Peripheriekomponenten dar, wie in Abschn. 2.2.3 beschrieben. Verglichen zu Batterien weist dieses Konzept für die geplante Anwendung einige entscheidende Vorteile auf [13]:

- Hohe Zyklenfestigkeit (hohe Lebensdauer)
- Keine Kapazitätseinbußen durch Alterung
- Hohe Leistungsdichte
- Einfache Bestimmung des Energieinhaltes zu jedem Zeitpunkt
- Problemlose Tiefentladung (keine Transportauflagen/Probleme)
- Keine giftigen oder seltenen Rohstoffe erforderlich, unproblematisches Recycling

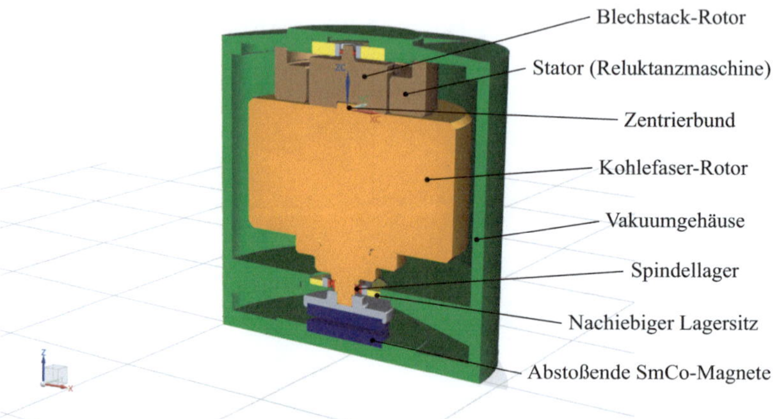

Abb. 10.23 Mögliches Layout des *FlyGrid*-Schwungradspeichers

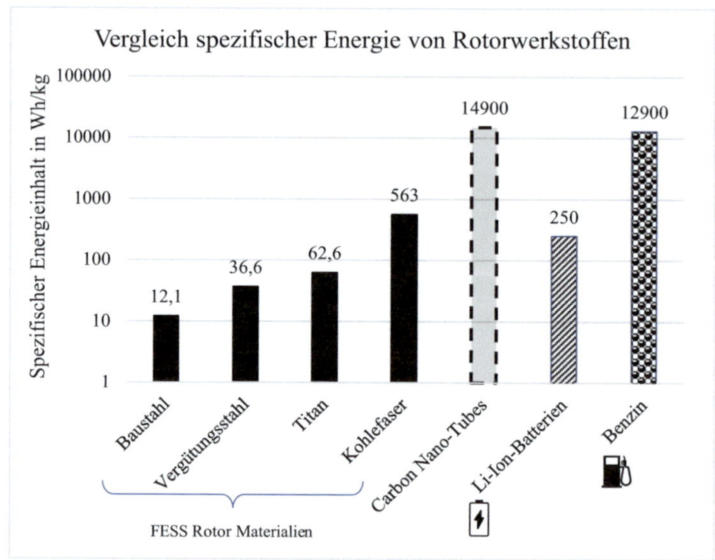

Abb. 10.24 Potenzial der spezifischen Energie von Schwungradrotoren. Man beachte die logarithmische Skala

Kap. 7 hat gezeigt, dass die spezifische Energie des Systems durch das Verhältnis von zulässiger Fliehkraftspannung zur Dichte des Rotorwerkstoffes definiert wird. Rotoren aus Kohlefaserverbund weisen eine hohe Zugfestigkeit bei geringer Dichte auf, weshalb sie hohe spezifische Energien erreichen können. Abb. 10.24 zeigt maximal erreichbare spezifische Energien basierend auf unterschiedlichen Rotormaterialien. Das theoretische Potenzial, welches Carbon Nano-Tubes aufweisen liegt bei Energieinhalten über jenem

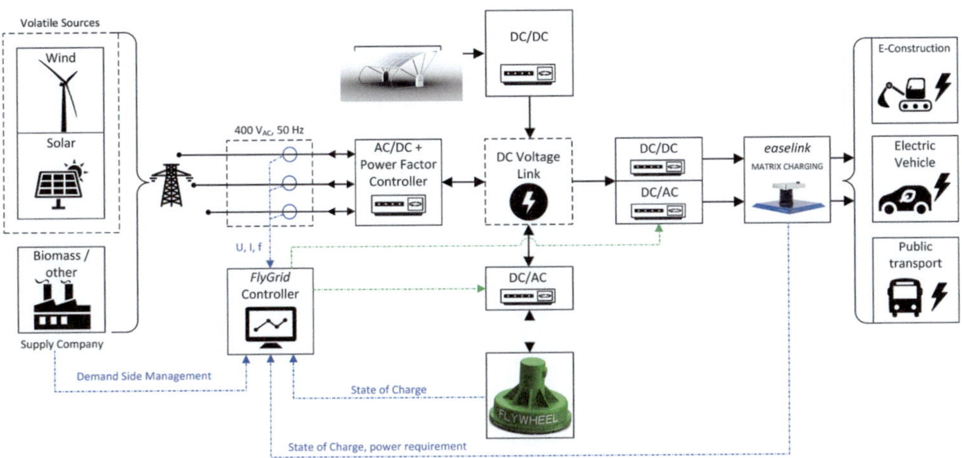

Abb. 10.25 Darstellung des Gesamtsystems von *FlyGrid*: Von der Energiequelle bis zum Fahrzeug

fossilen Energieträger, muss jedoch unter dem aktuellen Stand der Technik als fernes Zukunftsziel betrachtet werden.

Zur Verbesserung der Systemeigenschaften liegt der Schwerpunkt der Entwicklung dieser Speichersysteme in der Optimierung der Lagersituation und Erhöhung der Energiedichte der Schwungmasse durch Nutzung des Potenzials leistungsfähiger Werkstoffe.

Das *FlyGrid*-Gesamtsystem, vom Netz bis zum Fahrzeug, ist schematisch in Abb. 10.25 dargestellt.

Literatur

1. EEA – European Environment Agency (2015) Overview of electricity production and use in Europe. Kongens Nytorv 6, 1050 Kopenhagen, Dänemark.
2. International Energy Agency (2012) CO_2 Emissions from Fuel Combustion – Documentation for Beyond 2020 Files. International Energy Agency, Paris, Frankreich.
3. P. Bühler (1995) Hochintegrierte Magnetlager-Systeme. ETH Zürich, Schweiz.
4. G. Halevi (2003) Process and Operation Planning, Springer Netherlands. DOI: 10.1007/978-94-017-0259-1
5. A. Palmgren (1957) Neue Untersuchungen über Energieverluste in Wälzlagern. VDI-Berichte, Band 20. Verein Deutscher Ingenieure.
6. SKF Gruppe (2008) Hauptkatalog 2008. Hauptverwaltung der SKF Gruppe, SE-415, 15 Göteborg, Schweden.
7. C. Voglhuber (2016) Entwicklung und Inbetriebnahme eines Prüfstands zur Bestimmung des Verlustmoments eines passiv magnetisch entlasteten Schwungrades. Institut für Maschinenelemente und Entwicklungsmethodik, TU Graz, Österreich.
8. EMEA Active Power Solutions Ltd. (2015) CleanSource® 750HD UPS. EMEA Active Power Solutions Ltd., Lauriston Business Park, Pitchill, Evesham, UK.

9. BVI Magnet GmbH (2016) BVI Magnet GmbH, Schönaustr.77, 44227 Dortmund, Deutschland. http://www.bvi-magnete.de/index.php. [Zugriff am 18. April 2016].

10. M. Zisser, P. Haidl, B. Schweighofer, H. Wegleiter und M. Bader (2015) Test Rig for Active Vibration Control with Piezo-Actuators. The 22nd International Conference on Sound and Vibration (ICSV22), Florenz, Italien, 2015.

11. P. Haidl, A. Buchroithner, M. Bader, M. Zisser, B. Schweighofer und H. Wegleiter (2016) Improved test rig design for vibration control of a rotor bearing system. 23rd International Congress on Sound & Vibration (ICSV23), Athen, Griechenland.

12. M. Lang (2003) Berechnung und Optimierung von passiven permanentmangetischen Lagern für rotierende Maschinen, Fakultät V - Verkehrs- und Maschinensysteme der Technischen Universität Berlin, Deutschland. http://dx.doi.org/10.14279/depositonce-739

13. A. Buchroithner, H. Wegleiter und B. Schweighofer (2018) Flywheel Energy Storage Systems Compared to Competing Technologies for Grid Load Mitigation in EV Fast-Charging Applications. IEEE 27th International Symposium on Industrial Electronics (ISIE 2018), Cairns, Australien. DOI: 10.1109/ISIE.2018.8433740,

Zusammenfassung und Ausblick 11

Das Buch „Schwungradspeicher in der Fahrzeugtechnik" verfolgt einen konsequent holistischen Ansatz bei der Betrachtung des Themas. In Zeiten der CO_2-bedingten Klimaerwärmung und ständig steigender Energiepreise ist es unerlässlich, selbst technische Detaillösungen des hybriden Antriebsstrangs – wie in diesem Fall den Energiespeicher – in einen globalen Kontext zu setzen.

Es ist also die Analyse des *Supersystems* bestehend aus Fahrzeug, Kunde und Umgebung, die nicht nur wesentliche Zieleigenschaften mobiler Schwungradspeicher definiert, sondern es wird auch die Sinnhaftigkeit dieser Anwendung per se hinterfragt. Das Ergebnis der *Supersystem-Analyse*, die sogenannten *Threshold-Eigenschaften*, stellen nicht nur globale Entwicklungsziele dar, sondern definieren indirekt, welche Komponenten des *Subsystems* einer Optimierung bedürfen. Während auf den ersten Blick kritisch erscheinende Bauteile, wie der elektrische Motorgenerator oder Vakuumkomponenten mit zufriedenstellender Performance aus der Großserie anderer technologischer Sparten übernommen werden können, haben sich *Rotor*, *Lagerung* und *Gehäuse* als FESS-spezifische Schlüsselelemente herauskristallisiert.

Die speziellen Betriebsbedingungen mobiler Schwungradspeicher (hohe Drehzahlen, Vakuum, gyroskopische Reaktionen etc.) und die daraus resultierenden *starken systeminternen Interdependenzen* erlauben keine isolierte Optimierung einzelner Komponenten, sondern bedingen ein weiteres Mal eine Systembetrachtung, diesmal des FESS-*Subsystems*. Speziell aufgrund der für Schwungradspeicher charakteristischen hohen Drehzahlen sind Rotor und Lagerauslegung durch die Maschinendynamik eng miteinander verknüpft. Ebenso muss das Berstgehäuse für den Crashfall an Aufbau und Material des Rotors angepasst werden.

In diesem Buch wurden Ansätze für die Entwicklung kostenoptimierter Lösungen für *Rotor*, *Gehäuse* und *Lagerung* präsentiert, da diese drei Komponenten in der Systemanalyse als kritisch identifiziert wurden. Die Funktionalität und Gültigkeit der Lösungen

© Springer Fachmedien Wiesbaden GmbH, ein Teil von Springer Nature 2019

A. Buchroithner, *Schwungradspeicher in der Fahrzeugtechnik*,

https://doi.org/10.1007/978-3-658-25571-8_11

wurde empirisch, entweder durch Prototypen oder Komponentenprüfstände nachgewiesen bzw. nächste Schritte im Entwicklungsprozess definiert. Tab. 11.1 fasst die Optimierung im *Subsystem* des FESS zusammen.

Auch wenn nicht alle komponentenspezifischen Herausforderungen in erster Instanz vollständig gelöst werden konnten, so gelang es durch die erarbeiteten Konzepte doch, eine konsequente Kostensenkung gegenüber dem aktuellen Stand der Technik zu realisieren. Durch das Erreichen eines Preises, welcher vergleichbar mit jenem der Konkurrenztechnologien ist oder sogar darunter liegt, ist es möglich, dass die FESS-Technologie in geeigneten Nischen im Markt Eintritt findet und somit vermehrt Erfahrungen im Feld gesammelt werden können. Folglich wird eine weitere Kostensenkung durch optimierte Fertigungsverfahren aufgrund Erhöhung der Stückzahlen möglich sein.

> ▶ Der Tatsache, dass es bis dato nicht vollends gelang, alle Eigenschaften des Flywheels durch Optimierung im *Subsystem* (Komponentenverbesserung) an jene des Referenzenergiespeichers anzunähern, konnte mit einer weiteren Iteration der Optimierung im *Supersystem* entgegnet werden.

Die Umsetzung von Low-cost Schwungrädern mit Stahlrotor und Wälzlagern ist – wie die in diesem Buch beschriebenen Prototypen *CMO* und *VIMS* zeigten – zwar möglich, sie eignen sich aber aufgrund der hohen Selbstentladung und geringen spezifischen Energie nur für hochdynamische Lastzyklen und Anwendungen mit moderatem Energiebedarf (z. B. hybride Nutzfahrzeuge im öffentlichen Nahverkehr.) Eine Reduktion der eben erwähnten Selbstentladung durch passiv-magnetische Gewichtsentlastung und überkritischen Betrieb des Rotors in nachgiebigen Lagersitzen (vergleiche Abschn. 9.7 oder Abb. 11.1) erwies sich als gangbarer Weg, bevorzugt jedoch Stationäranwendungen aufgrund der nunmehr fragilen Rotorwelle. Im Zuge der Energiewende gewinnen jedoch Stationärspeicher zunehmend an Bedeutung, um erneuerbare Energie zu speichern und das Stromnetz zu stützen. Speziell mit höherer Durchdringungsrate der Elektromobilität sind Pufferspeicher unerlässlich. Verbesserungen im Bereich der Verbundwerkstoffe (CFK) werden in Zukunft noch höhere Energieinhalte bei FESS ermöglichen. Und während chemische Batterien meist begrenzt verfügbare rohstoffliche Ressourcen aus Südamerika oder Asien erfordern, können Schwungradspeicher einen wichtigen Schritt in Richtung marktwirtschaftliche Unabhängigkeit Europas darstellen.

Die vorgeschlagenen Lösungen stellen daher eine Basis für die mögliche, bevorstehende Kommerzialisierung der FESS-Technologie dar. Erste erfolgreiche Umsetzungen dieser Lösungsansätze in Form von Prototypen oder Komponentenprüfständen weisen darauf hin, dass die Richtung, welche eingeschlagen wurde, nicht nur eine signifikante Verbesserung hinsichtlich der effektiven Speichereigenschaften mit sich brachte, sondern sind Indikator für weiteres Entwicklungspotenzial, welches in der Zukunft noch ausgeschöpft werden kann und wird.

Es wurde gezeigt, dass die Optimierung *einer* Komponente im *Subsystem* nicht isoliert von statten gehen kann, sondern sämtliche Interaktionen und Interdependenzen (*horizontal* und *vertikal*, vergleiche Abschn. 6.2.2) beachtet werden müssen:

Tab. 11.1 Zusammenfassung der Probleme und Lösungsansätze betreffend die kritischen FESS-Komponenten *Rotor*, *Gehäuse* und *Lagerung*

	Rotor					
Ursprüngliche Probleme	Kosten		Energiedichte		Sicherheit	
Lösungsansatz	Mehrscheibenaufbau → Kostensenkung durch Stahlrotor statt hochfestem Faserverbund, Energiedichtesteigerung durch dünne Bleche (höhere spezifische Festigkeit), Sicherheit durch Formänderungsarbeit in Blechen und leichten Rotorfragmenten.					
Weiterhin ungelöste Probleme	Wuchtgüte und Maschinendynamik		Lagerreaktionen	F_x F_y	Niedrige Energiedichte von Stahl	
Ausblick	Untersuchung nachgiebiger Rotorstrukturen aus hochfesten, flexiblen Fasern ohne Matrix.					
	Gehäuse					
Ursprüngliche Probleme	Kosten		Energiedichte		Sicherheit	
Lösungsansatz	Kostengünstiger Schutzring aus duktilem Baustahl, optimierte Auslegung bis an die „Durchschlagsgrenze" und Vermeidung von Überdimensionierung.					
Weiterhin ungelöste Probleme	Statistisch signifikante Anzahl an Versuchen erforderlich		Streuung der Werkstoffgüte erfordert Sicherheitszuschlag			
Ausblick	Untersuchung möglicher, leichterer Konzepte durch Kombination moderner Werkstoffe.					
	Lagerung					
Ursprüngliche Probleme	Kosten		Verlustmoment		Lebensdauer	
Lösungsansatz	Reduktion radialer Lagerlasten durch nachgiebigen Sitz und überkritischen Betrieb. Reduktion des Verlustmoments durch Wälzlager-Down-Sizing und permamentmagnetische Gewichtsentlastung.					
Weiterhin ungelöste Probleme	Wirbelstromverluste		Festigkeit der dünnen Wellenenden im Crashfall			
Ausblick	Untersuchung von Ölumlaufschmierung und trocken laufender Lager.					

Abb. 11.1 Blick in die
Zukunft: Ein Low-Cost/
Low-Loss Schwungradspeicher
auf einem Vakuumprüfstand
der TU Graz. (Bildrechte:
Barbara Krobath)

- Eine Veränderung der Rotortopologie bedingt eine Veränderung des Berstverhaltens und erfordert folglich eine andere Gehäusearchitektur.
- Eine Veränderung der Lagersteifigkeit beeinflusst die Resonanzdrehzahl und schränkt folglich das für die E-Maschine zur Verfügung stehende Drehzahlspektrum ein.

Die Liste dieser Zusammenhänge ist lang und komplex und Darstellungen wie jene in Abschn. 7.3, 8.1 oder 9.2 (Paradigmen des Rotor-, Gehäuse- oder Lager-Designs) sind der Versuch einer starken Vereinfachung und werden der Realität nur näherungsweise gerecht. Diese generelle Vorgehensweise kann jedoch als Dogma des Maschinenbaus angesehen werden.